Karlheinz Hug

Module, Klassen, Verträge

Karlheinz Hug

Module, Klassen, Verträge

Ein Lehrbuch zur komponentenorientierten
Softwarekonstruktion mit Component Pascal

2., aktualisierte Auflage

Die Deutsche Bibliothek – CIP-Einheitsaufnahme
Ein Titeldatensatz für diese Publikation ist bei
Der Deutschen Bibliothek erhältlich.

Mac OS® ist ein eingetragenes Warenzeichen von Apple Computer.
Design by Contract® ist ein eingetragenes Warenzeichen von Interactive Software Engineering, Inc.,
Santa Barbara, USA.
Microsoft®, WINDOWS®, WINDOWS 2000®, WINDOWS NT® sind eingetragene Warenzeichen von
Microsoft Corporation.
BlackBox® und Component Pascal® sind eingetragene Warenzeichen von Oberon microsystems.
Java® ist ein eingetragenes Warenzeichen von Sun Microsystems.

Alle in diesem Buch enthaltenen Informationen wie Text, Abbildungen, Programme und Verfahren
wurden nach bestem Wissen erstellt und mit größter Sorgfalt geprüft. Da Fehler trotzdem nicht
ganz auszuschließen sind, ist der Inhalt des Buches mit keiner Verpflichtung oder Garantie irgend-
einer Art verbunden. Autor und Verlag übernehmen für eventuell verbliebene fehlerhafte Angaben
und deren Folgen weder eine juristische noch irgendeine Haftung für Schäden, die in Zusammenhang mit der Verwendung dieses Buches, der darin dargestellten Methoden und Programme, oder
Teilen davon entstehen.

1. Auflage 2000
2., aktualisierte Auflage Mai 2001

Der Verlag Vieweg ist ein Unternehmen der Fachverlagsgruppe BertelsmannSpringer.

www.vieweg.de

Die Wiedergabe von Gebrauchsnamen, Handelsnamen, Warenbezeichnungen usw. in diesem Werk
berechtigt auch ohne besondere Kennzeichnung nicht zu der Annahme, dass solche Namen im
Sinne der Warenzeichen- und Markenschutz-Gesetzgebung als frei zu betrachten wären und daher
von jedermann benutzt werden dürften.

Konzeption und Layout des Umschlags: Ulrike Weigel, www.CorporateDesignGroup.de
Gedruckt auf säurefreiem Papier

ISBN 978-3-528-15681-7   ISBN 978-3-322-86866-4 (eBook)
DOI 10.1007/978-3-322-86866-4

Vorwort

Die Softwareindustrie setzt seit den 80er Jahren zunehmend Objekttechnologien ein, jetzt gewinnen Komponententechnologien an Bedeutung. Die Informatik-Ausbildung an Hochschulen soll die Studierenden auf professionelles Entwickeln qualitätvoller Software vorbereiten. Deshalb sollte die Lehre technologische Innovationen rechtzeitig aufnehmen, damit sie langfristig praxisrelevant bleibt. Dazu sind neue Konzepte und Methoden didaktisch aufzubereiten, um sie Einsteigern in die Informatik zu erschließen.

Zielgruppe

Solche Argumente erwägend richtet sich dieses Lehrbuch an Studierende mit Informatik als Haupt- oder Nebenfach. Es vermittelt Grundlagen, die zu einer Einführung in die Informatik gehören. Meinem Arbeitsplatz entsprechend orientiert es sich an der Ausbildung an Fachhochschulen, doch auch Studierende anderer Hochschulen und Lehrende an Schulen können es nutzen. Das Buch eignet sich zur Vorlesungsbegleitung und zum Selbststudium.

Maskulin - Feminin

Bei allen Berufs- und Personenbezeichnungen wie Leser, Benutzer, Entwickler meine ich stets Menschen beiderlei Geschlechts.

Ziele und Methoden

Das Buch führt den Leser über modulare und objektorientierte Softwaretechniken an die Komponententechnologie heran. Module, Klassen und Komponenten folgen dem Prinzip der Trennung von Schnittstelle und Implementation. Deshalb beginne ich mit dem Entwerfen und Spezifizieren von Schnittstellen; das Implementieren dieser Schnittstellen schließt sich daran an. Wie in Ingenieurdisziplinen üblich steht damit das Was, das Beschreiben der Funktion, vor dem Wie, dem Realisieren der Funktion durch eine Struktur. Die Methode des Spezifizierens und Programmierens durch Vertrag setze ich konsequent ein, um zu zeigen, wie man systematisch zuverlässige, korrekte und robuste Software konstruieren kann.

Software erscheint als Architektur - als strukturierte Ansammlung von Einheiten, die über definierte Schnittstellen zusammenwirken. Die Lehrinhalte entwickle ich anhand aufeinander aufbauender Beispielkomponenten, wobei ich Softwarequalitätsmerkmale wie Wartbarkeit und Wiederverwendbarkeit beachte. Der Leser lernt nach dem Ansatz des schrittweisen Öffnens von Blackboxes zunächst, Module und Klassen zu benutzen, bevor er sie implementiert und erweitert. Dabei ergibt sich das Entwickeln von Software als Prozess des Beschreibens und Transformierens von Strukturen.

Unterschiede zu anderen Lehransätzen

Der Lehrstoff beschränkt sich nicht auf das Thema Implementation und vernachlässigt nicht Themen wie Spezifikation und Test. Programmiersprachliche Konstrukte behandle ich nicht entlang der Struktur einer Sprache mit kleinen Einzelbeispielen, sondern meist dort, wo ich sie zum Lösen einer Teilaufgabe brauche. Damit stelle ich das Programmieren im Kleinen, Algorithmen und Datenstrukturen, in einen softwaretechnisch definierten Zusammenhang.

Voraussetzungen

Das Buch richtet sich vor allem an Informatik-Anfänger. Trotz seines unkonventionellen Ansatzes fordert es vom Leser nur etwas Vertrautheit mit einigen Grundbegriffen der Mathematik:

- Arithmetik: natürliche und ganze Zahlen;

- Mengenlehre: Mengen, Relationen, Abbildungen;

- Logik: boolesche Algebra, Aussagenlogik und Prädikatenlogik erster Stufe.

Vorkenntnisse im Programmieren oder einer Programmiersprache sind nicht nötig. Ich nehme aber an, dass der Leser mit einem PC - einer Tastatur, einer Maus, einem Bildschirm, einer menüorientierten grafischen Benutzungsoberfläche und einem Texteditor - vertraut ist. Nützlich sind Grundkenntnisse in Englisch und die Bereitschaft, sich Fachbegriffe anzueignen.

Programmiersprache

Die softwaretechnischen Konzepte beschreibe ich mittels grafischer Notationen und der objekt- und komponentenorientierten Programmiersprache Component Pascal, die die Entwicklungslinie Pascal - Modula - Oberon weiterführt. Die ausführbaren Programmbeispiele des Buchs sind in Component Pascal mit einer der ersten komponentenorientierten Entwicklungsumgebungen, dem BlackBox Component Builder der Firma Oberon microsystems erstellt; sie sind ausgehend von der Homepage der Fachhochschule Reutlingen mit der Webadresse

Bezugsquelle der Beispielprogramme

http://www-el.fh-reutlingen.de

öffentlich zugänglich. Dem Leser empfehle ich, begleitend zur Lektüre des Buchs mit BlackBox zu arbeiten.

Bezugsquelle für Component Pascal und BlackBox

Oberon microsystems stellt eine kostenlose Ausbildungsversion des BlackBox Component Builder zur Verfügung. Man kann sie von der Homepage der Firma mit der Webadresse

http://www.oberon.ch

auf den eigenen Rechner herunterladen. Die Postanschrift der Firma lautet

Oberon microsystems Inc.
Technopark
Technoparkstrasse 1
8005 Zürich
CH - Schweiz

Bezugsquellen für Oberon

Informationen über andere Sprachumgebungen zu Oberon und ihren Nachfolgern erhält man über die Webadresse

http://www.factorial.com/hosted/webrings/oberon

Gliederung des Buchs

Die ersten beiden Kapitel umreißen die Themen des Buchtitels exemplarisch und stellen die Methode der Spezifikation durch Vertrag vor. Das Beispiel des Kaffeeautomaten dient auch in späteren Kapiteln der Anschauung.

Während Kapitel 3 einen Überblick über den Softwareentwicklungsprozess liefert, auf den die Inhalte des Buchs sich letztlich beziehen, führt Kapitel 4 den Leser in die Begriffswelt der Programmiersprachen ein. Nach diesen allgemein gehaltenen Kapiteln wendet sich Kapitel 5 einem Produkt zu, der Entwicklungsumgebung BlackBox. Sie dient im Folgenden als Werkzeug zum praktischen Erproben erarbeiteter Aufgabenlösungen.

Kapitel 6 zeigt einen systematischen Weg von der Spezifikation zur Implementation einer Softwareeinheit. Kapitel 7 befasst sich mit der Ein- und Ausgabe von Programmen und dem Gestalten interaktiver Benutzungsoberflächen.

Die Kapitel 8 und 9 führen in strukturiertes, modulares und objektorientiertes Programmieren ein. Kapitel 10 bis 12 vertiefen die Themen von statischen Klassenstrukturen über dynamische Objektstrukturen bis zu Entwurfsmustern. Gleichzeitig weiten sie den Blick auf den Softwareentwicklungsprozess vom grafischen Entwerfen über das methodische Spezifizieren bis zum systematischen Testen.

Kapitelenden

Die Kapitel enden meist mit drei Abschnitten derselben Art: Eine Zusammenfassung liefert dem schnellen Leser einen Überblick, der intensive Leser mag an dieser Stelle über den Inhalt des Kapitels nachdenken. Literaturhinweise verbanne ich aus dem laufenden Text, um sie kapitelweise zusammenzustellen. Anhand von Übungsaufgaben (ohne Lösungen) kann sich der Leser den Stoff erarbeiten.

Anhänge	Da die vollständige offizielle Sprachbeschreibung von Component Pascal im Anhang abgedruckt ist, kann ich mich im Haupttext mehr auf Programmiertechniken konzentrieren als auf Einzelheiten der Programmiersprache. Das Literaturverzeichnis enthält vor allem Verweise auf Lehrbücher und Übersichtsartikel. Literaturhinweise gebe ich im Text durch Nummern des Literaturverzeichnisses wie [30] an. Neben zahlreichen Querverweisen soll das ausführliche Sachwortverzeichnis dem Leser helfen, sich schnell über gesuchte Begriffe zu informieren.

Darstellung des Textes

Bezeichnungen besonders wichtiger Begriffe und neu eingeführte Bezeichnungen hebe ich bei ihrem ersten Auftreten bzw. am Ort ihrer Definition durch **Fettdruck** hervor. Andere wichtige, aber anderswo definierte Bezeichnungen, in der Literatur verwendete Synonyme und englische Bezeichnungen erscheinen *kursiv*. Die Arialschrift verwende ich für Wörter formaler Sprachen, z.B. für Programmfragmente, formale Spezifikationen oder Kommando-Ein-/Ausgaben an einer Benutzungsoberfläche. Einzelne Zeilen markiere ich mit speziellen Symbolen:

☞ weist auf etwas Wichtiges oder nachfolgend Erläutertes hin.

☹ ärgert sich über eine mangelhafte Programmstelle oder etwas Nachteiliges,

☺ erfreut sich an der korrigierten Programmstelle oder etwas Vorteilhaftem.

💣 warnt vor einer fehlerhaften Programmstelle oder einem gefährlichen Konstrukt.

Neue deutsche Rechtschreibung

Dokumentationssprache englisch

Der Text folgt der neuen deutschen Rechtschreibung. Modelle, Spezifikationen und Programme formuliere ich englisch. Die Gründe dafür sind vielschichtig: Programmiersprachen orientieren sich am Englischen. Englisch ist international verbreitet, in vielen Firmen Dokumentationssprache und wird durch die Globalisierung in der Praxis von Softwareentwicklern immer wichtiger. Wiederverwendbare Softwarekomponenten müssen englisch dokumentiert sein, um einen Markt zu finden. BlackBox ist englisch dokumentiert. Außerdem sind englische Wörter oft kürzer als entsprechende deutsche. Keine Regel ohne Ausnahme! Ausgenommen ist der Kaffeeautomat, den ich durchgängig deutsch modelliere.

Zweite Auflage

Für die Neuauflage habe ich Fehler korrigiert, Programme optimiert und Angaben aktualisiert. Der Component Pascal Language Report im Anhang entspricht der Version vom März 2001.

Danksagungen

Ich danke allen, die mir bei der Arbeit an diesem Buch geholfen haben, vor allem meinem Kollegen Prof. Helmut Ketz vom Fachbereich Management und Automation der Fachhochschule Reutlingen. Er hat das ganze Buchprojekt von der Idee bis zum Druck mitgestaltet, ich habe seine Lehrmaterialien und zahlreichen Kommentare zum Manuskript geplündert. Nur wegen seiner Bescheidenheit erscheint er nicht als Koautor des Buchs. Mein Dank kann seinen Beitrag nicht ausgleichen.

Markus Hirt danke ich für sein Engagement und seine Ratschläge, den Kollegen der Firmen Oberon microsystems und Esmertec für die anregenden Diskussionen über Komponententechnologien. Besonderer Dank gebührt Dr. Dominik Gruntz, der das ganze Manuskript durchgearbeitet und mit seinen konstruktiven Vorschlägen wesentlich zur Verbesserung beigetragen hat. Ganz herzlich gedankt sei auch Friederike Gottschalk, die nicht nur unzählige Versionen des Manuskripts kommentiert, sondern das Projekt nachhaltig unterstützt hat. Für die Erlaubnis zum Abdruck des Component Pascal Language Report danke ich Prof. Niklaus Wirth und Prof. Hanspeter Mössenböck sowie Oberon microsystems. Dem Verlag, insbesondere meinen Lektorinnen Frau Dr. Ulrike Walter und Frau Nadine Vogler-Boecker, danke ich für ihre hilfsbereite, geduldige Zusammenarbeit.

Nun wünsche ich dem Leser viel Spaß beim Lesen. Hinweise auf Fehler, Kritik und Zustimmung nehme ich gerne entgegen; meine E-Mail-Adresse lautet:

karlheinz.hug@fh-reutlingen.de

Reutlingen, den 23. März 2001   Karlheinz Hug

Inhaltsverzeichnis

Einführung

Wir wollen lernen, Software zu entwickeln. **Software** ist ein von Menschen geschaffenes ideelles Gebilde, in dem sich Dinge, Sachverhalte, Systeme widerspiegeln. Software konstruieren bedeutet Vorgegebenes modellieren. Ein **Modell** stellt die als wesentlich erachteten Elemente, Beziehungen, Merkmale eines Sachverhalts dar und abstrahiert von unwesentlichen Details.

1.1 Ein Kaffeeautomat

Bevor wir mit der Arbeit beginnen, stärken wir uns mit einer Tasse Kaffee, die wir von einem Automaten holen. Wir prüfen, ob der Automat betriebsbereit ist, werfen einige Münzen ein und erhalten eine Tasse mit dem heißen, beliebten Getränk.

Bild 1.1
Physisches Modell
des Kaffeeautomaten

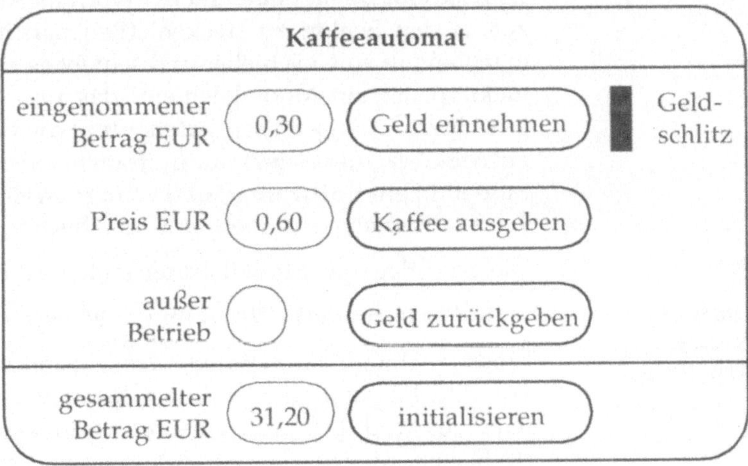

Bild 1.1 zeigt ein **physisches Modell** des Kaffeeautomaten. Er ist ein gegenüber seiner Umgebung klar abgrenzbares Gerät mit einer **Benutzungsoberfläche** aus **Anzeigen**, **Druckknöpfen** und **Geldschlitz**. Wir spielen die Rolle eines **Benutzers** (*user*) des Automaten, indem wir seine

- Anzeigen lesen und uns so über seinen Zustand informieren (links im Bild 1.1);

- Geld einwerfen, Knöpfe drücken und so seinen Zustand verändern (rechts im Bild 1.1).

Der untere Teil in Bild 1.1 zeigt Merkmale des Automaten, die nur dem Betriebspersonal zugänglich sind. **Initialisieren** bedeutet in einen Anfangszustand versetzen.

Bild 1.2
Zustands-Verhaltens-Modell

Der Automat hat also einen **Zustand** (*state*) und ein **Verhalten** (*behaviour*), das von seinem Zustand *und* dem gedrückten Knopf abhängt. Das Verhalten lässt sich als **Ursache-Wirkungs-Beziehung** beschreiben. Der Kaffeeautomat wird uns nur einen Kaffee liefern, wenn er betriebsbereit ist *und* wir genügend Geld einwerfen.

Wir können uns den Kaffeeautomaten vorstellen, haben ihn grafisch und verbal skizziert. Freilich, das physische Modell in Bild 1.1 scheint seltsam, denn welcher Kaffeeautomat hat einen Druckknopf „Geld einnehmen"? Normalerweise reicht es, Münzen in den Schlitz zu stecken! (Bei manchen Automaten legt man Geld in einen Schieber und schiebt es ein.) Der Geldeinnahmeknopf ist ein Modellelement, das uns die folgende Arbeit erleichtert. Denn jetzt schlüpfen wir in die Rolle eines **Softwareentwicklers** (*developer*) und transformieren das physische Modell in ein **Softwaremodell - Programm** genannt -, das einen Kaffeeautomaten simuliert, d.h. nachbildet.

Modul

Die grundlegende Modellierungseinheit ist das **Modul**; es gilt:

Formel 1.1
Modulares
Softwaremodell

Softwaremodell = Programm = Menge von Modulen.

Module ähneln Automaten; das Zustands-Verhaltens-Modell von Bild 1.2 passt auch zu ihnen. Bevor wir uns mit Eigenschaften eines Moduls im Einzelnen befassen, klären wir die wichtigste Beziehung zwischen Modulen. Dazu dient das **Kunden-Lieferanten-Modell**, eine Metapher aus dem Geschäftsleben. Module erscheinen hier in zwei Rollen:

Bild 1.3
Kunden-Lieferanten-Modell

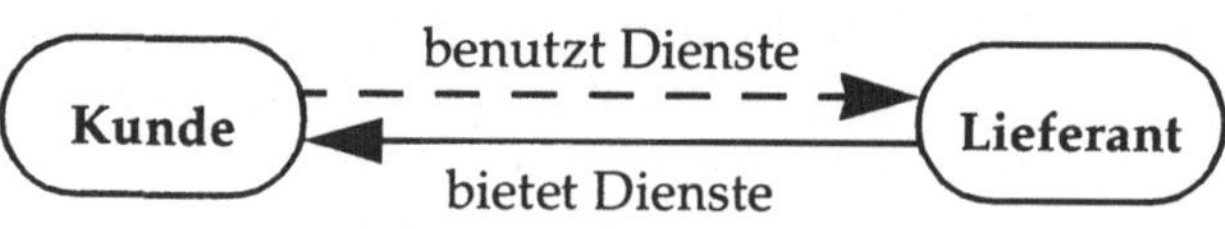

Dienst

- Jedes Modul ist ein **Lieferant** (*supplier*), indem es potenziellen Kunden **Dienste** (*service*) bietet.

● Ein Modul kann ein **Kunde** (*client*) eines Lieferanten sein, indem es dessen Dienste benutzt.

Modulare Software ist durch die **Kunde-Lieferant-Beziehung** oder **Benutzungsbeziehung** (*uses relation*) zwischen Modulen strukturiert: Kundenmodule **benutzen** Lieferantenmodule bzw. deren Dienste.

Den Kaffeeautomaten von Bild 1.1 können wir als Lieferanten betrachten, dessen Dienste seine Anzeigen und Druckknöpfe sind. Zum Modellieren verwenden wir eine formale, textuelle Notation und transformieren den Automaten gemäß folgender Regeln und Schritte in ein Programm:

(1) Ein Modul hat einen **Namen** (*identifier*). Seine Kunden brauchen diesen Namen, um das Modul von anderen Modulen unterscheiden zu können.

Wir wandeln den Rand der grafischen Darstellung und den Namen des Geräts in textuelle Klammern:

```
MODULE Kaffeeautomat

...

END Kaffeeautomat
```

Drei Punkte „..." deuten stets etwas Fehlendes, zu Ergänzendes an.

(2) Dienste teilen sich in Abfragen und Aktionen. Sie haben **Namen** und können **Parameter** haben (siehe unten).

Wir übernehmen die Bezeichnungen aus Bild 1.1 als Namen. Allerdings müssen Namen hier eindeutig und daher zusammenhängend sein; anstelle eines Leerzeichens verbindet ein Unterstrich „_" zwei Namenteile.

Abfrage
(3) **Abfragen** geben Auskunft über den Zustand eines Moduls, verändern ihn aber nicht. Sie liefern als **Ergebnis** (*result*) einen **Wert** (*value*).

Wir modellieren Anzeigen als Abfragen; die Liste leiten wir mit dem Schlüsselwort QUERIES ein:

```
QUERIES
    eingenommener_Betrag
    Preis
    außer_Betrieb
    gesammelter_Betrag
```

Aktion
(4) **Aktionen** verändern den Zustand eines Moduls, liefern aber kein Ergebnis.

Druckknöpfe modellieren wir als Aktionen, eingeleitet mit ACTIONS. Wir versehen die Namen der Druckknöpfe wo nötig mit Parametern:

```
ACTIONS
    Geld_einnehmen (Betrag)
    Kaffee_ausgeben
    Geld_zurückgeben
    initialisieren (neuer_Preis)
```

Der Geldschlitz wird zu einem Parameter Betrag für den Wert der eingeworfenen Münzen. Doch Parameter gibt es nicht ohne Aktion - daher der Druckknopf „Geld einnehmen" in Bild 1.1. (Geld_einnehmen modelliert auch einen Schieber mit einer Münzkuhle.) Den Parameter neuer_Preis der Aktion initialisieren zeigt Bild 1.1 nicht - wir modellieren ihn dazu, damit das Betriebspersonal den Preis ändern kann.

Damit haben wir das physische Modell eines Kaffeeautomaten von Bild 1.1 in ein erstes Softwaremodell transformiert:

Programm 1.1
Kaffeeautomat als
Modul - roh

```
MODULE Kaffeeautomat

    QUERIES
        eingenommener_Betrag
        Preis
        außer_Betrieb
        gesammelter_Betrag

    ACTIONS
        Geld_einnehmen (Betrag)
        Kaffee_ausgeben
        Geld_zurückgeben
        initialisieren (neuer_Preis)

END Kaffeeautomat
```

1.2   Modul und Dienst

Den eben dargestellten Modellierungsvorgang verallgemeinern wir zu Regeln, an die wir uns beim Lösen neuer Aufgaben halten können:

Leitlinie 1.1
Modulare
Zusammenfassung

> Modelliere als ein Modul eine logische Einheit, die eine bestimmte Aufgabe erfüllt. Fasse zusammengehörige Teilaufgaben so zusammen, dass sie als Dienste eines Lieferantenmoduls potenziellen Kundenmodulen zur Verfügung stehen. Grenze ein Modul klar von seiner Umgebung ab.

Leitlinie 1.2
Dienste für kleine
Teilaufgaben

> Lasse jeden Dienst eine überschaubare, abgegrenzte Teilaufgabe seines Moduls erledigen. Reduziere so die Komplexität der Gesamtaufgabe.

Leitlinie 1.3
Trennung von
Abfragen und
Aktionen

> Entscheide bei jedem Dienst, ob er eine Abfrage ist, die ein Ergebnis liefert, aber nichts verändert, oder eine Aktion, die etwas verändert, aber kein Ergebnis liefert.

Abfragen erlauben es einem Kunden, den „aktuellen" Zustand eines Moduls festzustellen, ohne diesen Zustand gleichzeitig zu ändern. Die Werte aller Abfragen eines Moduls zu einem Zeitpunkt erfassen den für Kunden sichtbaren **Modulzustand**. Dieser Modulzustand ändert sich nur durch Aktionen.

Struktur und
Bedeutung

Die obigen Regeln beziehen sich darauf, welche Merkmale welchen Modellelementen zuzuordnen sind, also auf die Struktur des Modells. Die folgenden Regeln handeln davon, was ein Modell bedeutet und wie wir möglichst verständliche, selbsterklärende Modelle durch geschickte Namengebung erhalten.

Sind Namen Schall und Rauch? Beispielsweise ist das Modul

☹

    MODULE A QUERIES a b c d ACTIONS e (f) g h i (j) END A

zu Programm 1.1 strukturell äquivalent. Zweifellos spart es Schreibaufwand und Platz, ist aber ohne Erläuterung, was denn die Namen A, a, b,... bedeuten sollen, unverständlich und somit nicht handhabbar. Bedachtvoll gewählte Namen für Begriffe helfen uns, Dinge zu begreifen.

Sprache

Unsere Umgangssprache kennt verschiedene Wortarten für verschiedene Zwecke: Substantive bezeichnen Dinge, Adjektive und Partizipien Eigenschaften von Dingen, und Verben Tätigkeiten. Diese Wortarten decken vieles ab, was wir verbal ausdrücken können. Weshalb sollten wir den gewohnten Umgang mit der Sprache nicht beim Modellieren von Software nutzen?

Leitlinie 1.4
Namen von Abfragen

> Wähle als Name einer Abfrage entweder ein Substantiv, welches das gefragte *Ding* (z.B. Preis), oder ein Adjektiv oder Partizip, welches die gefragte *Eigenschaft* beschreibt (z.B. betriebsbereit). Ein Substantiv kann mit einem Adjektiv oder Partizip qualifiziert sein (z.B. eingenommener_Betrag). Eine Eigenschaft kann durch eine adjektivähnliche Wortkombination ausgedrückt sein (z.B. außer_Betrieb).

Leitlinie 1.5
Namen von Aktionen

> Wähle als Name einer Aktion ein Verb, welches die geforderte *Tätigkeit* beschreibt (z.B. initialisieren). Das Verb kann mit einem Substantiv qualifiziert sein (z.B. Geld_einnehmen). Der Name beschreibt die Tätigkeit aus der Sicht des Lieferanten, nicht des Kunden (z.B. Geld_einnehmen, nicht Geld_eingeben).

Es ist auch unsere Sprache, die uns Leitlinie 1.3 nahelegt. Denn wie sollten wir einen Dienst nennen, der den Zustand seines Moduls verändert *und* ein Ergebnis liefert? Hätte z.B. der Kaffeeautomat einen Dienst, der Geld einnimmt *und* den eingenommenen Betrag ergibt, wie sollte dieser heißen?

- ☹ eingenommener_Betrag - drückt die Tätigkeit und den Effekt des Geldeinnehmens nicht aus!

- ☹ Geld_einnehmen - drückt das gelieferte Ergebnis nicht aus!

- ☹ Geld_einnehmen_und_eingenommener_Betrag - klingt das gut?

Abfragen liefern Ergebnisse, Aktionen bewirken Effekte. Liefert ein Dienst ein Ergebnis *und* bewirkt einen Effekt, so ist dies ein **Seiteneffekt** (*side effect*) und der Dienst ist **seiteneffektbehaftet**. Abfragen sind dagegen **seiteneffektfrei**. Damit können wir Leitlinie 1.3 auch negativ formulieren:

Leitlinie 1.6
Keine Seiteneffekte

> Vermeide Dienste mit Seiteneffekten. Seiteneffektbehaftete Dienste lassen sich nicht prägnant und exakt benennen und verbal nur schwer beschreiben. Seiteneffekte behindern systematisches Entwickeln von Software erheblich.

Nach so vielen Vorgaben ist es angebracht, das Modellieren mit zwei weiteren Beispielen zu üben.

1.2.1 **Ein Schalter**

Das erste zu modellierende Gerät ist ein Schalter mit nur zwei Zuständen, „aus" und „an". Schalter gibt es in zwei Arten: Die eine Art hat zwei Knöpfe, je einen zum An- und Ausschalten. Die andere Art sind Kippschalter zum Umschalten des Zustands. (Ein Schalter ist wie ein **Bit**, die kleinste Darstellungseinheit für zweiwertige Daten.) Wir modellieren einen Schalter, der auf beide Arten zu verwenden ist:

Programm 1.2
Schalter als Modul - roh

```
MODULE Switch

    QUERIES
        on
```

```
ACTIONS
    SwitchOn
    SwitchOff
    Toggle

END Switch
```

Einen Schalter mit einem Modul modellieren heißt freilich, eine Mücke zum Elefanten aufblähen. Andererseits: Solche Schalter kommen immer wieder als Teilchen von Modulen vor. Könnten wir einen Schalter nicht modellieren, wie sollte uns das Modellieren etwa einer Telefonvermittlungsanlage gelingen, die doch aus Abertausenden von Schaltern besteht?

Da ein Schalter so einfach ist, bietet es sich an, sein Verhalten grafisch darzustellen:

Bild 1.4
Zustandsdiagramm
eines Schalters

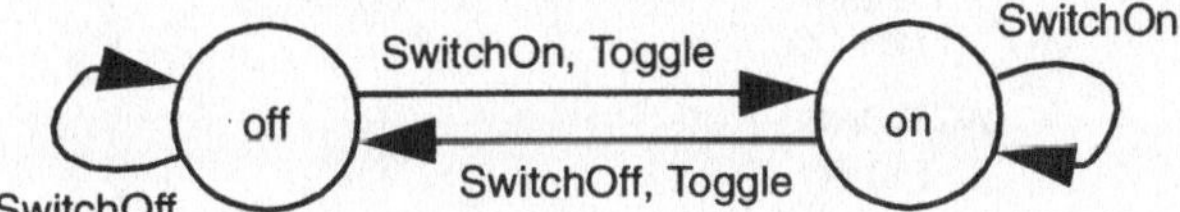

Für jeden **Zustand** zeichnen wir einen Kreis und schreiben die Bezeichnung des Zustands hinein. Für jeden möglichen **Übergang** (*transition*) von einem Zustand zu einem anderen zeichnen wir einen Pfeil, der vom **Vorzustand** zum **Nachzustand** führt. Da sich Zustände durch Aktionen ändern, beschriften wir die Pfeile mit den Namen der entsprechenden Aktionen.

Diese Art der Darstellung heißt **Zustandsübergangsdiagramm** oder kurz **Zustandsdiagramm** (*state chart*). Sie ist ein ausgezeichnetes Mittel, um den Zusammenhang zwischen Zuständen und Aktionen zu veranschaulichen. Allerdings sind Zustandsdiagramme nicht bei jedem Modul praktisch anwendbar. Der Kaffeeautomat hat z.B. so viele Zustände, dass ihre Darstellung in einem Diagramm unübersichtlich wäre. Ein Zustandsdiagramm kann man „durchlaufen", indem man von einem Zustand ausgehend einem Pfeil folgt. Mehrere von einem Zustand ausgehende Pfeile bedeuten alternative Wege, unter denen man jeweils einen wählt.

Warum hat Programm 1.2 nur eine Abfrage on, aber Bild 1.4 zwei Zustände off und on? Die Abfrage on liefert als Ergebnis entweder „ja", d.h „on ist wahr"; oder „nein", d.h. „on ist nicht wahr", also „on ist falsch", also „off ist wahr". *Eine* Abfrage genügt, um Auskunft über den aktuellen Zustand zu erteilen.

1.2.2

Mathematisches
Modell

Eine Menge

Das zweite zu modellierende „Gerät" ist ideeller Art: eine Menge. Aus der Mengenlehre wissen wir, dass man prüfen kann, ob ein Element x in einer Menge M enthalten ist:

Ist $x \in M$?

Man kann ein Element x zu einer Menge M hinzufügen:

Ersetze M durch $M \cup \{x\}$

oder aus M entfernen:

Ersetze M durch $M \setminus \{x\}$

In ein Softwaremodell transformiert sieht das so aus:

Programm 1.3
Menge als Modul -
roh

```
MODULE Set

    QUERIES
      Has (x)

    ACTIONS
      Put (x)
      Remove (x)

END Set
```

Die Abfrage Has (x) ist entgegen Leitlinie 1.4 nicht mit einem Adjektiv benannt, sondern mit einem konjugierten Verb, das die Frage „Menge, hast du das Element x?" ausdrückt. Die Antwort kann nur „ja" oder „nein" lauten.

Programmier-
konvention

Könnten die Abfrage Contains (x), die Aktionen Include (x) und Exclude (x) heißen? Ja! Aber: Aus Softwaresicht ist eine Menge eine spezielle Art von **Behälter** (*container*); bei Behältern nennen wir einheitlich die Enthältabfrage Has, das Hinzufügen Put, das Entfernen Remove.

Eine Menge mit maximal n Elementen hat 2^n verschiedene Zustände. Deshalb eignen sich Zustandsdiagramme ab $n > 3$ schlecht dazu, das „Verhalten" von Mengen darzustellen.

1.3   Schnittstelle und Implementation

Die Programme 1.1 bis 1.3 sind Spezifikationen eines Kaffeeautomaten, eines Schalters und einer Menge: Beschreibungen ihrer Schnittstellen zu anderen Modulen, die jeweils aus einer Ansammlung von Diensten bestehen.

Was ist zu tun?

Eine **Schnittstelle** (*interface*) legt fest, **was** ein Lieferant bereitstellen muss *und* **was** ein Kunde erhalten kann. Eine **Spezifikation** enthält Informationen, die Entwickler von Kunden zum Benutzen eines Lieferanten benötigen.

Bild 1.5
Kunden-Lieferanten-
Modell mit
Schnittstelle

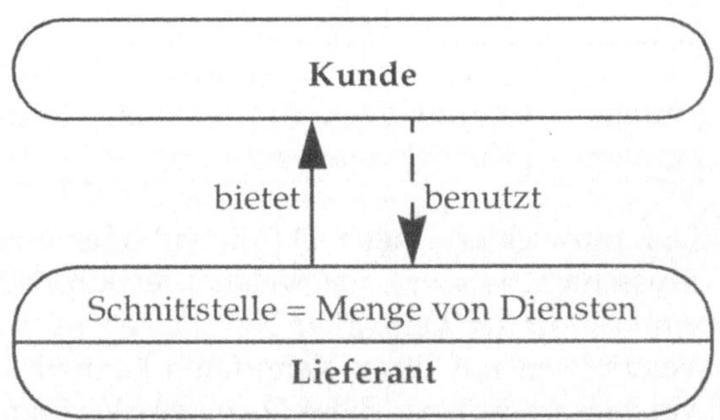

Ausführbarkeit

Softwareentwickler konstruieren nicht nur Spezifikationen, sondern auch Programme, die auf Rechnern **ausführbar** und von Menschen benutzbar sind. Programme und Spezifikationen unterscheiden sich in der **Ausführbarkeit**: Eine Spezifikation ist ein eventuell nicht maschinell ausführbares Programm. Ein Programm ist eine maschinell ausführbare Spezifikation. Spezifikationen kann der Entwickler in Gedanken ausführen, Programme der Rechner.

Bild 1.6
Schnittstelle und
Implementation

Wie ist es zu tun?

Um ein ausführbares Programm zu erhalten, muss man eine spezifizierte Schnittstelle durch eine Implementation ergänzen. Eine **Implementation** eines Moduls ist eine im Innern des Moduls verborgene Struktur, die zu der Schnittstelle passt und das spezifizierte Verhalten realisiert. Eine Implementation legt fest, **wie** eine Spezifikation zu erfüllen ist.

Das Auseinanderhalten von Schnittstelle und Implementation ist in der Softwaretechnik sehr wichtig - aber nicht nur dort. In vielen Situationen ist das „Was?" zu klären, bevor man nach dem „Wie?" fragen kann. Tabelle 1.1 nennt technische Beispiele.

Tabelle 1.1
Beispiele zu
Schnittstelle und
Implementation

	Schnittstelle	Implementation
Ver-stärker	Anschlüsse für Audiogeräte und Lautsprecher, Netzstecker	elektronische Bauteile, Drähte, Gehäuse

	Schnittstelle	Implementation
Verbren-nungs-motor	Öffnungen für Vergaser, Zündkerzen, Kühlsystem, Kurbelwellenende	Motorblock, Kolben, Kurbelwelle, Ventile, Pleuelstangen

Analogie

Der Entwickler eines CD-Spielers oder einer Lautsprecherbox muss nicht wissen, aus welchen elektronischen Bauelementen ein bestimmter Verstärker besteht - er muss die Anschlüsse von Verstärkern mit ihren Kenndaten kennen. Die Entwickler von Verstärkern müssen diese Daten zur Verfügung stellen.

Der Entwickler einer Zündkerze muss nicht wissen, aus welcher Legierung der Motorblock gegossen und wie lang die Pleuelstange ist - er muss das Zündkerzengewinde und die Daten über Kompression und Verbrennung kennen. Der Entwickler des Motors muss diese Daten zur Verfügung stellen.

Bei Software ist es ähnlich: Der Entwickler eines Kundenmoduls kann von der Implementation eines Lieferantenmoduls absehen und sich darauf konzentrieren, die Schnittstelle des Lieferanten zu verstehen. Der Entwickler des Lieferantenmoduls muss eine genaue Beschreibung der Schnittstelle zur Verfügung stellen.

Prinzip

Das **Prinzip der Trennung von Schnittstelle und Implementation** ist eine Ausprägung des allgemeineren Prinzips der Abstraktion: Unwesentliche Information wird ausgeblendet. Keiner muss alles wissen, um arbeitsteilig zu entwickeln.

Analogie

Die technischen Beispiele zeigen einen weiteren Aspekt: Der Entwickler eines Radios muss dieses nicht völlig neu entwerfen - er kann Empfänger, Verstärker und Lautsprecher passend zusammenschalten. Dazu muss er die Schnittstellen dieser Komponenten kennen.

Der Entwickler eines Autos muss dieses nicht in allen Details neu konstruieren - er kann Elektrik, Reifen, Bremsen, Getriebe aus dem Angebot von Zulieferfirmen wählen. Dazu muss er die Schnittstellen der Komponenten kennen.

Die Softwarepraxis nähert sich dieser Situation: Der Entwickler einer Anwendung muss diese nicht ganz neu konstruieren - er kann vorhandene Komponenten wiederverwenden. Dazu muss er ihre Schnittstellen kennen. Ein Softwareentwickler verfügt daher u.a. über folgende Fähigkeiten:

- Er kann die Spezifikationen beliebiger Komponenten so gut verstehen, dass er diese Komponenten in seinen Programmen effektiv nutzen kann.

- Er kann die Schnittstellen der von ihm entwickelten Komponenten so gut beschreiben, dass andere seine Spezifikationen verstehen können.

Spezifizieren will also genauso gut gelernt sein wie Implementieren. Deshalb untersuchen wir zuerst in Kapitel 2, wie wir die Schnittstelle der Beispielmodule exakter als mit den Programmen 1.1 bis 1.3 spezifizieren können (denn es fehlt noch einiges). Wie das Kaffeeautomatenmodul zu implementieren ist, behandeln wir in Kapitel 6.

1.4   Benutzer, Kunde, Lieferant

Einige eingeführte Begriffe sind genauer zu klären und voneinander abzugrenzen.

Bild 1.7
Mensch-Maschine-Modell

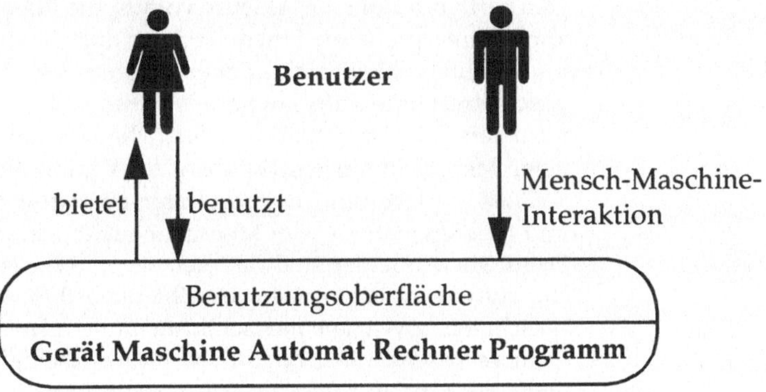

- Unter einem **Benutzer** verstehen wir einen Menschen, der ein Gerät, eine Maschine, einen Automaten, einen Rechner bzw. ein auf einem Rechner ausgeführtes Programm benutzt.

- Eine **Benutzungsoberfläche** ist der Teil eines Geräts, Programms usw., der dem Menschen das Benutzen des Geräts usw. ermöglichen soll.

- Benutzt ein Mensch ein Programm, das auf Eingaben mit Ausgaben reagiert, so sprechen wir von **Mensch-Maschine-Interaktion**.

Analogie   Drückt der Kaffeefreund einen Knopf am Automaten und füllt sich die Tasse mit Kaffee, so finden wir die Bezeichnung Mensch-Maschine-Interaktion hochtrabend. Ein Gaspedal bezeichnet man üblicherweise nicht als Benutzungsoberfläche.

Dennoch sollen zwei technische Beispiele den Unterschied zwischen Benutzungsoberfläche, Schnittstelle und Implementation veranschaulichen:

	Benutzungs-oberfläche	**Schnittstelle**	**Implementation**
Radio-appa-rat	Druck- und Drehknöpfe, Schieberegler	Netzstecker, Antennen-buchse	Empfänger, Verstärker, Lautsprecher
Auto-mobil	Zündschloss, Lenkrad, Pedale, Schalthebel	Benzintank-öffnung, Auspuff, Reifen	Motor, Getriebe, Lenkung, Bremsen

Exkurs. Begriffe wie „Benutzerschnittstelle", „Mensch-Maschine-Schnittstelle", „Mensch-Maschine-Kommunikation", „Dialogsystem" sind gebräuchlich, aber irreführend. Weder besitzt ein Mensch eine Schnittstelle zu einer Maschine, noch kann er mit einer Maschine kommunizieren, schon gar nicht einen Dialog führen. Kommunikation setzt gleichartige, autonome Akteure voraus, die übermittelte Informationen ähnlich interpretieren. Einem Rechner dürfen wir kein echtes Verständnis für menschliche Intentionen unterstellen. Ein Dialog setzt zwei gleichberechtigte Subjekte voraus - dies ist bei Mensch und Maschine nicht der Fall. Der Mensch *benutzt* die Maschine! Ein Rechner ist für einen Menschen nur ein *Werkzeug* zur Verarbeitung von Daten und ein *Medium* zur Übermittlung von Daten an andere Menschen. Werkzeuge und Medien werden vom Menschen nicht „bedient", sondern benutzt. Damit sie benutzbar sind, müssen sie eine menschengerechte Oberfläche aufweisen. Wir wollen die Unterschiede zwischen Menschen und Maschinen, zwischen menschlicher und technischer Kommunikation nicht verwischen. Der Begriff „Mensch-Maschine-Interaktion" ist nicht unproblematisch, da der Mensch ein autonom und bewusst handelndes Subjekt, der Rechner hingegen eine reaktiv operierende Maschine ist. Wir verwenden jedoch diesen Begriff, weil wir keinen besseren kennen.

- Den Begriff **Schnittstelle** reservieren wir für Verbindungen zwischen Dingen: Geräten, Programmen usw.

- **Kunde** und **Lieferant** sind Rollen, die Softwareeinheiten im Kunden-Lieferanten-Modell spielen.

Exkurs. Die Begriffe „Kunde" und „Lieferant" benutzen wir als Metapher, die Beziehungen zwischen Softwareteilen veranschaulichen soll. Wir hoffen, dass Verwechslungen von Kunden- und Lieferantenmodulen mit Menschen, die als Kunden und Lieferanten im Geschäftsleben agieren, ausgeschlossen sind. Unter „Kunde" verstehen wir ein Modul, das ein anderes Modul benutzt, nicht etwa eine Person, die einen Entwicklungsauftrag für ein Programm vergibt oder ein Softwarepaket kauft. Ebenso meint „Lieferant" ein Modul, nicht einen Hersteller oder

Verkäufer von Software. Sprache ist tückisch: Obwohl ein Kunde einen Lieferanten *benutzt*, ist ein Kunde *kein Benutzer*! Denn die Bezeichnung „Benutzer" für ein Modul würde damit konfligieren, dass wir nur Menschen als Benutzer bezeichnen.

Aus den Definitionen folgt: Das Programm 1.1 bietet als Lieferantenmodul eine Schnittstelle zu Kundenmodulen - es ist nicht beabsichtigt, dass es eine Benutzungsoberfläche für Menschen bietet. Für ein Kaffeeautomaten-Simulationsprogramm benötigen wir ein weiteres Modul mit einer Benutzungsoberfläche, das gleichzeitig Kunde von Programm 1.1 ist.

Bild 1.8
Benutzer und
Kommandos

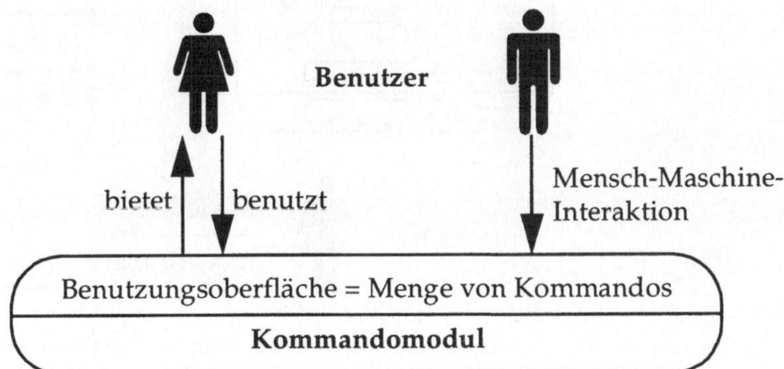

- Ein **Kommando** ist eine Aktion eines Moduls, die ein Benutzer aufrufen kann. Ein **Kommandomodul** ist ein Modul, das Kommandos und andere Elemente für eine Benutzungsoberfläche bereitstellt. Eine Benutzungsoberfläche besteht aus Kommandoaufrufen, Menüs, Dialogboxen oder anderen Elementen, die der Ein- und Ausgabe von Daten dienen.

Bild 1.8 stellt eine spezielle Variante von Bild 1.7 dar. Während bei allgemeiner Mensch-Maschine-Interaktion auch Materialien wie Geld und Kaffee bewegt werden, beschränkt sich die Ein-/Ausgabe zwischen Mensch und Rechner meist auf Daten textueller, grafischer oder audiovisueller Art. Wie die Eingabe erfolgt, ob durch Drücken von Tasten oder Bewegen einer Maus, und wie die Ausgabe, ob auf einen Bildschirm oder einen Drucker, ist nachrangig.

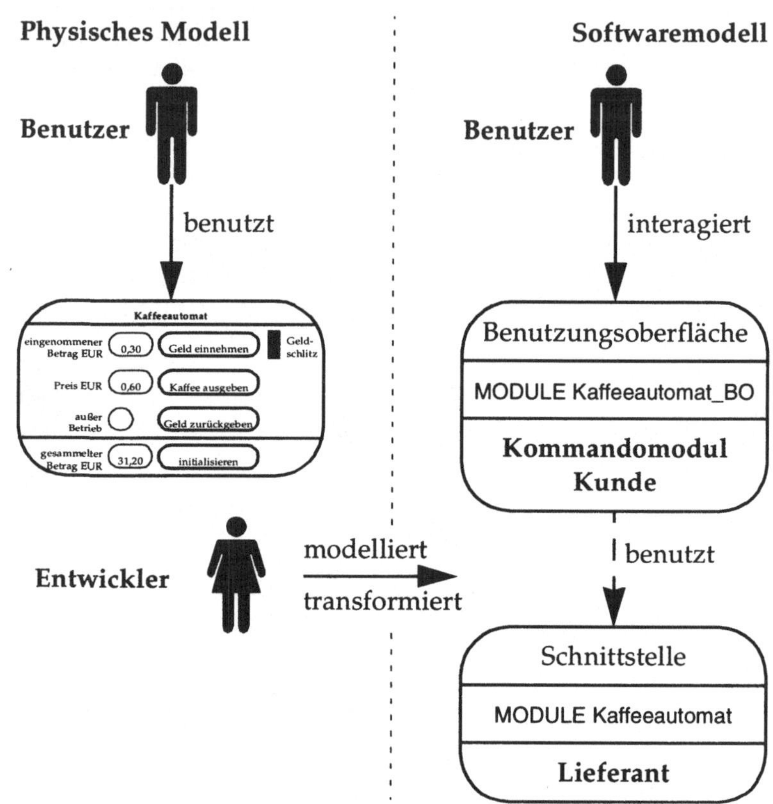

Zur Simulation des Kaffeeautomaten brauchen wir also noch ein
Kommandomodul. Bild 1.9 zeigt rechts einen Entwurf mit
einem Modul Kaffeeautomat_BO, das eine Benutzungsoberfläche
bietet und gleichzeitig das schon spezifizierte Modul Kaffeeautomat benutzt. Module wie Kaffeeautomat_BO konstruieren wir in
Kapitel 7, das die Themen Ein-/Ausgabe, Kommandomodule
und Benutzungsoberflächen behandelt. Bild 1.9 zeigt darüber
hinaus verschiedene Rollen, die Personen gegenüber den beiden
Modellen des Kaffeeautomaten - dem physischen und dem soft-
waremäßigen - einnehmen.

1.5   Zusammenfassung

Der Griff zur Kaffeetasse hat sich gelohnt: Wir haben nicht nur
das köstliche Getränk genossen, sondern auch Grundgedanken
kennengelernt, die uns beim Entwickeln von Software leiten:

● Das Beschreiben von Sachverhalten mit physischen, mathematischen und Software-Modellen;

- das Modellieren mit Modulen, die als Kunden und Lieferanten auftreten;

- das Zerlegen von Aufgaben in Teile, die Dienste heißen;

- das Trennen von Diensten in Abfragen und Aktionen;

- das Beschreiben von Verhalten durch Zustandsdiagramme;

- das Abstrahieren durch das Trennen von Schnittstellen und Implementationen;

- das Unterscheiden von Schnittstellen und Benutzungsoberflächen;

- das Unterscheiden der Rollen von Entwicklern und Benutzern.

In den folgenden Kapiteln entwickeln wir diese Ansätze weiter.

1.6   Literaturhinweise

Zum Beispiel des Kaffeeautomaten angeregt hat uns J.-M. Jézéquel [13]. Dass Programme und Spezifikationen wesentlich dasselbe bedeuten und sich nur in der Ausführbarkeit unterscheiden, darauf hat D. Andrews hingewiesen [35].

Viele informatische Begriffe wie „Programmiersprache", „Befehl", „Kommunikationskanal", „künstliche Intelligenz" enthalten fragwürdige Metaphern. Einer der Autoren, die dies problematisieren und für ein bewusstes Umgehen mit der Sprache plädieren, ist D. Siefkes [38].

1.7   Übungen

Mit diesen Aufgaben üben Sie das Modellieren mit Modulen, Diensten, Abfragen und Aktionen.

Aufgabe 1.1
Kaffeesorte und Zutaten

Modellieren Sie einen Kaffeeautomaten, bei dem man Sorte und Zutaten wählen kann: koffeinfrei/koffeinhaltig, ohne/mit Milch, ohne/mit Zucker. Ziehen Sie Abschnitt 1.2.2 zu Rate!

Aufgabe 1.2
Zigarettenautomat

Falls Sie Raucher sind, modellieren Sie einen Zigarettenautomaten, sonst einen Automaten Ihrer Wahl!

Aufgabe 1.3
Würfel

Modellieren Sie einen Würfel!

Aufgabe 1.4
Uhr

Modellieren Sie eine Uhr! (Man kann die Zeit abfragen und Stunden und Minuten einstellen. Die Uhr kann ticken.)

Aufgabe 1.5
Datum

Modellieren Sie eine Datumsanzeige! (Man kann das Datum abfragen und einstellen. Um 0 Uhr kann man das Tageskalenderblatt abreißen.)

Aufgabe 1.6
Kreis

Modellieren Sie einen Kreis! (Man kann den Radius, den Umfang und die Fläche des Kreises abfragen und einstellen.)

Aufgabe 1.7
Widerstands-
schaltung

Modellieren Sie eine Schaltung mit einem ohmschen Widerstand! (Man kann Widerstand, Spannung und Stromstärke abfragen und einstellen.)

Aufgabe 1.8
Getriebeschaltung

Modellieren Sie ein Getriebe mit vier Gängen und einem Rückwärtsgang! (Man kann die Übersetzungsverhältnisse der Gänge, die Umdrehungszahlen an der Eingangs- und der Ausgangswelle und den eingelegten Gang abfragen, in einen anderen Gang umschalten und die Umdrehungszahl der Eingangswelle erhöhen oder erniedrigen.)

Spezifizieren

Wir gehen von den in Kapitel 1 eingeführten Begriffen und Beispielen aus. Um die Schnittstellen der Softwaremodelle exakt zu beschreiben, lernen wir die Methode der Spezifikation durch Vertrag kennen.

Voraussetzung

Dazu setzen wir voraus, dass der Leser mit Grundbegriffen der Aussagenlogik und booleschen Algebra vertraut ist und die logischen Operationen Negation, Konjunktion, Disjunktion, Implikation, Äquivalenz und Antivalenz sowie die zugehörigen Rechenregeln kennt.

2.1 Exemplar und Typ

Bei alltäglichen Begriffen unterscheiden wir intuitiv zwischen Exemplaren und Typen:

Tabelle 2.1
Beispiele zu
Exemplar und Typ

	Exemplar	Typ
Nachtigall	Die Nachtigall singt seit Stunden.	Die Nachtigall ist ein Singvogel.
Videorecorder	Mein Videorecorder ist defekt.	Der Videorecorder von Auvilektrix ist ein Hit.

Einzelne, unterscheidbare, konkrete Dinge oder Wesen mit gleichen oder ähnlichen Merkmalen und Eigenschaften fassen wir gedanklich zu einer Einheit zusammen, zu einem abstrakten Typ. Umgekehrt ist ein Typ ein Muster für gleichartige Objekte, die Exemplare dieses Typs.

Eine ähnliche Abstraktion brauchen wir in der Software. Hier ist ein **Typ** durch eine Menge von Werten und eine Menge von Operationen beschrieben:

- Der **Wertebereich** legt die Werte fest, die **Exemplare** (*instance*) dieses Typs annehmen können (sie entsprechen Zuständen).

- Die **Operationen** legen fest, wie die Exemplare dieses Typs bearbeitet werden können (sie entsprechen Aktionen).

Analogie

Da eine Nachtigall ein Lebewesen ist, strapazieren wir den Vergleich mit einem Typ in der Software nicht weiter. Aber ein vereinfachter Videorecorder kann für eine Analogie herhalten: Er hat den Wertebereich {bereit, laufend, defekt} und die Operationen anschalten, ausschalten und ausfallen.

Zum Modellieren stehen oft vorkommende Typen bereit: boolesche Größen, Zeichen und Zahlen. (Andere Typen definieren wir später selbst.) Es handelt sich um **Grundtypen** (*basic type*); die Operationen sind aus der Logik und Mathematik bekannt (bei den booleschen Größen sind es logische Operationen, bei den Zahlen arithmetische, und bei allen Typen relationale). Tabelle 2.2 stellt die wichtigsten Grundtypen zusammen.

Tabelle 2.2
Grundtypen

Bedeutung	Typname	Wertebereich	Operationen
Boolesche Größen	BOOLEAN	FALSE, TRUE	NOT, AND, OR, IMPLIES, =, #
Zeichen	CHAR	Z.B. "a",..., "z", "0",..., "9"	=, #, <, >, <=, >=
Natürliche Zahlen	NATURAL	0, 1, 2,...	+, -, *, DIV, MOD, =, #, <, >, <=, >=
Ganze Zahlen	INTEGER	..., -2, -1, 0, 1, 2,...	
Gleitpunktzahlen	REAL	Z.B. -12.34E-56, 987.654E32	+, -, *, /, =, #, <, >, <=, >=

Man beachte, dass "1" ein Zeichen, 1 eine Zahl darstellt. Die Gleitpunktzahl $1.35 \cdot 10^{-24}$ wird als 1.35E-24 dargestellt, d.h. das E bedeutet „mal 10 hoch".

2.1.1   Ein Kaffeeautomat

Untersuchen wir Bild 1.1 S. 1 und das Kaffeeautomaten-Programm 1.1 S. 4: Hinter welchen Namen verbergen sich Werte? Hinter Abfragen und Parametern! Abfragen liefern Werte als Ergebnisse, Parameter beeinflussen mit Werten den Effekt von Aktionen. Werte gehören zu Wertebereichen, Wertebereiche zu Typen. Daher können wir Abfragen und Parametern Typen zuordnen und so das typlose Programm 1.1 **typisieren**. Man spricht von **Typbindung** (*typing*): Jede Abfrage und jeder Parameter ist an einen Typ **gebunden**.

Abfrage

(1) Eine Abfrage liefert einen Wert eines bestimmten Typs. Also versehen wir die Namen der Abfragen mit Typangaben.

Das (rote) Anzeigelämpchen „außer Betrieb" in Bild 1.1 S. 1 steht für die Aussage „Der Kaffeeautomat ist außer Betrieb";

wir modellieren es als boolesche Größe mit den möglichen
Werten FALSE und TRUE:

    außer_Betrieb : BOOLEAN

Beträge und Preis werden zu ganzen Zahlen mit den möglichen Werten ..., -2, -1, 0, 1, 2,...:

    eingenommener_Betrag : INTEGER
    Preis   : INTEGER
    gesammelter_Betrag   : INTEGER

Die Währungseinheit lassen wir weg; das Modul soll ohne
Komma in Hundertstel Euro rechnen.

Parameter

(2) Parameter stehen für zu übergebende Werte. Also versehen
wir auch die Namen der Parameter mit Typangaben.

Nur zwei Aktionen haben Parameter; Betrag und neuer_Preis
werden zu ganzen Zahlen:

    Geld_einnehmen (IN Betrag : INTEGER)
    initialisieren (IN neuer_Preis : INTEGER)

Um bei Parametern die Richtung der Übergabe festzulegen,
ist zusätzlich die **Parameterart** anzugeben. Das IN zeigt an,
dass Betrag und neuer_Preis **Eingabeparameter** vom Kunden
zum Dienst sind. Kunden müssen Parameter ihrer Art und
ihrem Typ entsprechend versorgen (siehe Abschnitt 2.2).

Damit haben wir das Programm 1.1 S. 4 in eine Variante mit
typisierten Größen transformiert:

Programm 2.1
Kaffeeautomat als
Modul - typisiert

```
MODULE Kaffeeautomat

QUERIES
    außer_Betrieb          : BOOLEAN
    eingenommener_Betrag   : INTEGER
    Preis                  : INTEGER
    gesammelter_Betrag     : INTEGER

ACTIONS
    Geld_einnehmen (IN Betrag : INTEGER)
    Kaffee_ausgeben
    Geld_zurückgeben
    initialisieren (IN neuer_Preis : INTEGER)

END Kaffeeautomat
```

2.1.2   Ein Schalter

Das Schalter-Programm 1.2 S. 6 zu typisieren ist denkbar einfach: Parameter fehlen, die einzige Abfrage on wird zu einer
booleschen Größe:

Programm 2.2
Schalter als Modul -
typisiert

```
MODULE Switch

    QUERIES
        on : BOOLEAN

    ACTIONS
        SwitchOn
        SwitchOff
        Toggle

END Switch
```

2.1.3   Eine Menge

Beim Mengen-Programm 1.3 S. 8 steht fest, dass die Enthältabfrage zu einer booleschen Größe wird:

```
Has (x) : BOOLEAN
```

Doch von welchem Typ soll der mehrfach vorkommende Parameter x sein, der ein Element darstellt? Sicher muss an allen Stellen derselbe Typ stehen, eben der **Elementtyp** der Menge. (Man
kann nicht Kiesel in eine leere Kiste legen und Goldstücke darin
erwarten.) Wir sind frei, einen beliebigen Typ zu wählen und
entscheiden uns hier für den Zeichentyp CHAR:

Programm 2.3
Zeichenmenge als
Modul - typisiert

```
MODULE Set

    QUERIES
        Has (x : CHAR) : BOOLEAN

    ACTIONS
        Put (x : CHAR)
        Remove (x : CHAR)

END Set
```

2.2   Benutzung angebotener Dienste

Ein Kunde benutzt einen Lieferanten, indem er dessen Dienste
aufruft (*call*). Der Kunde ist der **Aufrufer** (*caller*), der Lieferant
der **Aufgerufene** (*callee*). Wir sprechen auch vom **Zugriff** (*access*)
des Kunden auf die Dienste des Lieferanten. Benutzen, Aufrufen, Zugreifen bedeuten im Wesentlichen dasselbe, doch ist Aufrufen etwas konkreter.

2.2.1   Vereinbarung

Wir unterscheiden zwischen der Vereinbarung und dem Aufruf
eines Dienstes. **Vereinbarungen** (*declaration*) kennen wir schon,
eine Spezifikation eines Moduls besteht (zunächst) hauptsächlich aus einer Liste von Vereinbarungen:

```
MODULE Modulname

   QUERIES
      Vereinbarungen von Abfragen

   ACTIONS
      Vereinbarungen von Aktionen

END Modulname
```

Jeder Dienst ist in einem Modul **vereinbart**, dem **vereinbarenden** Modul des Dienstes. Eine Vereinbarung eines Dienstes legt seine Art fest (ob Abfrage oder Aktion), seinen Namen, und bei einer Abfrage auch ihren Typ. Ein **parametrisierter Dienst** erscheint bei der Vereinbarung mit einer Liste **formaler Parameter**. Im Beispiel

```
Geld_einnehmen (IN Betrag : INTEGER)
```

hat Geld_einnehmen nur einen formalen Parameter namens Betrag. Formale Parameter ähneln Abfragen: Eine Vereinbarung eines Parameters legt seine Art (z.B. IN), seinen Namen und seinen Typ (z.B. INTEGER) fest. Abfragen und formalen Parametern ist gemein, dass sie einen Namen und einen Typ haben. Wo bleiben die Werte? Sie erscheinen nicht in Vereinbarungen, sondern in Aufrufen.

2.2.2   Aufruf

Zum **Aufruf** (*call*) eines Dienstes ist sein Name anzugeben, z.B.

```
eingenommener_Betrag
```

Ein Dienstaufruf kann (zunächst) nur in der Implementation eines Moduls vorkommen. Der obige Aufruf darf nur in dem Modul stehen, das den Dienst vereinbart (also in Kaffeeautomat), weil der Aufruf **unqualifiziert** ist. Ein Aufruf in einem Kundenmodul muss **qualifiziert** sein, d.h. vor dem Dienstnamen muss der Lieferantenmodulname stehen:

```
MODULE Kunde_von_Kaffeeautomat

   ...
   ... Kaffeeautomat.eingenommener_Betrag ...
   ...

END Kunde_von_Kaffeeautomat
```

Der Kunde muss zeigen, dass er den Kaffeeautomaten meint und nicht den Servierroboter. Gestufte Namengebung kennen wir: Beim Telefonieren steht 09876/12345 für Ortsnetz-/Teilnehmernummer. Unter uns wissen wir, wer Hans ist; sonst heißt er Meier, Hans (oder Johannes Meier). Es geht darum, Namenskonflikte aufzulösen und eindeutige Namen zu erzielen. Bei der

Punktschreibweise (*dot notation*) trennt und verbindet der Punkt „." die Namenteile. Programmtexte mit qualifizierten Namen sind besser lesbar, weil man sofort erkennt, welches Modul einen benutzten Dienst vereinbart.

Ausdruck

Ein Aufruf einer Abfrage liefert einen Wert aus dem Wertebereich des Typs der Abfrage. Beispielsweise gibt

    Kaffeeautomat.Preis

eine ganze Zahl, angenommen 60, an die Aufrufstelle zurück. Der Wert steht dann bereit, um weiter verarbeitet zu werden. Mit anderen Begriffen: Ein Abfragenaufruf ist ein spezieller **Ausdruck** (*expression*). Ausdrücke werden ausgewertet und ergeben Werte. So liefert die Auswertung des Ausdrucks Kaffeeautomat.Preis als Ergebnis den Wert 60. Der Ausdruck wird durch seinen Ergebniswert ersetzt.

Anweisung

Aufrufe von Aktionen sind dagegen **Anweisungen** (*statement*), sie verändern den Zustand des Aufgerufenen. Nach dem Aufruf

    Kaffeeautomat.Kaffee_ausgeben

liefert Kaffeeautomat.eingenommener_Betrag 60 Einheiten weniger als vorher, Kaffeeautomat.gesammelter_Betrag 60 Einheiten mehr (und die Tasse ist hoffentlich gefüllt mit Kaffee). Man beachte, dass der Aktionsaufruf Kaffeeautomat.Kaffee_ausgeben keinen Wert liefert!

2.2.3   Ausdruck

Ein Abfragenaufruf ist ein spezieller Ausdruck - was ist ein allgemeiner Ausdruck? Ein weiteres Beispiel ist der arithmetische Ausdruck

$$\frac{(a + 12) \cdot c}{d - e}$$

den wir von der mathematischen Notation in eine Softwarenotation transformieren:

    ((a + 12) * c) / (d - e)

Ein **Ausdruck** ist eine Vorschrift zur Berechnung eines Werts, ein nach gewissen Regeln strukturiertes Gebilde, das nach gewissen Regeln abgearbeitet, d.h. *ausgewertet* wird. Ein Ausdruck setzt sich zusammen aus Operanden (z.B. a, 12, c, d, e), Operationen (z.B. +, *, /, -) und ggf. Klammern (z.B. „(", „)").

- Ein **Operand** ist ein *passives* Teil eines Ausdrucks, das einen Wert liefert. Ein Operand kann ein Wert (z.B. 12), ein Abfragenaufruf (z.B. a), ein formaler Parameter (z.B. c) oder wieder ein aus anderen Teilen zusammengesetzter Ausdruck (z.B. a + 12) sein.

- Eine **Operation** ist ein *aktives* Teil, das seine Operanden miteinander verknüpft und aus ihren Werten einen neuen Wert bildet.

- **Klammern** (*parenthesis*) sind *ordnende* Teile, die die Reihenfolge der Ausführung der Operationen bestimmen.

Die **Auswertung** (*evaluation*) eines Ausdrucks ist damit die Ausführung einer Folge von Operationen.

Typbindung

Operanden und Ausdrücke sind an Typen **gebunden** (*binding*). Ein arithmetischer Ausdruck liefert als Wert eine Zahl und ist daher an einen Zahlentyp gebunden. Ein relationaler Ausdruck, z.B.

a + b < c

liefert als Wert FALSE oder TRUE und ist daher an den Typ BOOLEAN gebunden.

Seiteneffekt

Ein Ausdruck bewirkt einen **Seiteneffekt**, wenn sich durch die Auswertung des Ausdrucks der Zustand einer Größe ändert. Wird ein **seiteneffektbehafteter Ausdruck** zweimal direkt nacheinander ausgewertet, so können die beiden Ergebniswerte verschieden sein. Diese Eigenschaft ist problematisch, sie widerspricht dem mathematischen Begriff eines Ausdrucks. Deshalb setzen wir im Folgenden meist voraus, dass Ausdrücke **seiteneffektfrei** sind. Damit ein Ausdruck seiteneffektfrei ist, müssen alle seine Teilausdrücke, Operanden und Operationen seiteneffektfrei sein.

2.2.4   Parameterübergabe

Welche Rolle spielen Parameter bei Aufrufen? Nehmen wir als Beispiel wieder die Aktionsvereinbarung

Geld_einnehmen (IN Betrag : INTEGER)

Bei dem formalen Parameter Betrag vom Typ INTEGER handelt sich um einen **Eingabeparameter**, in der Vereinbarung durch IN markiert.

Bild 2.1
Formaler Parameter

Betrag [   ]
INTEGER

Parametername [Wert]
Typ

Beim Aufruf eines parametrisierten Dienstes sind **aktuelle Parameter** anzugeben, die in der Anzahl und ihren Typen den formalen Parametern entsprechen. Im Beispiel genügt es, beim Aufruf eine ganze Zahl als aktuellen Parameter einzusetzen:

    Kaffeeautomat.Geld_einnehmen (60)

Der Wert 60 passt zum formalen Parameter Betrag, da er zum Wertebereich von INTEGER gehört. Er wird an Betrag übergeben, er „fließt" vom Aufrufer zum Aufgerufenen:

Bild 2.2

Parameterübergabe bei Eingabeparameter

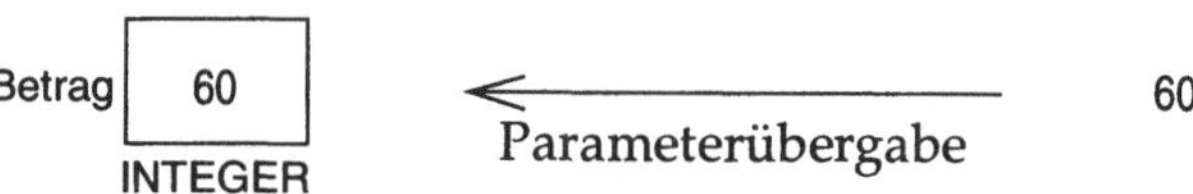

Bei der **Parameterübergabe** wird der formale Parameter an den Wert des aktuellen Parameters **gebunden**. Als aktuelle Eingabeparameter sind Ausdrücke einzusetzen. Sie können beliebig komplex sein, nur ihr Typ muss passen. So wird beim Aufruf

    Kaffeeautomat.Geld_einnehmen (Kaffeeautomat.Preis * 2)

zunächst der Abfragenaufruf Kaffeeautomat.Preis ausgewertet, der Ergebniswert, angenommen 60, wird mit 2 multipliziert, 120 wird an Betrag übergeben.

Parameterart

Es gibt zwei weitere **Arten** von Parametern: Ausgabe- und Ein-/Ausgabeparameter, die mit OUT bzw. INOUT vereinbart werden. Ein (von Programm 2.1 abweichendes) Beispiel für einen **Ausgabeparameter** ist

    Geld_zurückgeben (OUT Betrag : INTEGER)

Beim Aufruf dieses Dienstes muss der aktuelle Parameter eine Größe sein, die an einen Wert gebunden werden kann:

    Kaffeeautomat.Geld_zurückgeben (Geldbeutel)

Hier ist Geldbeutel das Ziel des ausgegebenen Betrags. Der Wert wird vom Aufgerufenen an den Aufrufer übergeben:

Bild 2.3

Parameterübergabe bei Ausgabeparameter

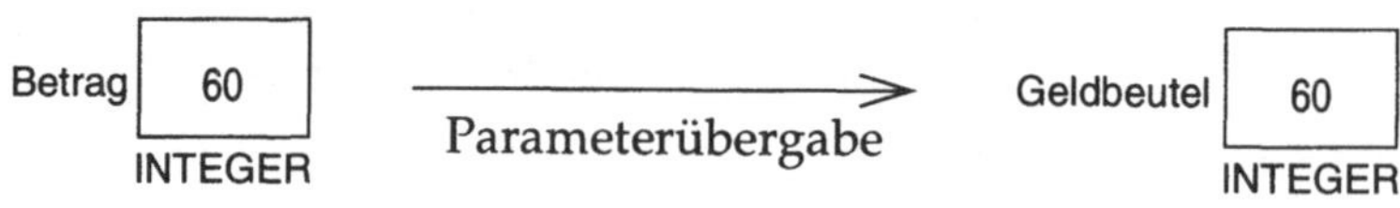

Ein-/Ausgabeparameter kombinieren beide Übergabearten: Parameterwerte „fließen" an den Aufgerufenen und zurück an den Aufrufer. Dazu bieten die Vereinbarung

    Kaffee_ausgeben (INOUT Pott : Tasse)

und der Aufruf

    Kaffeeautomat.Kaffee_ausgeben (mein_Haferl)

ein (von Programm 2.1 abweichendes) Beispiel, das wir in Kapitel 9 detailliert besprechen. Bleibt uns, die allgemeine Form eines Aufrufs eines Dienstes anzugeben:

    Modulname.Dienstname (aktuelle Parameter)

2.3   Syntax und Semantik

Syntax

Programm 2.1 legt **syntaktische Eigenschaften** des Kaffeeautomaten fest, nämlich die **Signaturen** der Dienste, d.h. ihre Namen, die Anzahl, die Arten und Typen der Parameter und - bei Abfragen - den Ergebnistyp. So ist der Aufruf

    Kaffeeautomat.get_coffee

von vornherein zum Scheitern verurteilt, er ist syntaktisch falsch. (Dieser Automat versteht kein Englisch - ein echtes Manko.) Ebenso ist

    Kaffeeautomat.Kaffee_ausgeben (5 Tassen)

syntaktisch falsch, denn Kaffee_ausgeben ist parameterlos.

Statische Semantik

Darüber hinaus spezifiziert Programm 2.1 eine Eigenschaft, die man zur **statischen Semantik** zählen kann: die Typbindung. Statisch bedeutet hier, dass man die Eigenschaft durch Analysieren des Programmtextes prüfen kann (ohne den Automaten in Betrieb zu nehmen - d.h. ohne die Simulation auszuführen). Bevor wir auf die Typprüfung näher eingehen, ergänzen wir das Modell des Kaffeeautomaten um eine weitere Eigenschaft der statischen Semantik: Rechte an Diensten.

2.3.1   Recht und Zugriffskontrolle

In Programm 2.1 sind einfach mit QUERIES bzw. ACTIONS eingeleitete Dienste, etwa

```
QUERIES
    eingenommener_Betrag : INTEGER

ACTIONS
    Geld_einnehmen (IN Betrag : INTEGER)
```

öffentlich (*public*) zugänglich, d.h. jedes Modul kann sie als potenzieller Kunde benutzen. Ein Modul kann aber auch **Rechte** (*right*) an seinen Diensten gezielt verschiedenen Kundengruppen geben, d.h. das Modul entscheidet, welche Kunden welche

Dienste benutzen dürfen. Zugriffsbeschränkungen zeigen wir in QUERIES- und ACTIONS-Konstrukten mit FOR-Konstrukten an:

```
QUERIES FOR Betriebspersonal
    gesammelter_Betrag : INTEGER

ACTIONS FOR Betriebspersonal
    initialisieren (IN neuer_Preis : INTEGER)
```

So darf nur der Kunde Betriebspersonal die Dienste gesammelter_Betrag und initialisieren benutzen. Programm 2.1 nimmt damit folgende Gestalt an:

Programm 2.4
Kaffeeautomat als
Modul - kontrollierend

```
MODULE Kaffeeautomat

    QUERIES
        außer_Betrieb          : BOOLEAN
        eingenommener_Betrag   : INTEGER
        Preis                  : INTEGER

    QUERIES FOR Betriebspersonal
        gesammelter_Betrag     : INTEGER

    ACTIONS
        Geld_einnehmen (IN Betrag : INTEGER)
        Kaffee_ausgeben
        Geld_zurückgeben

    ACTIONS FOR Betriebspersonal
        initialisieren (IN neuer_Preis : INTEGER)

END Kaffeeautomat
```

Bild 2.4
Rechte und
Zugriffskontrolle

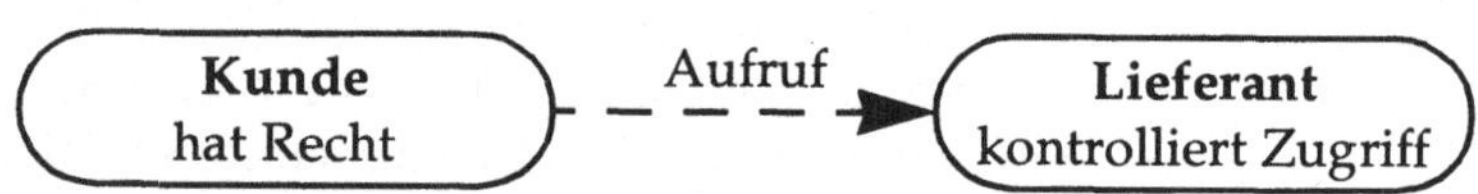

Die **Zugriffskontrolle** (*access control*) hängt mit den Rechten an Diensten zusammen: Bei einem Aufruf wird geprüft, ob der Kunde berechtigt ist, den Dienst aufzurufen. Versuchen wir mal, den Kaffeeautomaten zu knacken:

```
MODULE Spion

    ...
    ... Kaffeeautomat.gesammelter_Betrag ...
    ...
END Spion
```

Vergeblich! Kaffeeautomat verweigert dem Modul Spion diesen Dienst. Nur das Modul Betriebspersonal darf erfahren, wieviel Geld sich angehäuft hat:

```
MODULE Betriebspersonal
    ...
    ... Kaffeeautomat.gesammelter_Betrag ...
    ...
END Betriebspersonal
```

☺

2.3.2   Typbindung und Typprüfung

Typbindung bedeutet: Abfragen, Parameter und Ausdrücke sind an Typen gebunden. **Typprüfung** (*type checking*) heißt:

- Bei einer Parameterübergabe wird geprüft, ob der Typ des aktuellen Parameters mit dem Typ des formalen Parameters **verträglich** (*compatible*) ist.

- Bei einer Operation in einem Ausdruck wird geprüft, ob die Typen der Operanden mit der Operation verträglich sind.

Betrachten wir z.B. den Aufruf

☹

```
Kaffeeautomat.Geld_einnehmen (FALSE)
```

Typfehler! Der Parameter Betrag von Geld_einnehmen ist vom Typ INTEGER, der übergebene Wert FALSE gehört zum Typ BOOLEAN; die beiden Typen vertragen sich nicht; die Parameterübergabe scheitert, da man eine INTEGER-Größe nicht an FALSE binden darf. Ebenso lehnt der physische Kaffeeautomat Knöpfe anstelle von Münzen ab; und wir wollen ja auch nicht, dass er uns Spülwasser in die Tasse schüttet.

Analogie

Beispiele für kompatible Komponenten finden sich leicht: Ein Dieselmotor erwartet Dieselöl, ein Ottomotor Benzin. Motoröl gehört in den Motor, Benzin in den Tank. Mit Salzwasser läuft kein Verbrennungsmotor; in der Software kann ein Dienst, der mit Parameterwerten falschen Typs aufgerufen wird, nicht korrekt arbeiten. Bild 2.5 veranschaulicht das Konzept der Typprüfung bei der Parameterübergabe. Aktuelle und formale Parameter müssen passen wie die Schraube in die Mutter und der Stecker in die Steckdose.

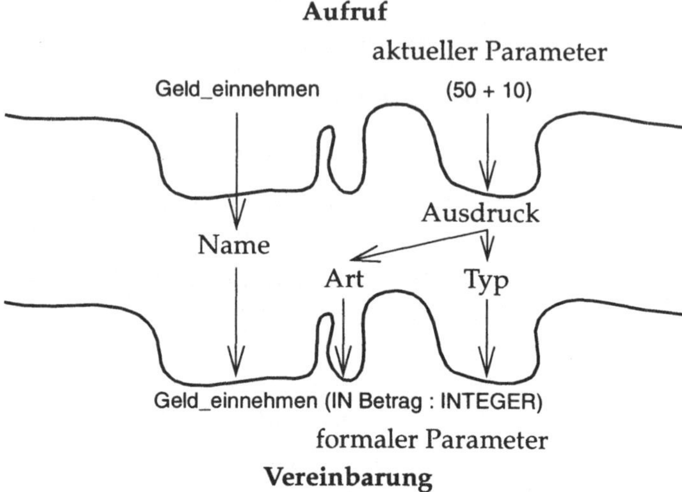

2.4   Spezifikation durch Vertrag

Trotz aller Prüfungen - die Programme 2.1 bis 2.4 sind als Spezifikationen unvollständig, denn sie beschreiben nicht, *was* die Dienste tun. (Die Namen der Dienste geben dem Entwickler bestenfalls Hinweise.) Ein Kunde des Kaffeeautomaten-Programms 2.1 kann zwar keinen Parameter falschen Typs übergeben, aber falsche Parameterwerte erlaubt die Spezifikation. Zudem wissen wir nicht, was etwa bei der Aufruffolge

```
Kaffeeautomat.Kaffee_ausgeben
Kaffeeautomat.Geld_zurückgeben
```

passiert - liefert der Automat Kaffee *und* Geld? Der physische Automat würde wohl nicht einmal reagieren! (Wir haben vergessen, Münzen einzuwerfen.)

Dynamische Semantik

Offen ist also, das **Verhalten** des Automaten (oder Moduls), die Bedeutung oder Wirkung seiner Dienste zu spezifizieren. Man kann dies als Spezifikation der **dynamischen Semantik** bezeichnen. Dynamisch bedeutet hier, dass man die Eigenschaften erst während des Betriebs des Automaten prüfen kann - d.h. während der Ausführung der Simulation.

Wir zeigen am Beispiel des Kaffeeautomaten eine Spezifikationsmethode, anschließend wenden wir sie bei den Beispielen des Schalters und der Menge an.

2.4.1 Ein Kaffeeautomat

Auftrag

Ergänzen wir das **Kunden-Lieferanten-Modell** um einige Begriffe: Der Kunde **beauftragt** den Lieferanten, einen bestimmten Dienst zu leisten. Der Lieferant entscheidet, ob er den **Auftrag** annimmt oder nicht.

Vorbedingung

Der Lieferant kann **Vorbedingungen** (*precondition*) zu dem Dienst stellen. Nur wenn diese Vorbedingungen erfüllt sind, nimmt der Lieferant den Auftrag an und beginnt, den Dienst auszuführen. Der Kunde ist dafür verantwortlich, die Vorbedingungen einzuhalten. Beispielsweise kann der Automat den Auftrag

```
Kaffeeautomat.Geld_einnehmen (-1000)
```

zurückweisen, indem er als Vorbedingung fordert, einen nichtnegativen Betrag als Parameter zu übergeben:

```
Betrag >= 0
```

Nachbedingung

Im Gegenzug garantiert der Lieferant dem Kunden, dass nach Ausführung des Dienstes bestimmte **Nachbedingungen** (*postcondition*) gelten. Der Kunde kann sich darauf verlassen, dass der Lieferant, wenn er einen Auftrag angenommen hat, die Nachbedingungen des Dienstes erfüllen wird. In unserem Beispiel kann Geld_einnehmen zusichern, den übergebenen Betrag zu registrieren:

```
eingenommener_Betrag = OLD (eingenommener_Betrag) + Betrag
```

Der OLD-**Ausdruck** liefert dabei den Wert, den eingenommener_Betrag *vor* der Ausführung des Dienstes hatte.

Vor- und Nachbedingungen sind also Aussagen über den abfragbaren Zustand des Lieferanten und über die Parameter und Ergebnisse des Dienstes. Aussagen formulieren wir als boolesche Ausdrücke. Vor- und Nachbedingungen stellen die in Bild 1.2 S. 2 erwähnte Ursache-Wirkungs-Beziehung dar: Die Vorbedingungen eines Dienstes beschreiben die Ursachen, die zur Ausführung des geforderten Dienstes führen, die Nachbedingungen beschreiben die Wirkungen dieser Ausführung.

Nicht alle Zustände eines Moduls, die syntaktisch erlaubt sind und im Wertebereich der sie beschreibenden Größen liegen, sind semantisch sinnvoll. Was sollte z.B.

```
Kaffeeautomat.Preis = -100
```

bedeuten? Dass der Automat nie einen negativen Preis anzeigt, können wir durch einen booleschen Ausdruck spezifizieren:

Preis >= 0

Invariante

Solche Aussagen, die für ein Modul stets gelten, heißen **Modul-invarianten** oder kurz **Invarianten**. Genauer: Während ein Modul einen Dienst ausführt, können seine Invarianten zeitweilig verletzt sein. Sie gelten aber vor und nach jedem Aufruf eines Dienstes. Jeder Dienst muss also (siehe Bild 2.6)

Bild 2.6
Kunden-Lieferanten-
Modell mit
Bedingungen

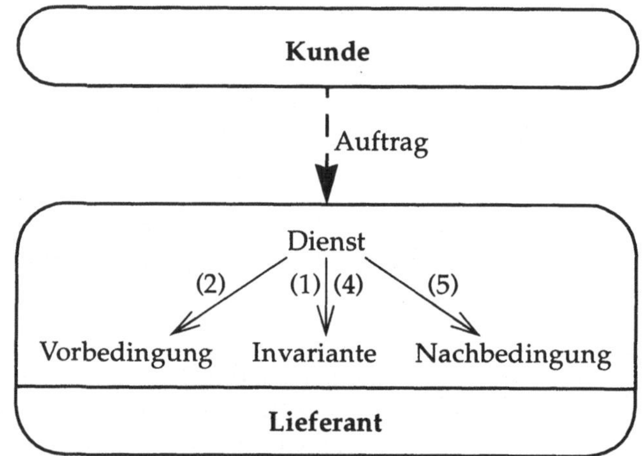

(1) prüfen, ob die Invarianten erfüllt sind,

(2) prüfen, ob seine Vorbedingungen erfüllt sind,

(3) falls die Invarianten und Vorbedingungen erfüllt sind, seine Aufgabe erledigen, andernfalls den Auftrag ablehnen,

(4) nachweisen, dass er die Invarianten erhalten oder wiederhergestellt hat,

(5) nachweisen, dass er seine Nachbedingungen erfüllt hat.

Der einzige Dienst, vor dessen Aufruf die Invarianten nicht gelten und der sie deshalb nicht prüft, ist initialisieren; die Aufgabe des Initialisierens ist, die Invarianten erstmals zu erfüllen.

Die Methode, Module mit Vor- und Nachbedingungen und Invarianten zu spezifizieren, heißt **Spezifikation durch Vertrag** (*specification by contract*). Um sie konkret anzuwenden, brauchen wir einige syntaktische Regeln. Vorbedingungen leiten wir mit dem Schlüsselwort PRE ein, Nachbedingungen mit POST und Invarianten mit INVARIANTS. Für jede einzelne Bedingung spendieren wir der Lesbarkeit halber eine Zeile. Die Bedingungen sind jeweils konjunktiv zu verknüpfen, d.h. jede Bedingung muss gelten. (Die Bezeichnungen der Bedingungen verwenden wir im Singular und im Plural, je nach Aspekt. *Die Invariante* meint z.B. die Konjunktion *der* einzelnen *Invariante*n.)

Programm 2.5
Kaffeeautomat mit
Bedingungen

```
MODULE Kaffeeautomat

    QUERIES
        außer_Betrieb           : BOOLEAN
        eingenommener_Betrag  : INTEGER
        Preis                   : INTEGER

    QUERIES FOR Betriebspersonal
        gesammelter_Betrag      : INTEGER

    ACTIONS
        Geld_einnehmen (IN Betrag : INTEGER)
            PRE
                NOT außer_Betrieb
                Betrag >= 0
            POST
                eingenommener_Betrag = OLD (eingenommener_Betrag) + Betrag

        Kaffee_ausgeben
            PRE
                NOT außer_Betrieb
                eingenommener_Betrag >= Preis
            POST
                eingenommener_Betrag = OLD (eingenommener_Betrag) - Preis
                gesammelter_Betrag = OLD (gesammelter_Betrag) + Preis

        Geld_zurückgeben
            PRE
                NOT außer_Betrieb
            POST
                eingenommener_Betrag = 0

    ACTIONS FOR Betriebspersonal
        initialisieren (IN neuer_Preis : INTEGER)
            PRE
                neuer_Preis >= 0
            POST
                NOT außer_Betrieb
                eingenommener_Betrag = 0
                Preis = neuer_Preis
                gesammelter_Betrag = 0

    INVARIANTS
        eingenommener_Betrag >= 0
        Preis >= 0
        gesammelter_Betrag >= 0

END Kaffeeautomat
```

Jeder Dienst außer initialisieren verlangt als Vorbedingung, dass der Automat betriebsbereit ist. Nur initialisieren stellt diese Bedingung her. Das bedeutet, dass der Automat während der Ausführung eines Dienstes außer Betrieb gehen kann.

Aus den Vor- und Nachbedingungen lässt sich ermitteln, wie die Aktionen nacheinander aufgerufen werden dürfen. Ist der Automat außer_Betrieb, so ist initialisieren die einzige erlaubte Aktion. Unter der Voraussetzung NOT außer_Betrieb gilt:

- Geld_einnehmen darf immer aufgerufen werden, aber nur mit nichtnegativem Betrag.

- Geld_zurückgeben ist auch stets aufrufbar.

- Kaffee_ausgeben darf nur aufgerufen werden, wenn der Automat mindestens den Preis einer Tasse Kaffee eingenommen hat. Dieser Zustand ist nur zu erreichen, indem Geld_einnehmen genügend oft mit genügend großen Teilbeträgen aufgerufen wird.

Vollständigkeit

Ist der Kaffeeautomat mit Programm 2.5 **vollständig** spezifiziert, d.h. verhalten sich alle möglichen Implementationen zu dieser Spezifikation genau gleich? Nein! Die Spezifikation ist **unvollständig** oder **partiell**, da die Nachbedingungen nur festlegen, welche Teilzustände sich ändern, aber nicht, welche gleichbleiben. Eine genauere Spezifikation für Geld_einnehmen lautet

```
Geld_einnehmen (IN Betrag : INTEGER)
    PRE
        NOT außer_Betrieb
        Betrag >= 0
    POST
        eingenommener_Betrag = OLD (eingenommener_Betrag) + Betrag
        Preis = OLD (Preis)
        gesammelter_Betrag = OLD (gesammelter_Betrag)
```

Sie überlässt der Implementation nur noch die Entscheidung, ob sich außer_Betrieb ändert oder nicht. Da Aktionen oft nur wenig ändern (gemäß Leitlinie 1.2 S. 5), lassen wir der Einfachheit halber zusätzliche Nachbedingungen der Art x = OLD (x) weg. Dies gilt insbesondere bei Abfragen, die ja generell nichts verändern.

Fazit

Resümieren wir: Zur Spezifikation durch Vertrag brauchen wir die Aussagenlogik. Einfache logische Aussagen kennen jedoch keine Zeit. Um in Nachbedingungen Beziehungen zwischen „vorher" und „nachher" ausdrücken zu können, erlauben wir dort Ausdrücke mit dem OLD-Konstrukt.

2.4.2   Ein Schalter

Invariante

Um das Schalter-Programm 2.2 vertraglich zu spezifizieren, bestimmen wir zuerst die Invariante: Der Schalter hat nur zwei Zustände, die er unbeschränkt einnehmen kann. Also gibt es keine Invariante bzw. sie ist immer TRUE und wir müssen sie nicht aufschreiben.

Um die Vor- und Nachbedingungen zu bestimmen, gehen wir vom Zustandsdiagramm Bild 1.4 S. 7 aus. Man kann solche Bedingungen systematisch aus Zustandsdiagrammen herleiten; hier lesen wir sie intuitiv daraus ab:

Vorbedingung

Für jede Aktion A gilt: Von jedem Zustand geht ein mit A beschrifteter Pfeil aus. Das bedeutet: Jede Aktion darf in jedem Zustand aufgerufen werden, d.h. es gibt keine Vorbedingungen bzw. sie sind alle TRUE.

Nachbedingung

Bei SwitchOn enden alle Pfeile im Zustand on; also lautet seine Nachbedingung on. Die Nachbedingung zu SwitchOff ergibt sich analog zu NOT on. Bei Toggle ist der Nachzustand immer dem Vorzustand entgegengesetzt, also lautet die Nachbedingung

on = NOT OLD (on)

Zusammengefasst erhalten wir folgende Spezifikation, die den Schalter vollständig beschreibt (er ist ja auch sehr primitiv):

Programm 2.6
Schalter mit
Bedingungen

```
MODULE Switch

    QUERIES
      on : BOOLEAN

    ACTIONS
      SwitchOn
        POST
          on

      SwitchOff
        POST
          NOT on

      Toggle
        POST
          on = NOT OLD (on)

END Switch
```

2.4.3   Eine Menge

Wie der Schalter hat die Menge keine Invariante und stellt keine Vorbedingungen: Jeder Dienst ist jederzeit aufrufbar. Schalter und Menge sind somit kundenfreundliche Lieferanten. Die Nachbedingungen sind leicht zu bestimmen: Nach dem Hinzufügen ist das hinzugefügte Element in der Menge enthalten; nach dem Entfernen ist das entfernte Element nicht (mehr) in der Menge enthalten.

Programm 2.7
Zeichenmenge mit
Bedingungen

```
MODULE Set

    QUERIES
        Has (IN x : CHAR) : BOOLEAN

    ACTIONS
        Put (IN x : CHAR)
            POST
                Has (x)

        Remove (IN x : CHAR)
            POST
                NOT Has (x)

END Set
```

Unvollständigkeit

Leider ist diese Spezifikation unvollständig, obwohl eine Menge eine relativ einfache Sache ist. Eine formal korrekte Implementation könnte beim Hinzufügen oder Entfernen eines Elements noch weitere Elemente hinzufügen und/oder andere Elemente aus der Menge entfernen. Freilich wäre eine solche Implementation praktisch unbrauchbar.

An diesem Beispiel erkennen wir unvollständige Spezifikation als Problem, denn ein Kunde eines Moduls kann nur spezifiziertes Verhalten erwarten. Wie ziehen daraus die Konsequenz:

Leitlinie 2.1
Vollständige
Spezifikation

> Vervollständige eine partielle formale Spezifikation durch Vertrag mittels informaler, verbaler Beschreibungen der Dienste.

2.4.4 Noch ein Kaffeeautomat

Betrachten wir Programm 2.5 genau, so stellen wir fest, dass Beträge und Preise, d.h. die entsprechenden Abfragen und Parameter, nur nichtnegative Zahlenwerte annehmen. Wir setzen jetzt voraus, dass es für die natürlichen Zahlen einen Typ

```
NATURAL
```

mit dem Wertebereich 0, 1, 2,... gibt (d.h. 0 gilt als natürliche Zahl, siehe Tabelle 2.2). Dann können wir Beträge und Preise vom Typ NATURAL vereinbaren und alle Bedingungen der Form

```
Größe >= 0
```

streichen, denn sie sind jetzt implizit als Typeigenschaft gefordert. So transformieren wir dynamische Eigenschaften in statische. Diese Transformation lässt sich auch in umgekehrter Richtung ausführen. Die Grenze zwischen statischer und dynamischer Semantik ist also unscharf.

Mit der Einführung des Typs NATURAL fallen alle Invarianten und einige Vorbedingungen weg. Es entfallen **triviale Bedin-**

gungen, die sich leicht als Typeigenschaft - als Wertebereich - formulieren lassen. Bedeutet trivial, dass es sich nicht lohnt, solche Bedingungen zu prüfen? Nein! Überschreitungen von Wertebereichen sind Fehler, die in der Praxis oft vorkommen. Daher ist es wichtig, sie zu verhindern.

Wir haben alle Invarianten gestrichen - heißt das, dass der Kaffeeautomat keine Invarianten besitzt? Studieren wir die Spezifikationen der Aktionen, so erkennen wir:

- gesammelter_Betrag erhöht sich immer nur um Preis,

- Preis ist nach dem Initialisieren fest, gesammelter_Betrag ist 0.

Also kann gesammelter_Betrag immer nur ein Vielfaches von Preis sein. Damit haben wir eine **nichttriviale Invariante** gefunden:

gesammelter_Betrag MOD Preis = 0

Arithmetik

MOD bezeichnet den **Modulo-Operator**. Sind a, b ganze Zahlen mit b $\neq$ 0, und wird a ganzzahlig durch b geteilt, so ist a MOD b der Rest.

Um Division durch 0 zu verhindern, muss zuvor die Invariante

Preis > 0

gelten. (So kann es leider keinen Gratiskaffee geben.) Diese Überlegungen fassen wir in einer Variante der Spezifikation des Kaffeeautomaten zusammen.

Programm 2.8
Kaffeeautomat mit
günstigeren Typen

```
MODULE Kaffeeautomat

    QUERIES
        außer_Betrieb            : BOOLEAN
        eingenommener_Betrag : NATURAL
        Preis                    : NATURAL

    QUERIES FOR Betriebspersonal
        gesammelter_Betrag     : NATURAL

    ACTIONS
    Geld_einnehmen (IN Betrag : NATURAL)
        PRE
            NOT außer_Betrieb
        POST
            eingenommener_Betrag = OLD (eingenommener_Betrag) + Betrag

    Kaffee_ausgeben
        PRE
            NOT außer_Betrieb
            eingenommener_Betrag >= Preis
        POST
            eingenommener_Betrag = OLD (eingenommener_Betrag) - Preis
            gesammelter_Betrag = OLD (gesammelter_Betrag) + Preis
```

```
        Geld_zurückgeben
            PRE
                NOT außer_Betrieb
            POST
                eingenommener_Betrag = 0

    ACTIONS FOR Betriebspersonal
        initialisieren (IN neuer_Preis : NATURAL)
            PRE
                neuer_Preis > 0
            POST
                NOT außer_Betrieb
                eingenommener_Betrag = 0
                Preis = neuer_Preis
                gesammelter_Betrag = 0

    INVARIANTS
        Preis > 0
        gesammelter_Betrag MOD Preis = 0

END Kaffeeautomat
```

Programm 2.8 ist verglichen mit Programm 2.5 kürzer und exakter. Durch den passenden Typ NATURAL haben wir Freiraum zum Nachdenken über wesentliche Bedingungen gewonnen.

2.5   Mehrere Kaffeeautomaten

Ist der Kaffeeautomat außer Betrieb, so sucht der Kaffeesüchtige einen anderen. Auf jeder Etage stehen Geräte gleicher Bauart, nach derselben Blaupause gefertigt. Sollen wir als Softwareentwickler eine Simulation mit vielen Kaffeeautomaten programmieren, so wollen wir nicht jeden Automaten einzeln als Modul modellieren, das wäre zu aufwändig. Es genügt *eine* Beschreibung, ein Muster, dem alle Kaffeeautomaten folgen: Sie gehören zu einer **Klasse**. Zur Darstellung einer Klasse verwenden wir ein Klassenkonstrukt, das mit dem Modulkonstrukt fast identisch ist - nur das Schlüsselwort MODULE ist durch CLASS ersetzt:

Programm 2.9
Kaffeeautomat als
Klasse

```
CLASS Kaffeeautomat

    (* Inhalt wie bei Programm 2.8. *)

END Kaffeeautomat
```

Objekt

Die Klasse Kaffeeautomat ist ein Vorbild für Automaten mit gleichen Diensten. Sie ist auch eine ideale Zusammenfassung solcher Automaten, eine Abstraktion. Ein konkreter Automat ist ein **Objekt** dieser Klasse. Die Objekte, die wir brauchen, vereinbaren wir und unterscheiden sie voneinander, indem wir jedem Objekt einen frei gewählten Namen geben und die Klasse zuordnen, der es angehören soll:

```
KA1 : Kaffeeautomat
KA2 : Kaffeeautomat
```

Solche Vereinbarungen können in Kundenmodulen und -klassen als Abfragen oder Parameter stehen. Sie gleichen Vereinbarungen von Größen eines Grundtyps, etwa:

```
Betrag : INTEGER
Preis : INTEGER
```

Moduleigenschaft

Jedes Objekt ist wie ein Modul zu benutzen (siehe Abschnitt 2.2), nur an der Stelle des Modulnamens steht ein Objektname:

```
KA1.Geld_zurückgeben
KA2.Geld_einnehmen (60)
```

Allgemein sieht ein Aufruf so aus:

```
Objektname.Dienstname (aktuelle Parameter)
```

Wir spezifizieren Klassen wie Module mit der Methode der Spezifikation durch Vertrag; bloß die Invarianten heißen hier genauer **Klasseninvarianten**. Die Moduleigenschaft kommt nicht der Klasse, sondern ihren Objekten zu. Jedes Objekt hat einen eigenen Zustand und ein Verhalten. Die Klasse legt die möglichen Zustände und das Verhalten ihrer Objekte fest. Die Klasse selbst hat keinen Zustand und kein Verhalten.

Kunden-Lieferanten-Modell

Die bei Modulen eingeführte Kunde-Lieferant-Beziehung übertragen wir auf Klassen. Jede Klasse ist **Lieferant** von Diensten. Eine Klasse kann Kunde anderer Klassen sein: Eine Klasse B ist **Kunde** einer Klasse A, wenn in B ein Objekt a der Klasse A vereinbart ist:

```
CLASS B                      CLASS A

    QUERIES                      ...
      a : A                      ...

    ACTIONS                      ...
      Do (IN a : A)              ...

END B                        END A
```

Kundenklassen **benutzen** Lieferantenklassen. Die Benutzungsbeziehung besteht auch zwischen Modulen und Klassen, beide können die Kunden- und die Lieferantenrolle spielen.

Bild 2.7
Klasse und Objekt

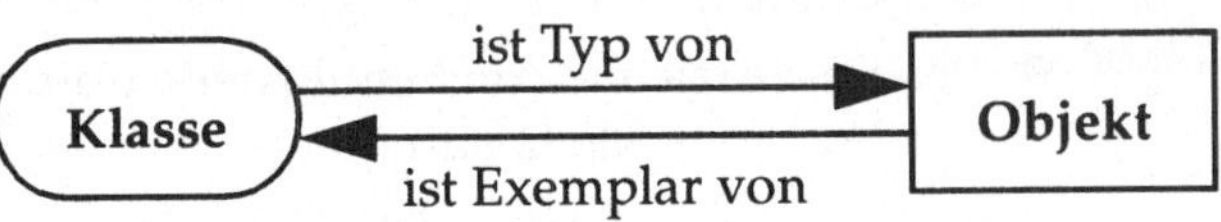

Typeigenschaft

Anders als ein Modul besitzt eine Klasse auch eine Typeigenschaft: Eine Klasse ist ein **Typ**, ihre Objekte sind **Exemplare** dieses Typs. Insofern gleichen Klassen den in Abschnitt 2.1 vorgestellten Grundtypen. Grundtypen unterscheiden sich von Klassen darin, dass ihnen die Moduleigenschaft fehlt.

Tabelle 2.3
Modul- und
Typeigenschaft

	Modul	**Klasse**	**Grundtyp**
Moduleigenschaft	ja	ja	nein
Typeigenschaft	nein	ja	ja

Aus dieser Sicht ist ein Modul ein Spezialfall eines Objekts: Ein Modul ist ein einzigartiges Objekt, ein **Einzelobjekt** (*singleton*). Seine Klasse hat nur *ein* Element, von seinem Typ gibt es nur *ein* Exemplar. In diesem Fall sind die Begriffe Klasse und Typ redundant. Da Einzelobjekte in der Praxis oft vorkommen, ist das Modulkonstrukt durchaus sinnvoll; man spart damit eine Vereinbarung und einen Namen.

Prinzip

Das **Prinzip der Zusammenfassung gleichartiger Objekte zu Klassen** ist eine weitere Ausprägung des Prinzips der Abstraktion. Mit der Klasse erhalten wir eine zweite grundlegende Modellierungseinheit; es gilt jetzt ergänzend zu Formel 1.1 S. 2:

Formel 2.1
Modulares und
objektorientiertes
Softwaremodell

Softwaremodell =
Programm = Menge von Modulen und Klassen.

Das Programmieren mit Klassen behandeln wir in Kapitel 9.

2.6 Zusammenfassung

Wir haben wesentliche Konzepte und Methoden kennengelernt, die wir beim Entwickeln von Software - insbesondere zum Spezifizieren - brauchen. Dazu gehören

- das Abstrahieren durch das Zusammenfassen gleichartiger Objekte zu Typen und Klassen;
- das Parametrisieren von Diensten;
- das Vergeben von Rechten und Kontrollieren von Zugriffen;
- das Binden von Größen an Typen und Prüfen ihrer Typverträglichkeit;
- das Spezifizieren von Schnittstellen durch Verträge, die sich aus Vor- und Nachbedingungen von Diensten und Invarianten von Modulen bzw. Klassen zusammensetzen.

2.7	**Literaturhinweise**

Die Methode der Spezifikation durch Vertrag hat B. Meyer ausgearbeitet; er nennt sie **Entwerfen** und **Programmieren durch Vertrag** (*design, programming by contract*) [17], [21]. Meyer hat damit Spezifikationsmethoden, die auf theoretischen Arbeiten von R. W. Floyd und C. A. R. Hoare aufbauen, praktisch anwendbar gemacht. Hinweise zu den theoretischen Grundlagen findet man in [17], [21].

Unsere Notation zur Spezifikation lehnt sich an die Programmiersprachen Eiffel und Oberon an - wir geben ihr daher den Namen **Cleo**, ein Kürzel für **C**ontract Specification **L**anguage based on **E**iffel and **O**beron. Eiffel von B. Meyer ist in [18] beschrieben; der Entwerfer diskutiert in diesem umfassenden, kommentierten Referenzmanual auch Ziele, Konzepte und Entwurfsentscheidungen. [20] ist eine Kurzfassung von [18].

Eine Weiterentwicklung von Oberon ist Component Pascal, über das wir ab Kapitel 4 mehr erfahren.

2.8	**Übungen**

Mit diesen Aufgaben üben Sie die Methode der Spezifikation durch Vertrag. Dabei können Sie Ihre Lösungen zu den Übungen von Kapitel 1 weiterentwickeln.

Aufgabe 2.1
Geldeingabe

Vereinfachen Sie am Kaffeeautomaten-Programm 2.8 die Geldeingabe so, dass eine einzelne, spezielle Automatenmünze zur Kaffeeausgabe reicht!

Aufgabe 2.2
Geldrückgabe

Spezifizieren Sie eine Variante der Aktion Geld_zurückgeben des Kaffeeautomaten-Programms 2.8, die einen Geldrückgabeplatz bzw. den zurückgegebenen Betrag berücksichtigt!

Aufgabe 2.3
Kaffeesorte und
Zutaten

Spezifizieren Sie einen Kaffeeautomaten, bei dem man Sorte und Zutaten wählen kann: koffeinfrei/koffeinhaltig, ohne/mit Milch, ohne/mit Zucker.

Aufgabe 2.4
Zigarettenautomat

Falls Sie Raucher sind, spezifizieren Sie einen Zigarettenautomaten, sonst einen Automaten Ihrer Wahl!

Aufgabe 2.5
Würfel

Spezifizieren Sie einen Würfel durch Invarianten!

Aufgabe 2.6
Uhr

Spezifizieren Sie eine Uhr nach der Vertragsmethode mit Invarianten und Diensten mit Vor- und Nachbedingungen!

Aufgabe 2.7
Datum

Spezifizieren Sie eine Datumsanzeige nach der Vertragsmethode!

Aufgabe 2.8 Kreis	Spezifizieren Sie einen Kreis nach der Vertragsmethode!
Aufgabe 2.9 Widerstands- schaltung	Spezifizieren Sie eine Schaltung mit einem ohmschen Widerstand nach der Vertragsmethode!
Aufgabe 2.10 Getriebeschaltung	Spezifizieren Sie ein Getriebe mit vier Gängen und einem Rückwärtsgang nach der Vertragsmethode!

Softwareentwicklung

Dieses Kapitel soll uns eine Aussicht auf das vor uns liegende Gebiet bieten. Mit dem Blick auf das Ganze vor dem Blick auf das Detail wollen wir Bezugspunkte finden, an denen wir uns bei der folgenden Tour orientieren können. Dabei erscheinen Begriffe, deren Bedeutung sich erst allmählich erschließen wird.

3.1 Fünf Ebenen

Menschen setzen Rechner als Werkzeuge bei ihren Tätigkeiten ein. Tätigkeitsbereiche der Menschen werden so zu **Anwendungsbereichen** der Softwaretechnik: Menschen stellen Aufgaben, die durch Software gelöst werden sollen. Die Softwarelösung einer Aufgabe heißt **Anwendung** (*application*). **Anwender** sind professionelle Benutzer.

Software entwickeln ist keine schnell zu lernende Routinetätigkeit, sondern ein langwieriger, kreativer und kommunikativer Prozess. Um diesen Prozess begreifbar zu machen, modellieren wir ihn hier mit fünf Ebenen in zwei Dimensionen.

Bild 3.1
Fünf Ebenen der
Softwareentwicklung

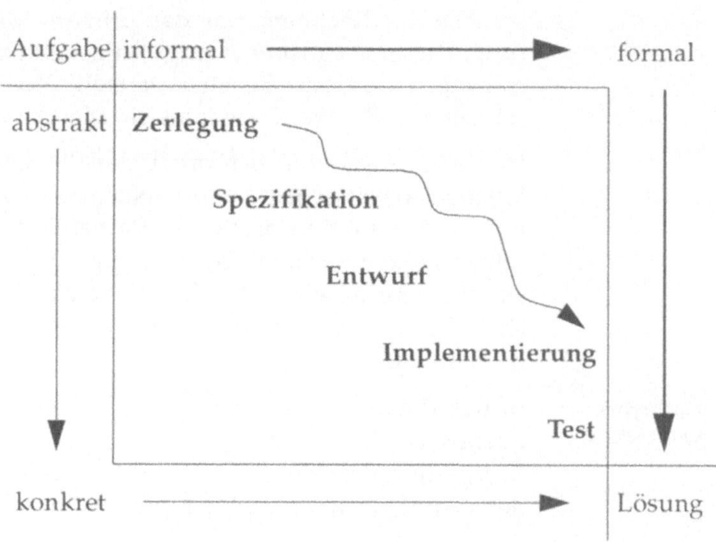

Zwei Dimensionen

Eine Aufgabe erscheint zunächst meist informal und abstrakt - beides steht für den Abstand der Aufgabe vom Rechner, auf dem die Anwendung ablaufen soll. Beispielsweise ist für ein flexibles automatisiertes Fertigungssystem, das Staubsauger produzieren soll, die Steuerungssoftware zu erstellen. Dagegen ist die Lösung - ein System ausführbarer Programme - stets ein formales Konstrukt voller konkreter Details. Auf dem Weg von der Aufgabe zur Lösung bewegt sich der Entwickler im Spannungsfeld abstrahieren - konkretisieren und verbalisieren - formalisieren. Damit Menschen die Aufgabe und die Lösung verstehen können, müssen sie

- abstrahieren, d.h. Wesentliches von Unwesentlichem trennen, und

- verbalisieren, d.h. bisher Unausgesprochenes dokumentieren.

Um der Lösung eine rechnergemäße Gestalt zu geben, vollzieht der Entwickler Schritte des

- Formalisierens und

- Konkretisierens.

Früher versuchte man, zunächst viele Einzelheiten zur Aufgabenlösung zusammenzutragen, bevor man diese in eine dem Rechner angepasste Form brachte. In Bild 3.1 ist dies der Weg links nach unten und dann nach rechts. Man beschritt ihn, weil geeignete Techniken der Modellierung fehlten; die Maschinensprache des Rechners war das primäre Mittel zur Formalisierung. Dieser Weg ist aber ungünstig, zeitaufwändig und fehlerträchtig, weil ein Rechner *formale* Konkretisierungsschritte schneller und zuverlässiger als ein Mensch durchführen kann.

Heute konzentrieren sich professionelle Softwareentwickler auf kreative Arbeitsschritte und versuchen zuerst, eine Aufgabe auf hohem Abstraktionsniveau zu formalisieren. Ist dies gelungen, setzen sie den Rechner als Werkzeug für die restlichen Konkretisierungsschritte ein (z.B. einen Übersetzer für eine Hochsprache). Dies ist in Bild 3.1 der Weg oben nach rechts und dann nach unten.

Erst formalisieren, dann konkretisieren

In der Praxis verläuft der Weg oft irgendwo in der Mitte des Rechtecks, doch der Weg oben-rechts ist anzustreben. Dieses Buch will einen kleinen Beitrag dazu leisten, indem es Methoden der Abstraktion und der Spezifikation betont.

Verbessern durch Wiederholen

Früher zerlegte man den Softwareentwicklungsprozess in voneinander abgegrenzte starr aufeinander folgende Phasen. Dagegen sind jüngere Softwareentwicklungsmodelle **evolutionär:**

Iterative Modelle erlauben, bestimmte Arbeitsschritte so lange zu wiederholen, bis das entwickelte Produkt gut genug ist. Auch wir wollen die fünf Ebenen nicht strikt von links oben nach rechts unten wie eine Treppe hinuntergehen. Fehler können uns auf jeder Ebene unterlaufen. Je früher ein Fehler passiert und je später er erkannt wird, umso aufwändiger ist er zu beheben. Um Fehler zu korrigieren, muss man leicht auf vorhergehende Entwicklungsebenen zurückkehren können.

Komplexität reduzieren durch abgestuftes Erweitern

Bei **inkrementellen** Entwicklungsmodellen beginnt man mit einem Prototyp mit eingeschränkter Funktionalität und baut diesen etappenweise - am besten **partizipativ**, d.h. mit intensiver Beteiligung zukünftiger Benutzer - zu einem funktionstüchtigen Produkt aus.

An Produkten und Dokumenten orientieren

Beim Modell der **nahtlosen Softwareentwicklung** (*seamless software development*) ist der Entwicklungsprozess iterativ und reversibel: Die Ebenen gehen ineinander über, man wechselt zwischen ihnen hin und her, und man kann Entscheidungen leicht revidieren. *Was* man dabei produziert ist jedoch klar umrissen: Man arbeitet entweder an der Zerlegung, an der Spezifikation, am Entwurf oder an der Implementation. Der Ansatz orientiert sich nicht an Tätigkeiten, sondern an Ergebnissen. So unterscheidet er sich von unprofessionellem Vorgehen, bei dem man auf Zerlegung, Spezifikation und Entwurf verzichtet und bloß an der Implementation herumbastelt.

Komplexität reduzieren durch Zerlegen und Kombinieren

Neu zu durchdenken sind diese Ansätze für die **komponentenorientierte Softwareentwicklung**. Sie zielt nicht auf vollständige Lösungen abgeschlossener Aufgaben, sondern auf wiederverwendbare **Komponenten**, die unabhängig voneinander erstellt und andernorts von anderen Menschen zu Anwendungssystemen kombiniert werden. Komponenten müssen in allen Systemen, in denen sie eingesetzt werden, zuverlässig funktionieren und ihre Funktionalität muss stabil bleiben. Umgekehrt ist beim Entwickeln eines Systems einzuplanen, wie welche existierenden Komponenten zu nutzen sind.

Dieses einführende Lehrbuch bietet kein ausgefeiltes Softwareentwicklungsmodell, orientiert sich aber an den genannten Ansätzen. Anforderungen und Aufgaben sind stets vorgegeben; Anforderungs- oder Problemanalysen liegen jenseits des Rahmens des Buchs.

Wir stellen jetzt als Orientierungshilfe zum Lesen der folgenden Kapitel die einzelnen Ebenen vor.

3.1.1   Zerlegung

Zweck der **Zerlegung** (*Grobentwurf, design, decomposition*) ist, eine gegebene Aufgabe

- in Teilaufgaben zu zerlegen und
- diesen Teilaufgaben Struktureinheiten zuzuordnen,

um die Komplexität der Aufgabe zu reduzieren. Die Struktureinheiten sind so zu entwerfen, dass sie änderungsstabil und wiederverwendbar sind. Offenbar handelt es sich beim Zerlegen um eine *kreative Tätigkeit*, die man nicht einem Rechner übertragen kann. Bei komplexen Aufgaben müssen die Entwickler über einen reichen Erfahrungsschatz an Zerlegungsmustern mit ihren Vor- und Nachteilen verfügen.

Modulare und objektorientierte Zerlegung

Als *Methoden* stellen wir dazu in den Kapiteln 8 und 9 das modulare Zerlegen und das objektorientierte Modellieren vor. Grundlegende *Begriffe* zur Zerlegung haben wir in den vorhergehenden Kapiteln kennengelernt: Modul, Klasse, Schnittstelle, Kunde-Lieferant-Beziehung (Bild 1.3 S. 2), modulare Benutzungsstruktur. Die schon eingeführten und noch einzuführenden *grafischen Darstellungsmittel* und *Notationen* mit textuellen Elementen orientieren sich an der **Unified Modeling Language (UML)**.

3.1.2   Spezifikation

Zweck der **Spezifikation** ist,

- Syntax und
- Semantik

der Schnittstelle einer Zerlegungseinheit zu beschreiben. Dabei ist genau und verständlich festzulegen, **was** die Einheit machen soll. Auch das Spezifizieren ist eine *kreative Tätigkeit*, die kein Rechner ausführen kann.

Spezifikation durch Vertrag

In Abschnitt 2.4 haben wir bereits die *Methode* der Spezifikation durch Vertrag und die grundlegenden *Begriffe* Dienst, Abfrage, Aktion, Vorbedingung, Nachbedingung, Invariante kennengelernt; diese Kenntnis vertiefen wir in den folgenden Kapiteln. Die in Kapitel 2 verwendete *Notation* ist eine Spezifikationssprache, die wir **Cleo** nennen. Die Syntax von Cleo spezifizieren wir in Kapitel 4 mit einer weiteren Notation, der erweiterten Bakkus-Naur-Form. Außerdem lernen wir dort als Darstellungsmittel Syntaxdiagramme kennen.

3.1.3   Entwurf

Zweck des **Entwurfs** (*Feinentwurf*) ist, zu einer spezifizierten
Softwareeinheit

- Datenstrukturen und
- Algorithmen zu den Diensten

zu entwerfen. Dabei ist festzulegen, **wie** die Einheit ihre Aufgabe erfüllen soll. Ein **Algorithmus** ist eine Vorschrift, die in
endlich vielen Schritten eine Aufgabe löst. Auch das Entwerfen
ist eine *kreative Tätigkeit*, allerdings abhängig von der Aufgabe
und der Qualität der Spezifikation: Wurde gut spezifiziert, so
fällt der Entwurf günstigenfalls wie der Apfel vom Baum.

Schrittweise
Verfeinerung und
strukturierte
Programmierung

Methoden des Entwurfs sind schrittweises Verfeinern und strukturiertes Programmieren; beide sind unabhängig von speziellen
Programmiersprachen. Wir gehen in den Kapiteln 8 und 9 auf
diese Methoden und zugehörige *Notationen* und *Darstellungsmittel* ein. Dazu gehören grafische Layouts von Datenstrukturen,
Pseudocode, reguläre Ausdrücke und Zustandsdiagramme.
Wichtige *Begriffe* sind Datenstruktur, Algorithmus, Zuweisung,
Bedingung, Folge, Auswahl, Wiederholung, und - als Abstraktion - Prozedur.

3.1.4   Implementierung

Zweck der **Implementierung** ist, eine spezifizierte und entwor-
fene Softwareeinheit zu implementieren: Die Lösung der Aufgabe wird in einer Implementationssprache formuliert, um sie
maschinell ausführbar zu machen. Diese *Tätigkeit* kann der Entwickler im Wesentlichen *schematisch* ausführen - wenn er bei
Zerlegung, Spezifikation und Entwurf gut gearbeitet hat. Man
spricht daher auch von der *Codierung* eines Entwurfs.

Implementations-
sprache

Die *Methode* der Implementierung ist, Ergebnisse vorhergehen-
der Ebenen nach relativ festen Regeln zu transformieren. Damit
befassen sich die Kapitel 6 bis 12. Die *Notation* dafür ist in diesem Buch die Implementationssprache **Component Pascal**.
Wichtige *Begriffe* sind Konstante, Typ, Variable, Vereinbarung,
Ausdruck, Anweisung, Prozedur, Funktion und Parameter.

3.1.5   Test

Zweck des **Tests** ist zu prüfen, ob die Implementation einer ausführbaren Softwareeinheit ihrer Spezifikation widerspricht. Die
Einheit wird aktiviert und ihr Verhalten beobachtet, d.h. sie wird
mit Eingabedaten versorgt und die erzeugten Ausgabedaten

werden untersucht. Diese *Tätigkeit* kann man gelegentlich *schematisch* ausführen; zum Testen komplexer Softwareeinheiten muss man jedoch spezielle Testprogramme schreiben, was wiederum *Kreativität* erfordert.

Zusicherung,
Testmodul

Die in diesem Buch vorgestellte *Testmethode* ist mit der Methode der Spezifikation durch Vertrag verbunden: Implementierte Softwareeinheiten prüfen sich dabei selbst mittels eingebauter Konstrukte, die Fehler erkennen. Darüber hinaus zeigen wir in den Kapiteln 11 und 12, wie der Entwurf eines Tests in den Entwurf der Softwareeinheit zu integrieren ist. Spezielle *Notationen* benötigen wir dazu nicht. Wichtige *Begriffe* sind Zusicherung, Testfall, Testmodul und Testwerkzeug.

Iteratives
Entwicklungsmodell

Wir haben nun auf jede der fünf Ebenen der Softwareentwicklung einen Blick geworfen. In der Praxis durchqueren wir die Ebenen nicht nur einmal sequenziell. Spätestens der Test soll zeigen, was schief gelaufen ist und was noch fehlt. Zum Korrigieren von Fehlern, Verbessern und Erweitern des Programms müssen wir schlechtenfalls die Zerlegungsstruktur, günstigenfalls die Implementation ändern. Der Test ist die große Hürde, die die Software nehmen muss, bevor sie zum Produkt wird. Doch auch in anderen Ebenen entdecken wir hoffentlich schon Fehler, wenn wir Teilergebnisse kritisch durchleuchten.

Bild 3.2
Entwicklungszyklus

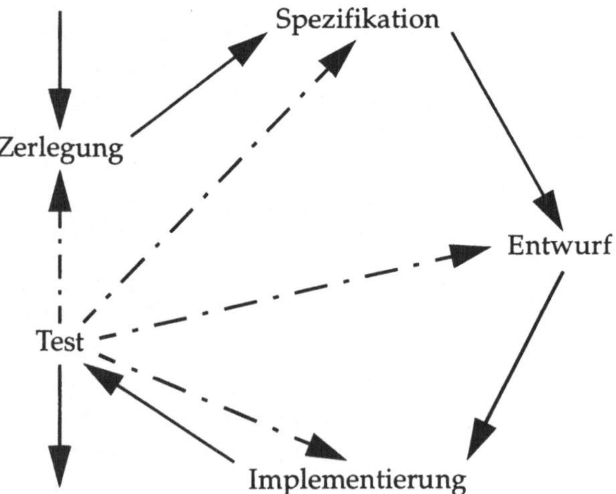

Bild 3.2 bringt die Ebenen in ein iteratives Entwicklungsmodell. Die durchgezogenen Pfeile markieren den Idealweg, die strichpunktierten die „Umwege" der Realität. Sie weisen im Bild nur vom Test zu den anderen Ebenen, doch soll jede Ebene mit jeder

anderen verbunden sein. Diese Pfeile lassen wir fort, um das Bild nicht zu überladen.

3.2   Softwarequalitätsmerkmale

Wie bei anderen Produkten sind bei Software zwei Aspekte zu unterscheiden:

- Wozu ist die Software nütze, welche Funktionen bietet sie, was kann ich damit machen?
- Wie gut erfüllt die Software ihren Zweck, wie gut kann ich mit ihr umgehen?

Der erste Aspekt ist die **Funktion**, der zweite die **Qualität**. Ist eine bestimmte Aufgabe softwaremäßig zu lösen, so muss die Anwendung eine entsprechende Funktionalität bieten. Ist diese gegeben, kommt sofort die Qualität ins Spiel. Jeder weiß aus eigener Erfahrung oder aus der Presse von Pannen oder Katastrophen aufgrund von Softwarefehlern. Da man in immer mehr Bereichen - auch in denen Güter, Umwelt und Leben betroffen sind - Software einsetzt, gewinnt das Entwickeln von Software mit hoher Qualität an Bedeutung.

Was aber ist Qualität? Qualität unterscheidet sich von Quantität, etwas Messbarem, ist also etwas Nichtmessbares. Um Qualität von Software begreifbar zu machen, hat man **Softwarequalitäts-merkmale** definiert, von denen wir einige wichtige vorstellen, um uns in folgenden Kapiteln darauf beziehen zu können. Wir unterscheiden dabei drei Gruppen:

- **Funktionale Qualitätsmerkmale** beziehen sich auf die externe Funktion der Software, das durch ihre Schnittstellen festgelegte und beobachtbare Verhalten aus der Sicht des Benutzers.
- **Strukturelle Qualitätsmerkmale** betreffen die interne Struktur der Software, die hinter ihren Schnittstellen verborgenen Implementationen aus der Sicht des Entwicklers.
- **Leistungsmerkmale** beziehen sich auf die Leistungsfähigkeit (*performance*) der Software.

Qualitätsmerkmale sind graduell, nicht binär: Programme weisen mal mehr, mal weniger davon auf.

3.2.1   Funktionale Qualitätsmerkmale

Zuverlässigkeit ist der Grad, zu dem ein Softwareprodukt seine Aufgabe unter festgelegten Bedingungen und für eine festgelegte Zeit erfüllt. Benutzer wollen darauf vertrauen, dass die Software fehlerfrei läuft und vernünftige Ergebnisse produziert. Mehrere Merkmale fallen unter diesen Oberbegriff:

- **Korrektheit** ist der Grad, zu dem ein Softwareprodukt gestellte Anforderungen erfüllt. Formal ist ein Programm **korrekt**, wenn seine Implementation seiner Spezifikation entspricht. (Daher kann man nicht über Korrektheit reden, wenn die Spezifikation fehlt.) Der Ablauf eines korrekten Programms liefert bei zulässiger Eingabe korrekte Ausgabe.

- **Robustheit** ist die Angemessenheit, mit der ein Softwareprodukt auf nicht vorgesehene Benutzungen reagiert. Ein **robustes** Programm erkennt falsche Eingaben von Benutzern und behandelt sie mit hilfreichen Meldungen. Der Ablauf eines nicht robusten Programms kann dagegen durch falsche Eingabe in einen fehlerhaften Zustand geraten und „abstürzen".

Benutzbarkeit eines Softwareprodukts ist der Grad, zu dem es intendierte Benutzer angenehm handhaben können, d.h. ohne Frustration und Stress. Ein Aspekt ist **Verständlichkeit**: Benutzer müssen die Fähigkeiten des Systems verstehen können. Das erfordert konzeptuell klare, leicht erlernbare Benutzungsoberflächen, selbsterklärende Namen für Dienste, vernünftige Systemreaktionen und gute, durchschaubare Benutzungsdokumente.

3.2.2   Strukturelle Qualitätsmerkmale

Komplexe Software ist leider immer fehlerbehaftet, Fehlerbehebung daher eine wesentliche Daueraufgabe. Die **Wartbarkeit** eines Softwareprodukts ist umso besser, je geringer der zum Korrigieren von Fehlern erforderliche Aufwand ist.

Neben der **Wartung** bedürfen Softwareprodukte auch ständiger **Pflege**, um sie an neue Anforderungen und Gegebenheiten anzupassen. Die **Änderbarkeit** eines Softwareprodukts ist umso besser, je leichter Änderungen durchführbar sind. Man differenziert nach dem Zweck der Änderung: Das Produkt soll mit möglichst geringem Aufwand

- an veränderte Anforderungen und Aufgaben der Benutzer anpassbar sein: **Anpassbarkeit**;

- auf eine andere Plattform (Hardware oder Software) übertragbar sein: **Portierbarkeit**;

- zusätzliche Anforderungen der Benutzer erfüllen können: **Erweiterbarkeit**.

Modul

Wartbarkeit und Änderbarkeit kann man nur indirekt in Software hineinkonstruieren, indem man andere Merkmale beachtet. Nützlich sind z.B. die **Verständlichkeit** von Entwürfen und Spezifikationen und die **Lesbarkeit** von Programmen. Eine gute **modulare Zerlegung** fördert Wart- und Änderbarkeit, da Fehler leicht in Modulen zu lokalisieren sind und für viele Anpassungen nur Implementationen einzelner Module zu ändern, Schnittstellen zu erweitern oder weitere Module hinzuzufügen sind. Methoden, aber auch Mittel wie Programmiersprachen unterstützen Wart- und Änderbarkeit mehr oder weniger gut.

Klasse

Einheiten der Erweiterung sind neben Modulen auch Klassen (dazu mehr in Kapitel 10). Das Erweitern eines Softwaresystems ist ein Spezialfall des Wiederverwendens. Allgemein ist **Wiederverwendbarkeit** der Grad, in dem sich Teile eines Softwareprodukts in anderen Produkten, für andere Aufgaben, in anderen Zusammenhängen wiederverwenden lassen. Wiederverwendbare Teile können Entwürfe, Spezifikationen und Implementationen sein.

Komponente

Einheiten der Wiederverwendung sind das Modul und die Klasse. Module sind durch Benutzen wiederverwendbar, Klassen auch durch die objektorientierte Technik des Erweiterns. Die komponentenorientierte Softwareentwicklung stellt Wiederverwendbarkeit in den Mittelpunkt, indem sie sich mit Techniken zum Erstellen wiederverwendbarer Komponenten befasst.

3.2.3   Leistungsmerkmale

Die Leistung eines Motors misst man in Kilowatt, wie misst man die Leistung von Software? Keine leichte Frage, doch spielen Beziehungen zwischen „produzierten Daten", „Raum" und „Zeit" eine Rolle. Die **Effizienz** eines Softwareprodukts ist das Verhältnis zwischen seiner Funktionalität und dem Umfang der eingesetzten Betriebsmittel. Maße für das **Laufzeitverhalten** einer Programmeinheit sind

- der **Speicherbedarf** und

- die **Prozessorzeit**,

die eine Ausführung der Programmeinheit beansprucht. Programme sollen Speicherplatz und Prozessorzeit gut zur Durchführung ihrer Aufgaben nutzen, d.h. sparsam damit umgehen. Zwar werden Speicher und Prozessoren durch den Preisverfall bei der Hardware immer billiger, doch wird ein Anwender unter zwei funktional und qualitativ gleichwertigen Programmen stets jenes vorziehen, das weniger Speicher verschwendet und schneller läuft.

Optimieren bedeutet, die Effizienz eines Programms zu erhöhen, ohne es funktional oder qualitiativ zu ändern. Zwischen Speicherbedarf und Prozessorzeit gibt es oft einen Konflikt; man kann meist nicht beides gleichzeitig optimieren. Ein schneller Algorithmus kann mehr Speicher brauchen, ein speichersparender kann langsamer laufen.

Effizienz kann auch mit anderen Qualitätsmerkmalen konfligieren. Dann ist abzuwägen, welchen Preis man für Zuverlässigkeit, Benutzbarkeit, Wartbarkeit, Änderbarkeit und Wiederverwendbarkeit zu zahlen bereit ist.

3.3 Zusammenfassung

- Wir haben eine erste Vorstellung des Softwareentwicklungsprozesses gewonnen, indem wir ihn in die fünf Ebenen Zerlegung, Spezifikation, Entwurf, Implementierung und Test gegliedert haben.

- Beim Entwickeln von Software steht der Funktionsaspekt im Vordergrund: Software soll Anwendern die Funktionen bieten, die sie bei ihren Tätigkeiten brauchen.

- Daneben ist auch der Qualitätsaspekt zu beachten: Software soll die Qualitätsmerkmale aufweisen, die sie zu einem nützlichen Werkzeug für Benutzer und einem pflegeleichten Produkt für Entwickler machen.

3.4 Literaturhinweise

Dieses Kapitel hat Themen der weit gefächerten Literatur über Softwaretechnik angeschnitten. Als Anregung zur weiterführenden Lektüre seien exemplarisch die Bücher von B.-U. Pagel und H.-W. Six [26] und G. Pomberger und G. Blaschek [27] genannt.

Die Anregung zu Bild 3.1 verdanken wir W. Hesse et. al. [12]. Den Ansatz der evolutionären, partizipativen Softwareentwicklung hat C. Floyd eingeführt [37]. Das Modell der nahtlosen Softwareentwicklung stammt von K. Waldén und J.-M. Nerson [32]. Umfassende Werke zur komponentenorientierten Softwareentwicklung haben F. Griffel [11] und C. Szyperski [31] geschrieben.

Mit Softwarequalitätsmerkmalen befassen sich die Deutschen Industrie-Normen DIN 55350, DIN 66234 und DIN ISO 9126.

4 Programmiersprachen

Dieses Kapitel führt grundlegende Begriffe aus dem Bereich der Programmiersprachen ein und stellt zwei Sprachen vor.

4.1 Grundbegriffe

Sprache

In weitem Sinn ist eine **Programmiersprache** (*programming language*) eine Notation zur Darstellung von Softwaremodellen - **Programmen**. Die Notation kann textuell, grafisch oder beides gemischt sein. Wir unterscheiden nach ihrem Einsatzbereich im Softwareentwicklungsprozess zwischen

- Entwurfssprachen,
- Spezifikationssprachen und
- Implementationssprachen.

Ein in einer **Entwurfs-** oder **Spezifikationssprache** erstelltes Modell muss nicht auf einem Rechner ablaufen können (wohl aber in der Vorstellung des Entwicklers). Dagegen zeichnet sich eine **Implementationssprache** dadurch aus, dass die mit ihr formulierten Programme maschinell ausführbar sind. Implementationssprachen sind **Programmiersprachen** in engem Sinn. Modelle, Entwürfe und Spezifikationen dienen als Zwischenprodukte, aus denen manuell, rechnergestützt oder automatisch ausführbare Programme entwickelt werden.

Zur Modellierung benutzen wir in diesem Buch grafische Elemente, die sich an der Unified Modeling Language (UML) orientieren. Als Spezifikationssprache dient uns das in den Kapiteln 1 und 2 eingeführte Cleo, als Implementationssprache Component Pascal, das wir in Abschnitt 4.7 vorstellen.

Auf textuelle Notationen beschränkt können wir definieren: Eine **Programmiersprache** ist eine formale Sprache zur Darstellung von Modellen, die mit Rechnern bearbeitbar oder auf solchen ausführbar sind. Was aber ist eine formale Sprache? Dazu einige Grundbegriffe:

Zeichen

Ein **Zeichen** (*character*) ist ein Element aus einer endlichen Menge, die zur Darstellung von Information vereinbart ist und **Alphabet** (*Zeichensatz, -vorrat*) heißt. Reiht man Zeichen aneinander, so erhält man **Zeichenfolgen** (*Zeichenkette, string*). Eine als Einheit betrachtete endliche Zeichenfolge ist ein **Wort (über dem Alphabet)**. Ist A ein Alphabet, dann bezeichne W(A) die Menge aller Wörter über A. Eine Teilmenge S von Wörtern über einem Alphabet A heißt **formale Sprache**. Welche Wörter x ∈ W(A) zu einer Sprache S ⊆ W(A) gehören und welche nicht, ist durch formale Regeln festlegbar (dazu mehr in Abschnitt 4.5).

In diesem Sinne ist eine Programmiersprache eine Menge von Wörtern, die allerdings ziemlich lang sein können und Programme heißen. Unter diesen Programmen ist i.A. nur ein kleiner Teil dem Menschen nützlich, der große Rest ist praktisch bedeutungslos.

Semantik

Bei Zeichen und Wörtern müssen wir klar zwischen etwas **Bezeichnendem** und dem dadurch **Bezeichneten**, zwischen Darstellung und Bedeutung, zwischen Form und Sinn unterscheiden. Zeichen und Wörter stellen Informationen dar - *was* sie bedeuten, ist eine Frage der Interpretation. Ihre Bedeutung ist i.A. **kontextabhängig**, d.h. sie hängt von der Umgebung ab, in der die Zeichen oder Wörter stehen. Ein beliebiges Wort über einem Alphabet kann für uns bedeutungslos sein. Ein Zeichen oder Wort, dem wir eine Bedeutung beimessen, heißt **Symbol**. Ein nützliches Programm symbolisiert eine Aufgabenlösung.

Sprache oder Kalkül?

Exkurs. *Programmiersprachen* und andere *formale Sprachen* sind eigentlich keine Sprachen, denn sie dienen nicht der Verständigung von Menschen untereinander, sondern sie sind *Kalküle*, starre Regeln zum Erstellen automatisch ausführbarer Rechenvorschriften. *Natürliche Sprachen* sind eigentlich nicht natürlich, sondern als *menschliche Kommunikationsmittel* resultieren sie aus einem Jahrtausende andauernden *sozialen* und *kulturellen* Prozess. Zur Verwirrung der Begriffe trägt bei, dass man Programme mit Zeichen der Schriftsprache darstellt.

4.2   Rechner

Wir schieben hier einen Überblick über Grundbegriffe der Rechnertechnik ein, deren Kenntnis für das Programmieren wenn nicht erforderlich, so doch hilfreich ist. Die meisten heutigen Rechner sind nach dem Architekturkonzept aufgebaut, das wie folgt zu charakterisieren ist.

Ein **Rechner** (*Rechensystem, computer*) ist eine programmgesteuerte Maschine zur Datenverarbeitung; sie kann Eingabedaten aufnehmen, Programme und Daten speichern und transformieren, und Ausgabedaten erzeugen. **Hardware** bezeichnet die konkrete technische Realisierung eines Rechners, der durch abstrakte funktionale Eigenschaften charakterisiert ist. **Software** umfasst dagegen die Programme, die auf einem Rechner ablaufen können und die Tätigkeit der Hardware steuern, sowie die dazu gehörenden Daten, Einsatzregeln und Dokumente. Eine Schnittstelle der Hardware zur Software bildet der **Befehlsvorrat** (*instruction set*) des Rechners.

Die Hardware besteht aus einer **Zentraleinheit** und **Peripheriegeräten**. Zur Peripherie gehören **Ein-/Ausgabegeräte** (*input/output device*) für die Mensch-Maschine-Interaktion wie Tastatur und Maus zur Eingabe, Bildschirm und Drucker zur Ausgabe; sowie **Hintergrundspeichergeräte** (*backing storage device*) zur dauerhaften Datenhaltung. Mit weiteren Geräten kann ein Rechner mit seiner Umgebung interagieren und an Rechnernetze angeschlossen sein.

Der Rechner ist in **Digitaltechnik** realisiert, d.h. er benutzt diskrete Zustände (anstelle von stetigen). Alle Programme und Daten sind **binär codiert**, d.h. durch zweiwertige Zustände dargestellt (anstelle von z.B. zehnwertigen). Mit Zahlen gerechnet wird im **Dualsystem** (anstelle des Dezimalsystems).

Bild 4.1
Grundstruktur eines speicher-programmierten Rechners

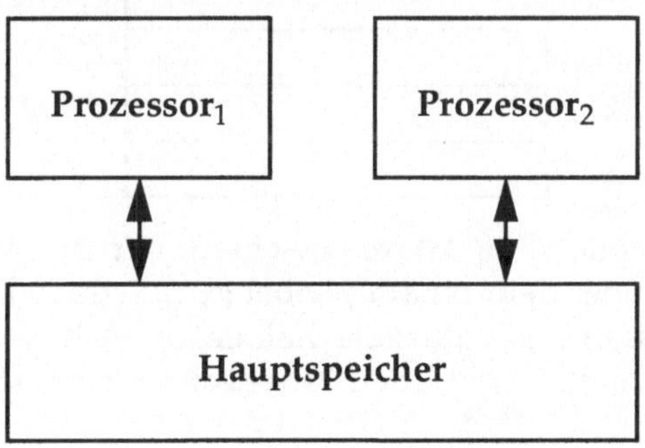

Der Rechner ist logisch und physisch gegliedert in (mindestens) einen **Prozessor**, der als aktive Komponente die Befehle eines Programms ausführt; einen **Hauptspeicher** oder kurz **Speicher** (*memory*), der als passive Komponente Programme und Daten enthält; und in **Ein-/Ausgabebausteine**, über die Programme und Daten ein- und ausgegeben werden.

Ein wesentliches Merkmal ist die **universelle, freie Programmierbarkeit**: Der Rechner ist strukturell unabhängig von den zu bearbeitenden Aufgaben; er wird erst arbeitsfähig durch ein **Programm** (im Unterschied zu Rechenmaschinen mit fest eingebauten Mechanismen). Das Programm ist eine Folge von **Befehlen** und stellt einen durch den Rechner ausführbaren Algorithmus zur Lösung einer Aufgabe dar.

Flexibilität und Effizienz werden erreicht durch die **Programm-speicherung** (d.h. Programme werden von außen in den Rechner eingegeben und im Speicher abgelegt) und durch den **einheitlichen Speicher**, der sowohl Befehle als auch Daten aufnimmt. Der Zugriff auf Befehle und Daten unterliegt dem Konzept der **Speicheradressierung**: Der Speicher besteht aus einer Menge Z gleichartiger, durchnummerierter **Zellen**, deren Inhalt über ihre Nummer, die **Adresse** heißt, zugreifbar ist.

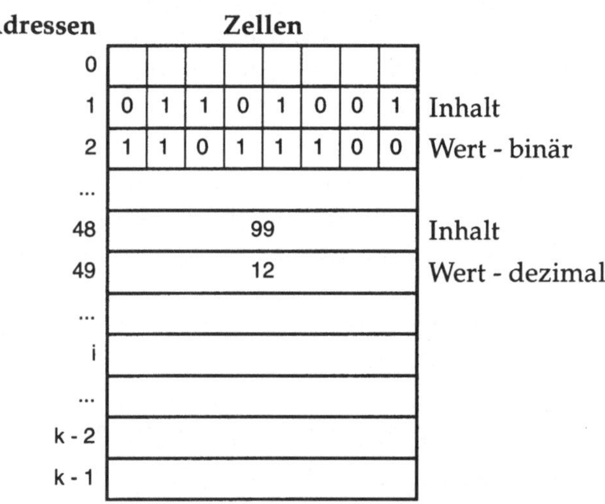

Jede Zelle kann **Werte** speichern; der **Inhalt** einer Zelle ist ein Wort über dem Binäralphabet $\{0, 1\}$. Jede Zelle hat eine Adresse. Adressen sind natürliche Zahlen; die **Adressenmenge** sei etwa $A = \{0,..., k - 1\}$. Damit ist ein **Adressraum** eine Abbildung

$$s : A \rightarrow Z, \; i \rightarrow s(i),$$

durch die Z linear geordnet wird. Mit Adressen sind gewisse Rechenoperationen möglich. Der Zugriff (Lesen, Schreiben) auf eine Zelle erfolgt über ihre Adresse. Eine Zelle ist die kleinste adressierbare Einheit, meist gilt

1 Zelle = 1 Byte = 8 Bit.

Ein Wort bedeutet hier ein **Maschinenwort**, das aus n Bytes besteht, wobei rechnerabhängig $n = 1, 2, 4,...$ sein kann.

Die **Maschinensprache** ist die Menge der Programme, die sich als Folgen von Befehlen aus dem Befehlsvorrat des Prozessors konstruieren lassen und die der Prozessor ausführen kann. Zum Prozessor gehört ein Satz von **Registern**; das sind kleine, nur einige Byte große, aber schnelle Speicher, die keine Adressen, sondern Namen haben. Befehle greifen auf Register und Speicherzellen zu, im Wesentlichen können sie

- Daten zwischen Speicher und Registern und zwischen Registern bewegen,

- Daten in Registern manipulieren, z.B. durch Rechenoperationen und logische Verknüpfungen, und

- den Programmablauf steuern.

Bild 4.3
Register und
Speicher

Prozessorregister	Hauptspeicher	
Datenregister D0	...	...
	...	...
10	0A3F	MOVE.W #10, D0
Befehlsregister	0A40	ADDA.W #2, D0
ADDA.W #2, D0	0A41	MOVE.W D0, 49
	...	...
Befehlszähler	...	...
0A41	...	...

Die Tätigkeit des Prozessors ist die **sequenzielle Befehlsausführung**: Er holt die Befehle einzeln aus dem Speicher und bearbeitet sie nacheinander. Den **Befehlszyklus** des Prozessors beschreibt dieser in programmiersprachenähnlichem **Pseudocode** notierte Algorithmus:

Befehlszyklus

```
WHILE Maschinenzustand = aktiv DO
    greife auf die Speicherzelle zu, deren Adresse im Befehlszähler steht
    hole von dort den nächsten Befehl in das Befehlsregister
    setze den Befehlszähler weiter
    führe den Befehl im Befehlsregister aus
END
```

Oft werden Befehle **linear** ausgeführt: Sie stehen in aufeinander folgenden Speicherzellen, geordnet nach aufsteigenden Adressen. Doch da Programme mit nur linearer Befehlsfolge zu starr sind, bewirken spezielle Befehle ein Abweichen von der linearen Befehlsausführung. Damit lassen sich abhängig von Registerinhalten andere Befehlsfolgen ausführen oder Befehlsfolgen mit anderen Daten wiederholen. Nach der Ausführung eines **Sprungbefehls** mit der Adresse i wird ein Befehl mit der Adresse j ≠ i + 1 geholt; bei einem **bedingten Sprungbefehl** nur, falls eine Bedingung erfüllt ist, sonst wird bei i + 1 fortgesetzt. Ein **Aufrufbefehl** ist ein Sprungbefehl, der einen späteren Rücksprung zu dem Befehl erlaubt, der nach dem Aufrufbefehl steht.

Die **Befehlsausführungszeiten** liegen heute im Nanosekundenbereich, also die **Prozessorleistung** bei einigen 100 Millionen Befehlen pro Sekunde, und die **Speicherkapazität** bei einigen Hundert Megabytes. Damit genug über Rechner - kehren wir zum Thema Programmiersprachen zurück.

4.3 Klassifikation von Implementationssprachen

Man kann Programmiersprachen nach verschiedenen Kriterien klassifizieren. Üblich ist eine Klassifikation nach **Abstraktionsebenen**, hier von „unten" nach „oben" aufgereiht:

Sprache der
Maschine

- Eine **Maschinensprache** ist durch einen Prozessortyp definiert. Unter **Maschinencode** oder **Objektcode** versteht man die interne (ausführbare) Darstellung eines Maschinenprogramms als Bitmuster.

- Eine **Assemblersprache** (*maschinenorientierte Sprache*) ist eine symbolische, textuelle Darstellung einer Maschinensprache. Ein **Assemblerprogramm** (*Assemblercode*) ist ein Programm in Assemblersprache (siehe Beispiel in Bild 4.3).

Sprache der
Anwendung

- **Höhere, problemorientierte Programmiersprachen** (*Hochsprachen*) haben mächtigere Konstrukte als Maschinenbefehle, verbergen Details der Rechnerarchitektur, ermöglichen die Formulierung von Algorithmen unabhängig von einem bestimmten Prozessor, und orientieren sich an den Bedürfnissen eines Anwendungsbereichs. Ein **Quellprogramm** (*Quellcode, Quelltext*) ist ein Programm in Hochsprache.

Man spricht von der **semantischen Lücke** zwischen den Konzepten der Hochsprachen und denen der Maschinensprachen. Eine andere Klassifikation wählt als Kriterium den **Anwendungsbereich** und unterscheidet zwischen universell einsetzbaren Programmiersprachen und Programmiersprachen für spezielle Anwendungsbereiche.

4.4 Entwickler und Maschine

Programme lösen Aufgaben - dazu werden sie von Menschen erdacht und formuliert. Transformiert und ausgeführt werden Programme von Rechnern. Deshalb müssen Programme formale Systeme sein, denn eine Maschine „arbeitet" nur formal. Andererseits soll der Mensch - der schreibende und der lesende Programmierer - diese formalen Systeme verstehen können, er muss wissen, wie ein Rechner auf sie reagiert.

Bild 4.4
Mensch, Programm,
Rechner

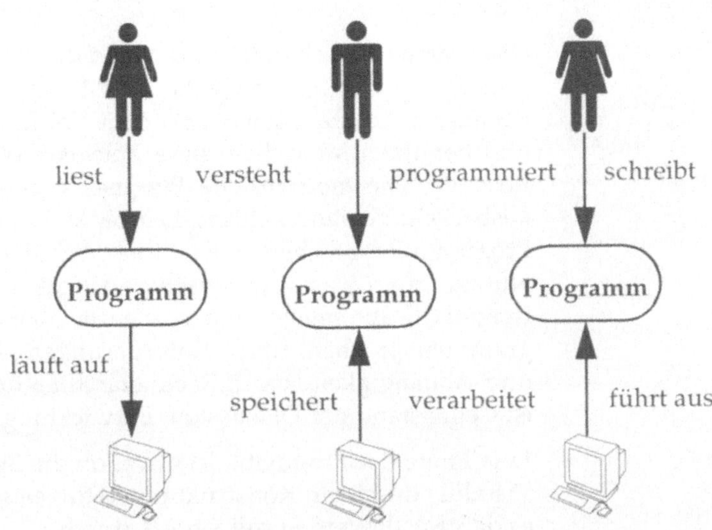

Das Spannungsfeld zwischen Mensch und Rechner beschreiben
wir mit fünf spezifischen Aspekten (siehe Bild 4.5), die wir als
Orientierungshilfe zum Lesen der folgenden Kapitel jeweils
kurz vorstellen. Dabei kommen wir wieder nicht umhin,
Begriffe zu verwenden, deren Bedeutung sich erst später weiter
erschließt.

Bild 4.5
Fünf Aspekte von
Programmier-
sprachen

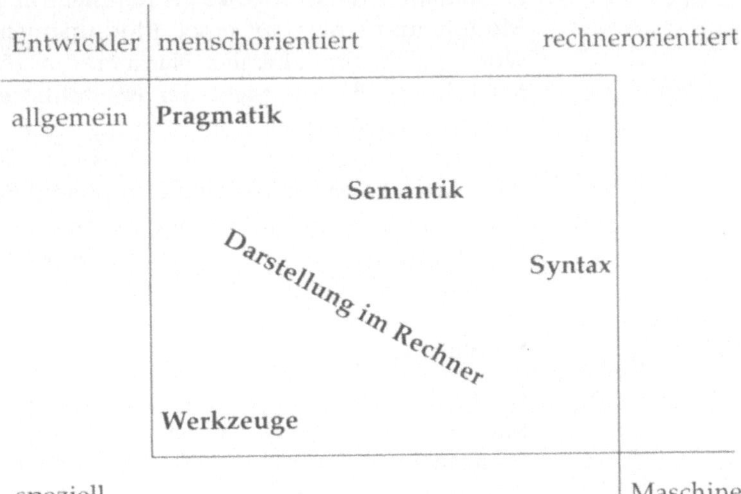

4.4.1 Pragmatik

Die **Pragmatik** behandelt das Verhältnis der Zeichen von Programmiersprachen einerseits zu Menschen, andererseits zu Rechnern: Welche Ideen drücken die Zeichen aus, wie verstehen und benutzen Menschen diese Zeichen? Was bewirken sie im Rechner? Die **menschliche Pragmatik** untersucht Fragen wie Lesbarkeit, Verständlichkeit, Lehrbarkeit und Erlernbarkeit von Programmiersprachen sowie ihre Anwendbarkeit und ihren Nutzen zur Lösung praktischer Aufgaben. Die **mechanische Pragmatik** untersucht Fragen wie die Übersetzbarkeit von Programmiersprachen, ihre Anforderungen an Betriebssysteme und Abhängigkeiten von Rechnerarchitekturen. Die Pragmatik ist Gegenstand der Diskussion, Entwicklung und Forschung.

Beispiel

Eine Frage der Pragmatik ist etwa, ob die Sprache das Konzept „Modul" durch ein Konstrukt unterstützen soll und, falls ja, wie es dargestellt werden soll, ob z.B. durch

```
MODULE Modulname;
    Text
END Modulname.
```

oder durch

```
    Text
```

Das zweite Konstrukt ist offenbar kürzer als das erste; es verzichtet auf Schlüsselwörter als Rahmen für den Inhalt „Text" des Moduls und sowie auf einen Modulnamen als Sprachelement, woraus sich ein globaler Namenraum für die Dienste aller Module ergibt. Aus Sicht der menschlichen Pragmatik ist zu untersuchen, welches Konstrukt zu besser verständlichen und wartbaren Programmen führt. (Das erste Konstrukt entspricht der Antwort von Oberon und Component Pascal, das zweite der von C und C++.) Andere pragmatische Fragen sind: Soll die Negation durch NOT, „~" oder „!", die Konjunktion durch AND, „&" oder „&&" dargestellt werden?

4.4.2 Semantik

In den Abschnitten 2.3 und 2.4 hat uns die Semantik der Druckknöpfe eines Kaffeeautomaten beschäftigt. Die **Semantik** einer Programmiersprache behandelt die Bedeutung der Zeichen und ihre Beziehungen zu den Objekten, auf die sie anwendbar sind. Sie legt fest, was welches Sprachelement oder -konstrukt bedeutet und welche Wirkung es in einem Programmablauf hervorruft. Die Semantik wird beschrieben durch eine Menge von Ver-

haltensregeln, die die Funktionsweise von Programmen
bestimmen.

Bei manchen (meist älteren) Programmiersprachen ist die
Semantik nicht formalisiert, sondern nur verbal beschrieben.
Andere (meist jüngere) Programmiersprachen haben eine weitgehend formalisierte Semantik, denn dafür wurden theoretisch
fundierte Methoden entwickelt (auf die wir nicht eingehen).

Beispiel

Eine Frage der Semantik ist etwa, was die Zeichenfolge

(1 + 2) * 3

bedeuten soll. In den meisten Programmiersprachen handelt es
sich um einen arithmetischen Ausdruck, dessen Bedeutung
durch die Mathematik festgelegt ist: Addiere die Zahlen eins
und zwei, multipliziere das Zwischenergebnis mit drei und lie-
fere das Ergebnis.

Die Mathematik kennt Ausdrücke, aber keine Anweisungen.
Die Aufgabe, die Bedeutung von Anweisungen zu beschreiben,
kann die Informatik nicht an die Mathematik delegieren. Wie
man die Semantik von Anweisungen durch Zusicherungen spezifizieren kann, behandeln wir auf S. 128, S. 157, S. 190, S. 203
und S. 311.

4.4.3   Syntax

Die **Syntax** einer Programmiersprache behandelt Beziehungen
der Zeichen untereinander, ihre Kombinierbarkeit ohne Rück-
sicht auf ihre spezielle Bedeutung und ihre Beziehung zur
Umgebung. Sie legt fest, welche Sprachelemente und -kon-
strukte es gibt und wie diese sich zusammensetzen. Die Syntax
wird beschrieben durch Regeln, die die Struktur von Programmen bestimmen.

Die Syntax der meisten Programmiersprachen ist weitgehend
bis vollständig formalisiert. Notationen für syntaktische Regeln
sind Grammatiken und Syntaxdiagramme. Beide stellen wir in
Abschnitt 4.5 vor, Grammatiken in der speziellen Ausprägung
der erweiterten Backus-Naur-Form.

Die Abgrenzung zwischen Syntax und Semantik ist unscharf. Es
ist durchaus möglich, gewisse Eigenschaften einer Sprache alternativ als semantisch oder syntaktisch festzulegen.

Beispiel

Eine Frage der Syntax ist etwa, ob

**p++^=q++=*r---s

eine zulässige Zeichenfolge darstellt, eine semantische Frage, was die Zeichenfolge bewirkt, und eine pragmatische Frage, wie verständlich sie ist. Der Kreis schließt sich, wenn eine Sprache schlecht verständliche Konstrukte syntaktisch verbietet. (Das Beispiel ist ein Ausdruck in C.)

4.4.4   Darstellung im Rechner

Zur **Darstellung im Rechner** gehören folgende Aspekte:

(1) **Zeichencode**: Wie werden Zeichen im Rechner dargestellt?

(2) **Zahlensysteme**: Wie werden Zahlen im Rechner dargestellt?

(3) **Prozessor- und Speichermodell**: Wie werden Konstrukte eines Programms in eine rechnerinterne Darstellung übersetzt?

Zeichencode

Beispielsweise steht das Zeichen a im Rechner als Bitmuster 01100001. Eine Abbildung $c : A \rightarrow B$, die jedem Zeichen $a \in A$ aus einem Zeichensatz A genau ein Zeichen $c(a) = b \in B$ aus einem Zeichensatz B zuordnet, ist ein **Code**; $c(a)$ heißt **codierte Darstellung** von a. Die uns gebräuchlichen Zeichen werden zwecks maschineller Speicherung, Übertragung und Verarbeitung binär codiert. Die codierte Darstellung eines Zeichens als Dualzahl interpretiert heißt **Ordnungszahl** des Zeichens. Aus der natürlichen Ordnung der Zahlen folgt die künstliche Ordnung der Zeichen. Daher gibt es ein kleinstes und ein größtes Zeichen.

Zahlensystem

Zu (2) ein Beispiel mit Zahlen: Die Dezimalzahl 123 erscheint im Rechner als Dualzahl 01111011. Zahlen werden zur Speicherung und Verarbeitung meist in das Dualsystem **konvertiert**, da dieses besser als das Dezimalsystem zur Rechnertechnik passt. Außerdem haben Zahlen einen beschränkten **Wertebereich**, Gleitpunktzahlen auch beschränkte **Genauigkeit**, weil sie in Speicherplätzen fester Bitgröße stehen.

Prozessor- und
Speichermodell

Zum Aspekt (3) betrachten wir als Beispiel die **Zuweisung** (*assignment*)

```
x := 1
```

die der Zahlenvariable x den Wert 1 zuweist. (Variablen und Zuweisungen behandeln wir in 6.1.4.2 S. 114 und 6.3.1 S. 127.) Sie wird in einen Maschinenbefehl übersetzt, etwa:

```
MOVE.W #1, 0AFFE
```

Dies ist allerdings seine Darstellung in Assemblersprache, im Rechner steht der Befehl binär codiert als Bitmuster, etwa so:

```
0101 1100 0000 0001 1010 1111 1111 1110
```

Höhere Programmiersprachen dienen auch dem Zweck, von der Darstellung der Daten und Algorithmen im Rechner zu abstrahieren, damit der Programmierer sich auf das Modellieren der Aufgabe und ihrer Lösung konzentrieren kann.

4.4.5   **Arbeitsschritte und Werkzeuge**

Bild 4.6
Transformation eines
Programms

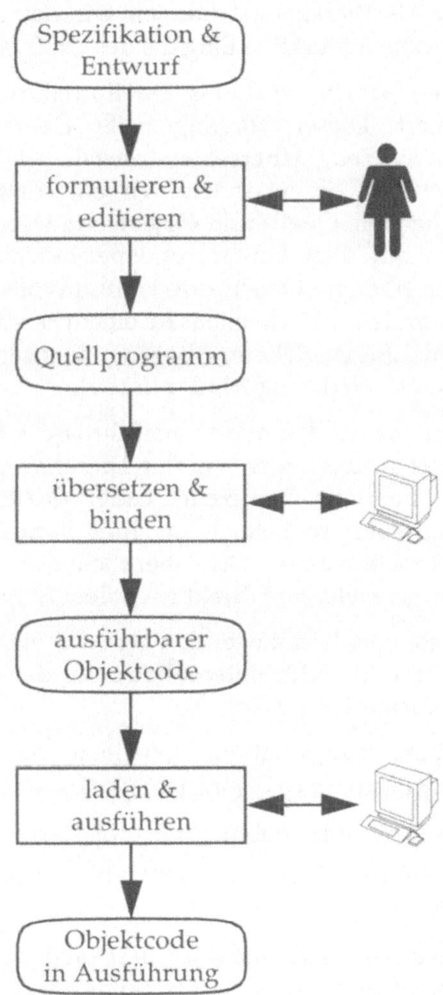

Wir können nun die in 3.1.4 S. 45 skizzierte Ebene der Implementierung mit einzelnen Arbeitsschritten durchqueren. Vor jedem Schritt liegt das Programm in einer spezifischen Form, als Zwischenprodukt oder in einem bestimmten Zustand vor. Mit jedem Schritt führen wir bestimmte Tätigkeiten aus, die ein weiteres Zwischenprodukt oder einen anderen Zustand des Programms hervorbringen. Entsprechende Werkzeuge unterstützen die Tätigkeiten (siehe Bild 4.6).

Wir gehen von einem Programm in Form einer Spezifikation und eines Entwurfs aus. Der erste Schritt ist, diese Idee mit den Mitteln der Implementationssprache als Quellprogramm zu formulieren. Als Werkzeug benutzen wir dazu einen **Editor**; er ermöglicht die interaktive Eingabe des Quelltextes.

Im zweiten Schritt wird das Quellprogramm in Objektcode transformiert. Dieser Vorgang heißt **Übersetzen**, das dazu benutzte Werkzeug **Übersetzer** (*compiler*). Den Übersetzungsprozess stoßen wir an, indem wir ein entsprechendes Kommando eingeben. Quell- und Objektcode werden üblicherweise in Dateien auf dem Hintergrundspeicher abgelegt. Der vom Übersetzer erzeugte Objektcode kann unvollständig sein; er ist dann mit anderen Codeteilen zu einem ausführbaren Ganzen zusammenzufügen. Diesen Vorgang nennt man **Binden**, das dazu benutzte Werkzeug **Binder** (*linker*).

Im dritten Schritt kann der ausführbare Objektcode in den Hauptspeicher übertragen werden. Dieser Vorgang heißt **Laden**, das dazu benutzte Werkzeug **Lader** (*loader*). Der geladene Objektcode kann schließlich in einer **Sprachumgebung** zum Ablauf gebracht werden. Oft - aber nicht zwingend - erfolgt das **Ausführen** (*execute, run*) direkt nach dem Laden.

Zeitpunkt

Das Modell von Bild 4.6 bilden wir auf vier aufeinander folgende Zeitpunkte oder -intervalle ab, zu denen das Programm eine Transformation erfährt:

- Zur **Übersetzungszeit** wird Quelltext übersetzt.
- Zur **Bindezeit** werden Objektcodeteile gebunden.
- Zur **Ladezeit** wird gebundener Objektcode geladen.
- Zur **Laufzeit** (*Ausführungszeit*) wird geladener Objektcode ausgeführt.

Das Adjektiv **statisch** charakterisiert oft Programmeigenschaften, die zur Übersetzungs- oder Bindezeit festliegen, während sich **dynamisch** auf die Lade- oder Laufzeit bezieht.

Wir haben hier die Arbeitsschritte der Implementierung möglichst allgemein und unabhängig von einer bestimmten Programmiersprache oder Sprachumgebung gehalten. In Abschnitt 4.7 und Kapitel 5 lernen wir eine Variante kennen, die weitere Aspekte ins Spiel bringt.

4.5 Die erweiterte Backus-Naur-Form

Wir stellen uns nun der in 4.4.3 aufgeworfenen Frage, wie man die Syntax einer Programmiersprache exakt festlegen kann.

Beispiel

Nehmen wir als Beispiel das Modell eines vereinfachten Kaffeeautomaten, der (ähnlich wie der in Aufgabe 2.1) mit Kaffeemünzen arbeitet. Er akzeptiert beim Eingeben nur eine Münze, danach gibt er entweder Kaffee aus oder die Münze zurück. Diese zwei Schritte sind wiederholbar; nur am Anfang muss der Automat einmal initialisiert werden. Bild 4.7 stellt dieses Verhalten grafisch dar.

Bild 4.7
Syntaxdiagramm zu einem Kaffeeautomaten

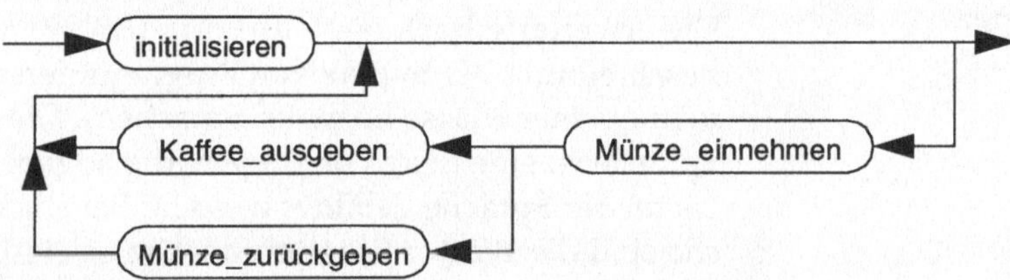

Das Diagramm ist in Pfeilrichtung zu durchlaufen, die runden Kästchen stehen für Aufrufe von Aktionen. Bei einer Verzweigung in mehrere Richtungen wählt man einen Pfad. So erhält man etwa

```
initialisieren
Münze_einnehmen
Kaffee_ausgeben
Münze_einnehmen
Münze_zurückgeben
```

als eine mögliche Folge von Aktionsaufrufen (von unendlich vielen). Dasselbe Verhalten lässt sich auch textuell darstellen:

Formel 4.1
EBNF-Ausdruck zum Kaffeeautomaten

```
initialisieren
{ Münze_einnehmen ( Kaffee_ausgeben I Münze_zurückgeben ) }
```

Die geschweift geklammerte Folge kann wiederholt werden, der senkrechte Strich „I“ trennt Alternativen. Mit abgekürzten Bezeichnern sieht das so aus:

```
i { e ( a I z ) }
```

Dieser Ausdruck steht für die unendliche Menge von endlichen Folgen, die u.a. die Folgen

```
i
i e a
i e a e a
i e a e a e a
i e z
```

```
i e a e z
i e a e a e z
```

enthält. Der Modellautomat kann beliebig oft Kaffee ausgeben, der physische nur solange das Kaffeepulver reicht.

Der Kaffeeautomat definiert eine formale Sprache, deren Wörter aus Aufrufen seiner Aktionen bestehen. Programmieren bedeutet, Sprachen benutzen, Sprachen definieren und benutzte Sprachen erweitern. Die grafische Notation in Bild 4.7 liefert ein Syntaxdiagramm, die dazu äquivalente, textuelle Notation in Formel 4.1 einen EBNF-Ausdruck. Syntaxdiagramme ähneln Zustandsdiagrammen, die wir in 1.2.1 S. 6 kennengelernt haben.

EBNF

Die **erweiterte Backus-Naur-Form** (EBNF) ist eine Notation zur Beschreibung der Syntax von Programmiersprachen (oder allgemeiner einer Klasse formaler Sprachen). Die **EBNF-Syntax** einer Sprache ist eine Liste von Regeln, die angeben, wie Wörter (oder Sätze) der Sprache gebildet werden. Bei einer Programmiersprache sind die Wörter Programme. Dreierlei ist zu unterscheiden:

- **Syntaktische Einheiten** sind Symbole der beschriebenen Sprache; sie werden durch Regeln zueinander in Beziehung gesetzt.

- **Metasymbole** dienen zur Bildung der Regeln; sie sind nicht Teil der beschriebenen Sprache, sondern der EBNF. Konkret handelt es sich um zehn Sonderzeichen:

  ```
  = | ( ) [ ] { } . "
  ```

- **Regeln** sind von der Form

  ```
  A = B.
  ```

  Sie bedeutet, dass die syntaktische Einheit A durch den **Ausdruck** B definiert ist und jedes Auftreten von A in einem Ausdruck durch B ersetzbar ist. Die hier benutzten Metasymbole sind „=" und „.", der Punkt schließt eine Regel ab.

Syntaktische Einheit

Bei den syntaktischen Einheiten unterscheidet man zwischen terminalen und nichtterminalen Symbolen:

- Zu jedem **Nichtterminal** gibt es genau eine definierende Regel und jede Regel definiert genau ein Nichtterminal.

- **Terminale** sind dagegen Atome, die nicht weiter zerteilt oder definiert, sondern mit dem Metasymbol „" geklammert werden, um sie von Nichtterminalen zu unterscheiden.

Unter den Nichtterminalen ist genau eines als **Startsymbol** ausgezeichnet; meist das durch die erste Regel definierte Symbol.

Ausdruck

Die Ausdrücke auf der rechten Seite einer Regel können mit folgenden Operationen gebildet werden:

- Jede syntaktische Einheit ist ein Ausdruck.

- **Folge, Sequenz**: Ausdruck A gefolgt von Ausdruck B wird dargestellt durch

  A B

- **Auswahl, Alternative**: Ausdruck A oder Ausdruck B wird dargestellt durch

  A | B

- **Option**: Ausdruck A oder Nichts wird dargestellt durch

  [A]

- **Wiederholung, Iteration**: Eine beliebige Anzahl von As, einschließlich keinem, wird dargestellt durch

  { A }

Die Option ist ein Spezialfall der Auswahl; mit dem zusätzlichen Symbol ε (wie *empty*) für das **leere Wort** so dargestellt:

  A | ε

Vorrang

Eine Folge bindet stärker als eine Auswahl. Der Ausdruck

  A B | C

bedeutet: entweder A gefolgt von B; oder C. Mit runden Klammern kann man (wie bei arithmetischen Ausdrücken) Ausdrücke gruppieren, um die Reihenfolge der Operationen zu beeinflussen. So bedeutet

  A (B | C)

A, gefolgt von B oder C. Dies ist äquivalent zu

  A B | A C

Man kommt also ohne runde Klammern aus, aber mit ihnen kann man u.U. einen mehrfach vorkommenden Ausdruck ausklammern (wie bei arithmetischen Ausdrücken).

Ebene

Aus Wörtern über einem Alphabet kann man neue Alphabete bilden, und aus diesen wieder neue Wörter. Eine Programmiersprache ist eine formale Sprache, bei der man üblicherweise zwei Ebenen unterscheidet. Ein Programm ist auf der

- **syntaktischen Ebene** eine Folge von Symbolen über einem Alphabet von (terminalen) Symbolen, z.B.

  MODULE Clock QUERIES time : Time ...

- **lexikalischen Ebene** eine Folge von Zeichen über einem Zeichensatz, z.B.

  MODULEClockQUERIEStime:Time...

Ein Terminal der syntaktischen Ebene kann eine lexikalische Einheit sein, also ein Nichtterminal der lexikalischen Ebene. So können wir auch sagen: Ein Programm ist ein Satz, ein Satz eine Folge von Wörtern, ein Wort eine Folge von Zeichen.

4.6 Syntax der Spezifikationssprache Cleo

Wir erläutern nun Details der EBNF, indem wir damit als Beispiel die Spezifikationssprache Cleo beschreiben, beginnend auf der unteren, lexikalischen Ebene. Wir beschränken uns auf etwa die Teile von Cleo, die wir in Kapitel 2 benutzt haben, lassen jedoch offen, Cleo nach Bedarf zu erweitern.

4.6.1 Lexikalische Einheiten

Die lexikalischen Einheiten von Cleo entsprechen meist denen von Component Pascal, nur bei implizit definierten Namen, Operatoren und Begrenzern unterscheiden sich die beiden Sprachen (siehe Component Pascal Language Report, Anhang A).

4.6.1.1 Zeichensatz

Die Terminale der lexikalischen Ebene sind die Zeichen eines Zeichensatzes. Für Cleo und Component Pascal ist es der Unicodezeichensatz. Groß- und Kleinbuchstaben sind verschiedene Zeichen.

Codes

Exkurs. Der **ASCII-Code** (American Standard Code for Information Interchange) ist in der Datenverarbeitung am weitesten verbreitet. Er wurde von der ISO (International Standardization Organization) genormt. Der ASCII-Code ist ein 8-Bit-Code, nutzt aber nur die 7 rechten Bits, sodass $2^7 = 128$ verschiedene Zeichen darstellbar sind. Der ASCII-Zeichensatz enthält alphanumerische Zeichen, Sonderzeichen und einige Steuerzeichen. Manche Länder verwenden Varianten des ASCII-Codes, um landesspezifische Zeichen unterzubringen. Eine Erweiterung des ASCII-Codes ist der durch die ISO-Norm 8859-1 festgelegte Zeichensatz mit der Bezeichnung **Latin1**. Er enthält alle von ASCII nicht erfassten europäischen Zeichen, z.B. „Æ", „ß", „û".

Der **Unicode**, eine Weiterentwicklung des ASCII-Codes, verwendet zur Zeichencodierung 16 Bits, sodass er $2^{16} = 65536$ verschiedene Zeichen darstellen kann. Damit umfasst er viele Schriften, d.h. neben den Schriftzeichen europäischer Sprachen u.a. auch Katakana, Hiragana, chinesische Zeichen, aber auch alte Sprachen wie Sanskrit und ägyptische Hieroglyphen, sowie Satzzeichen, mathematische und grafische

Zeichen. Moderne Programmiersprachen wie Component Pascal und Betriebssysteme wie Windows NT/2000 verwenden den Unicode.

4.6.1.2   Namen

Ein **Name** ist eine Folge von Buchstaben aus der Latin1-Erweiterung des ASCII-Zeichensatzes, Unterstrichen und Dezimalziffern, beginnend mit einem Buchstaben oder Unterstrich.

Zur lexikalischen Einheit Name gehört eine kleine formale Sprache mit den Nichtterminalen ident, letter und digit; ident ist das Startsymbol. Um ihre Syntax zu beschreiben, brauchen wir schon alle Operationen der EBNF außer der Option. Wir nähern uns der textuellen Darstellung über eine grafische: Bild 4.8 zeigt die Struktur von Namen mit drei **Syntaxdiagrammen**, für jede EBNF-Regel eines.

Bild 4.8
Syntaxdiagramme zu
Namen

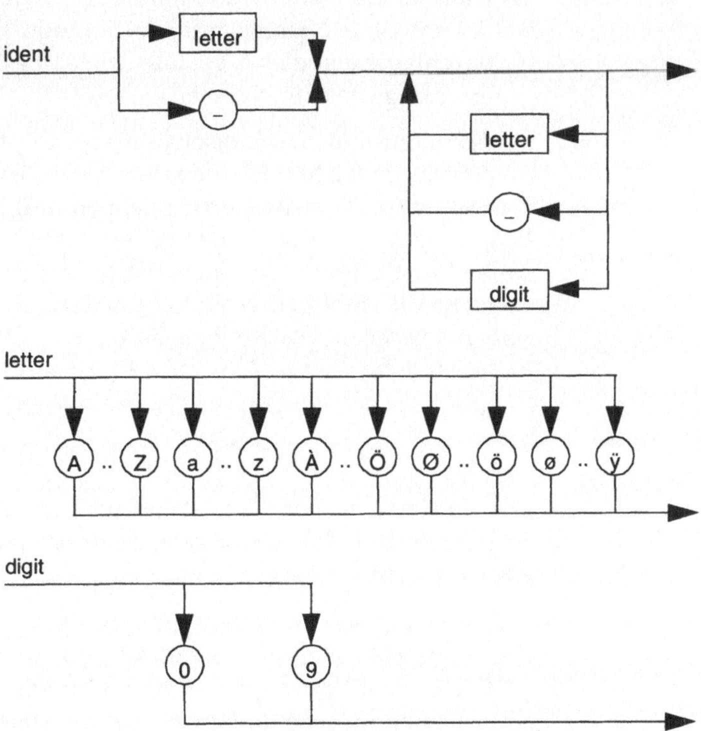

Was bedeuten die grafischen Elemente der Syntaxdiagramme? Sie entsprechen Metasymbolen. Eckige Kästchen stehen für Nichtterminale, Kreise (und die abgerundeten Kästchen in Bild 4.7) für Terminale. Gerichtete Kanten zeigen an, wie die Symbole aufeinander folgen dürfen. Das Nichtterminal, dessen definierende Regel das Diagramm darstellt, steht links oben an der Eingangskante.

Zwei Punkte „.." in den Diagrammen von letter und digit stehen jeweils für Buchstaben oder Ziffern aus einem Intervall, die aus Platzgründen weggelassen sind - voraussetzend, dass der Leser den Zeichensatz kennt.

Nach folgender Vorschrift bildet man aus Syntaxdiagrammen Wörter der beschriebenen Sprache (im Beispiel also Namen):

Durchlaufvorschrift für Syntaxdiagramme

(1) Durchlaufe das Diagramm beginnend mit dem Startsymbol am Eingang links oben in Pfeilrichtung bis zum Ausgang rechts unten.

(2) Wähle bei jeder Verzweigung einen der Pfade.

(3) Notiere alle auf dem Weg besuchten Terminale nacheinander.

(4) Unterbreche bei einem Nichtterminal den Durchlauf, suche das zu dem Nichtterminal gehörende Diagramm auf und durchlaufe erst dieses gemäß (1) - (4), bevor du an der Unterbrechungsstelle fortfährst.

Syntaxdiagramme sind anschaulich, gut lesbar und das Umgehen damit ist leicht zu lernen. Nachteilig ist, dass sie viel Platz beanspruchen, aufwändig zu zeichnen und nicht direkt maschinell zu verarbeiten sind. Wir gehen deshalb zu einer textuellen Darstellung ohne diese Nachteile über. Syntaxdiagramme und textuelle EBNF-Notation sind **äquivalent**, da man mit ihnen dieselben Sprachen beschreiben kann. Die Elemente der EBNF-Notation haben wir in Abschnitt 4.5 eingeführt.

Formel 4.2
Syntax von Namen

```
ident    = ( letter | "_" ) { letter | "_" | digit }.
letter   = "A" .. "Z" | "a" .. "z" | "À" .. "Ö" | "Ø" .. "ö" | "ø" .. "ÿ".
digit    = "0" | "1" | "2" | "3" | "4" | "5" | "6" | "7" | "8" | "9".
```

Die Buchstaben, der Unterstrich und die Dezimalziffern sind Terminale und daher mit dem Metasymbol „"" umschlossen, z.B. "A", "_", "0".

letter und digit stehen jeweils für ein Symbol aus einer Menge. Diese Symbole werden aufgelistet und durch das Metasymbol „|" für Auswahl getrennt. Um bei letter nicht alle Buchstaben hinschreiben zu müssen und ausgelassene Alternativen eines Intervalls anzudeuten, verwenden wir (wie im Syntaxdiagramm) zwei Punkte „..". Damit könnten wir die Regel für digit auch lascher notieren:

```
digit    = "0" .. "9".
```

Eine Folge von Buchstaben wird durch { letter } dargestellt. Für ident brauchen wir Folgen von Buchstaben, Unterstrichen und Dezimalziffern, also den Ausdruck { letter | "_" | digit }. Dies erlaubt auch die leere Folge. Ein Name soll aber nicht leer sein, sondern aus mindestens einem Zeichen bestehen. Außerdem soll er nicht mit einer Dezimalziffer beginnen, damit er sich im ersten Zeichen von Zahlen unterscheidet. Deshalb steht vor dem Wiederholungsausdruck der Auswahlausdruck (letter | "_").

Klassifikation von Namen

Cleo kennt zwei Arten von Namen. **Implizit definierte Namen** legt die Sprache selbst fest, nämlich gemäß Tabelle 2.2 S. 18 die Typnamen

BOOLEAN, CHAR, NATURAL, INTEGER, REAL

und die Wertenamen

FALSE, TRUE.

Explizit definierte Namen legt der Programmierer in Vereinbarungen fest. In Beispielen haben wir solche Namen benutzt:

Kaffeeautomat, Preis, Geld_einnehmen, Switch, on, Set, Put,...

Konvention

Per Konvention sind alle implizit definierten Namen groß geschrieben, für explizit definierte Namen verwenden wir Groß- und Kleinbuchstaben wie in der Schriftsprache üblich.

Ableitung

Wir können durch Anwenden der Regeln von Formel 4.2 beliebige Namen erzeugen. Der Algorithmus dazu lautet:

Ableitungsalgorithmus für EBNF-Regeln

(1) Gehe vom Startsymbol aus.

(2) Ersetze im aktuellen Ausdruck

- ein Nichtterminal durch seinen definierenden Ausdruck, oder

- eine Auswahl oder Option durch einen Fall, oder

- eine Wiederholung durch den zu wiederholenden Ausdruck gefolgt von der Wiederholung, oder

- eine Wiederholung durch Nichts.

(3) Wiederhole Schritt (2) solange, bis der Ausdruck nur noch Terminale enthält.

Beispiel

Wir führen den Algorithmus an einem Beispiel aus. Dabei zeigt das Zeichen $\Rightarrow$ einen **Ersetzungsschritt** an.

```
ident  ⇒    ( letter | "_" ) { letter | "_" | digit }
       ⇒    letter { letter | "_" | digit }
       ⇒    "A" { letter | "_" | digit }
       ⇒    "A" ( letter | "_" | digit ) { letter | "_" | digit }
       ⇒    "A" letter { letter | "_" | digit }
```

$\Rightarrow$ "A" "p" { letter | "_" | digit }
$\Rightarrow$ "A" "p" (letter | "_" | digit) { letter | "_" | digit }
$\Rightarrow$ "A" "p" letter { letter | "_" | digit }
$\Rightarrow$ "A" "p" "f" { letter | "_" | digit }
$\Rightarrow$ "A" "p" "f" (letter | "_" | digit) { letter | "_" | digit }
$\Rightarrow$ "A" "p" "f" letter { letter | "_" | digit }
$\Rightarrow$ "A" "p" "f" "e" { letter | "_" | digit }
$\Rightarrow$ "A" "p" "f" "e" (letter | "_" | digit) { letter | "_" | digit }
$\Rightarrow$ "A" "p" "f" "e" letter { letter | "_" | digit }
$\Rightarrow$ "A" "p" "f" "e" "l" { letter | "_" | digit }
$\Rightarrow$ "A" "p" "f" "e" "l"
$\Rightarrow$ "Apfel"

Diesen Prozess nennt man **Ableitung**. Im Beispiel haben wir den Namen Apfel aus den Syntaxregeln für Namen abgeleitet. Verschiedene Ableitungen können zu demselben Namen führen. Aber jeder abgeleitete Name ist korrekt, und jeder korrekte Name lässt sich ableiten. Dagegen scheitert jeder Versuch, die Zeichenfolge Hurra! als Name abzuleiten, denn wir finden keine Regel, die ein „!" produziert.

Zerteilung

Meist wollen wir nicht beliebige Namen erzeugen, sondern stehen (wie der Übersetzer einer Programmiersprache) vor der umgekehrten Aufgabe: Es ist zu prüfen, ob eine gegebene Zeichenfolge ein Name ist. Dies ist das **Zerteilungsproblem**; wir behandeln es in 10.3.4 S. 270.

4.6.1.3   Literale

Ein **Literal** stellt einen konstanten Wert direkt durch seine Gestalt dar. Zu Literalen gehören Zeichen, Zeichenketten und Zahlen.

Formel 4.3
Syntax von Literalen

   literal   = character | string | number.

Ein **Zeichen** ist ein Unicodezeichen, codiert dargestellt durch seine Ordnungszahl in hexadezimaler Darstellung gefolgt von einem X, z.B. 0FEEX. Eine **Zeichenkette** ist eine in einfache oder doppelte Hochkommas eingeschlossene Folge von Zeichen, z.B.

   'This is a string.'   "Don't worry!"   'He said: "Allright now!"'

Dadurch unterscheiden sich Zeichenketten von Namen und Zahlen ('a' und a, '1' und 1). Die **Länge** einer Zeichenkette ist die Anzahl ihrer Zeichen. Eine Zeichenkette der Länge 1 ist wie ein Zeichen zu verwenden.

Formel 4.4
Syntax von Zeichen
und Zeichenketten

   character   = digit { hexDigit } "X".
   hexDigit   = digit | "A" | "B" | "C" | "D" | "E" | "F".
   string   = " ' " { char } " ' " | " " " { char } ' " '.
   char   = Unicodezeichen.

Eine **Zahl** ist eine ganze Zahl in Dezimal- (z.B. 2429346) oder Hexadezimaldarstellung (z.B. 0CAFEH) oder eine Gleitpunktzahl (z.B. 13.18E-35), jeweils vorzeichenlos.

Formel 4.5 Syntax von Zahlen	

```
number       = integer | real.
integer      = digit { digit } | digit { hexDigit } ( "H" | "L" ).
real         = digit { digit } "." { digit } [ ScaleFactor ].
ScaleFactor  = "E" ["+" | "-"] digit { digit }.
```

4.6.1.4   Operatoren und Begrenzer

Operatoren und **Begrenzer** sind Sonderzeichen, Paare von Sonderzeichen oder Schlüsselwörter. **Schlüsselwörter** bestehen aus Großbuchstaben und sind **reservierte Wörter**, d.h. sie dürfen nicht für Namen verwendet werden.

Tabelle 4.1
Operatoren und
Begrenzer von Cleo

	Operatoren	**Begrenzer**
Sonder- zeichen	+ - * / = # < > <= >=	( ) :
Schlüssel- wörter	AND DIV IMPLIES MOD NOT OR	ACTIONS CLASS END FOR IN INOUT INVARIANTS MODULE OLD OUT POST PRE QUERIES

4.6.2   Syntaktische Einheiten

Auf der Basis der in 4.6.1 vorgestellten lexikalischen Einheiten betrachten wir nun syntaktische Einheiten von Cleo.

4.6.2.1   Terminale Symbole

Das Alphabet der Terminale der syntaktischen Ebene kennt

- Namen,
- Literale,
- Operatoren und Begrenzer,

also die auf der lexikalischen Ebene definierten Einheiten. Beispiele sind

```
ident  number  "+"  MODULE
```

Konvention

In Ausdrücken vorkommende Schlüsselwörter müsste man eigentlich klammern, z.B. "MODULE". Doch da die Großschreibung Verwechslungen mit Nichtterminalen ausschließt, verzichtet man auf die „".

Leerzeichen, Zeilenumbruch usw. dürfen *nicht* in Symbolen auftreten. Sie werden ignoriert, wo sie nicht Symbole trennen. So ist

```
M O D U L E A ENDA
```

syntaktisch falsch, weil das Schlüsselwort MODULE gesperrt geschrieben ist und zwischen dem Schlüsselwort END und dem Namen A ein Leerzeichen fehlt. Syntaktisch korrekt ist hingegen

    MODULE A QUERIES i:INTEGER END A

obwohl links und rechts des Begrenzers „:" kein Leerzeichen steht. Diese Regeln schließen Mehrdeutigkeiten aus.

4.6.2.2   **Nichtterminale Symbole**

Konvention   Die Nichtterminale bestehen aus einer Folge von Buchstaben, beginnend mit einem Großbuchstaben, z.B.

    Unit   Client   QueryDeclaration

Dadurch unterscheiden sie sich von Nichtterminalen der lexikalischen Ebene wie ident und number, die mit einem Kleinbuchstaben beginnen, und von Schlüsselwörtern.

Das Startsymbol der Cleo-Syntax ist Unit, die erste Regel lautet

    Unit   = (MODULE I CLASS) ident
                        { QUERIES Client { QueryDeclaration }
                        I ACTIONS Client { ActionDeclaration } }
                        [INVARIANTS { Expression }] END ident.

Ein einfachstes Wort dieser Sprache ist daher

    MODULE A END B

Trotzdem ist dies kein Cleo-Programm, denn es gibt eine zusätzliche Vorschrift, die nicht in der EBNF-Syntax ausgedrückt ist: Die Namen nach MODULE und END müssen gleich sein. Solche Vorschriften, die beschreiben, in welchen Zusammenhängen welche Namen auftreten dürfen, heißen **Kontextbedingungen**. Einfacherweise definiert man sie verbal, nicht formal.

    MODULE A END A

ist ein einfachstes, freilich uninteressantes Cleo-Programm. Wir ergänzen von den überlesenen Ausdrücken die Schlüsselwörter, die optionalen Nichtterminale lassen wir noch weg:

    MODULE A
       QUERIES
       ACTIONS
       INVARIANTS
    END A

Auch dieses Cleo-Programm ist noch zu nichts fähig; es ist aber bereits ein Skelett, an dem sich die Gestalt brauchbarer Cleo-Programme abzeichnet. Wir könnten es durch Hinzunehmen weiterer Ausdrücke etwa zum Kaffeeautomaten-Programm 2.8 S. 35 ausbauen, ähnlich wie wir in 4.6.1.2 den Namen Apfel aus

Syntaxregeln abgeleitet haben. Dazu bräuchten wir zunächst die Regeln für die Nichtterminale Client, QueryDeclaration, ActionDeclaration und Expression. Wir führen diese Regeln nicht einzeln ein, sondern stellen sie hier zusammen:

Formel 4.6
Syntax von Cleo

```
Unit              = ( MODULE I CLASS ) ident
                      { QUERIES Client { QueryDeclaration }
                      I ACTIONS Client { ActionDeclaration } }
                      [ INVARIANTS { Expression } ] END ident.
Client            = [ FOR ident ].
QueryDeclaration  = ident FormalParameter ":" Type Conditions.
ActionDeclaration = ident FormalParameter Conditions.
FormalParameter   = [ "(" ( IN I OUT I INOUT ) ident ":" Type ")" ].
Type              = ident.
Conditions        = [ PRE ExpressionSequence ]
                      [ POST ExpressionSequence ].
ExpressionSequence = { Expression }.
Expression        = SimpleExpression [ Relation SimpleExpression ].
SimpleExpression  = [ "+" I "-" ] Term { AddOperator Term }.
Term              = Factor { MulOperator Factor }.
Factor            = Designator I literal I
                      [ OLD ] "(" Expression ")" I NOT Factor.
Relation          = "=" I "#" I "<" I ">" I "<=" I ">=".
AddOperator       = "+" I "-" I OR I IMPLIES.
MulOperator       = "*" I "/" I DIV I MOD I AND.
Designator        = ident { "." ident I "(" Expression { "," Expression } ")" }.
```

4.7   Die Implementationssprache Component Pascal

Component Pascal ist eine modulare, objekt- und komponentenorientierte Programmiersprache in der Entwicklungslinie der von Niklaus Wirth entworfenen Programmiersprachen Pascal, Modula und Oberon. Wirth und Hanspeter Mössenböck erweiterten Oberon zu Oberon-2, die Firma Oberon microsystems Inc. entwickelte daraus Component Pascal.

Eine vollständige und exakte Beschreibung der Sprache, der **Component Pascal Language Report**, ist im Anhang A abgedruckt. Wir stellen hier die wesentlichen Merkmale von Component Pascal vor, deren Kenntnis wir für die folgenden Kapitel voraussetzen. Einzelne Konstrukte von Component Pascal führen wir dort ein, wo wir sie zur Lösung einer Aufgabe brauchen.

4.7.1   Programmstruktur

Die Grundeinheit in Component Pascal ist das Modul:

Formel 4.7
Softwaremodell von
Component Pascal

Component-Pascal-Programm = Menge von Modulen.

Wir haben durch den Kaffeeautomaten und die Spezifikationssprache Cleo bereits eine Vorstellung von einem Modul. In Component Pascal ist ein Modul

- eine **logische Programmeinheit,**
- eine **Übersetzungseinheit,**
- eine **Ladeeinheit.**

Je nach Sichtweise besteht ein Modul aus

- einer **Schnittstelle** und einer **Implementation,**
- einer Menge zusammengehöriger **Daten** und **Algorithmen,**
- einem **Modulkopf,** einem **Vereinbarungsteil,** einem **Initialisierungsteil** und einem **Finalisierungsteil.**

Die Schnittstelle eines Cleo-Moduls können wir nach einfachen Leitlinien in die Schnittstelle eines Component-Pascal-Moduls transformieren, was wir am Beispiel des Kaffeeautomaten in Kapitel 6 zeigen. Als Implementationssprache zeichnet sich Component Pascal durch die Fähigkeit aus, Daten und Algorithmen zu beschreiben.

Während ein Cleo-Modul die Struktur

```
MODULE Modulname
    QUERIES
        Vereinbarungen von Abfragen
    ACTIONS
        Vereinbarungen von Aktionen
    INVARIANTS
        Invarianten
END Modulname
```

besitzt, finden wir bei Component-Pascal-Modulen die Struktur

```
MODULE Modulname;
    IMPORT
        Liste der benutzten Module
    CONST
        Vereinbarungen von Konstanten
    TYPE
        Vereinbarungen von Typen
    VAR
        Vereinbarungen von Variablen
    PROCEDURE
        Vereinbarungen von Prozeduren
BEGIN
    initiale Anweisungen
CLOSE
    finale Anweisungen
END Modulname.
```

Die erste EBNF-Regel der Syntax von Component Pascal lautet

```
Module          = MODULE ident ";" [ ImportList ] DeclSeq
                  [ BEGIN StatementSeq ]
                  [ CLOSE StatementSeq ] END ident ".".
```

4.7.2   Merkmale

Ein Component-Pascal-Modul setzt sich im Wesentlichen aus
Vereinbarungen von Merkmalen zusammen. Eine Vereinbarung
legt den Namen und die Art eines Merkmals fest. Ein **Merkmal**
ist eine Konstante, ein Typ, eine Variable oder eine Prozedur.
Eine Prozedur ist eine gewöhnliche Prozedur oder eine Funktionsprozedur. (Der Oberbegriff Merkmal kommt im Component
Pascal Language Report nicht vor, hilft aber oft Aufzählungen
vermeiden.) Die Begriffe seien hier kurz beschrieben:

- Eine **Konstante** steht für eine feste Größe; sie liefert immer
  denselben Wert. Ein Beispiel für eine Konstantenvereinbarung ist

  ```
  CONST minutesPerHour = 60;
  ```

- Ein **Typ** ist eine Abstraktionsklasse von Größen mit gleicher
  Struktur, gleichem Wertebereich, gleichen Operationen und
  gleichem Speicherplatzbedarf. Ein Typ dient dazu, Exemplare des Typs zu vereinbaren. Grundtypen sind implizit
  durch die Sprache vereinbart (*vorvereinbart, Standardtyp*); das
  Typkonzept entfaltet sich, wenn der Programmierer selbst
  explizit neue Typen vereinbart. Insbesondere sind Klassen
  Typen, die aus anderen Typen aufgebaut sind. Typen dürfen
  in Vereinbarungen von Typen, Variablen und Prozedursignaturen auftreten. Ein Beispiel für zwei einfache Typvereinbarungen ist

  ```
  TYPE Hour = INTEGER; Minute = INTEGER;
  ```

- Eine **Variable** steht für eine veränderliche Größe; sie ist von
  einem vereinbarten Typ und liefert einen änderbaren, gespeicherten Wert. Ein Beispiel für eine Variablenvereinbarung ist

  ```
  VAR hour : Hour;
  ```

- Eine **Prozedur** ist eine Abstraktion eines Algorithmus; sie
  kann Parameter haben.

  - Eine **gewöhnliche Prozedur** steht für eine Veränderung;
    sie ist eine Zusammenfassung von Anweisungen, die
    etwas tun. Der Begriff ist eine Abstraktion des Begriffs
    Anweisung; entsprechend ist ein Aufruf einer gewöhnli-
    chen Prozedur eine Anweisung. Ein Beispiel für die Ver-

einbarung einer gewöhnlichen Prozedur mit zwei Parametern ist

```
PROCEDURE Set (newHour : Hour; newMinute : Minute);
BEGIN
    Anweisungen
END Set;
```

■ Eine **Funktionsprozedur** oder **Funktion** steht für eine veränderliche Größe; sie ist von einem vereinbarten Typ und liefert einen berechneten Wert. Der Begriff ist eine Abstraktion des Begriffs Ausdruck; entsprechend ist ein Aufruf einer Funktion ein Ausdruck. Ein Beispiel für die Vereinbarung einer parameterlosen Funktion ist

```
PROCEDURE TimeInMinutes () : Minute;
BEGIN
    Anweisungen
    RETURN Ausdruck
END TimeInMinutes;
```

(Syntaktisch streng genommen gehören die Schlüsselwörter CONST, TYPE, VAR und die Semikolons „;" nicht zu den Vereinbarungen, sondern zu einer Vereinbarungsfolge.)

Konstanten und Variablen stellen konkrete **Daten** dar, Typen Abstraktionen von Daten, Prozeduren Abstraktionen von **Algorithmen**.

4.7.3   Anweisungen

Wir haben in Abschnitt 2.2 Aktionsaufrufe als Anweisungsart kennengelernt; außerdem wissen wir seit Abschnitt 2.4, was eine Bedingung ist. Nun kommen weitere Arten von Anweisungen hinzu, wobei wir zwischen elementaren und strukturierten Anweisungen unterscheiden. (Daneben gibt es noch zwei Steueranweisungen.) Anweisungen sind Grundelemente von Algorithmen.

Elementare
Anweisung

Elementare Anweisungen sind die Zuweisung und der Prozeduraufruf. Jede Zuweisung hat als Ziel eine Variable. Zu jedem Prozeduraufruf gibt es eine Vereinbarung einer Prozedur, die gerufen wird und deren Anweisungen ausgeführt werden.

Strukturierte
Anweisung

Strukturierte Anweisungen setzen sich aus Anweisungen und Bedingungen mit folgenden Konstrukten zusammen:

● **Folge, Sequenz:** Anweisung A gefolgt von Anweisung B wird dargestellt durch

```
A; B
```

- **Auswahl, Alternative**: Falls Bedingung C erfüllt, dann Anweisung A, sonst Anweisung B, wird dargestellt durch

  ```
  IF C THEN A ELSE B END
  ```

- **Option**: Falls Bedingung C erfüllt, dann Anweisung A, sonst Nichts, wird dargestellt durch

  ```
  IF C THEN A END
  ```

- **Wiederholung, Iteration**: Solange Bedingung C erfüllt, wiederholt Anweisung A, wird dargestellt durch

  ```
  WHILE C DO A END
  ```

Die Methode, Algorithmen nur aus solchen einfachen und strukturierten Anweisungen zu konstruieren, heißt **strukturiertes Programmieren**. Eine detaillierte Erläuterung der Anweisungen folgt in 6.3.1 S. 127, 7.2.2 S. 155 und 8.1.1.1 S. 188. Vergleichen Sie jedoch diese Konstrukte mit den Konstrukten der EBNF-Regeln in Abschnitt 4.5! Die Syntax von Programmiersprachen und der Aufbau von Algorithmen folgen ähnlichen Strukturgesetzen.

4.7.4   **Importliste**

Wie wir seit Abschnitt 1.1 wissen, kann ein Modul andere Module benutzen; Module treten in den Rollen Kunde und Lieferant auf. In Component Pascal **importiert** ein Kundenmodul benutzte Lieferantenmodule explizit, indem es die Namen der Lieferanten in einer Importliste nennt, eingeleitet mit dem Schlüsselwort IMPORT. Das IMPORT-Konstrukt folgt direkt auf den Modulkopf und steht vor dem Vereinbarungsteil:

```
MODULE ClientOfClock;

   IMPORT Clock;

   ...
   Clock.Set (12, 30);
   ...

END ClientOfClock.
```

Benutzte Merkmalnamen sind mit dem Lieferantennamen zu qualifizieren. (Die Punktnotation kennen wir von Cleo.) Derart qualifizierte Namen können lang werden. Lange Namen können stören, wenn sie oft vorkommen. Als Abhilfe kann man im IMPORT-Konstrukt eine Abkürzung für einen Lieferantennamen einführen:

```
MODULE ClientOfQueue;

    IMPORT Queue := ContainersTraversableQueueOfItemImplementedByList;
    ...
    Queue.Put (item);
    ...

END ClientOfQueue.
```

Die Abkürzung ist ein **Aliasname**, der nur **lokal** in dem definierenden Modul gilt; im Beispiel kennt nur ClientOfQueue die Abkürzung Queue.

Die Importliste dokumentiert für den Leser an *einer* Stelle, von welchen anderen Modulen das Modul abhängt. Sie vereinbart die Namen, mit denen das Modul seine Lieferanten benutzt. Diese Namen sind nicht für Merkmale des Moduls verwendbar.

Der Import bezieht sich nur auf die Schnittstelle eines Lieferanten, nicht seine Implementation. Zu einer vorgegebenen Schnittstelle kann es mehrere Module mit verschiedenen Implementationen, aber der gleichen Schnittstelle geben (siehe Bild 4.9).

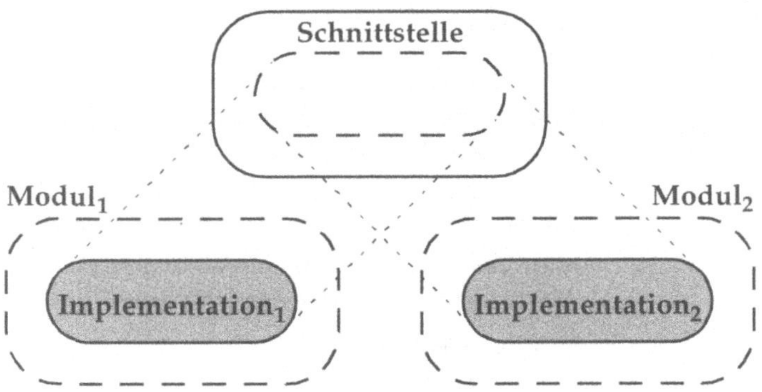

Bild 4.9
Schnittstelle und
Implementationen

In solchen Fällen ist das IMPORT-Konstrukt für den Softwareentwickler nützlich, denn die Abkürzungsregel erlaubt, durch eine minimale Änderung am Quelltext ein Lieferantenmodul durch ein anderes mit gleicher Schnittstelle zu ersetzen. Dazu muss nur der Lieferantenname in der IMPORT-Liste ausgetauscht werden, die Abkürzung bleibt:

```
MODULE ClientOfClock;

    IMPORT Clock := BlackForestClock;
    ...

END ClientOfClock.
```

```
MODULE ClientOfClock;

    IMPORT Clock := SwissClock;
    ...

END ClientOfClock.
```

Die Kunde-Lieferant-, Benutzungs- oder hier Import-Beziehung zwischen Modulen erweitern wir zur **Brauchtrelation**: Ein Modul A **braucht** ein Modul B, wenn A gleich B oder Kunde von B ist oder einen Kunden von B braucht. Ein Modul braucht also sich, die importierten Module und die von diesen importierten, usw. Im Beispiel

```
MODULE ClientOfClock;        MODULE Clock;            MODULE Services;

    IMPORT                       IMPORT                   IMPORT
        Clock;                       Services;                ...
    ...                          ...                      ...

END ClientOfClock.           END Clock.               END Services.
```

braucht ClientOfClock sich, Clock, Services und vielleicht weitere Module.

<table>
<tr><td>4.7.5</td><td>

Getrenntes Übersetzen

</td></tr>
</table>

Getrennte Übersetzung bedeutet, dass ein Programm in **Übersetzungseinheiten** zerlegt ist, die einzeln übersetzt werden. Dabei kennt der Übersetzer alle benutzten Größen, sodass er Typprüfungen über die Grenzen der Übersetzungseinheiten hinaus so durchführen kann, als ob er das Programm als Ganzes übersetzt. **Getrennte Übersetzbarkeit** ist eine Eigenschaft von Programmiersprachen, die zum Entwickeln großer Softwaresysteme unbedingt gefordert ist, weil Übersetzungen viel Zeit kosten können. Mit getrennter Übersetzbarkeit kann man geänderte Programmteile in kleinen Einheiten effizient nachübersetzen, ohne Sicherheit zur Laufzeit einzubüßen.

In Component Pascal ist das Modul die Übersetzungseinheit. Lieferanten eines Moduls A müssen einmal *vor* A übersetzt sein, damit ihre Schnittstellen zur Übersetzungszeit des Kunden bekannt sind. Der Übersetzer prüft bei importierten Merkmalen genau wie bei lokalen, ob sie korrekt benutzt sind, z.B. ob Anzahl und Typen aktueller Parameter zu den formalen Parametern passen. Man kann Lieferanten übersetzen, ohne deshalb ihre Kunden nachübersetzen zu müssen - vorausgesetzt, die Lieferanten behalten ihre Schnittstelle bei.

Getrennt oder unabhängig?

Exkurs. Von getrennter Übersetzung zu unterscheiden ist die **unabhängige Übersetzung**: Dabei wird ein Programmteil ohne Kenntnis benutzter Teile übersetzt. Erst beim Binden der einzelnen Teile sind offene Bezüge feststellbar; Typfehler werden u.U. nicht einmal zur Laufzeit erkannt. Beispiele: Ein Standard-Pascal-Programm wird als Ganzes übersetzt. C und C++ bieten unabhängige Übersetzung; der Programmierer kann getrennte Übersetzung simulieren, wenn er sich strikt an bestimmte Regeln hält.

4.7.6 Dynamisches Laden und Entladen

In Component Pascal ist das Modul auch eine **Ladeeinheit**. Module werden bei Bedarf dynamisch gebunden und geladen. Die Sprachumgebung stellt dazu einen **dynamischen Bindelader** zur Verfügung.

- **Bei Bedarf** meint den Zeitpunkt, zu dem ein Benutzer ein Kommando eines Kommandomoduls eingibt. Damit das Kommando ausgeführt werden kann, muss das Kommandomodul geladen sein. Zuvor müssen die vom Kommandomodul gebrauchten Module geladen sein, und das Kommandomodul muss an seine Lieferanten gebunden sein, damit es sie benutzen kann.

- **Dynamisch** meint, dass das Binden und Laden erfolgt, nachdem bereits andere Kommandos ausgeführt und Module geladen wurden.

Initialisierung

Unmittelbar nach dem Laden eines Moduls werden die Anweisungen seines **Initialisierungsteils** einmal ausgeführt. Sie dienen dazu, die Variablen des Moduls zu initialisieren und die Modulinvarianten herzustellen. Ein Modul ist erst nach seiner Initialisierung benutzbar. Damit der Initialisierungsteil eines Moduls Lieferanten benutzen kann, müssen diese vorher initialisiert sein. Die Reihenfolge der Initialisierung schließt Zyklen in der Brauchtrelation der Module aus.

Finalisierung

Module bleiben so lange im Speicher, bis sie explizit, z.B. durch Eingabe eines Entladekommandos, entladen werden. Unmittelbar vor dem Entladen eines Moduls werden die Anweisungen seines **Finalisierungsteils** einmal ausgeführt. Damit können Ressourcen des Betriebssystems freigegeben werden, die das Modul während seiner Benutzung dynamisch angefordert hat. Ein Modul kann nur entladen werden, wenn keine Kunden von ihm mehr geladen sind, da diese an das Modul gebunden sind.

Das dynamische Laden unterscheidet Component Pascal von den meisten anderen Programmiersprachen, es macht Component Pascal zu einer **komponentenorientierten Sprache**. Der Component Pascal Language Report fordert ausdrücklich diese

Fähigkeit von Sprachumgebungen, die mit Component Pascal konform sein sollen. Dies ist auch ein Punkt, an dem Component Pascal über seine Vorgängersprache Oberon-2 hinausgeht. In Kapitel 5 stellen wir eine Sprachumgebung zu Component Pascal vor, den BlackBox Component Builder.

Bei Bedarf oder im Voraus?

Exkurs. Bei konventionellen Sprachen werden die Programmteile **statisch** gebunden, *bevor* das Programm ausgeführt wird. Das Programm wird **im Voraus** geladen; erst *während* des Programmablaufs kann der Benutzer Kommandos eingeben. Das bedeutet, dass auch Programmteile für Kommandos, die der Benutzer nie eingibt, gebunden und geladen sind.

4.8   Programm, Ablauf, Prozess

Mit diesem Wissen über eine konkrete Programmiersprache im Hinterkopf wenden wir uns wieder allgemeinen Begriffen zu.

Statisch

Ein **Programm** ist eine **statische Einheit**, die in verschiedenen Formen existiert. Ein Programm heißt **direkt ausführbar**, wenn es in einer Form vorliegt, die unmittelbar auf einem Prozessor ablaufen kann, z.B. als Objektcode. Ein Programm heißt **indirekt ausführbar**, wenn es in einer Form vorliegt, von der es automatisch in ein direkt ausführbares Programm transformiert werden kann, z.B. als Quelltext einer Hochsprache. Diese Transformation wird durch ein anderes Programm - genauer: durch die Ausführung eines Übersetzerprogramms - bewerkstelligt und kann dem Benutzer verborgen bleiben.

Dynamisch

Wir müssen klar zwischen Programm und Programmablauf unterscheiden. Ein Programm kann mehrere Male - beliebig oft - ausgeführt werden. Es handelt sich dann um verschiedene Abläufe desselben Programms. Ein **Programmablauf** ist eine **dynamische Einheit**. Die Abläufe können zeitlich nacheinander auf demselben Prozessor oder räumlich getrennt auf verschiedenen Prozessoren erfolgen. Programmabläufe können sich wesentlich in ihrem Verhalten, in den Ergebnissen, die sie produzieren, unterscheiden, obwohl das zugrundeliegende Programm stets dasselbe ist und sich nicht verändert. Unterschiedliches Verhalten von Programmabläufen rührt in erster Linie von unterschiedlichen Eintrittspunkten oder Eingabedaten her, es können aber auch andere Einflüsse mitwirken.

Ein Prozessor kann zu einem Zeitpunkt nur ein Programm ausführen, aber mehrere Programme nacheinander. Was auf einem Prozessor abläuft, bezeichnen wir als **Prozess**, eine dynamische

Einheit, die auch mehrere aufeinanderfolgende Programmabläufe umfassen kann.

Definitionen

Wir haben den Begriff Programm mehrfach unter spezifischen Gesichtspunkten eingeführt als

- Softwaremodell eines Sachverhalts,

- Spezifikation, die implementiert und ausführbar sein kann,

- Menge von Modulen (und/oder Klassen, allgemeiner: Übersetzungseinheiten),

- Wort einer Programmiersprache,

- Folge von Maschinenbefehlen,

- maschinell ausführbaren Algorithmus, der eine Aufgabe löst.

Programm oder System?

Exkurs. In traditionellem Sinn (und vielen Programmiersprachen) hat ein Programm genau einen Eintrittspunkt, bei dem alle Programmabläufe beginnen, und es ist vollständig in dem Sinne, dass alle Teile, die während eines Ablaufs gebraucht werden, bereits zur Übersetzungs- oder Bindezeit als Ganzes vorliegen. Diese Vorstellung vermischt voneinander unabhängige Konzepte und ist viel zu eng für einen modernen Programmbegriff. Manche Autoren der objekt- und komponentenorientierten Programmierung sprechen deshalb anstelle von Programmen von **Systemen**. Wir meinen dagegen, dass zum Programmieren auch ein Programm gehört; nur müssen wir diesen Begriff neu interpretieren.

Wo liegt der Anfang?

Wir präzisieren, welche Merkmale ein Programm charakterisieren. Ein **Programm** besteht aus einer Menge von Modulen und der Angabe einer Menge von Aktionen dieser Module. Diese Aktionen dienen als mögliche **Eintrittspunkte** für Programmabläufe. Ein Modul mit einem Eintrittspunkt heißt **Eintrittsmodul**. Vom Eintrittspunkt hängt ab, wie sich ein Programmablauf verhält. Ein Programm kann also mehrere Eintrittspunkte haben. Es kann Aktionen geben, die keine Eintrittspunkte sind; diese Aktionen können intern vom Programm benutzt werden.

Wo liegt die Grenze?

Ein Programm heißt **vollständig**, wenn es alle von seinen Eintrittsmodulen gebrauchten Module umfasst. Die meisten Programme, die wir betrachten, sind **unvollständig**: Es sind einzelne Module oder Modulgruppen, bei denen wir gebrauchte Module aus der Betrachtung ausschließen. Wann muss ein Programm vollständig sein? Je später der Zeitpunkt, umso besser:

Wo liegt der Zeitpunkt?

- **Vollständigkeit zur Übersetzungszeit** bedeutet, dass alle gebrauchten Module gemeinsam übersetzt werden müssen. Dies ist bei großen Programmen wegen des Aufwands bei kleinen Änderungen ungünstig, aber von manchen älteren Programmiersprachen gefordert.

- **Vollständigkeit zur Bindezeit** bedeutet, dass alle gebrauchten Module zu einem ausführbaren Ganzen zusammengebunden werden müssen. Dies ist ungünstig, da wiederverwendbare Module zu jedem Objektprogramm dazugebunden werden und so unnötig Speicherplatz verschwenden. Dieser Ansatz ist aber noch verbreitet.

- **Vollständigkeit zur Ladezeit** bedeutet, dass gebrauchte Module gemeinsam geladen (und dabei auch gebunden) werden, sofern sie nicht schon geladen sind. Dies ist günstig, weil von mehreren Programmen gebrauchte Module nur einmal im Speicher liegen. Diesen Ansatz bietet Component Pascal.

- **Vollständigkeit zur Laufzeit** bedeutet, dass ein gebrauchtes Modul erst dann geladen wird, wenn es in einem Programmablauf tatsächlich gebraucht wird. Dies ist der flexibelste, allerdings auch aufwändigste Ansatz. Component Pascal bietet auch diesen.

4.9   Fehlerarten und Sicherheit

Das Kapitel schließt mit Bemerkungen zur Klassifikation von Fehlern, die beim Programmieren auftreten, und zu verschiedenen Aspekten der Sicherheit von Programmiersprachen.

Fehlerarten

- Ein syntaktisch fehlerhaftes Programm gehört nicht zur Sprache, ist nicht übersetzbar und daher nicht ablauffähig.

- Ein syntaktisch korrektes Programm kann semantische Fehler enthalten. Der Übersetzer erkennt **syntaktische** und **semantische Fehler (Übersetzungszeitfehler)**.

- Auch Binder und Lader können Fehler entdecken.

- Ein semantisch korrektes Programm kann **Laufzeitfehler** enthalten. Laufzeitfehler werden von der Sprachumgebung, vom Betriebssystem oder *nicht* erkannt.

- Ein semantisch korrektes, fehlerfrei laufendes Programm kann praktisch sinnlos sein.

Je früher ein Fehler erkannt wird, umso besser. Ein Syntaxfehler richtet keinen Schaden an und ist schnell repariert. Ein Laufzeitfehler kann katastrophal wirken und schwer zu finden sein.

Sicherheit

Die Sicherheit einer Programmiersprache ist besonders wichtig bei Software für kritische Anwendungen, z.B. in der Medizin-,

Verkehrs- und Energietechnik, denn ein Programm kann nicht sicherer sein als die Sprache, in der es geschrieben ist. Wir nennen eine Programmiersprache A **sicherer** als eine Sprache B, wenn A Programmierfehler, die B akzeptiert, als Übersetzungszeit- oder Laufzeitfehler zurückweist. Component Pascal ist

- **speichersicher**, da es unkontrollierte Speicherzugriffe verbietet und die Speicherplätze aller Größen automatisch verwaltet, sodass kein Speicherplatz falsch benutzt werden kann;

- **typsicher**, da es bei allen Operationen mit typgebundenen Größen statische oder dynamische Typprüfungen durchführt, sodass jede Größe nur an Werte ihres Typs gebunden werden kann;

- **modulsicher**, da jedes Modul seine Invarianten unabhängig von der Umgebung garantieren kann, sodass diese nicht von anderen Modulen verletzt werden können.

Nach unseren Programmiererfahrungen ist Component Pascal sicherer als manch andere Sprache. Beispielsweise sind C und C++ weder speicher- noch typ- noch modulsicher. Je mehr die Qualitätsanforderungen an Software wachsen, umso dringlicher empfiehlt es sich für Softwareentwickler, ihre Produkte mit sichereren Programmiersprachen qualitativ zu verbessern.

4.10   Zusammenfassung

Auf einer Rundtour durch die Welt der Programmiersprachen haben wir verschiedene Aspekte untersucht:

- Der Prozessor eines Rechners führt Befehle aus, die Daten in seinem Speicher verändern.

- Die Syntax von Programmiersprachen beschreibt man gut mit der erweiterten Backus-Naur-Form.

- Die Semantik eines programmiersprachlichen Konstrukts legt fest, was das Konstrukt im Rechner bewirkt.

- Die Pragmatik untersucht, wie programmiersprachliche Konstrukte beim Lösen von Aufgaben nützen.

- Ein Übersetzer ist ein Programm, das Quelltexte einer höheren Programmiersprache in Maschinencode transformiert.

- Component Pascal ist eine modulare Programmiersprache, bei der Module bei Bedarf dynamisch geladen werden.

4.11 Literaturhinweise

Weiterführende Informationen zu den Grundbegriffen findet man in dem Nachschlagewerk von P. Rechenberg und G. Pomberger [29], in P. Rechenberg [28], einer nach den Teilgebieten Technische, Praktische, Theoretische und Angewandte Informatik gegliederten Rundumschau, und in dem umfassenden Werk von H. Ernst [3].

Die in Abschnitt 4.2 vorgestellte Rechnerarchitektur ist oft nach John von Neumann benannt, der 1945 einen Bericht darüber veröffentlichte. Jedoch realisierte Konrad Zuse die wesentlichen Konzepte dieser Architektur bereits in den Jahren 1938 bis 1941 in seinen Rechnern Z1 und Z3 [36], [39]. Eine Einführung in Rechnerstrukturen und maschinennahes Programmieren bietet P. Kammerer [15].

Die Backus-Naur-Form (BNF) haben John Backus und Peter Naur eingeführt, um die Syntax der Programmiersprache Algol 60 zu beschreiben. Die in diesem Buch präsentierte EBNF-Notation stammt von N. Wirth [30], [34].

Oberon und Oberon-2 sind in [22], [23], [24] und [30] beschrieben, Component Pascal in [40]. Das einführende Programmierlehrbuch für Oberon mit einem Kapitel über Oberon-2 von M. Reiser und N. Wirth [30] eignet sich gut für Anfänger. Ebenfalls an Anfänger wendet sich E. Nikitin [24]. S. Warford [40] liefert eine fundierte Einführung in das Programmieren, die die Fähigkeiten der Entwicklungsumgebung BlackBox nutzt. J. R. Mühlbacher et. al. [23] führen in Oberon-2 ein, basierend auf der Entwicklungsumgebung Pow! der Universität Linz. H. Mössenböck [22] setzt Programmiererfahrung und Kenntnisse von Pascal, Modula-2 oder Oberon voraus, um in objektorientiertes Programmieren einzuführen.

Zu den Programmiersprachen Oberon und Component Pascal findet man viele Informationen im Internet. Alles über Oberon bietet *The Oberon Webring* [43]. Einzelne elektronische Quellen sind [41], [42], [44], [45], [46], [47], [48]. Die Oberon Newsgroup diskutiert unter [49].

4.12 Übungen

Mit diesen Aufgaben üben Sie das Umgehen mit der EBNF.

Aufgabe 4.1
Syntaxdiagramme

Stellen Sie die EBNF-Regeln der Formeln 4.2, 4.3, 4.4 und 4.5 als Syntaxdiagramme dar!

Aufgabe 4.2 EBNF-Regeln	Wie sind die EBNF-Regeln der Formel 4.2 zu ändern, wenn ein Name mindestens einen Buchstaben enthalten muss?
Aufgabe 4.3 Ableitungs- vorschriften	Vergleichen Sie die Durchlaufvorschrift für Syntaxdiagramme, S. 68 und den Ableitungsalgorithmus für EBNF-Regeln, S. 69 miteinander!
Aufgabe 4.4 Ableitungen	Führen Sie Ableitungen der Programme 2.1 S. 19, 2.2 S. 20 und 2.3 S. 20 mit den EBNF-Regeln von Formel 4.6 aus!
Aufgabe 4.5 Syntax von Cleo	Die durch Formel 4.6 syntaktisch definierte Cleo-Sprache unterliegt folgenden Einschränkungen:

☹ Dienste sind entweder öffentlich oder haben genau einen Kunden.

☹ Dienste haben höchstens einen Parameter.

Ein erweitertes Cleo besitzt folgende Eigenschaften:

☺ Dienste können beliebig viele Kunden haben. Kundennamen stehen in einer Liste und sind durch Kommas getrennt.

☺ Dienste können beliebig viele Parameter haben. Formale Parameter stehen in einer Liste und sind durch Kommas getrennt.

Ändern Sie die Syntax, sodass sie das erweiterte Cleo beschreibt! Beseitigen Sie die erste (zweite) Einschränkung, indem Sie das Nichtterminal Client (FormalParameter) durch zwei Nichtterminale ClientList und IdentList (FormalParameters und FPSection) mit entsprechenden Regeln ersetzen!

5 Die Entwicklungsumgebung BlackBox

Eine Programmiersprache ist ein Mittel, eine Sprachumgebung der zugehörige Werkzeugkasten. Die Sprachumgebung zu Component Pascal, deren Merkmale und Werkzeuge wir hier skizzieren, ist Teil eines Produkts der schweizer Firma Oberon microsystems Inc., des **BlackBox Component Builder.**

Voraussetzung

Im Folgenden setzen wir voraus, dass der Leser mit der grafischen Benutzungsoberfläche eines Betriebssystems wie Microsoft Windows oder Apple Mac OS, der zugehörigen Dateiverwaltung und einem Editor vertraut ist.

BlackBox läuft gleichermaßen auf diesen Plattformen und unterstützt die Entwicklung portierbarer, plattformunabhängiger Softwaresysteme. Die im Buch abgebildeten Bildschirmausschnitte stammen von BlackBox Release 1.3.2 auf Windows NT 4. Bei späteren Versionen oder auf anderen Plattformen kann sich ein unwesentlich anderes Erscheinungsbild ergeben.

Dem Leser empfehlen wir, BlackBox auf dem eigenen PC zu installieren und die hier beschriebenen Handgriffe zu üben. Über die Bezugsquellen informiert das Vorwort.

5.1 Module, Subsysteme, Komponenten

Von 4.7.1 S. 73 wissen wir, dass sich ein Component-Pascal-Programm aus Modulen zusammensetzt. Die Anzahl der Module kann groß sein, ja sie wächst. Daher möchte man die Module übersichtlich organisieren. Module sollen außerdem wiederverwendbar sein; man will Module, die andere Menschen andernorts entwickelt haben, in eigenen Programmen benutzen. Dabei können Namenskonflikte auftreten. Verschiedene gleichnamige Module sind nicht gleichzeitig benutzbar. Module umbenennen ist lästig.

Um diese Probleme in den Griff zu bekommen, zerlegt BlackBox die Menge der Module in **Subsysteme:**

Formel 5.1
Softwaremodell von
BlackBox

BlackBox = Menge von Subsystemen.

Subsystem = Menge von Modulen, Dokumenten und Ressourcen.

Die Module eines Subsystems gehören inhaltlich zusammen, oft kooperieren sie, um eine Aufgabe gemeinsam zu erfüllen. Wie die Module zusammenwirken, ist in modulübergreifenden **Dokumenten** beschrieben. Auch **Ressourcen** wie Dialogboxen, Menüdefinitionen und auszugebende Zeichenketten sind modulübergreifend.

Integriert

BlackBox ist eine **integrierte Entwicklungsumgebung,** d.h. Werkzeuge wie Browser, Editor, Übersetzer, Interpreter und Lader sind aufeinander abgestimmt, um dem Entwickler das Arbeiten zu erleichtern.

Komponenten-orientiert

Der BlackBox Component Builder ist dazu geschaffen, die Entwicklung wiederverwendbarer Komponenten zu unterstützen. Wir können hier nur Grundlagen zum Verständnis der Komponententechnologie vorbereiten. Eine **Komponente** kann eine Menge von Modulen oder Subsystemen sein. Ein Modul kann eine **minimale Komponente** sein.

Schnittstellen und Implementationen

BlackBox besteht aus einer **Bibliothek** (*library*) von Grundkomponenten, einem **Gerüst** (*framework*) namens BlackBox Component Framework, d.h. einer erweiterbaren Ansammlung wiederverwendbarer Schnittstellen, und einer Menge direkt benutzbarer **Standardkomponenten,** die dieses Gerüst implementieren oder erweitern. Entwickler können BlackBox durch zusätzliche Module in existierenden Subsystemen oder durch zusätzliche Subsysteme erweitern.

Abschließen oder öffnen?

Konventionelle Sprachumgebungen bestehen aus einem Übersetzer und einer Laufzeitumgebung für Programmabläufe, wobei zwischen der Programmierumgebung und den Anwendungsprogrammen eine scharfe Trennlinie gezogen ist. BlackBox kennt diese Trennung nicht: Sowohl die Entwicklungsumgebung als auch die entwickelten Programme sind Module in Subsystemen. Man entwickelt keine in sich abgeschlossenen Anwendungen, sondern erweitert das vorhandene Gerüst um zusätzliche Dienste und Fähigkeiten, die wiederum offen für Erweiterungen sind.

5.1.1   Übersicht der Subsysteme

BlackBox als käufliches Produkt besteht aus **Standardsubsystemen.** Tabelle 5.1 bietet einen Überblick über diese Subsysteme und ihre Aufgaben. Jedes Subsystem hat einen Namen, der mit einem Kleinbuchstaben oder einer Ziffer endet und keinen Wechsel von Klein- auf Großbuchstaben enthält.

Tabelle 5.1
Standardsubsysteme

Name	Aufgabe
Comm	Communication, Schnittstellen zu Rechnernetzen
Ctl	Controllers, Werkzeuge für OLE Automation
Dev	Development, Entwicklungswerkzeuge wie Übersetzer und Lader
Docu	Allgemeine Online-Dokumentation
Dtf	dtF-Treiber für Sql
Form	Visuelles Layoutwerkzeug für Dialogboxen
Host	Schnittstellen zum Betriebssystem, hier: MS-Windows
Obx	Overview by Examples, Beispielmodule
Ole	Object Linking and Embedding, Schnittstellen zum MS-Standard für Dokumente
Sql	Standard Query Language, Schnittstellen zu Datenbanken
Std	Standard-Kommando-Module, Interpreter
System	BlackBox Kern des Gerüsts und Bibliothek
Text	Standard-Dokument-/Programm-Editor
Win	Schnittstellen zu MS-Windows; COM (Component Object Model) MS-Standard für Komponenten
Xhtml	Werkzeug, konvertiert Text in das XHTML-Format

Für die Beispielprogramme dieses Buchs und unserer Lehrveranstaltungen haben wir eine Reihe weiterer Subsysteme kreiert, die wir in Tabelle 5.2 zusammenstellen.

Tabelle 5.2
Subsysteme dieses
Buchs

Name	Aufgabe
Basis	Elementare allgemein verwendbare Module
Containers	Behälter-Module und -Klassen
Graph	Grafikmodule
I1	Beispielmodule mit Aufgaben der Informatik
Math	Mathematische Module
Test	Module zum Testen anderer Module
Utilities	Verschiedene Dienstmodule

5.2 Dateiorganisation

Module müssen permanent im Dateisystem gespeichert sein. BlackBox gibt dazu eine vierstufige Struktur vor, die wir jetzt hinuntersteigen.

Bild 5.1
BlackBox
Verzeichnisstruktur

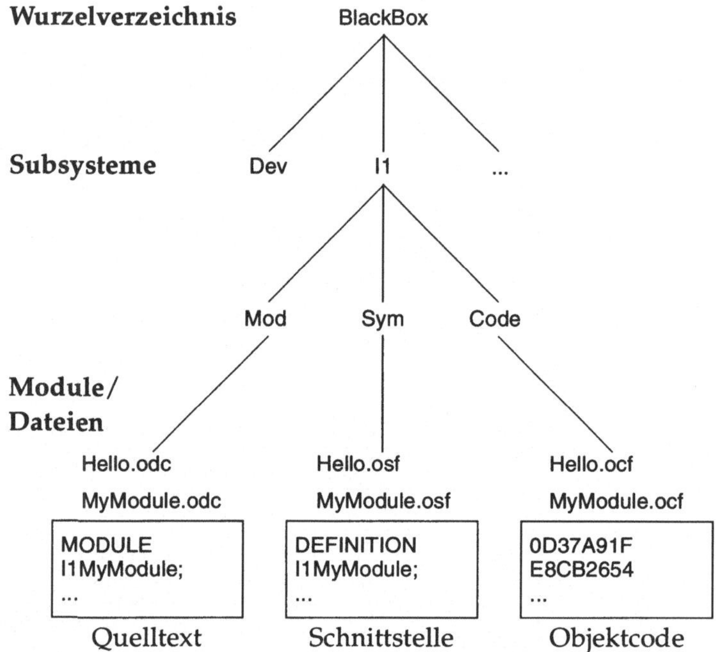

5.2.1 Wurzelverzeichnis

Alle Dateien von BlackBox liegen innerhalb eines Verzeichnisbaumes, dessen Wurzel das **Installationsverzeichnis** ist. Sein Name ist frei wählbar, in Bild 5.1 heißt es BlackBox.

Für die Servervariante von BlackBox ist dies zu relativieren: Sie arbeitet mit zwei Verzeichnisbäumen. Das Installationsverzeichnis befindet sich auf dem Server und enthält die gemeinsam benutzten Module, das **Arbeitsverzeichnis** eines Entwicklers enthält seine privaten, individuell benutzten Module.

Das Installations- und das Arbeitsverzeichnis sind gleich strukturiert, d.h. es gelten dieselben Regeln und sie können identisch benannte Unterverzeichnisse enthalten. Daher sprechen wir im Folgenden allgemein vom **Wurzelverzeichnis**.

BlackBox sucht Dateien zuerst unter dem Arbeits-, dann unter dem Installationsverzeichnis; erzeugte Dateien legt es üblicherweise unter dem Arbeitsverzeichnis in den entsprechenden Sym- und Code-Verzeichnissen ab (siehe unten).

5.2.2   Subsysteme

Zu jedem Subsystem gibt es im Wurzelverzeichnis ein gleichnamiges Verzeichnis:

Formel 5.2
Namengebung für
Subsysteme

Verzeichnisname = Subsystemname.

Jedes **Subsystemverzeichnis** enthält i.A. folgende Verzeichnisse für bestimmte Dateien:

- Code für die Objektcodedateien der Module,
- Docu für Dokumentationsdateien zu den Modulen,
- Mod für die Quelltextdateien der Module,
- Rsrc für Ressourcen zu den Modulen,
- Sym für die Schnittstellendefinitionen der Module.

Code und Sym erzeugt BlackBox bei Bedarf automatisch nach Rückfrage, die anderen Verzeichnisse sind von Hand anzulegen.

5.2.3   Module und Dateien

Zu jedem Modul gibt es

- eine **Quelltextdatei** (Suffix odc für *oberon document*),
- eine **Objektcodedatei** (Suffix ocf für *oberon code file*),
- eine **Schnittstellendatei** (Suffix osf für *oberon symbol file*), die binäre Darstellung der Modulschnittstelle mit den Definitionen der exportierten Symbole des Moduls,
- optional eine **Dokumentationsdatei** (Suffix odc),
- optional **Ressourcendateien** (Suffix odc).

Die Objektcode- und Schnittstellendateien erzeugt der Übersetzer, Dialogboxen kann ein Werkzeug generieren, die anderen Dateien erstellt man von Hand mittels eines Editors.

Modulnamen beginnen mit einem Subsystemnamen:

Formel 5.3
Namengebung für
Module

Modulname = Subsystemname + Moduldateiname.

Moduldateiname = Name seiner Quelltext-, Objektcode- und Schnittstellendateien (ohne Suffix).

Umgekehrt ist das Präfix des Modulnamens bis zum ersten Kleinbuchstaben oder der ersten Ziffer, auf den/die ein Großbuchstabe folgt, ein Subsystemname, z.B. bei AbcDe1F ist Abc der Subsystemname. Hat der Name keinen Klein-Groß-Wechsel, so handelt es sich um ein **globales Modul**, das zum Subsystem System gehört. Zwei Beispiele verdeutlichen die Namenregeln:

Tabelle 5.3
Beispiele zur
Namengebung

	Beispiel 1	**Beispiel 2**
Modulname	TextCmds	I1MyModule
Subsystem	Text	I1
Quelltextdatei	Text\Mod\Cmds.odc	I1\Mod\MyModule.odc
Inhalt der Quelltextdatei	MODULE TextCmds; ...	MODULE I1MyModule; ...
Objektcodedatei	Text\Code\Cmds.ocf	I1\Code\MyModule.ocf
Schnittstellendatei	Text\Sym\Cmds.osf	I1\Sym\MyModule.osf

5.3   Werkzeuge

Nach diesem Überblick über die Grundstrukturen wenden wir uns den Werkzeugen zu, mit denen wir in BlackBox navigieren und arbeiten. Beim Start von BlackBox erscheint eine Menüoberfläche:

Bild 5.2
BlackBox
Menüoberfläche

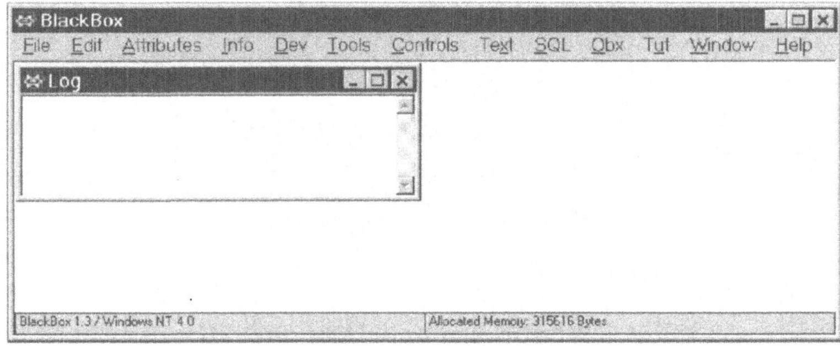

Manche Menüs kennt der erfahrene PC-Benutzer von anderen Programmen, manche sind spezifisch für BlackBox. Wir gehen nicht auf Details ein, sondern erläutern einige Konzepte.

Dokumentzentriert

Das wichtigste Grundkonzept beim Arbeiten mit BlackBox ist wohl die **dokumentzentrierte Sicht**: Der Benutzer öffnet, bearbeitet und schließt **Dokumente** (statt Anwendungsprogramme aufzurufen). Dokumente erfassen nicht nur reinen Text - sie dienen dazu, vielfältige Arten von Objekten aufzunehmen und zu speichern: Bilder, unbewegte und bewegte Grafiken, Dialogboxen. Solche und andere Objekte wie Aufrufsymbole, Hyperverbindungen, Falter sind in Dokumente einbettbar (siehe unten).

Manche Objekte sind Behälter und können selbst wieder Objekte enthalten. Die Technik der **zusammengesetzten Dokumente** ermöglicht es Entwicklern und Benutzern, aktive und interaktive Dokumente zu gestalten.

Vergleich

Durch sein Dokumentenmodell unterscheidet sich BlackBox stark von konventionellen Systemen, die nur mit ASCII-Textdateien arbeiten.

Zunächst stellt sich die Frage, mit welchen Mitteln wir uns in BlackBox Informationen beschaffen können.

5.3.1   Log-Fenster

Bild 5.2 zeigt das **Log-Fenster**, in dem Quittungen für Kommandoaufrufe und Fehlermeldungen des Systems erscheinen - kurz das Protokoll der Interaktionen. Zur Kontrolle der eigenen Tätigkeit sollte es stets in Sichtweite bleiben. Die Menübefehle

```
Info→Open Log
Info→Clear Log
```

öffnen das Log-Fenster bzw. löschen seinen Inhalt. Der Programmierer kann das Log-Fenster als Ziel der Test- und Fehlerausgabe seiner Module verwenden. Der Inhalt des Log-Fensters lässt sich problemlos editieren, kopieren und speichern. Diese Eigenschaft gilt generell: Jede Interaktion produziert **nichtflüchtige Daten**, die sich beliebig weiterverarbeiten lassen.

Vergleich

Auch darin unterscheidet sich BlackBox von konventionellen Systemen, bei denen auf dem Bildschirm oder in einem Fenster nur flüchtige Ausgabe erscheint: Sie bewegt sich nach oben, ist jenseits des Randes unwiederbringlich verloren und im sichtbaren Bereich weder kopiernoch speicherbar.

5.3.2   Online-Dokumentation

Die interaktiv verfügbare Dokumentation und Hilfe sind als **Hypertextsystem** organisiert. Klickbare **Hyperverbindungen** sind per Konvention <u>blau und unterstrichen</u>. Man ruft den Menübefehl

```
Help→Contents
```

auf und klickt solange auf <u>blauen Text</u> oder gibt zu suchende Begriffe ein, bis die gewünschte Information gefunden ist. Eine wichtige heranklickbare Informationsquelle über die Programmiersprache ist der Component Pascal Language Report (siehe Anhang A).

5.3.3	**Browser und Sucher**
Texteingabe	Oft will man die Schnittstelle eines Moduls betrachten, die Dokumentation lesen oder den Quelltext bearbeiten. Dabei helfen zwei ähnlich funktionierende Werkzeuge. Damit ein Werkzeug erfährt, wonach man sucht, ist ein Text einzugeben. Dazu kann man ein beliebiges Textfenster verwenden und den einzugebenden Text per Mausklick selektieren (selektierter Text erscheint invertiert).
Browser	Interessiert uns etwa die Schnittstelle des Moduls DevSearch, so selektieren wir DevSearch und rufen den Menübefehl

    Info→Interface

auf (es genügt, den Anfang von DevSearch oder nur vorangehende Leerzeichen zu selektieren):

Bild 5.3
BlackBox Menü Info

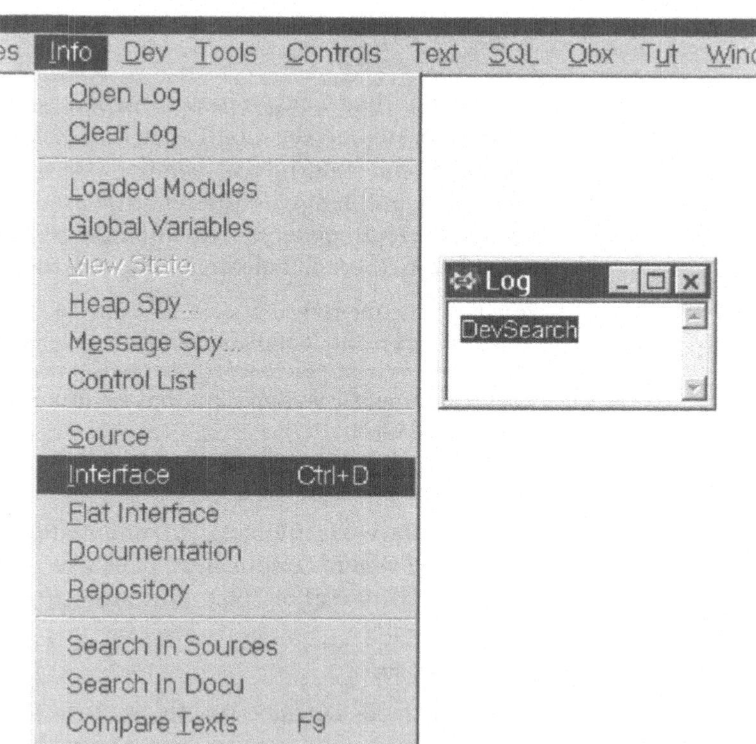

Es öffnet sich ein Fenster mit der Schnittstelle von DevSearch (siehe Bild 5.4). Vergleichen wir die Namen in den Bildern 5.3 und 5.4, so ahnen wir schon, dass Menübefehle durch Prozeduren in Modulen implementiert sind.

Bild 5.4
Schnittstelle von
DevSearch

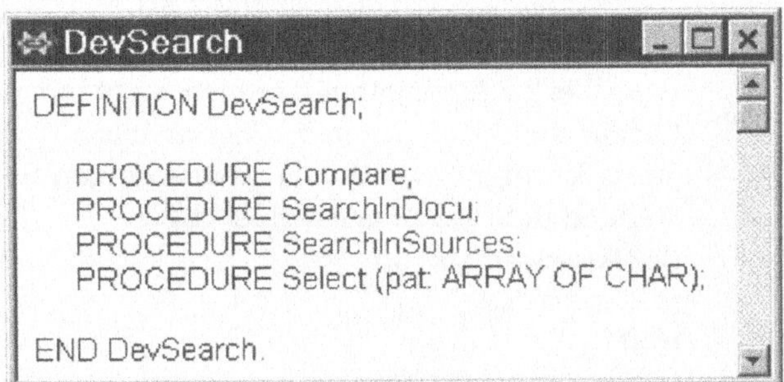

Der **Browser** zeigt Schnittstellen-, Quelltext- und Dokumentationsdateien. (*To browse* bedeutet grasen, naschen oder in Büchern schmökern. Wir wollen Browser aber nicht mit Graser, Nascher oder Schmökerer übersetzen.) Die Menübefehle

Info→Source
Info→Documentation

funktionieren analog zu Info→Interface. Falls nur ein Modulname selektiert ist, so zeigt der Browser die Schnittstelle, den Quelltext bzw. die Dokumentation des ganzen Moduls; ist ein qualifizierter Name selektiert, z.B. DevSearch.SearchInDocu, so zeigt er die entsprechende Stelle, z.B. bei Info→Documentation:

Bild 5.5
Dokumentation von
DevSearch.
SearchInDocu

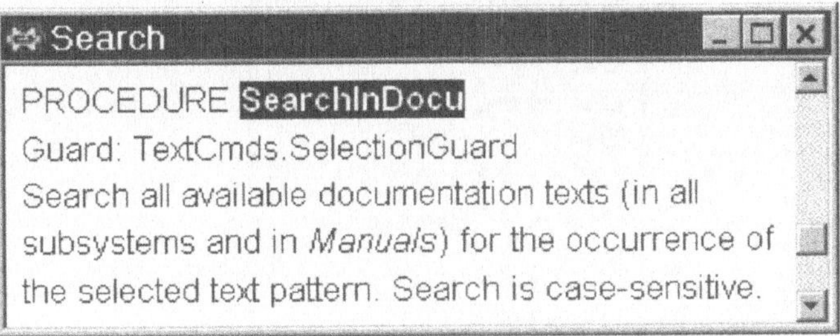

Viele Menübefehle kann man durch Tastenkombinationen abkürzen (die man auch selbst festlegen kann). Beim Programmieren ist es angenehm, an beliebiger Stelle in einem Quelltext einen unbekannten Namen per Maus zu selektieren und den Browser per Taste zu aktivieren, um die gewünschte Auskunft zu erhalten. Hier zeigen sich die Vorteile einer integrierten Entwicklungsumgebung, die professionelles Arbeiten unterstützt.

Sucher

Das zweite Werkzeug ist der **Sucher**. Bei

Info→Search In Sources
Info→Search In Docu

ist ein Wort zu selektieren, nach dem *in* allen Quell- bzw. Dokumentationstexten gesucht wird.

Alle Werkzeuge suchen Dateien nicht, sondern erwarten sie an Orten, die durch die in 5.2.3 genannten Namenregeln bestimmt sind. So zeigt der Browser in den obigen Beispielen die Schnittstellendatei Dev\Sym\Search.osf bzw. die Dokumentationsdatei Dev\Docu\Search.ocf an.

5.3.4   Lager

Der Browser erwartet einen Modulnamen als Eingabe. Was tun, wenn man ein Modul sucht, aber seinen Namen nicht kennt oder vergessen hat? Manchmal fällt er einem ein, wenn man ihn sieht. In solchen Fällen kann man im **Lager** (*repository*) nachschauen. Der Menübefehl

Info→Repository

schreibt eine alphabetisch sortierte Liste aller Subsysteme in ein Fenster:

Bild 5.6
BlackBox Lager

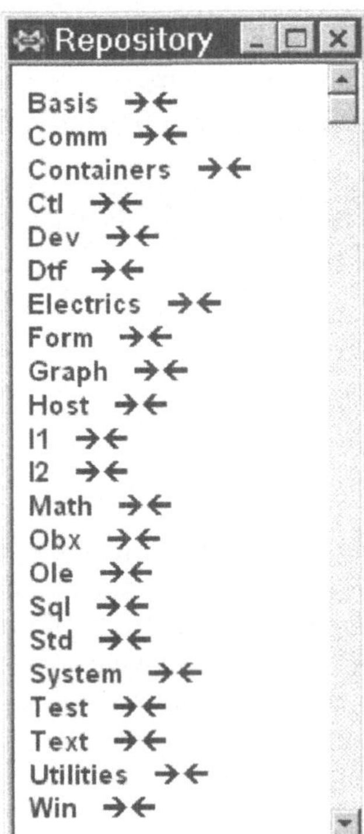

Die aufeinander zeigenden schwarzen Pfeile rechts der Namen sind **Falter** (*folds*) im zugeklappten Zustand. Durch Anklicken eines Pfeils klappt ein Falter auf und bringt seinen zuvor verborgenen Inhalt zum Vorschein. Im aufgeklappten Zustand erscheinen die Pfeile schwarz-weiß.

Zur Demonstration klicken wir auf einen Pfeil des Subsystems Form. Bild 5.7 zeigt den interessierenden Ausschnitt des Lagers (aus Platzgründen leicht editiert).

Bild 5.7
Lager:
Form-Subsystem

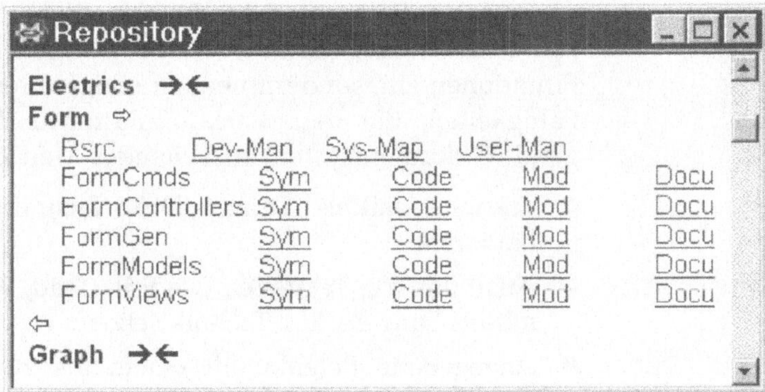

Die erste Zeile des Falterinhalts bilden Hyperverbindungen zur allgemeinen Dokumentation des Subsystems, optional bestehend aus

● Subsystemübersicht (Sys-Map),

● Benutzerhandbuch (User-Man),

● Entwicklerhandbuch (Dev-Man),

● Ressourcen (Rsrc).

In den folgenden Zeilen erscheinen die Namen der Module des Subsystems alphabetisch sortiert. Bei jedem Modul stehen Hyperverbindungen zu seinen Dateien:

● Schnittstelle (Sym),

● Information zum Objektcode (Code),

● Quelltext (Mod),

● Dokumentation (Docu).

Die Hyperverbindungen zum Quelltext und zur Dokumentation können fehlen (z.B. BlackBox-Quelle nicht veröffentlicht), aber die Hyperverbindungen zur Schnittstelle und zum Code sollten vorhanden sein.

Wir benutzen das Lager, sobald wir in Abschnitt 6.1.6 ein eigenes Modul geschrieben haben. Nachdem wir die wichtigsten Werkzeuge kennen, um auf Daten zuzugreifen, geht es jetzt um Werkzeuge, mit denen wir neue Daten produzieren. Dem Entwicklungsmodell von Bild 4.6 S. 61 folgend brauchen wir zuerst einen Editor.

5.3.5   Editor

Der BlackBox-Editor gleicht in Grundmerkmalen weitgehend verbreiteten Editoren. Editorbefehle finden sich in den Menüs File, Edit, Attributes, Text und Window. Wir gehen nicht auf übliche Funktionen ein, sondern nennen einige interessante spezifische Fähigkeiten, die den BlackBox-Editor und das zugrundeliegende Dokumentsystem auszeichnen. Man kann z.B.

- Textteile mittels Drag-&-Drop-Technik verschieben und kopieren;

- Attribute von Textteilen wie Stil, Grad, Farbe und Schriftart mittels Drag-&-Pick-Technik setzen;

- eingegebene Befehle mit einem bis zum vorhergehenden Speichern unbeschränkten Undo/Redo-Mechanismus korrigieren (Edit→Undo, Edit→Redo);

- den Zeilenumbruch mit Tools→Document Size automatisch an die Fenstergröße anpassbar machen;

- die Menüdefinitionen betrachten und ändern (Menü Info), diese sind nämlich als Dokumente gespeichert.

Zusammengesetztes
Dokument

Das Wichtigste ist jedoch, dass man in Dokumente beliebige Objekte einbetten kann. Dazu stehen alle Fähigkeiten, die BlackBox für sich selbst nutzt, den Entwicklern und Benutzern zur Verfügung. Beispielsweise kann man an beliebiger Schreibmarkenposition in einem Dokument mit

- Tools→Create Link eine Hyperverbindung anlegen (siehe S. 104);

- Tools→Create Fold einen neuen Falter einfügen;

- Edit→Paste Object und Edit→Insert Object Objekte einbetten.

Freilich genügen zum Schreiben von Quelltext die Fähigkeiten eines Texteditors. Beim Entwickeln von Programmen spielen die Menüs Info, Dev und Tools eine Rolle.

5.3.6   **Übersetzer**

Folgen wir wieder dem Entwicklungsmodell von Bild 4.6 S. 61, so brauchen wir jetzt einen Übersetzer. Vier Menübefehle zum Übersetzen stehen zur Auswahl; es übersetzt

- Dev→Compile den Inhalt des aktiven Fensters;

- Dev→Compile and Unload wie Dev→Compile, entlädt aber zusätzlich das Modul;

- Dev→Compile Selection den Text, dessen Anfang selektiert ist;

- Dev→Compile Module List die Module, deren Namen selektiert sind.

Bei den ersten drei Befehlen muss der Quelltext nicht in einer Datei gespeichert sein; der Übersetzer liest den Text aus dem Fenster. Es empfiehlt sich jedoch, den Text vor dem Ausführen des Moduls zu speichern, damit er im Fehlerfall nicht verloren gehen und der Debugger ihn finden kann (siehe Abschnitt 7.1).

Der zu übersetzende Text muss ein Component-Pascal-Modul sein, gemäß der EBNF-Syntax von 4.7.1 S. 73 dem Nichtterminal Module entsprechen, konkret mit dem Schlüsselwort MODULE und einem Modulnamen beginnen. Der Übersetzer liest den Text, bis er das schließende END mit dem Modulnamen und dem Punkt „.“ findet. Im Beispiel

Bild 5.8
Syntaxfehlermarke

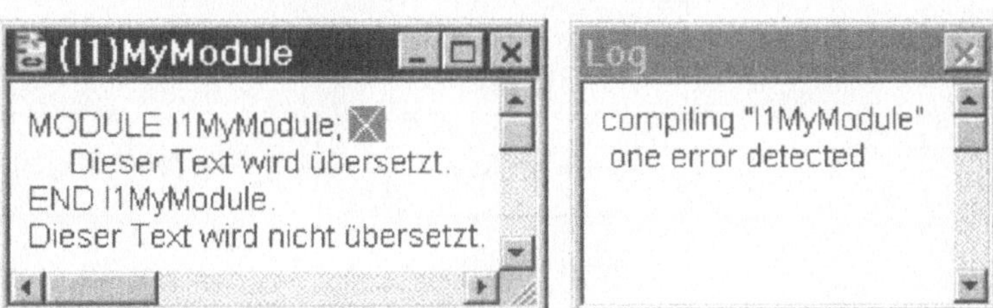

meldet der Übersetzer einen Syntaxfehler, denn „Dieser Text wird übersetzt.“ entspricht keiner möglichen syntaktischen Einheit. Die Fehlerstelle ist mit einem grauen Quadrat mit weißem Kreuz markiert, das durch Anklicken eine Fehlermeldung enthüllt:

Bild 5.9
Syntaxfehlermarke,
aufgeklappt

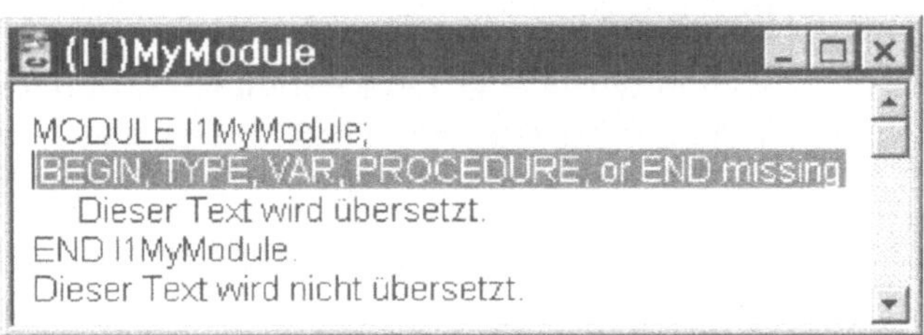

Der Übersetzer markiert in einem Lauf möglichst viele Fehler. **Fehlermarken** sind spezielle Objekte, die der Übersetzer in den Text einbettet. Man kann mit den Menübefehlen

- Dev→Next Error die Schreibmarke zum nächsten Fehler bewegen,

- Dev→Toggle Error Mark eine Fehlermarke auf- und zuklappen,

- Dev→Unmark Errors alle Fehlermarken entfernen.

Übersetzerarten

Auf diese BlackBox-spezifischen Hinweise folgen einige allgemeine Bemerkungen zum Übersetzerbegriff. Auf Hochsprachenebene unterscheidet man zwei Arten von **Übersetzern**:

Bild 5.10
Kompilation

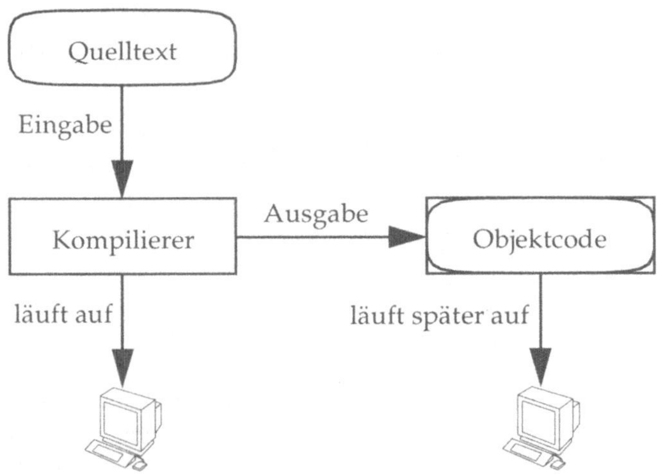

- Ein **Kompilierer** (*compiler*) transformiert Quelltext geschlossen in semantisch äquivalenten Maschinencode, der sich zu beliebigen Zeitpunkten binden, laden und ausführen lässt. In Bild 5.10 erscheint der erzeugte Objektcode in zwei Rollen: als Ausgabedaten und als ausführbares Programm.

Bild 5.11
Interpretation

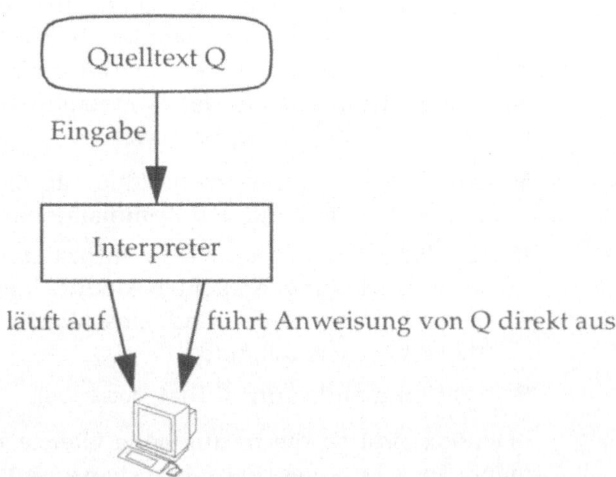

- Ein **Interpreter** untersucht einzelne Konstrukte des Quelltextes und führt sie direkt der Reihe nach auf dem Rechner aus, ohne geschlossenen Maschinencode zu erzeugen (siehe Bild 5.11).

Wir verwenden weiterhin die Bezeichnung Übersetzer nicht als Oberbegriff, sondern als Synonym zu Kompilierer.

Beide Techniken, das Kompilieren und das Interpretieren, haben ihre Vor- und Nachteile; kombiniert eingesetzt können sie sich zu einem mächtigen Werkzeugsatz ergänzen. Deshalb bietet BlackBox sowohl einen Übersetzer als auch einen eingeschränkten Interpreter.

5.3.7   Kommandointerpreter und Lader

Dem Entwicklungsmodell von Bild 4.6 S. 61 zufolge kommen jetzt Binder und Lader ins Spiel. Von 4.7.6 S. 80 wissen wir, dass zu Component Pascal - also auch BlackBox - ein **dynamischer Bindelader** gehört. Der dritte (oder zweite?) im Bunde ist der **Kommandointerpreter**.

In BlackBox ist ein **Kommando** eine gewöhnliche Prozedur mit einer eingeschränkten Signatur aus der Schnittstelle eines Moduls. Im einfachsten Fall ist ein Kommando parameterlos.

Einen **Kommandoaufruf** schreibt man in der Punktnotation z.B.

```
I1MyModule.Do
```

oder allgemein

```
Modulname.Kommandoname (aktuelle Parameter)
```

Solch ein Aufruf kann als Anweisung im Quelltext eines Moduls stehen und somit übersetzt werden. In BlackBox kann der Aufruf auch in irgendeinem Textfenster stehen und interpretiert werden. In diesem Fall ist der Kommandoaufruf ein Eingabetext für den Kommandointerpreter, der

- den Eingabetext in seine Bestandteile zerlegt: den Modulnamen (I1MyModule) und den Kommandonamen (Do),

- den dynamischen Bindelader aufruft, damit dieser den Code der vom Modul gebrauchten Module bindet und lädt, sofern sie noch nicht geladen sind, einschließlich des Moduls selbst (I1\Code\MyModule.ocf), und

- das Kommando aufruft (I1MyModule.Do).

BlackBox lässt so die traditionelle Grenze zwischen der Kommandosprache eines Betriebssystems und der Programmiersprache einer Anwendung zerfließen.

Das Eingeben eines Kommandos ist auf mehrere Arten möglich:

Bild 5.12
Kommandoaufruf mit
Menübefehl

- Den Kommandoaufruf selektieren und den Menübefehl Dev→Execute aufrufen (siehe Bild 5.12). Dabei genügt es, den Anfang des Kommandoaufrufs oder vorangehende Leerzeichen zu markieren.

Bild 5.13
Kommandoaufruf mit
Aufrufsymbol

- Vor den Kommandoaufruf ein Aufrufsymbol setzen und das Symbol anklicken (siehe Bild 5.13).

Aufrufsymbole (*commander*) sind eine weitere Art spezieller Objekte, dargestellt durch einen schwarzen Kreis mit einem weißen Ausrufezeichen. Der Menübefehl

Tools→Insert Commander

platziert ein Aufrufsymbol an die Schreibmarkenposition.

Militärisch oder zivil?

Exkurs. Ein *commander* ist ein Kommandeur, ein Befehlshaber einer Vernichtungsmaschinerie, die Stadt und Land verwüsten, Leben zerstören kann. Dass die informatische Terminologie mit militärischen Metaphern wie „Befehl", „Kommando", *„fire rule"*, *„kill process"* durchsetzt ist, erklärt sich aus ihren Anfängen im militärischen Bereich. Zwar können wir fragwürdige, aber etablierte Bezeichnungen kaum vermeiden, wollen jedoch wenigstens diese Tradition nicht fortsetzen und nicht neue, völlig sinnlose Metaphern unreflektiert einführen.

Menü

Aufrufsymbole bieten dem Entwickler eine einfache und schnelle Möglichkeit, aus der Schnittstelle eines Moduls ein kleines Menü aus Kommandoaufrufen zusammenzustellen und abzuspeichern. Dazu genügt der Texteditor, der Formeditor ist nicht erforderlich. Im obigen Beispiel ist das Kommandofenster als Dokument Menu.odc im Subsystemverzeichnis I1 gespeichert. BlackBox vereinheitlicht damit die Ansätze der kommandoorientierten und der menüorientierten Benutzungsoberflächen.

Bild 5.14
Kommando-
aufruffolge

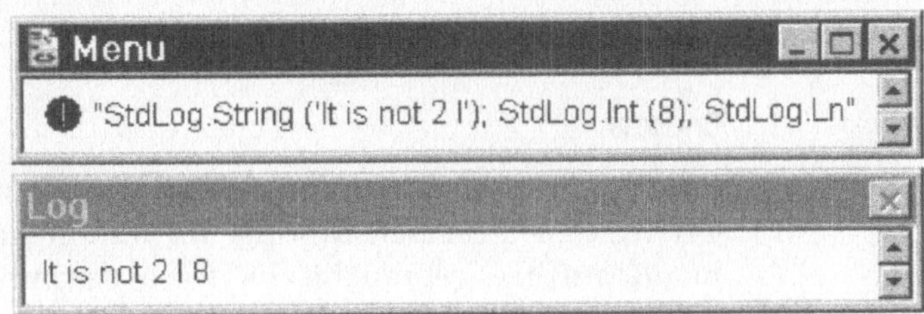

Kommandosprache

Der Kommandointerpreter kann nicht nur parameterlose Prozeduren aufrufen, aber auch nicht jede beliebige Prozedur. Die Sprache, die er akzeptiert, ist eine kleine Teilmenge von Component Pascal. Beispielsweise versteht er die Kommandoaufruffolge im Menüfenster von Bild 5.14, deren Effekt die Ausgabe der Zeichenkette 'It is not 2 I', der Ganzzahl 8 und eines Zeilenumbruchzeichens ist. Das Modul StdLog dient der Standardausgabe in das Log-Fenster.

Signatur

Kommandos haben eine eingeschränkte Signatur, d.h. sie können als Parameter maximal zwei Zeichenketten, gefolgt von maximal zwei Ganzzahlen haben. Aktuelle Parameter sind durch „,", aufeinander folgende Kommandoaufrufe durch „;" zu trennen. Aufrufe mit Parametern und Aufruffolgen müssen in doppelte Hochkommas „"" eingeschlossen sein, damit der Kommandointerpreter Anfang und Ende erkennen kann. Kommen Zeichenketten als Parameter vor, so sind sie mit einfachen Hochkommas „'" zu klammern.

Mit den in Abschnitt 4.5 erworbenen Kenntnissen können wir die Syntax dieser Sprache in EBNF ausdrücken:

Formel 5.4
Syntax der Sprache
des Kommando-
interpreters

```
CommandCall   = SimpleCall | ' " ' CallSequence ' " '.
SimpleCall    = ident "." ident.
CallSequence  = Call { ";" Call }.
Call          = SimpleCall
                  "(" string [ "," string ] [ "," integer [ "," integer ] ] ")"
                | SimpleCall [ "(" integer [ "," integer ] ")" ].
string        = " ' " { char } " ' ".
```

(Die lexikalischen Einheiten sind in 4.6.1.3 S. 70 definiert.)

Hyperverbindung

Der Kommandointerpreter lässt sich auch über eine Hyperverbindung aktivieren. Beim Anlegen der Verbindung mit

Tools→Create Link

muss die Selektion der EBNF-Syntax

"<" CallSequence ">" { char } "<>"

entsprechen.

5.3.8 Entlader

Ein Modul wird durch den Aufruf eines Kommandos geladen.
Oft werden dieselben Module für aufeinander folgende Kommandoaufrufe gebraucht. Es wäre unsinnig, ein Modul mit
jedem Kommandoaufruf neu zu laden. Deshalb bleiben geladene Module im Speicher.

Module werden zwar automatisch geladen, aber nicht automatisch entladen. Das System kann nicht wissen, welche Module
nicht mehr gebraucht werden - das weiß höchstens der Benutzer. Ändert ein Entwickler ein Modul und übersetzt es neu,
dann will er es wohl zum Testen ausführen. Bevor das Modul -
genauer: die neue Version geladen werden kann, muss die alte
Version explizit entladen werden. Zum Entladen gibt es zwei
Menübefehle; es entlädt

● Dev→Unload das Modul, dessen Quelltext im aktiven Fenster
  steht;

● Dev→Unload Module List die Module, deren Namen selektiert
  sind.

Im Log-Fenster erscheint eine Erfolgs- oder Misserfolgsmeldung
zur Kommandoausführung. Ein einzelnes Modul übersetzt und
entlädt Dev→Compile and Unload. Gleichzeitiges Drücken der Strg-
Taste und Anklicken eines Aufrufsymbols vor einem Kommandoaufruf bewirkt Entladen und Neuladen des Kommandomoduls und Ausführen des Kommandos.

Über die geladenen Module informiert der Menübefehl

Info→Loaded Modules

Bild 5.15
Geladene Module

module name	bytes used	clients	compiled	loaded	Update
TextCmds	13346	0	26.04.99 18:47:00	02.07.99 03:32:00	
TextMappers	10591	5	26.04.99 18:46:59	02.07.99 03:31:52	
TextControllers	26667	6	26.04.99 18:46:58	02.07.99 03:31:51	
TextViews	26199	8	26.04.99 18:46:58	02.07.99 03:31:51	
TextSetters	29558	9	26.04.99 18:46:58	02.07.99 03:31:51	
TextRulers	28597	10	26.04.99 18:46:57	02.07.99 03:31:51	
TextModels	66503	12	26.04.99 18:46:57	02.07.99 03:31:51	
Config	1524	0	26.04.99 18:47:37	02.07.99 03:31:54	
Init	262	0	26.04.99 18:47:36	02.07.99 03:31:51	
Controls	52855	6	26.04.99 18:46:45	02.07.99 03:31:48	
Windows	11382	16	26.04.99 18:46:44	02.07.99 03:31:48	
Documents	22342	19	26.04.99 18:46:44	02.07.99 03:31:48	

Bild 5.15 zeigt einen Ausschnitt der Ausgabe dieses Befehls. Zu
jedem geladenen Modul erfährt man die Größe des belegten
Speicherplatzes, die Anzahl seiner geladenen Kunden, den Zeitpunkt seiner Übersetzung und den Ladezeitpunkt. Die Kunden-
zahl ist wichtig für das Entladen, denn nur kundenlose Module
sind entladbar. Die Übersetzungszeitstempel sind wichtig, wenn
man mit verschiedenen Versionen eines Moduls arbeitet und
prüfen will, welche Version gerade geladen ist.

Man kann direkt im Loaded-Modules-Fenster einzelne oder eine
Liste von Modulen selektieren und mit Dev→Unload Module List
entladen. Um den Inhalt des Loaded-Modules-Fensters zur
Kontrolle zu aktualisieren, klickt man auf Update (in Bild 5.15
rechts oben).

5.4   Programmentwicklung

Nun da wir die wichtigsten Werkzeuge von BlackBox und die
zugehörigen Menübefehle kennen, stellen wir das Arbeiten mit
dieser Entwicklungsumgebung zusammenhängend in einem
Modell dar, das die Modelle der Bilder 4.6 S. 61, 5.15 und 5.16
konkretisiert.

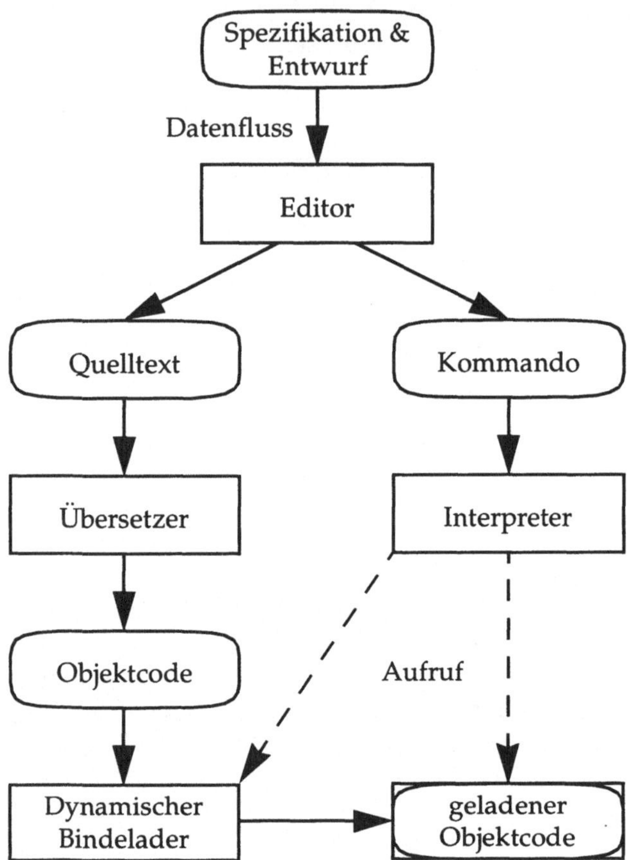

Der Objektcode erscheint wieder in zwei Rollen: Der Lader behandelt ihn als zu übertragende Daten, der Interpreter als aufrufbares Programm.

Der kleine Zyklus Implementierung ↔ Test des Entwicklungsmodells von Bild 3.2 S. 46 nimmt mit BlackBox die Gestalt von Bild 5.17 an.

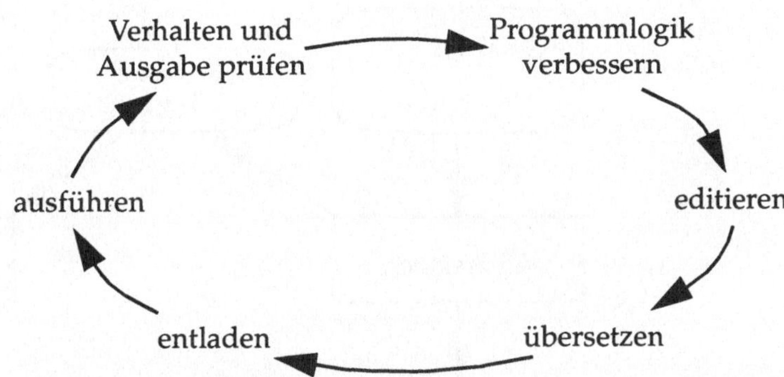

BlackBox ermöglicht es, diesen Zyklus sehr schnell und oft zu durchlaufen. Der Entwickler sollte aber darauf achten, dass beim Tippen und Klicken das Nachdenken über das Programm, seine Aufgabe und Struktur nicht zu kurz kommt!

5.5   Getrennt übersetzen - dynamisch laden

Wir schauen nun, wie BlackBox getrenntes Übersetzen und dynamisches Laden so sicher realisiert, dass geladene Module immer zusammenpassen. Es genügt, das Konzept anhand zweier Module A und B zu studieren, wobei B A importiert. Bild 5.18 zeigt den Datenfluss bei diesem Beispiel. Die zwei Dimensionen zeigen außerdem die kausalen Abhängigkeiten:

- Vertikal: Ein Modul kann nur geladen werden, wenn es zuvor übersetzt ist.

- Horizontal: Ein Modul kann nur übersetzt werden, wenn seine Lieferanten zuvor übersetzt sind. Ein Modul kann nur geladen werden, wenn seine Lieferanten zuvor geladen sind.

5.5.1   Übersetzen

Der Übersetzer liest Quelltexte und Schnittstellendateien importierter Module und produziert Schnittstellen- und Objektcodedateien. (Ein Quelltext muss nicht in einer Datei gespeichert sein.)

Beispiel

Im Beispiel Bild 5.18 ist zuerst das Modul A zu übersetzen. Der Übersetzer liest die Quelldatei A.odc und erzeugt daraus eine Schnittstellendatei A.osf und eine Codedatei A.ocf. Danach ist das Modul B übersetzbar. Der Übersetzer liest die Quelldatei B.odc, erkennt an der Importliste, dass er die Schnittstellendatei A.osf heranziehen muss, und erzeugt eine Schnittstellendatei B.osf (nicht im Bild 5.18) und eine Codedatei B.ocf.

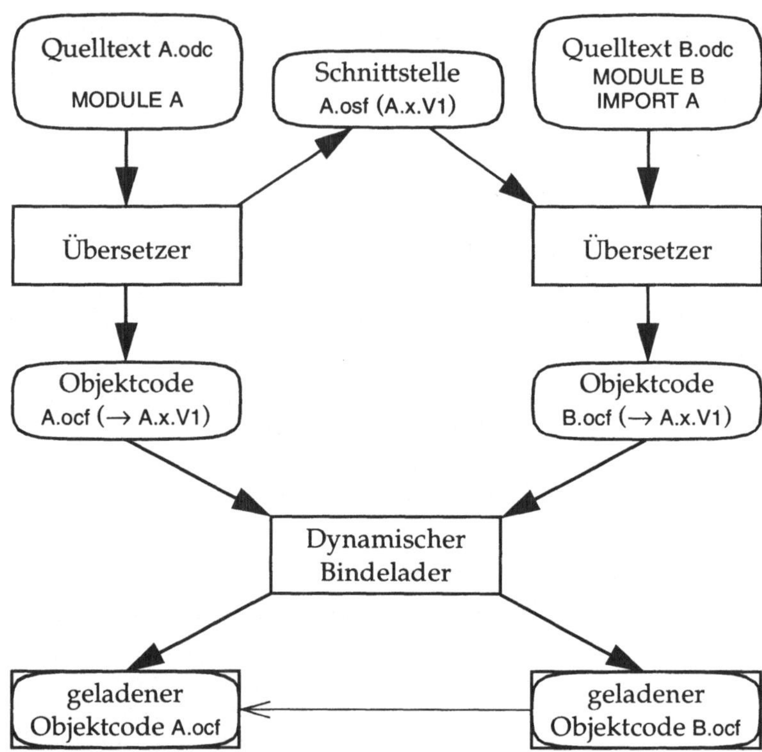

Bild 5.18
Übersetzen und
Laden in BlackBox

Die Schnittstellendatei A.osf enthält also die Daten, über die sich die beiden Module A und B zur Übersetzungszeit „verständigen", die Definitionen der von A exportierten Merkmale. Der Übersetzer prüft, ob B die Merkmale von A richtig benutzt. Schnittstellenfehler werden so zur Übersetzungszeit erkannt.

Was passiert bei Änderungen an den Modulen? B ist unabhängig von A änderbar, d.h. Änderungen an B haben keinen Einfluss auf A; nur B muss neu übersetzt werden. Wird A geändert, so sind zwei Fälle zu unterscheiden:

(1) Die Schnittstelle von A ist nicht von der Änderung betroffen. In diesem Fall erzeugt der Übersetzer *keine* neue Schnittstellendatei A.osf, die vorhandene Datei bleibt unverändert. Der Übersetzer erzeugt natürlich eine neue Codedatei A.ocf. B muss nicht neu übersetzt werden, es kennt von A ja nur die Schnittstelle, und diese ist gleich geblieben.

(2) Die Schnittstelle von A ist von der Änderung betroffen. In diesem Fall erzeugt der Übersetzer sowohl eine neue Schnittstellendatei A.osf als auch eine Codedatei A.ocf. B muss nach-

übersetzt werden, wenn sich Merkmale von A, die B benutzt, geändert haben.

5.5.2   **Laden**

Der Lader transportiert den Inhalt von Objektcodedateien in den Hauptspeicher, die Schnittstellendateien benötigt er nicht.

Beispiel

Werden immer alle Module übersetzt, so können beim Binden und Laden keine Fehler auftreten. Soll der Lader z.B. das Modul B laden, so erkennt er, dass B A braucht. Deshalb lädt er zuerst A, bindet B an A und lädt dann B.

Aber man will möglichst wenig nachübersetzen. So kann es passieren, dass man z.B. vergisst, B zu übersetzen, obwohl jemand den von B benutzten Schnittstellenteil von A geändert hat. Würde der Lader dann A und B laden, so ergäbe sich ein **Kompatibilitätsproblem**: B benutzt die alte Schnittstelle von A, A implementiert eine neue. Die Folge wäre ein u.U. schwerer Laufzeitfehler. Das ist nicht tragbar!

Version eines Merkmals

BlackBox löst das Kompatibilitätsproblem durch **Versionierung** der einzelnen Merkmale einer Schnittstelle: Der Übersetzer versieht jedes Merkmal der Schnittstelle mit einer Versionsnummer. In Bild 5.18 hat das Merkmal x der Schnittstelle von A die Version V1. In jeder Codedatei notiert der Übersetzer die benutzten Schnittstellenmerkmale mit ihren Versionsnummern. In Bild 5.18 beziehen sich die Codedateien von A und B beide auf die Version V1 von A.x.

Soll B geladen werden, so prüft der Lader, ob der geladene oder zu ladende Code von A und der zu ladende Code von B sich auf kompatible Schnittstellenversionen von A beziehen. In Bild 5.18 passen die Objektcodes zusammen, da beide mit A.x.V1 erzeugt wurden. In diesem Fall lädt der Lader die Module.

Betrachten wir den Fall (1) S. 108: Wie oft die Implementation von A nach dem Erzeugen der Schnittstelle von A geändert wurde, ist gleichgültig. Der Lader lädt immer den aktuellen Code; der Kunde B benutzt die jüngste Codeversion des Lieferanten A.

Nun zu Fall (2) S. 108: Ändert sich das Merkmal x der Schnittstelle von A, so erzeugt der Übersetzer eine neue Schnittstellendatei A.osf mit einer anderen Versionsnummer für x, etwa V2, und in der neu erzeugten Codedatei A.ocf notiert er den Bezug auf A.x.V2. Solange B nicht nachübersetzt ist, d.h. sich auf A.x.V1 bezieht, kann B nicht geladen werden, da sich A.xV1 nicht mit

Erweiterbarkeit

A.x.V2 verträgt. Der Lader weist die Ladeanforderung zurück, weil der neue Code von A nicht zu dem alten von B passt, und gibt eine Fehlermeldung in das Log-Fenster aus.

Die geschilderte Technik unterstützt die Erweiterbarkeit von Modulen: Neue Merkmale lassen sich in eine Schnittstelle aufnehmen, ohne dass dadurch Objektcode von Kunden unbrauchbar wird. Entwicklungszeiten verkürzen sich durch weniger Nachübersetzungen.

5.6   Zusammenfassung

Auf unserer Tour durch den BlackBox Component Builder haben wir eine Reihe von Konzepten entdeckt:

- BlackBox ist eine Sprachumgebung für Component Pascal, die die Entwicklung plattformunabhängiger, wiederverwendbarer Komponenten unterstützt.
- BlackBox ist ein Komponenten-Gerüst, gegliedert in Subsysteme, die aus Modulen bestehen.
- BlackBox bietet eine grafische Benutzungsoberfläche mit einer dokumentzentrierten Sicht. Dokumente setzen sich aus passiven, aktiven und interaktiven Objekten zusammen.
- BlackBox integriert Werkzeuge wie die Online-Dokumentation, den Browser, das Lager, den Editor, den Übersetzer, den Kommandointerpreter, den Lader und den Entlader.
- BlackBox übersetzt Module getrennt und bindet und lädt sie dynamisch auf sichere Weise. Es erlaubt kurze Editieren-Übersetzen-Ausführen-Zyklen.
- BlackBox reduziert den Unterschied zwischen verschiedenen Modi von Text, zwischen Kommando- und Programmiersprache, sowie zwischen Kommando- und Menüoberfläche.

5.7   Literaturhinweise

Die Benutzungsoberfläche von BlackBox ist umfassend in der Online-Dokumentation beschrieben. S. Warford gibt Hinweise zum Einstieg [40].

Vom Spezifizieren zum Implementieren

In Abschnitt 2.4 haben wir Spezifikationen nach der Vertragsmethode konstruiert und die dazu passende Cleo-Sprache benutzt. Nun sind Implementationen zu erstellen - zweckmäßigerweise mit Component Pascal. Als erste Aufgabe ist der in Programm 2.8 S. 35 spezifizierte Kaffeeautomat zu implementieren. Wir transformieren die Spezifikation mit drei Schritten in ein ausführbares Programm. In Bild 6.1 zeigen die mit Schrittnummern beschrifteten Pfeile den Datenfluss.

Bild 6.1

Transformation von Cleo in Component Pascal

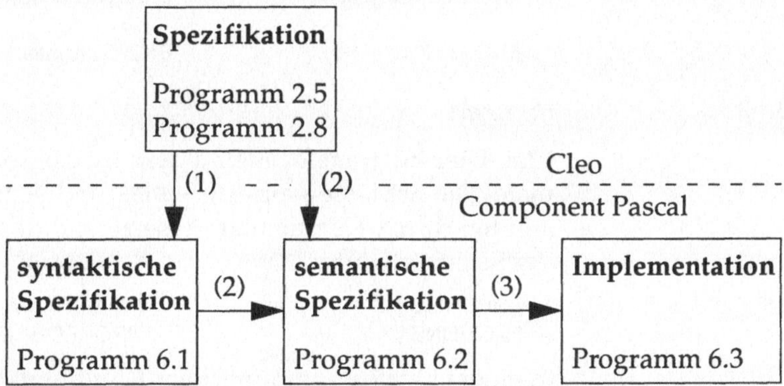

(1) Die Notation wechseln wir von der Spezifikationssprache Cleo zur Implementationssprache Component Pascal und erhalten zunächst eine syntaktische Spezifikation in Component Pascal (siehe Abschnitt 6.1).

(2) Die syntaktische Spezifikation in Component Pascal erweitern wir zu einer semantischen Spezifikation durch Vertrag (siehe Abschnitt 6.2).

(3) Die Spezifikation in Component Pascal versehen wir mit einer Implementation (siehe Abschnitt 6.3).

6.1 Von Cleo zu Component Pascal - Schritt 1

Wir erläutern benötigte Begriffe von Component Pascal, geben jeweils zu Cleo-Konstrukten (links oder zuerst) entsprechende Component-Pascal-Konstrukte (rechts oder danach) an, und zeigen den Transformationsschritt Bild 6.1 (1) am Beispiel des Kaffeeautomaten.

6.1.1 Module

Wie wir aus den Abschnitten 4.7 und 5.1 wissen, besteht ein Component-Pascal-Programm aus einer Menge von Modulen, und jedes Modul gehört in BlackBox zu einem Subsystem. Daher liegt es auf der Hand, Cleo-Module direkt in Component-Pascal-Module zu transformieren:

```
MODULE Kaffeeautomat               MODULE I1Kaffeeautomat;
...                                ...
END Kaffeeautomat                  END I1Kaffeeautomat.
```

Neben einem Subsystemnamen (hier I1) sind als syntaktischer Zucker die Begrenzer „;" und „." zu ergänzen.

Allgemein gilt die Transformation

```
MODULE Modulname                   MODULE SubsystemnameModulname;
...                                ...
END Modulname                      END SubsystemnameModulname.
```

6.1.2 Merkmale

Cleo-Dienste transformieren wir in Component-Pascal-Merkmale. Die Schlüsselwörter QUERIES und ACTIONS entfallen bzw. werden durch Kommentare ersetzt; stattdessen erscheint eines der Schlüsselwörter CONST, VAR, PROCEDURE:

```
[ QUERIES ]                        [ CONST | VAR | PROCEDURE ]
[ ACTIONS ]                        PROCEDURE
```

In einem Quellprogramm ist ein **Kommentar** eine Zeichenfolge, die der Übersetzer ignoriert, d.h. er berücksichtigt sie nicht zur Codeerzeugung, sodass sie Programmabläufe nicht beeinflusst. Kommentare sind Dokumentationsmittel; sie dienen dazu, die Verständlichkeit von Programmtexten zu erhöhen.

Programmier-konvention

In Component Pascal ist ein Kommentar ein beliebiger Text, der zwischen einem Klammerpaar „(*" „*)" steht. Wir setzen Kommentare gemäß Programmierkonvention kursiv, um sie von „echtem" Quelltext abzuheben.

6.1.3 Rechte und Exportmarken

Im Unterschied zu Cleo kennt Component Pascal keine an ausgewählte Kunden vergebene Rechte. Merkmale werden entweder **exportiert** und sind damit **öffentlich** (*public*), d.h. allen potenziellen Kunden gleichermaßen zugänglich, oder sie werden nicht exportiert und sind damit **privat**, d.h. nur im vereinbarenden Modul selbst sichtbar. Ein Merkmal wird durch Anhängen einer **Exportmarke** „*" oder „-" an seinen Namen exportiert. Exportierte Namen schreiben wir gemäß Programmierkonvention **fett**.

Damit entfallen bei der Transformation FOR-Konstrukte, Exportmarken kommen hinzu. Allgemein ergibt sich das Schema

```
[ QUERIES I ACTIONS ] [ FOR ... ]    [ CONST I VAR I PROCEDURE ]
Dienstname ...                       Dienstname [ * I - ] ...
```

Verschiedene Exportmarken erlauben verschiedene Arten von Zugriffen (siehe unten). Cleo stellt die Frage „*Wer* darf zugreifen?", Component Pascal fragt „*Wie* darf zugegriffen werden?".

6.1.4   Abfragen

In der Realität gibt es sowohl feste als auch veränderliche Größen, die von anderen Größen abhängen können. In einem Programm können Größen gespeichert oder berechnet werden. Dies widerspiegelt sich bei der Transformation von Abfragen.

Eine Cleo-Abfrage wird in eines der Component-Pascal-Merkmale Konstante, schreibgeschützte Variable oder Funktion transformiert - genau genommen ist die Wahl schon ein Implementierungsschritt (siehe Bild 6.1 (3)). Dabei können nur Funktionen Parameter haben. Jede der drei Transformationen erhält die Eigenschaft einer Abfrage, dass ein Aufruf ein Ausdruck ist.

6.1.4.1   Konstanten

Nehmen wir für den Moment an, der Preis einer Tasse Kaffee sei stabil. Dann ergibt sich die Transformation

```
QUERIES                 CONST
Preis : NATURAL         Preis* = 60;
```

Preis erhält mit der Vereinbarung den festen Wert 60; der Name Preis ist unveränderlich an den Wert 60 **gebunden**. Eine Typangabe ist nicht erforderlich; aus der Wertangabe ist ersichtlich, dass es sich um eine ganze Zahl handelt.

Man beachte die Exportmarke „*" am Namen. Sie bewirkt, dass Kunden alle Zugriffsrechte an Preis erhalten - aber bei Konstanten ist nur lesender Zugriff möglich, d.h. bei Kunden darf

```
I1Kaffeeautomat.Preis
```

in Ausdrücken vorkommen.

Allgemein gilt die Transformation

```
QUERIES                      CONST
konstante Abfrage : Typ      konstante Abfrage* = Wert;
```

6.1.4.2   **Variablen**

Bei parameterlosen Abfragen liegt es nahe, sie als schreibgeschützte Variable zu implementieren. Component Pascal kennt
keinen Grundtyp NATURAL, sodass wir stattdessen auf INTEGER
und Programm 2.5 S. 31 zurückgreifen müssen:

Cleo

```
QUERIES
    außer_Betrieb          : BOOLEAN
    eingenommener_Betrag   : NATURAL
    Preis                  : NATURAL

QUERIES FOR Betriebspersonal
    gesammelter_Betrag     : NATURAL
```

Component Pascal

```
VAR
    außer_Betrieb-         : BOOLEAN;
    eingenommener_Betrag-  : INTEGER;
    Preis-                 : INTEGER;
    gesammelter_Betrag-    : INTEGER;
```

Component Pascal erlaubt es, Vereinbarungen von Variablen
gleichen Typs mit einer Namenliste abzukürzen, sodass wir
auch schreiben können:

Component Pascal

```
VAR
    außer_Betrieb-         : BOOLEAN;
    eingenommener_Betrag-,
    Preis-,
    gesammelter_Betrag-    : INTEGER;
```

Mit diesen Vereinbarungen wird u.a. Preis unveränderlich an
den Typ INTEGER **gebunden**. Die Bindung einer Variable an
einen Wert erfolgt nicht wie bei einer Konstanten einmalig bei
der Vereinbarung, sondern beliebig oft mittels Anweisungen:
Zuweisungen und Prozeduraufrufen, die Zuweisungen enthalten (siehe 6.3.1).

Die Exportmarke „-" an den Namen bewirkt **schreibgeschützten** (*read-only*) Export, d.h. Kunden dürfen lesend auf diese
Variablen zugreifen, aber nicht schreibend (siehe 6.3.1).

Jede der vier Variablen erhält zur Laufzeit einen Speicherplatz:

Bild 6.2
Speicherplätze zu
Variablen -
exemplarisch

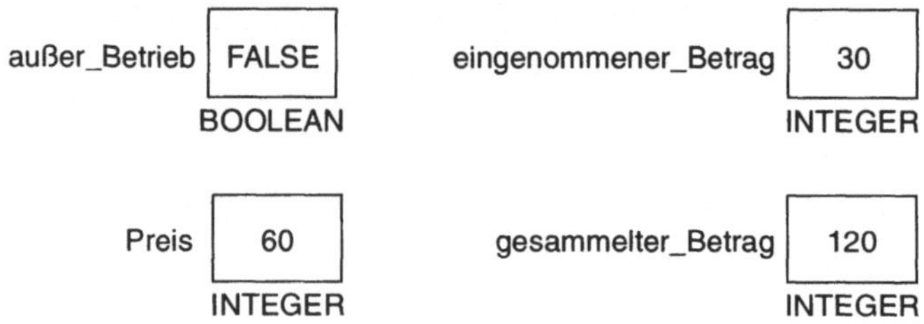

außer_Betrieb	FALSE		eingenommener_Betrag	30
	BOOLEAN			INTEGER

Preis	60		gesammelter_Betrag	120
	INTEGER			INTEGER

Die Größe des Speicherplatzes ist durch den Typ der Variable festgelegt. Der Speicherplatz muss einen beliebigen Wert aus dem Wertebereich des Typs aufnehmen können, daher kann er aus einigen aufeinander folgenden Speicherzellen bestehen. Die **Adresse** einer Variable ist die Adresse der ersten Speicherzelle ihres Speicherplatzes.

Bild 6.3
Speicherplatz zu
Variable - allgemein

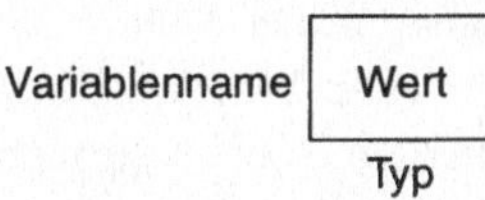

Generell gilt die Transformation

QUERIES	VAR
variable Abfrage : Typ	**variable Abfrage-** : Typ;

6.1.4.3   Funktionen

Abfragen mit Parametern sind stets in Funktionen zu transformieren; parameterlose Abfragen lassen sich alternativ als Variablen oder parameterlose Funktionen implementieren.

Angenommen, wir vereinbaren im Beispiel eine private Variable ausgegebene_Tassen, die die Anzahl der ausgeschenkten Tassen speichert. Dann können wir die Abfrage gesammelter_Betrag als Funktion realisieren:

Cleo

```
QUERIES
   Preis                : NATURAL
   gesammelter_Betrag   : NATURAL
   ...
```

Component Pascal

```
VAR
   Preis-,
   ausgegebene_Tassen : INTEGER;

PROCEDURE gesammelter_Betrag* () : INTEGER;
BEGIN
   RETURN ausgegebene_Tassen * Preis;
END gesammelter_Betrag;
```

Jede Funktion wird mit dem Schlüsselwort PROCEDURE eingeleitet. Die Exportmarke ist „*"; Schreibzugriffe auf Funktionen sind nicht möglich. Das leere Klammerpaar „()" ist als syntaktischer Zucker bei parameterlosen Funktionen dazuzustreuen. Wesentlich ist: Zur Vereinbarung der Funktion gehört nicht nur die Signatur, der **Kopf** der Funktion, hier

```
PROCEDURE gesammelter_Betrag* () : INTEGER;
```

sondern auch ein **Rumpf** (*body*), hier

```
BEGIN
    RETURN ausgegebene_Tassen * Preis;
END gesammelter_Betrag;
```

der hier nur aus einem Anweisungsteil besteht, mit nur einer Anweisung:

```
RETURN ausgegebene_Tassen * Preis;
```

Der Ausdruck ausgegebene_Tassen * Preis wird berechnet; die **RETURN**-Anweisung gibt diesen Wert an die Aufrufstelle zurück. Der Funktionsrumpf gehört jedoch schon zur Implementation, die wir erst im Schritt (3) erstellen.

☞   Allgemein gilt die Transformation

Cleo
```
QUERIES
    berechnete Abfrage (formale Parameter) : Typ
```

Component Pascal
```
PROCEDURE berechnete Abfrage* (formale Parameter) : Typ;
BEGIN
    ...
    RETURN ...
END berechnete Abfrage;
```

Das Schlüsselwort END markiert das **statische Ende** einer Prozedur, eine **RETURN**-Anweisung ein **dynamisches Ende**, d.h. der Ablauf endet in der Prozedur mit der **RETURN**-Anweisung und kehrt an die Aufrufstelle zurück. Statisches und dynamisches Ende können, müssen aber nicht zusammenfallen. Deshalb heben wir Rückkehrstellen per Programmierkonvention durch fettgeschriebene **RETURN**s hervor.

6.1.5   Aktionen

Eine Cleo-Aktion transformieren wir in eine gewöhnliche Component-Pascal-Prozedur. Die Eigenschaft einer Aktion, dass ein Aufruf eine Anweisung ist, erhält sich bei der Transformation.

Cleo
```
ACTIONS
    Geld_einnehmen (IN Betrag : NATURAL)
    Kaffee_ausgeben
    Geld_zurückgeben

ACTIONS FOR Betriebspersonal
    initialisieren (IN neuer_Preis : NATURAL)
```

Component Pascal
```
PROCEDURE Geld_einnehmen* (Betrag : INTEGER);
PROCEDURE Kaffee_ausgeben*;
PROCEDURE Geld_zurückgeben*;
PROCEDURE initialisieren* (neuer_Preis : INTEGER);
```

Ein neues Detail ist, dass bei Component-Pascal-Prozeduren mit Parametern von Grundtypen die Angabe der Parameterart IN fehlt. Die für Cleo erläuterte Semantik gilt jedoch auch hier. Die Parameterübergabearten von Component Pascal behandeln wir in 7.4.2 S. 175.

☞

Cleo

Allgemein gilt die Transformation

```
ACTIONS
    Aktionsname (formale Parameter)
```

Component Pascal

```
PROCEDURE Aktionsname* (formale Parameter);
BEGIN
    ...
END Aktionsname;
```

6.1.6   Ein spezifizierter Kaffeeautomat

Wir haben Details des Transformationsschritts Bild 6.1 (1) erläutert und betrachten den erreichten Zwischenzustand des Kaffeeautomatenmoduls, bevor wir die Prozeduren im Schritt (2) vertraglich spezifizieren und im Schritt (3) implementieren, d.h. mit Rümpfen versehen.

Programm 6.1
Kaffeeautomat -
syntaktisch
spezifiziert

```
MODULE I1Kaffeeautomat;

    (* Queries *)

    VAR
        außer_Betrieb-              : BOOLEAN;
        eingenommener_Betrag-,
        Preis-,
        gesammelter_Betrag-        : INTEGER;

    (* Actions *)

    PROCEDURE initialisieren* (neuer_Preis : INTEGER);
    END initialisieren;

    PROCEDURE Geld_einnehmen* (Betrag : INTEGER);
    END Geld_einnehmen;

    PROCEDURE Kaffee_ausgeben*;
    END Kaffee_ausgeben;

    PROCEDURE Geld_zurückgeben*;
    END Geld_zurückgeben;

END I1Kaffeeautomat.
```

Das Component-Pascal-Programm 6.1 korrespondiert mit der syntaktischen Cleo-Spezifikation Programm 2.1 S. 19. Es ist - abgesehen von den beiden Gliederungskommentaren - die kürzeste übersetzbare Fassung. Der Übersetzer akzeptiert dieses Modul als syntaktisch korrekt und erzeugt daraus eine Schnittstellen- und eine Objektcodedatei. Wir öffnen die Schnittstellendatei mit dem Browser (wie in 5.3.3 S. 94 beschrieben):

Bild 6.4
Schnittstelle von
I1Kaffeeautomat

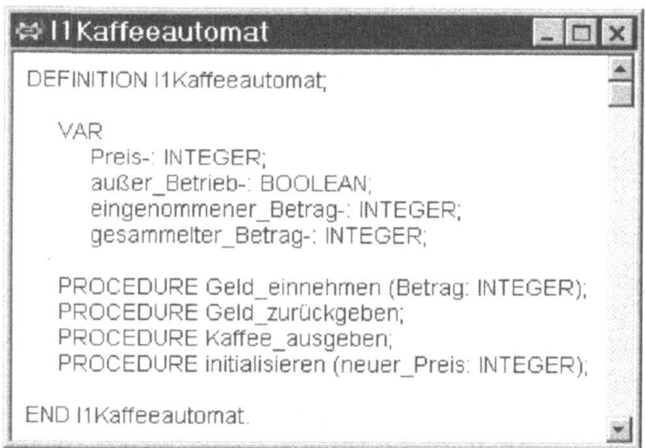

Die automatisch erzeugte Schnittstelle Bild 6.4 ähnelt dem Programm 6.1 sehr - was nicht verwundert, denn das Modul ist ja noch nicht vollständig implementiert. Die Unterschiede sind:

- Das Schlüsselwort MODULE ist durch DEFINITION ersetzt.
- Nur öffentliche Merkmale sind angezeigt, private nicht. (Im Beispiel fehlen private Merkmale.)
- Bei Prozeduren erscheinen nur die Köpfe, nicht die Rümpfe.
- Kommentare und Exportmarken „*" sind entfernt. (Schreibschutz-Exportmarken „-" bleiben erhalten.)
- Die Merkmale sind alphabetisch sortiert. (Alle Großbuchstaben kommen vor allen Kleinbuchstaben.)

Prinzip der Trennung
von Schnittstelle und
Implementation

Kunden können diese Schnittstelle benutzen. Hier zeigt sich, wie nützlich das Trennen von Schnittstelle und Implementation ist: Sobald die Schnittstelle eines Lieferantenmoduls bereitsteht, können Entwickler arbeitsteilig parallel weiterarbeiten - einer programmiert ein Kundenmodul, das die Lieferantenschnittstelle benutzt; ein anderer implementiert den Lieferanten passend zu dessen Schnittstelle. Ist der Lieferant fertiggestellt, wird er neu übersetzt. Wird an exportierten Merkmalen nichts verändert, d.h. bleibt die Schnittstelle erhalten, so müssen Kunden nicht neu übersetzt werden (siehe 4.7.5 S. 79 und 5.5.1 S. 107).

Wir programmieren hier noch kein Kundenmodul zum Kaffeeautomatenmodul (siehe dazu Programm 7.3 S. 160), sondern wenden uns dem vom Übersetzer erzeugten Objektcode zu. Wie in 5.3.4 S. 96 beschrieben suchen wir im Lager das Subsystem I1, in seiner Modulliste I1Kaffeeautomat, klicken auf die Hyperverbindung <u>Code</u> zur Objektcodedatei und erhalten das Fenster:

Bild 6.5
Information zum
Objektcode von
I1Kaffeeautomat

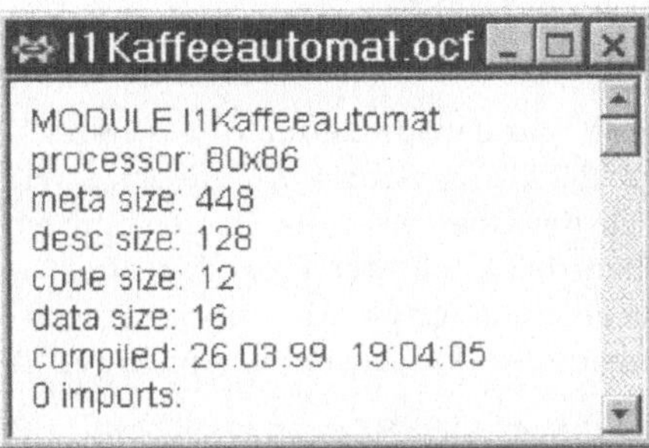

Da die Codedatei existiert, ist das Modul I1Kaffeeautomat ausführbar, Kunden können seine Prozeduren aufrufen - diese sind allerdings noch effektlos. Die vier Variablen brauchen 16 Bytes Speicherplatz (data size); der automatisch erzeugte Code von 12 Bytes Größe (code size) dient dazu, die Variablen mit Defaultwerten zu initialisieren, wenn das Modul geladen wird (siehe 6.3.2).

Wir sehen davon ab, dieses Modul zu laden und auszuführen; stattdessen entwickeln wir es einen Schritt weiter: Die Bedingungen, die den in Programm 6.1 spezifizierten Vertrag darstellen, sind zu transformieren.

6.2 Von Cleo zu Component Pascal - Schritt 2

In diesem Abschnitt führen wir zunächst einige Konzepte von Component Pascal ein, um damit Spezifikation durch Vertrag in Component Pascal zu realisieren. Den Transformationsschritt Bild 6.1 (2) zeigen wir wieder am Beispiel des Kaffeeautomaten.

6.2.1 Zusicherungen

Component Pascal bietet keine Konstrukte, die direkt den PRE-, POST- und INVARIANTS-Konstrukten von Cleo entsprechen. Dennoch ist eine Transformation der Spezifikation möglich, indem man die Bedingungen als Zusicherungen formuliert.

Eine **Zusicherung** (*assertion*) ist eine Aussage über den Zustand eines Programmablaufs. Sie kann überall stehen, wo eine Anweisung stehen kann. Erreicht ein Programmablauf eine Zusicherung, so muss diese erfüllt sein, sonst ist das Programm fehlerhaft.

Component Pascal bietet Zusicherungen in Form einer gewöhnlichen Standardprozedur in zwei Varianten:

```
ASSERT (b : BOOLEAN)

ASSERT (b : BOOLEAN; n : INTEGER)
```

Standardprozedur und Codeexpansion

Exkurs. Eine **Standardprozedur** ist als fester Bestandteil der Sprache implizit vereinbart (*vordeklariert, predeclared*). Häufiger Grund dafür ist Effizienz: Da der Übersetzer die Standardprozeduren kennt, kann er an Aufrufstellen den Code der Prozedur direkt einsetzen (expandieren) und so für effiziente Implementationen sorgen. Die Standardprozeduren von Component Pascal sind in Anhang A 10.3, S. 401 aufgelistet.

Zum Aufruf von ASSERT sind als aktuelle Parameter für b ein zu prüfender boolescher Ausdruck und ggf. für n eine nichtnegative ganze Zahl, die als Fehlernummer dient, einzusetzen:

```
ASSERT (Bedingung);

ASSERT (Bedingung, Fehlernummer);
```

Allgemein gilt die Semantik: Ist b erfüllt, so ist der Aufruf effektlos, sonst bricht der Programmablauf ab. Unter BlackBox führt eine nicht erfüllte Bedingung b in eine Falle, einen **Trap**, d.h. der Ablauf stoppt geordnet, es öffnet sich ein **Trapfenster**, ggf. erscheint n als **Trapnummer**. (Ein Beispiel folgt in Abschnitt 7.1.)

Überladen von Namen

Exkurs. Der Name ASSERT ist **überladen**, weil er innerhalb eines Namenraums zwei Prozeduren bezeichnet. Wird dieser Name benutzt, welche der beiden Varianten ist dann gemeint? Das ist zur Übersetzungszeit entscheidbar: Der Übersetzer erkennt bei einem ASSERT-Aufruf an der Liste der aktuellen Parameter, welche Prozedur aufzurufen ist. Component Pascal verwendet Überladen nur bei wenigen Standardprozeduren und bei arithmetischen und relationalen Operatoren (+, -, *, /, =, #, <, >, <=, >=). („*" und „-" sind auch in der unterschiedlichen Bedeutung als Multiplikations- bzw. Subtraktionszeichen und Exportmarken überladen.) Explizit definierte Prozedurnamen können nicht überladen werden; ein triftiger Grund dafür ist die Regel, unterschiedliche Dinge unterschiedlich zu benennen.

Wir verwenden Zusicherungen, um Vor- und Nachbedingungen und Invarianten zu implementieren, schieben aber einen Abschnitt über Fehlernummern ein.

6.2.2   Fehlernummern

Die einfache Variante der ASSERT-Prozedur lässt nicht erkennen, welche Art von Bedingung vorliegt:

```
ASSERT (Preis > 0);
```

Daher bevorzugen wir die Variante mit dem zweiten Parameter:

```
ASSERT (Preis > 0, 110);
```

Die Fehlernummer 110 ist eine **literale Konstante**, sie steht für die Zahl „einhundertundzehn". Hier bedeutet sie „Modulinvariante", was ihr jedoch nicht anzusehen ist. Besser ist es, ihr einen symbolischen Namen zu geben, der ihren Zweck ausdrückt. Dies geschieht mit einer Konstantenvereinbarung:

```
CONST
    invariantModule = 110;
```

Mit der **symbolischen Konstanten** invariantModule lautet die Zusicherung:

```
ASSERT (Preis > 0, invariantModule);
```

Der Leser erkennt jetzt am Namen der Fehlernummer, dass es sich um eine Modulinvariante handelt. Dazu braucht er den Wert von invariantModule - 110 - nicht zu kennen.

Semantik

Man kann invariantModule → 110 als Abbildung betrachten, die dem Zeichen invariantModule das Zeichen 110 zuordnet. Mit der Terminologie von 4.4.4 S. 60 können wir sagen: Der codierte Wert von invariantModule ist unwesentlich, es kommt auf die Bedeutung des Symbols invariantModule an.

Konstantenmodul

Wir brauchen symbolische Konstanten nicht nur für Invarianten, sondern auch für andere Bedingungen, und zwar in vielen Modulen. Daher ist es sinnvoll, sie an *einer* Stelle zu vereinbaren und öffentlich zugänglich zu machen. Dazu kreieren wir ein Modul, das nur solche Vereinbarungen enthält, nennen es ErrorConstants und ordnen es dem Subsystem Basis zu, weil es grundlegende Dienste für viele Kunden bereitstellt. Seine Dienste sind allerdings sehr einfach, nur Konstanten. Ein Modul, das nur konstante Abfragen bietet, heißt **Konstantenmodul**.

I1Kaffeeautomat soll BasisErrorConstants benutzen, also importieren. Wir definieren dazu einen Aliasnamen, wie in 4.7.4 S. 77 gezeigt:

```
MODULE I1Kaffeeautomat;

    IMPORT
        BEC := BasisErrorConstants;
    ...
    ASSERT (Preis > 0, BEC.invariantModule);
    ...
END I1Kaffeeautomat.
```

6.2.3   Vor- und Nachbedingungen

Cleo-Vor- und Nachbedingungen werden in Zusicherungen transformiert. Vorbedingungen stehen am Beginn des Anweisungsteils der Prozedur, Nachbedingungen am Ende. Cleo-Nachbedingungen, die das OLD-Konstrukt enthalten, sind in Component Pascal nicht formulierbar. Man kann sie mit zusätzlichen Variablen nachbilden, doch ist dies aufwändig. Wir notieren sie als Kommentar nach dem Prozedurkopf:

Cleo
```
ACTIONS
    Geld_einnehmen (IN Betrag : NATURAL)
        PRE
            NOT außer_Betrieb
        POST
            eingenommener_Betrag = OLD (eingenommener_Betrag) + Betrag
```

Component Pascal
```
PROCEDURE Geld_einnehmen* (Betrag : INTEGER);
    (*!
        Postcondition:
            eingenommener_Betrag = OLD (eingenommener_Betrag) + Betrag.
    !*)
BEGIN
    ASSERT (~außer_Betrieb,    BEC.precondSupplierOk);
    ASSERT (Betrag >= 0,       BEC.precondPar1Nonnegative);
    (* Anweisungsteil *)
END Geld_einnehmen;
```

NOT als „~"

Eine kleine syntaktische Änderung betrifft den Negationsoperator, den Component Pascal durch das Zeichen „~" darstellt.

☞

Allgemein gilt die Transformation

Cleo
```
ACTIONS
    Aktionsname (formale Parameter)
        PRE
            Vorbedingung
        POST
            Nachbedingung
```

Component Pascal
```
PROCEDURE Aktionsname* (formale Parameter);
BEGIN
    ASSERT (Vorbedingung, BEC.precondition);
        ...
    ASSERT (Nachbedingung, BEC.postcondition);
END Aktionsname;
```

6.2.4   Invarianten

Auch Cleo-Invarianten werden in Zusicherungen transformiert. Zusätzlich ist jedoch eine gewöhnliche, parameterlose, private Prozedur zu schreiben, deren Anweisungsteil aus diesen Zusicherungen besteht. Wir nennen sie CheckInvariants; das Check im Namen drückt als Verb den Zweck der Prozedur aus. Im Beispiel werden wegen des Typwechsels von NATURAL nach INTEGER aus zwei vier Invarianten:

| Cleo | ```
INVARIANTS
    Preis > 0
    gesammelter_Betrag MOD Preis = 0
``` |
| Component Pascal | ```
PROCEDURE CheckInvariants;
BEGIN
    ASSERT (eingenommener_Betrag >= 0,        BEC.invariantModule);
    ASSERT (Preis > 0,                        BEC.invariantModule);
    ASSERT (gesammelter_Betrag >= 0,          BEC.invariantModule);
    ASSERT (gesammelter_Betrag MOD Preis = 0, BEC.invariantModule);
END CheckInvariants;
``` |

Invarianten gelten vor und nach jedem Dienstaufruf. CheckInvariants ist daher am Anfang und am Ende des Anweisungsteils jeder exportierten Prozedur aufzurufen. In welcher Reihenfolge mit den Vor- und Nachbedingungen? Bild 2.6 S. 30 gibt Auskunft: Ist die Invariante vor einem Aufruf nicht erfüllt, so ist das Modul defekt. Dann ist es sinnlos, Vorbedingungen zu prüfen, weil das Modul den geforderten Dienst sowieso nicht leisten kann. Also sind erst Invarianten, dann Vorbedingungen zu prüfen. Die Ausführung des Dienstes muss auf jeden Fall die Invariante erhalten. Deshalb sind auch am Ende erst Invarianten, dann Nachbedingungen zu prüfen:

| Cleo | ```
ACTIONS
    Geld_einnehmen (IN Betrag : NATURAL)
        PRE
            NOT außer_Betrieb
        POST
            eingenommener_Betrag = OLD (eingenommener_Betrag) + Betrag
``` |
| Component Pascal | ```
PROCEDURE Geld_einnehmen* (Betrag : INTEGER);
    (*!
        Postcondition:
            eingenommener_Betrag = OLD (eingenommener_Betrag) + Betrag.
    !*)
BEGIN
    CheckInvariants;
    ASSERT (~außer_Betrieb,  BEC.precondSupplierOk);
    ASSERT (Betrag >= 0,     BEC.precondPar1Nonnegative);
    (* Anweisungsteil *)
    CheckInvariants;
END Geld_einnehmen;
``` |

Das Prüfen der Invarianten vor und nach jedem Dienstaufruf ist das formal korrekte Vorgehen. Manchmal scheint es aber zu viel des Guten zu sein. Wenn wir ganz sicher sind, dass die Invariante nicht zwischen zwei Dienstaufrufen durch Fremdzugriffe gestört werden kann, dann können wir die Invariantenprüfung am Anfang einer Dienstausführung weglassen.

Außerdem gilt: Abfragen verändern den Zustand des Moduls nicht. Ist eine Abfrage als Funktion implementiert, so darf diese den Zustand nicht verändern (sie muss seiteneffektfrei sein, siehe Leitlinie 1.6 S. 6). Dann kann sie auch die Invariante nicht verändern, und die Prüfung der Invariante kann wegfallen. Sind wir aber nicht ganz sicher, ob eine Funktion seiteneffektfrei programmiert ist, so hilft die Invariantenprüfung, den Fehler schneller zu finden!

☞ Allgemein gilt die Transformation

Cleo

```
INVARIANTS
    Bedingung
```

Component Pascal

```
PROCEDURE CheckInvariants;
BEGIN
    ASSERT (Bedingung, BEC.invariantModule);
END CheckInvariants;

PROCEDURE Aktionsname* (formale Parameter);
BEGIN
    CheckInvariants;
    ASSERT (Vorbedingung, BEC.precondition);

      ...

    CheckInvariants;
    ASSERT (Nachbedingung, BEC.postcondition);
END Aktionsname;
```

Damit haben wir für fast alle Cleo-Konstrukte gezeigt, wie sie in Component-Pascal-Konstrukte zu transformieren sind. Die Transformation von Cleo-Klassen behandeln wir in Kapitel 9.

6.2.5   Ein Kaffeeautomat mit Vertrag

Fassen wir nun das Ergebnis des Transformationsschritts Bild 6.1 (2) in einer vertraglichen Spezifikation des Kaffeeautomaten zusammen, bevor wir die Prozeduren im Schritt (3) implementieren.

Programm 6.2
Kaffeeautomat -
vertraglich spezifiziert

```
MODULE I1Kaffeeautomat;

    IMPORT
        BEC := BasisErrorConstants;

    (* Queries *)

    VAR
        außer_Betrieb-              : BOOLEAN;
        eingenommener_Betrag-,
        Preis-,
        gesammelter_Betrag-        : INTEGER;
```

```
(* Invariants *)

PROCEDURE CheckInvariants;
BEGIN
    ASSERT (eingenommener_Betrag >= 0,         BEC.invariantModule);
    ASSERT (Preis > 0,                         BEC.invariantModule);
    ASSERT (gesammelter_Betrag >= 0,           BEC.invariantModule);
    ASSERT (gesammelter_Betrag MOD Preis = 0, BEC.invariantModule);
END CheckInvariants;

(* Actions *)

PROCEDURE initialisieren* (neuer_Preis : INTEGER);
BEGIN
    ASSERT (neuer_Preis > 0,                   BEC.precondPar1Nonzero);

    ...
    CheckInvariants;
    ASSERT (~außer_Betrieb,                     BEC.postcondSupplierOk);
    ASSERT (eingenommener_Betrag = 0,           BEC.postcondSupplierOk);
    ASSERT (Preis = neuer_Preis,                BEC.postcondSupplierOk);
    ASSERT (gesammelter_Betrag = 0,             BEC.postcondSupplierOk);
END initialisieren;

PROCEDURE Geld_einnehmen* (Betrag : INTEGER);
    (*!
        Postcondition:
            eingenommener_Betrag = OLD (eingenommener_Betrag) + Betrag.
    !*)
BEGIN
    ASSERT (~außer_Betrieb,  BEC.precondSupplierOk);
    ASSERT (Betrag >= 0,     BEC.precondPar1Nonnegative);

    ...
    CheckInvariants;
END Geld_einnehmen;

PROCEDURE Kaffee_ausgeben*;
    (*!
        Postcondition:
            eingenommener_Betrag = OLD (eingenommener_Betrag) - Preis.
            gesammelter_Betrag = OLD (gesammelter_Betrag) + Preis.

    !*)
BEGIN
    ASSERT (~außer_Betrieb,                       BEC.precondSupplierOk);
    ASSERT (eingenommener_Betrag >= Preis, BEC.precondSupplierOk);

    ...
    CheckInvariants;
    ASSERT (gesammelter_Betrag > 0,               BEC.postcondSupplierOk);
END Kaffee_ausgeben;
```

```
PROCEDURE Geld_zurückgeben*;
BEGIN
    ASSERT (~außer_Betrieb,              BEC.precondSupplierOk);
    ...
    CheckInvariants;
    ASSERT (eingenommener_Betrag = 0,    BEC.postcondSupplierOk);
END Geld_zurückgeben;

END I1Kaffeeautomat.
```

Pragmatik

Die Programme 2.8 S. 35 und 6.2 spezifizieren denselben Kaffeeautomaten, sie unterscheiden sich semantisch nur unwesentlich - doch der Text von Programm 6.2 ist etwa um die Hälfte länger als der von Programm 2.8. Dies ist ein pragmatischer Grund, weshalb wir überhaupt eine eigene Notation zur Spezifikation eingeführt haben. Cleo bietet als Spezifikationssprache gegenüber Component Pascal folgende Vorteile:

Cleo

☺ Es fokussiert auf die Trennung von Abfragen und Aktionen.

☺ Es abstrahiert von der Implementation der Abfragen.

☺ Es erlaubt eine kompakte Darstellung einer Spezifikation.

☺ Es bietet mit dem OLD-Konstrukt ein Mittel zu exakter Spezifikation.

Doch auch Component Pascal hat seine Stärken:

Component Pascal

☺ Es eignet sich nicht nur zur Spezifikation - es ist auch eine Implementationssprache.

☺ Es prüft bei ausführbaren Programmen, ob die Implementation der Spezifikation entspricht.

☺ Als Implementationssprache bietet es vielfältige, mächtige Programmiermöglichkeiten.

☺ Die Entwicklungsumgebung BlackBox liefert Laufzeitinformationen, die dem Tester helfen, Fehlerursachen schnell zu lokalisieren.

Zielsprache einer Spezifikation

Exkurs. Cleo und Component Pascal sind befreundet, aber nicht verheiratet. Cleo-Spezifikationen kann man auch in andere Implementationssprachen transformieren, doch eignet sich nicht jede Programmiersprache gleichermaßen gut als Zielsprache. So bieten beispielsweise C und C++ zwar Zusicherungen in Form eines Makros, doch liefert dieses keine Laufzeitinformation. Java kennt keine Zusicherungen; man könnte sie aber mit dem Ausnahmemechanismus nachbilden.

6.3   Von Cleo zu Component Pascal - Schritt 3

Von den Transformationsschritten Bild 6.1 haben wir mit Programm 6.2 die Schritte (1) und (2) ausgeführt; nun gehen wir

Schritt (3): Wir komplettieren Programm 6.2, indem wir eine Implementation angeben. Dazu brauchen wir ein weiteres Sprachelement von Component Pascal: Zuweisungen.

6.3.1   Zuweisungen

Zu einer **Zuweisung** gehören ein Variablenbezeichner und ein Ausdruck. **Zuweisen** bedeutet, die bezeichnete Variable an den Wert des Ausdrucks zu binden. Dies ist in drei Schritten implementiert:

(1) Aus dem Bezeichner die Adresse der Variable ermitteln.

(2) Den Ausdruck auswerten.

(3) Den Wert im Speicherplatz der Variable deponieren.

Im einfachsten Fall ist der Bezeichner ein Variablenname, etwa i, und der Ausdruck eine literale Konstante, etwa die Zahl 0. Die Variable muss einen Typ haben, in dessen Wertebereich die 0 liegt, etwa INTEGER, und sie muss vereinbart sein, etwa durch

```
VAR i : INTEGER;
```

Die Zuweisung

```
i := 0;
```

wirkt dann so:

Bild 6.6
Zuweisung - exemplarisch

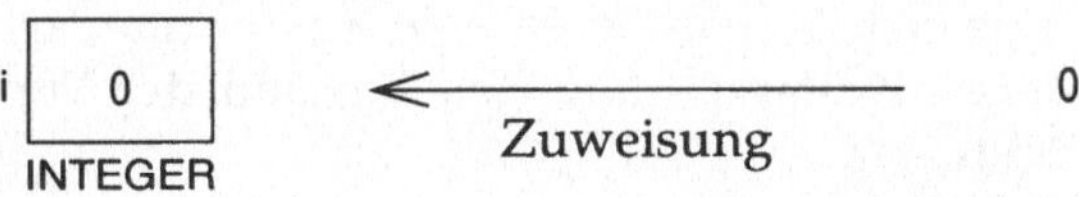

Eine Zuweisung ist eine Anweisung; sie kann nur in einem Anweisungsteil stehen. Allgemein hat die Zuweisung die Form

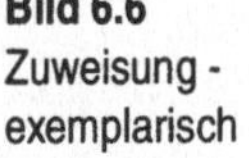

```
Variablenbezeichner := Ausdruck;
```

und wirkt so:

Bild 6.7
Zuweisung - allgemein

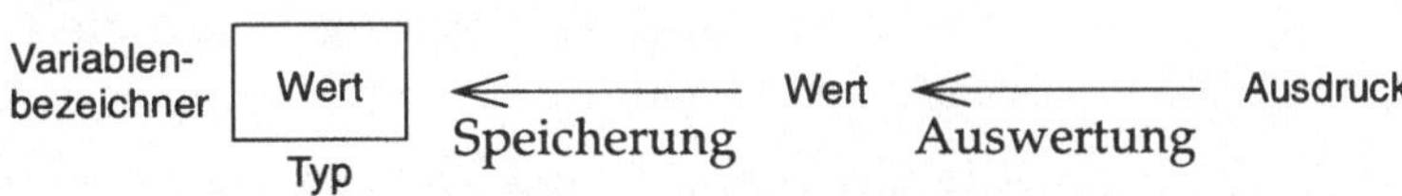

Das Speichern darf freilich nur erfolgen, wenn

- die Variable sichtbar und nicht schreibgeschützt ist (im vereinbarenden Modul ist sie stets schreibbar), und

- der ermittelte Wert zur Variable passt.

Zugriffskontrolle
Typbindung
Typprüfung

Neben der Zugriffskontrolle kommen hier, ähnlich wie für Parameter in 2.3.2 S. 27 besprochen, Typbindung von Variablen und Ausdrücken und Typprüfung durch den Übersetzer ins Spiel: Der Typ des Ausdrucks wird zur Übersetzungszeit ermittelt, und es wird geprüft, ob er mit dem Typ der Variable verträglich ist. Falls nicht, so scheitert die Übersetzung; eine typfehlerhafte Zuweisung kann also nie Schaden zur Laufzeit anrichten.

Semantik

Die Semantik der Zuweisung können wir näherungsweise mit einer Zusicherung - einer Gleichung - spezifizieren:

```
variable := Ausdruck;
ASSERT (variable = Ausdruck);
```

Nach der Zuweisung hat die Variable denselben Wert wie der zugewiesene Ausdruck. Streng genommen gilt die Zusicherung nur, wenn die Variable links *nicht* im Ausdruck rechts vorkommt und wenn sowohl Variable als auch Ausdruck seiteneffektfrei sind (siehe S. 23). Beispielsweise erhöht die Zuweisung $i := i + 1$ den Wert von i um 1, aber $i = i + 1$ ist *immer* falsch.

Man beachte den Unterschied zwischen

```
variable := Ausdruck;
```

und

```
variable = Ausdruck
```

Anweisung

Das erste Konstrukt ist eine Anweisung; als solche verändert es einen Zustand - hier den Zustand der Variable auf der linken Seite.

Ausdruck

Das zweite Konstrukt ist ein Ausdruck, als solcher liefert es einen Wert. Hier handelt es sich um einen booleschen - genauer relationalen - Ausdruck: eine Gleichung, die aus zwei Teilausdrücken besteht. Der linke Teilausdruck ist hier eine Variable, vom rechten Teilausdruck wissen wir nichts Genaues. Beide Ausdrücke werden ausgewertet, die Werte werden miteinander verglichen. Sind sie gleich, so liefert die Gleichung den Wert TRUE, sonst FALSE.

Die Zeichen „=" und „:=", so wenig sie sich unterscheiden, bedeuten doch grundsätzlich Verschiedenes. Component Pascal hebt den semantischen Unterschied syntaktisch dadurch hervor, dass „=" ein Operator ist, der **Gleichheitsoperator**, während „:=" nur ein Begrenzer ist.

Pragmatik

Exkurs. Das Zuweisungssymbol „:=" ist vielleicht nicht das denkbar beste, weil damit eine Zuweisung von rechts nach links zu lesen ist, entgegen unserer gewohnten Leserichtung. In einer seiteneffektfreien Programmiersprache wäre die Notation

    Ausdruck ⇒ variable

günstiger; Konrad Zuse verwendete sie schon 1945 in der ersten Programmiersprache, dem Plankalkül. Später setzte sich die „von-rechts-nach-links"-Richtung durch; das „:=" ist seit Algol 60 verbreitet [16].

Manche Programmiersprachen, darunter C, C++ und Java, verwenden „=" als Zuweisungszeichen, eine Notation der frühen 50er Jahre, die sich mit Fortran verbreitete. Nachteilig ist daran, dass die Sprache ein neues Gleichheitssymbol einführen muss. In der Mathematik wird seit rund 350 Jahren weltweit einheitlich „=" als Gleichheitszeichen benutzt. Deshalb haben viele Programmiersprachen „=" für denselben Zweck übernommen und „:=" als Zuweisungszeichen eingeführt. Wenn C/C++/Java dafür „==" und „=" verwenden, so ist das zwar einerseits nur ein syntaktischer Unterschied, andererseits aber ein nicht gerade geniales Abweichen von einem Standard und eine vermeidbare Fehlerquelle.

6.3.1.1   Inkrementieren und Dekrementieren

In Programmen ist oft der Wert einer ganzzahligen Variable zu erhöhen oder zu erniedrigen. Mit den Vereinbarungen

    VAR i, k : INTEGER;

bewirken Zuweisungen der Art

    i := i + k;
    i := i - k;

das Gewünschte. Component Pascal bietet Standardprozeduren INC und DEC, mit denen der Effekt dieser Zuweisungen so erzielt werden kann:

    INC (i, k);
    DEC (i, k);

Effizienz

Die Prozeduraufrufe kosten weniger als die Zuweisungen, da der Übersetzer ihren Code expandiert und dabei die Adresse von i nur einmal (statt zweimal) berechnet. Der Effizienzgewinn bleibt allerdings mikroskopisch klein. Über die Effizienz eines Algorithmus entscheidet seine Entwurfsstruktur weit mehr als Optimierungen einzelner Anweisungen, wie wir in 8.2.4.4 S. 223 sehen werden.

Besonders häufig kommt Erhöhen oder Erniedrigen um 1 vor, weshalb es dafür Varianten von INC und DEC mit nur einem Parameter - der zu verändernden Variable - gibt:

INC (i)	ist äquivalent zu	INC (i, 1)
DEC (i)	ist äquivalent zu	DEC (i, 1)

| 6.3.2 | **Initialisierung** |

Die Zuweisung

```
i := i + 1;
```

erhöht den Wert von i um 1, dazu wird der aktuelle Wert von i
im Ausdruck i + 1 ermittelt. Was aber, wenn dies die erste
Anweisung nach der Vereinbarung von i ist? Welchen Wert hat
dann i? Dies ist das **Initialisierungsproblem**: Eine Variable soll
auch beim ersten Lesezugriff auf sie einen bestimmten, korrekten Wert besitzen. Eine Variable **initialisieren** heißt, sie an einen
Anfangswert binden. Generell unterscheidet man bei Programmiersprachen zwei Vorgehensweisen:

- **Implizite Initialisierung** bedeutet, dass der Übersetzer automatisch Code erzeugt, der Variablen vor ihrer Benutzung mit
  Anfangswerten versieht.

- **Explizite Initialisierung** bedeutet, dass der Programmierer
  Anweisungen schreibt, die Variablen vor ihrer Benutzung
  Anfangswerte zuweisen.

Wenn die Sprache kein implizites Initialisieren vorsieht, muss
der Programmierer explizit initialisieren. Fehlende oder falsche
Initialisierung ist einer der häufigsten Programmierfehler! Um
die Fehlerrate zu verringern, müssen wir besonders darauf achten, dass alle Variablen korrekt initialisiert werden.

Component Pascal initialisiert globale Variablen implizit. Dabei
heißt eine Variable **global**, wenn sie in einem Modul vereinbart
ist (im Unterschied zu einer **lokalen** Variable, die in einer Prozedur vereinbart ist). In Programm 6.2 sind also

```
VAR
    außer_Betrieb-            : BOOLEAN;
    eingenommener_Betrag-,
    Preis-,
    gesammelter_Betrag-      : INTEGER;
```

Defaultinitialisierung
Vereinbarungen globaler Variablen. Diese Variablen werden
nach dem Laden des Moduls automatisch mit **Defaultwerten**
initialisiert, und zwar boolesche Größen mit FALSE, Zahlen mit 0.
Im Beispiel gilt also unmittelbar nach dem Laden:

```
außer_Betrieb = FALSE
eingenommener_Betrag = 0
Preis = 0
gesammelter_Betrag = 0
```

Damit besitzen die Variablen einen bestimmten Anfangswert -
doch dieser ist nicht immer korrekt, d.h. entspricht nicht dem,

was der Programmierer will. Im Beispiel gefällt uns nicht, dass sowohl außer_Betrieb = FALSE als auch Preis = 0 gilt.

Initialisierungsteil

Für den Fall, dass globale Variablen anders als defaultmäßig zu initialisieren sind, sieht Component Pascal den Initialisierungsteil des Moduls vor. Im Beispiel können wir programmieren:

```
MODULE I1Kaffeeautomat;

    ...

BEGIN
    initialisieren (1);
END I1Kaffeeautomat.
```

Nach dem Laden des Moduls und der impliziten Initialisierung wird der explizite Initialisierungsteil ausgeführt, hier also initialisieren (1) aufgerufen. Auf S. 30 sagen wir, es sei die Aufgabe von initialisieren, die Modulinvariante erstmals herzustellen, und auf S. 80, es sei der Zweck des Initialisierungsteils, dies zu tun. Demnach liegen wir mit obigem Ansatz richtig. Trotzdem diskutieren wir eine Alternative, weil die Variable außer_Betrieb oben eine kümmerliche Rolle spielt: Sie ist nach dem Initialisieren FALSE, und es ist nirgends spezifiziert, dass sie einmal TRUE werden könnte. Programmieren wir dagegen

```
MODULE I1Kaffeeautomat;

    ...

BEGIN
    außer_Betrieb := TRUE;
END I1Kaffeeautomat.
```

so gilt nach dem Laden und Initialisieren des Moduls:

```
außer_Betrieb = TRUE
eingenommener_Betrag = 0
Preis = 0
gesammelter_Betrag = 0
```

Die in Programm 6.2 spezifizierte Modulinvariante ist damit noch nicht erfüllt, aber in diesem Modulzustand ist nur ein Aufruf von initialisieren erlaubt.

6.3.3   Ein implementierter Kaffeeautomat

Um den Kaffeeautomaten zu implementieren, müssen wir einige Zuweisungen in die freigelassenen Anweisungsteile schreiben. In diesem Beispiel ist immer an den Nachbedingungen abzulesen, wie die entsprechenden Zuweisungen lauten. Zum Beispiel wird die Nachbedingung

NOT außer_Betrieb

durch die Zuweisung

außer_Betrieb := FALSE;

erfüllt, und die Nachbedingung

eingenommener_Betrag = OLD (eingenommener_Betrag) + Betrag

durch

INC (eingenommener_Betrag, Betrag);

Das Gesamtergebnis sieht so aus:

Programm 6.3
Kaffeeautomat -
implementiert

```
MODULE I1Kaffeeautomat;

    IMPORT
        BEC := BasisErrorConstants;

    (* Queries *)

    VAR
        außer_Betrieb-               : BOOLEAN;
        eingenommener_Betrag-,
        Preis-,
        gesammelter_Betrag-          : INTEGER;

    (* Invariants *)

    PROCEDURE CheckInvariants;
    BEGIN
        ASSERT (eingenommener_Betrag >= 0,       BEC.invariantModule);
        ASSERT (Preis > 0,                       BEC.invariantModule);
        ASSERT (gesammelter_Betrag >= 0,         BEC.invariantModule);
        ASSERT (gesammelter_Betrag MOD Preis = 0, BEC.invariantModule);
    END CheckInvariants;

    (* Actions *)

    PROCEDURE initialisieren* (neuer_Preis : INTEGER);
    BEGIN
        ASSERT (neuer_Preis > 0,                 BEC.precondPar1Nonzero);
        außer_Betrieb              := FALSE;
        eingenommener_Betrag  := 0;
        Preis                       := neuer_Preis;
        gesammelter_Betrag     := 0;
        CheckInvariants;
        ASSERT (~außer_Betrieb,                   BEC.postcondSupplierOk);
        ASSERT (eingenommener_Betrag = 0,         BEC.postcondSupplierOk);
        ASSERT (Preis = neuer_Preis,              BEC.postcondSupplierOk);
        ASSERT (gesammelter_Betrag = 0,           BEC.postcondSupplierOk);
    END initialisieren;
```

```
PROCEDURE Geld_einnehmen* (Betrag : INTEGER);
   (*!
      Postcondition:
            eingenommener_Betrag = OLD (eingenommener_Betrag) + Betrag.
   !*)
BEGIN
   ASSERT (~außer_Betrieb,   BEC.precondSupplierOk);
   ASSERT (Betrag >= 0,        BEC.precondPar1Nonnegative);
   INC (eingenommener_Betrag, Betrag);
   CheckInvariants;
END Geld_einnehmen;

PROCEDURE Kaffee_ausgeben*;
   (*!
      Postcondition:
            eingenommener_Betrag = OLD (eingenommener_Betrag) - Preis.
            gesammelter_Betrag = OLD (gesammelter_Betrag) + Preis.
   !*)
BEGIN
   ASSERT (~außer_Betrieb,                    BEC.precondSupplierOk);
   ASSERT (eingenommener_Betrag >= Preis, BEC.precondSupplierOk);
   DEC (eingenommener_Betrag, Preis);
   INC (gesammelter_Betrag, Preis);
   CheckInvariants;
   ASSERT (gesammelter_Betrag > 0,         BEC.postcondSupplierOk);
END Kaffee_ausgeben;

PROCEDURE Geld_zurückgeben*;
BEGIN
   ASSERT (~außer_Betrieb,                   BEC.precondSupplierOk);
   eingenommener_Betrag := 0;
   CheckInvariants;
   ASSERT (eingenommener_Betrag = 0,   BEC.postcondSupplierOk);
END Geld_zurückgeben;

BEGIN
   außer_Betrieb := TRUE;
END I1Kaffeeautomat.
```

Maschinenmodul	Dieses Kaffeeautomatenmodul ist (im Unterschied zum Fehlerkonstantenmodul) ein Beispiel für ein **Modul mit Zustand**, als solches bietet es Aktionen, die den Modulzustand ändern. Es gehört dabei zur Art der **Maschinenmodule**: Seine Abfragen und Aktionen stellen eine abstrakte Maschine dar. Kunden können mit Abfragen Auskunft über den Maschinenzustand erhalten und ihn mit Aktionen verändern.

6.3.4   Ein implementierter Schalter

Das primitivste Maschinenmodul ist ein Schalter, wie er in Programm 2.6 S. 33 spezifiziert ist. Entsprechend leicht ist es zu implementieren, für jede Aktion genügt eine Zuweisung:

<table>
<tr><td valign="top">

Programm 6.4
Schalter -
implementiert

</td><td>

```
MODULE I1Switch;

    VAR on- : BOOLEAN;

    PROCEDURE SwitchOn*;
    BEGIN
        on := TRUE;
    END SwitchOn;

    PROCEDURE SwitchOff*;
    BEGIN
        on := FALSE;
    END SwitchOff;

    PROCEDURE Toggle*;
    BEGIN
        on := ~on;
    END Toggle;

END I1Switch.
```

</td></tr>
</table>

Der Initialisierungsteil des Moduls fehlt; on wird nach dem Laden implizit mit FALSE initialisiert.

6.3.5 Implementierte Mengen

Behältermodul

Die im Programm 2.7 S. 34 spezifizierte Menge ist ein Modul mit Zustand, gehört aber zur Art der Behältermodule. Ein **Behältermodul** kann Elemente eines Typs aufnehmen, speichern und wieder abgeben. Sein Zustand entspricht den gespeicherten Elementen. Kunden können den Behälterinhalt abfragen und ändern. Behälter fassen wir im Subsystem Containers zusammen.

Entwurf

Das Mengenmodul modelliert eine Menge im mathematischen Sinn. Der Wertebereich des Elementtyps entspricht einer Grundmenge; der Zustand des Moduls entspricht einer Teilmenge dieser Grundmenge. Ein direkter Entwurf ist, jedem Element der Grundmenge einen Schalter zuzuordnen, dessen Stellung angibt, ob das Element in der Menge enthalten ist oder nicht.

6.3.5.1 Reihungen

Zum Zeichentyp CHAR gehören 2^{16} verschiedene Werte. Eine Zeichenmenge implementieren wir freilich nicht mit 2^{16} Exemplaren der Bauart des Programms 6.4 - die Programmiersprache erlaubt es, 2^{16} boolesche Variablen auf einmal zu vereinbaren. Der Datentyp dafür ist eine **Reihung**:

```
ARRAY 2^16 OF BOOLEAN
```

Reihungstyp

Die Schlüsselwörter ARRAY und OF kennzeichnen einen **generischen Typ**, aus dem erst bei einer Vereinbarung ein konkreter Typ konstruiert wird. Zu dieser Konstruktion ist

- die Anzahl der Elemente (z.B. 2^{16}) und
- der Typ der Elemente (z.B. BOOLEAN)

anzugeben:

ARRAY Elementanzahl OF Elementtyp

Eine Reihung besteht also aus einer Anzahl gleicher Elemente. Die Elemente sind in einer Folge angeordnet und von 0 bis Elementanzahl - 1 durchnummeriert. Elementanzahl muss ein konstanter ganzzahliger positiver Ausdruck sein und heißt die **Länge** der Reihung. Sie legt die Größe des benötigten Speicherplatzes zur Übersetzungszeit fest. Elementtyp kann ein beliebiger Typ sein, der **Elementtyp** der Reihung.

Die Zahlendarstellung 2^{16} ist lexikalisch nicht vorgesehen. Wir könnten den berechneten Wert 65536 hinschreiben, doch bei solch langen Zahlen schleichen sich leicht Tippfehler ein. Eine Alternative wäre die Hexadezimaldarstellung dieser Zahl, 10000H. Aber eigentlich wollen wir die Kardinalität des Wertebereichs von CHAR deutlich ausdrücken.

Standardfunktionen

Mit den Vereinbarungen c : CHAR und i : INTEGER gilt in Component Pascal (siehe Anhang A 10.3, S. 402):

- ORD (c) ist die Ordnungszahl von c, CHR (i) das Zeichen mit der Ordnungszahl i MOD 10000H;
- MIN (CHAR) ist das kleinste (0X), MAX (CHAR) das größte Zeichen (0FFFFX).

Explizite Typanpassung

ORD und CHR passen CHAR- und INTEGER-Werte explizit aneinander an. Es ist

CHR (ORD (c)) = c   und

ORD (CHR (i)) = i   für ORD (MIN (CHAR)) <= i <= ORD (MAX (CHAR)).

Damit ergibt sich die Anzahl der Werte von CHAR zu

ORD (MAX (CHAR)) - ORD (MIN (CHAR)) + 1

Reihungsvariable

Nun ist von der booleschen Reihung ein Exemplar zu vereinbaren, eine Variable des Reihungstyps, die wir nach ihrem Zweck has nennen:

```
VAR
    has : ARRAY ORD(MAX(CHAR)) - ORD(MIN(CHAR)) + 1 OF BOOLEAN;
```

Die Länge einer Reihung liefert die Standardfunktion LEN. Wegen

LEN (has) = ORD (MAX (CHAR) - ORD (MIN (CHAR)) + 1

ist der rechts stehende Ausdruck nur einmal, nämlich bei der Vereinbarung der Reihung has, hinzuschreiben.

Der Variable has ist zur Laufzeit ein Speicherplatz zugeordnet, der aus LEN (has) Speicherplätzen für boolesche Werte besteht:

Bild 6.8
Speicherplatz zu
Reihung -
exemplarisch

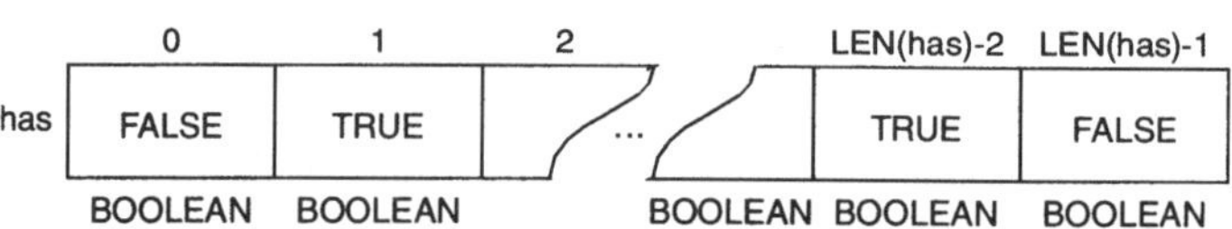

Zugriff

Der Name has bezeichnet die Reihung als Ganzes. Die einzelnen Elemente einer Reihung sind durch **Indizierung** explizit benennbar und direkt zugreifbar. Beispielsweise bezeichnen die **indizierten Variablen**

has [0]   das erste Element und

has [LEN (has) - 1]   das letzte Element

der Reihung has; allgemein hat eine indizierte Variable die Form

Reihungsvariablenname [ganzzahliger Ausdruck]

Der **Index** ist ein ganzzahliger Ausdruck; daher sind Indexberechnungen möglich (z.B. LEN (has) - 1), bevor die Adresse der indizierten Variable ermittelt wird. Der Indexwert muss im Intervall 0 bis LEN (has) - 1 liegen, sonst liegt eine **Bereichsüberschreitung** vor.

Speichersicherheit

BlackBox prüft, ob ein Index seine Grenzen einhält, und zwar bei konstanten Ausdrücken zur Übersetzungszeit, sonst zur Laufzeit. Eine Bereichsüberschreitung führt zur Laufzeit zu einem Trap. Mit der Vereinbarung i : INTEGER ist die Semantik, als ob vor jedem Zugriff der Art

has [i]

eine Vorbedingung der Art

AND als „&"

ASSERT ((0 <= i) & (i < LEN (a)))

steht. Ein Indexwert bestimmt dann eineindeutig ein Reihungselement, für das tatsächlich Speicherplatz reserviert ist. Die zweite Zuweisung in

i := -1; has [i] := TRUE;

kann keinen fremden Speicherplatz überschreiben. (Bei manchen Programmiersprachen, z.B. C und C++, sind Indexgrenzen nicht dynamisch prüfbar, da Reihungslängen zur Laufzeit unbekannt sind; solche Sprachen sind nicht speichersicher.)

Operationen

Der Typ einer Variable bestimmt die zulässigen Operationen auf seinen Exemplaren. Deshalb sind mit indizierten Variablen alle Operationen möglich, die der Elementtyp der Reihung erlaubt, also insbesondere Zuweisungen und Parameterübergaben.

6.3.5.2   Direkte Implementation

Um die Prozeduren des Zeichenmengenmoduls mit der Reihung has zu implementieren, brauchen wir zum Indexberechnen die Typanpassung von CHAR nach INTEGER und zum Setzen der indizierten Variable die Zuweisung.

Programm 6.5
Zeichenmenge -
implementiert

```
MODULE ContainersSetOfChar;

    IMPORT
        BEC := BasisErrorConstants;

    VAR
        has : ARRAY ORD(MAX(CHAR)) - ORD(MIN(CHAR)) + 1 OF BOOLEAN;

    PROCEDURE Has* (x : CHAR) : BOOLEAN;
    BEGIN
        RETURN has [ORD (x)];
    END Has;

    PROCEDURE Put* (x : CHAR);
    BEGIN
        has [ORD (x)] := TRUE;
        ASSERT (Has (x), BEC.postcondSupplierOk);
    END Put;

    PROCEDURE Remove* (x : CHAR);
    BEGIN
        has [ORD (x)] := FALSE;
        ASSERT (~Has (x), BEC.postcondSupplierOk);
    END Remove;

END ContainersSetOfChar.
```

Da der Initialisierungsteil des Moduls fehlt, werden nach dem Laden alle Elemente von has implizit mit FALSE initialisiert, d.h. die Menge ist anfangs leer.

Für jedes Zeichen x : CHAR gilt

$$0 = ORD (MIN (CHAR)) <= ORD (x) <= ORD (MAX (CHAR)) = LEN (has) - 1$$

sodass ORD (x) die Indexvorbedingung für has stets erfüllt und keine Bereichsüberschreitung vorkommen kann.

Effizienz

Nach dem Übersetzen des Moduls betrachten wir seine Codedatei (siehe 5.3.4 S. 96) und stellen fest, dass es ein Speicherverschwender ist: Es belegt 65536 Bytes Datenspeicher.

⊗ Ein boolescher Schalter kostet ein Byte Speicherplatz, alle Schalter zusammen also 2^{16} Bytes.

⊗ Der belegte Speicherplatz ist unabhängig davon, ob die Menge wenige oder viele Elemente enthält.

Suchen wir also nach einer Implementation, die weniger Speicherplatz braucht!

6.3.5.3   **Verbessern**

Mengentyp

Component Pascal hat einen Grundtyp SET für Mengen. Die Grundmenge ist auf das Intervall 0,..., 31 beschränkt. Der pragmatische Grund dafür ist, dass die Mengenoperationen effizient mit einzelnen Maschinenbefehlen implementierbar sind. Für jedes Mengenelement ist ein Bit vorgesehen, sodass die Menge selbst 4 Bytes Speicherplatz belegt.

Operationen

Mit den Vereinbarungen s : SET und i : INTEGER mit MIN (SET) <= i <= MAX (SET) schreiben sich die Mengenoperationen in Component Pascal so:

i IN s	bedeutet	Ist $i \in s$?
INCL (s, i)	bedeutet	Ersetze s durch $s \cup \{i\}$
EXCL (s, i)	bedeutet	Ersetze s durch $s \setminus \{i\}$

Entwurf

Größere Mengen sind leicht als Reihungen mit dem Elementtyp SET zu konstruieren. Mit den Konstantenvereinbarungen

```
CONST
    sizeOfCHARset    = ORD (MAX (CHAR)) - ORD (MIN (CHAR)) + 1;
    sizeOfSET        = MAX (SET) - MIN (SET) + 1;
```

genügt (wegen sizeOfCHARset MOD sizeOfSET = 0) die Variablenvereinbarung

```
VAR
    set : ARRAY sizeOfCHARset DIV sizeOfSET OF SET;
```

Beim Zugriff ist die Ordnungszahl eines Zeichens x : CHAR umzurechnen in

● den Index einer SET-Menge: ORD (x) DIV sizeOfSET, und

● ein Element dieser SET-Menge: ORD (x) MOD sizeOfSET.

Die Implementation des Zeichenmengenmoduls ist damit:

Programm 6.6
Zeichenmenge -
optimiert

```
MODULE ContainersSetOfChar;

    IMPORT
        BEC := BasisErrorConstants;

    CONST
        sizeOfCHARset= ORD (MAX (CHAR)) - ORD (MIN (CHAR)) + 1;
        sizeOfSET    = MAX (SET) - MIN (SET) + 1;
```

```
VAR
    set : ARRAY sizeOfCHARset DIV sizeOfSET OF SET;

PROCEDURE Has* (x : CHAR) : BOOLEAN;
BEGIN
    RETURN ORD (x) MOD sizeOfSET IN set [ORD (x) DIV sizeOfSET];
END Has;

PROCEDURE Put* (x : CHAR);
BEGIN
  ~ INCL (set [ORD (x) DIV sizeOfSET], ORD (x) MOD sizeOfSET);
    ASSERT (Has (x), BEC.postcondSupplierOk);
END Put;

PROCEDURE Remove* (x : CHAR);
BEGIN
    EXCL (set [ORD (x) DIV sizeOfSET], ORD (x) MOD sizeOfSET);
    ASSERT (~Has (x), BEC.postcondSupplierOk);
END Remove;

BEGIN
    ASSERT (ORD (MIN (CHAR)) = 0, BEC.invariantModuleImpl);
    ASSERT (sizeOfCHARset MOD sizeOfSET = 0, BEC.invariantModuleImpl);
END ContainersSetOfChar.
```

Initialisierungsteil

Nach dem Laden werden alle Elemente von set mit der leeren Menge initialisiert, d.h. die Zeichenmenge ist anfangs leer.

Die Bedingungen ORD (MIN (CHAR)) = 0 und sizeOfCHARset MOD sizeOfSET = 0 sind Voraussetzungen für die Korrektheit der Modulimplementation. Es sind Modulinvarianten, die sich auf die Implementation des Moduls beziehen. Implementationsabhängige Invarianten nennen wir **Implementationsinvarianten**; sie bleiben Kunden verborgen. Diese hier sind zudem konstante Bedingungen; daher müssen sie nur einmal geprüft werden und stehen im Initialisierungsteil des Moduls. Tatsächlich prüft sie schon der Übersetzer. Sie helfen Fehler zu entdecken, die sich durch Ändern einer der Konstanten einschleichen könnten.

Fazit

Gegenüber Programm 6.5 reduziert diese Lösung den Speicherplatzbedarf für Daten auf 1/8, also auf 2^{13} = 8192 Bytes; Codegröße und Laufzeit wachsen unwesentlich.

6.3.5.4   Anpassen und Verallgemeinern

Anwender wechseln oft ihre Anforderungen an Software - deshalb soll sie änderbar sein. Um zu sehen, wie leicht wir das Programm 6.6 an eine andere Aufgabe anpassen können, ist jetzt statt einer Menge von Zeichen eine Menge ganzer Zahlen zu implementieren. Die Spezifikation entspricht Programm 2.7 S. 34, nur den Elementtyp CHAR ersetzen wir durch einen Ganzzahltyp.

Ganzzahltypen

Component Pascal bietet vier ganzzahlige Grundtypen BYTE, SHORTINT, INTEGER, LONGINT, die sich im Wertebereich unterscheiden (siehe Anhang A Appendix C, S. 410). INTEGER und LONGINT scheiden bei der Implementation von Programm 6.6 aus, da der Speicherbedarf im Gigabytebereich liegen würde. Die Lösung soll aber so allgemein sein, dass sie mit einer minimalen Änderung sowohl für BYTE als auch SHORTINT gültig ist.

Untersuchen wir also, was an Programm 6.6 zu ändern ist:

(1) Die Typanpassung vom Mengenelementtyp CHAR zum Indextyp INTEGER mit ORD passt nicht.

(2) Ein ganzzahliger Mengenelementtyp erlaubt negative Zahlen, aber ein Index muss nichtnegativ sein.

Um BYTE und SHORTINT von vornherein gleich zu behandeln, führen wir einen neuen Typnamen Integer ein, wahlweise mit einer der beiden Typvereinbarungen:

```
TYPE Integer = BYTE;

TYPE Integer = SHORTINT;
```

Zu (1): Aus ORD (x) wird einfach x, weil der Elementtyp Integer direkt als Indextyp verwendbar ist.

Zu (2): Der Wert des Mengenelements x ist zu verschieben, um einen nichtnegativen Index zu erhalten. Betrachten wir zuerst, was mit dem kleinsten Wert geschehen soll:

$$\text{MIN (Integer)} \rightarrow 0$$

Daraus konstruieren wir die Abbildung:

```
MIN (Integer)   → MIN (Integer) - MIN (Integer)
x               → x - MIN (Integer)
MAX (Integer)   → MAX (Integer) - MIN (Integer)
```

Mathematisch einfach, aber im Programm problematisch, denn der Ergebniswert unter der Verschiebung um -MIN (Integer) liegt für nichtnegative x nicht im Wertebereich von Integer! Ein Überlauf könnte das Ergebnis verfälschen. Zum Glück passt Component Pascal Ganzzahlwerte vor arithmetischen Operationen implizit an INTEGER (oder LONGINT) an; dies verhindert hier Überläufe.

Implizite Typanpassung

Die Änderungen liefern das folgende Modul:

Programm 6.7
Menge ganzer
Zahlen

```
MODULE ContainersSetOfInteger;

    IMPORT
        BEC := BasisErrorConstants;
```

1 ☞

2 ☞

```
TYPE
    Integer* = BYTE;                    (* or SHORTINT *)

CONST
    shift               = -MIN (Integer);
    sizeOfIntegerSet    = MAX (Integer) - MIN (Integer) + 1;
    sizeOfSET           = MAX (SET) - MIN (SET) + 1;

VAR
    set : ARRAY sizeOfIntegerSet DIV sizeOfSET OF SET;

PROCEDURE Has* (x : Integer) : BOOLEAN;
BEGIN
    RETURN (x + shift) MOD sizeOfSET IN set [(x + shift) DIV sizeOfSET];
END Has;

PROCEDURE Put* (x : Integer);
BEGIN
    INCL (set [(x + shift) DIV sizeOfSET], (x + shift) MOD sizeOfSET);
    ASSERT (Has (x), BEC.postcondSupplierOk);
END Put;

PROCEDURE Remove* (x : Integer);
BEGIN
    EXCL (set [(x + shift) DIV sizeOfSET], (x + shift) MOD sizeOfSET);
    ASSERT (~Has (x), BEC.postcondSupplierOk);
END Remove;

BEGIN
    ASSERT (sizeOfIntegerSet MOD sizeOfSET = 0, BEC.invariantModuleImpl);
END ContainersSetOfInteger.
```

Der Typ Integer muss exportiert werden, weil er als Parametertyp exportierter Prozeduren vorkommt (siehe 1 ☞).

Fazit

Programm 6.7 ist nur durch Ändern der Typvereinbarung sowohl für BYTE als auch SHORTINT verwendbar, weil es folgende Leitlinien zur Sicherheit, Lesbarkeit und Änderbarkeit von Programmen beachtet:

Leitlinie 6.1
Konstanten-
vereinbarungen

> Vermeide literale Konstanten in Anweisungsteilen. Vereinbare für jede mehrfach verwendete Konstante einen Namen, der ihre Bedeutung ausdrückt (ausgenommen für Werte wie 0 und 1). Ist ein Konstantenwert zu ändern, so ist nur *eine* Stelle - die Konstantenvereinbarung - zu ändern. Alle anderen Vereinbarungen und die Algorithmen, die die symbolische Konstante benutzen, sind unabhängig vom Konstantenwert.

<table>
<tr>
<td>

Leitlinie 6.2
Ausgedrückte
Abhängigkeit von
Konstanten

</td>
<td>

Hängt der Wert einer Konstante von anderen Konstanten ab, so stelle dies im definierenden Ausdruck explizit dar (siehe 2 ☞. Nicht dargestellte Abhängigkeiten übersieht man beim Ändern von Werten leicht; sie führen so zu fehlerhaften Algorithmen.

</td>
</tr>
</table>

6.4   Schnittstelle und Implementation

Rekapitulieren wir die Begriffe Schnittstelle und Implementation, die uns seit Abschnitt 1.3 beschäftigen: Eine Spezifikation der Schnittstelle eines Lieferantenmoduls enthält alle Informationen, die ein Entwickler

- eines Kunden zum Benutzen des Lieferanten, und

- des Lieferanten selbst für dessen Implementation

benötigt. Ein Kunde kann eine Schnittstelle benutzen, ohne auf die dahinter verborgene Implementation zuzugreifen. Auch von einem physischen Kaffeeautomaten müssen wir nicht wissen, wie er den Kaffee kocht; es genügt, wenn wir die Knöpfe richtig drücken können. Eine Implementation kann ohne Auswirkung auf Kunden geändert werden, eine Schnittstelle nicht.

6.4.1   Abstrakte und konkrete Datenstrukturen

Die Programme 6.5 und 6.6 sind Beispiele dafür: Dieselbe Schnittstelle ist durch unterschiedliche Datenstrukturen mit unterschiedlichen Algorithmen implementiert (has in Programm 6.5, set in Programm 6.6).

Die Reihungen has und set sind Beispiele für konkrete Datenstrukturen. Eine **Datenstruktur** setzt sich aus **Datenelementen** zusammen; eine **konkrete Datenstruktur** erlaubt direkte lesende und schreibende Zugriffe auf ihre Elemente (z.B. x := array [index]; array [index] := x).

Datenabstraktion

Das Modul ContainersSetOfChar ist ein Beispiel für eine **abstrakte Datenstruktur**: Diese stellt eine Schnittstelle aus Operationen zur Verfügung und erlaubt nur Aufrufe dieser Operationen (siehe Bild 6.9). Der Zugriff auf die Daten erfolgt indirekt über die Algorithmen der Operationen. Die Operationen, ihre Wirkungen und Ergebnisse, bestimmen die Semantik der abstrakten Datenstruktur. Das Konzept der **Datenabstraktion** passt gut zum modularen Programmieren, indem man eine Datenstruktur und die darauf zugreifenden Operationen als modulare Einheit betrachtet.

Bild 6.9
Abstrakte
Datenstruktur

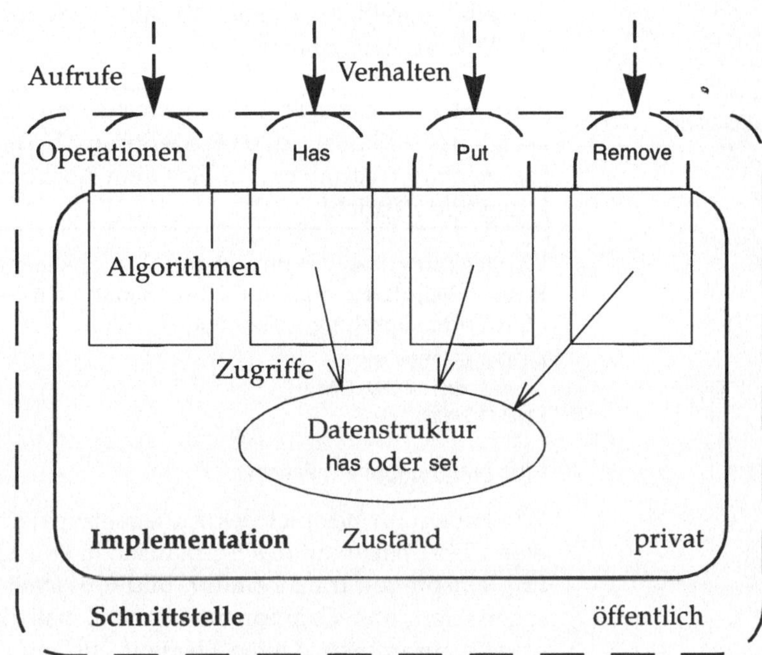

Datenkapselung

ContainersSetOfChar exportiert die Reihung has bzw. set aus gutem Grunde *nicht*, sondern schützt sie als privates Merkmal vor seinen Kunden. Die konkrete Datenstruktur ist gekapselt und hinter der Schnittstelle versteckt.

Änderbarkeit und
Zuverlässigkeit

Nur die Datenkapselung ermöglicht den Optimierungsschritt von Programm 6.5 nach Programm 6.6 und weitere Verbesserungen der Implementation von ContainersSetOfChar. Datenkapselung ist auch Voraussetzung für Korrektheit und Sicherheit. Da eine konkrete Datenstruktur jeden Direktzugriff erlaubt, kann sie keine Invarianten über ihren Elementen garantieren. Um die Invarianten des Kaffeeautomaten zu garantieren, haben wir seine Daten als schreibgeschützte Variablen vereinbart (siehe Programm 6.3).

Schreibgeschützte
Variable oder
Funktion?

Component Pascal lässt zu, Variablen mit Schreibzugriff zu exportieren. Diese Möglichkeit ist jedoch im Sinne der Datenkapselung verpönt. Schreibgeschützter Export von Variablen ist dagegen unkritisch, weil dabei Kunden keine Invarianten verletzen können. Aber auch schreibgeschützter Export von Variablen macht einen Teil der Implementation an der Schnittstelle sichtbar, was die Änderbarkeit der Implementation vermindert. Wo Änderbarkeit gefordert ist, sind Abfragen als Funktionen anstelle schreibgeschützter Variablen zu implementieren und nur Operationen zu exportieren.

Leitlinie 6.3
Exportpolitik

> Ein Modul exportiert nur Konstanten, Typen, schreibge-schützte Variablen und Prozeduren. Vermeide den Export schreibbarer Variablen, da dies dem Konzept der Datenkapse-lung widerspricht.

Übrigens trägt das Primitivbeispiel des Schalters nichts zu dieser Diskussion bei, da Programm 6.4 funktional nicht weniger bietet als das ohne Datenkapselung auskommende Modul

```
MODULE I1Switch;
    VAR on* : BOOLEAN;
END I1Switch.
```

6.4.2   Cleo und Component Pascal

Wir haben am Beispiel des Kaffeeautomaten gezeigt, wie man eine Cleo-Spezifikation systematisch in eine Component-Pascal-Implementation transformiert. Bild 6.10 stellt Beziehungen zwischen Cleo- und Component-Pascal-Konstrukten in einem Diagramm zusammen, dessen Elemente sich an der **Unified Modeling Language** (UML) orientieren.

Bild 6.10
Beziehungen
zwischen Cleo und
Component Pascal

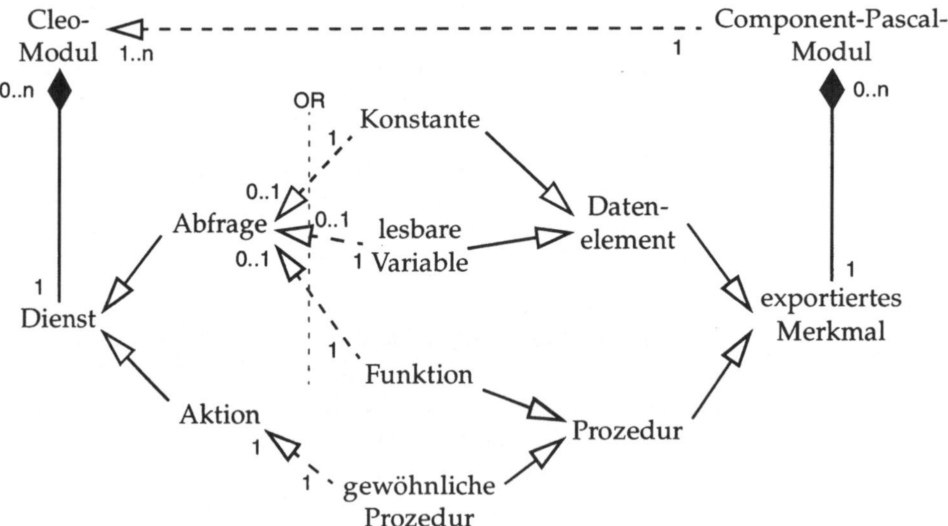

Es handelt sich um ein **Klassendiagramm**, das hier als Begriffsdiagramm dient und mit folgenden Elementen aufgebaut ist.
Knoten stehen für Klassen bzw. Begriffe, ungerichtete Kanten
stellen allgemeine Beziehungen oder **Assoziationen** dar (siehe
Bild 6.11; nicht in Bild 6.10). Die Zahlen an den Kantenenden
heißen **Kardinalitäten**, sie geben an, wieviele Objekte der Klasse
am einen Kantenende mit wievielen Objekten der Klasse am
anderen Kantenende in Beziehung stehen können.

Bild 6.11
Assoziation

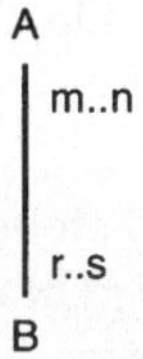

A   **Assoziation**

m..n   Ein A-Objekt steht mit m bis n B-Objekten in Beziehung

     Kardinalitäten

r..s   Ein B-Objekt steht mit r bis s A-Objekten in Beziehung

B

Die gerichteten gestrichelten Kanten vom Component-Pascal-
zum Cleo-Modul, zur Abfrage und zur Aktion stellen eine spezielle Assoziation, die **Implementationsbeziehung** dar (siehe
Bild 6.12). Die Zahlen an den Kantenenden sind in Bild 6.10 z.B.
so zu lesen: Zu einem Cleo-Modul kann es mehrere Component-
Pascal-Module geben, die sich in der Implementation unterscheiden. Umgekehrt nehmen wir Eindeutigkeit an. Bei einer
Abfrage stehen drei mögliche Implementationen zur Auswahl.

Bild 6.12
Implementation

A

   Implementation   A wird durch B implementiert

                       B implementiert A

B

Weiter brauchen wir die **Bestandteilbeziehung** in Form der
Komposition, dargestellt durch eine gerichtete Kante mit einer
schwarzen Raute auf der Seite des Ganzen und dem leeren Ende
auf der Seite des Teils (siehe Bild 6.13). Die Kardinalitäten in Bild
6.10 sind so zu lesen: Zu einem Modul gehören 0 bis n Dienste
bzw. exportierte Merkmale. Ein Dienst bzw. Merkmal gehört zu
genau einem Modul.

Bild 6.13
Komposition

A   **Komposition**   B ist fester Bestandteil von A

m..n

B

Die **Aggregation** ist eine schwächere Form der Bestandteilbeziehung, dargestellt mit einer weißen Raute (siehe Bild 6.14). Zwischen Aggregation und Komposition zu unterscheiden ist beim Softwareentwurf nützlich.

Bild 6.14
Aggregation

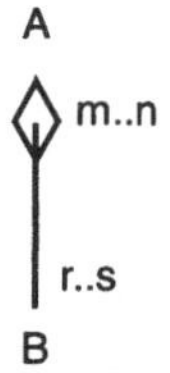

A   **Aggregation** B ist variabler Bestandteil von A

m..n   Ein A-Objekt besteht aus m bis n B-Objekten

Kardinalitäten

r..s   Ein B-Objekt gehört zu r bis s A-Objekten

B

Kanten mit weißem Dreieck in Bild 6.10 stellen **Klassifikationsbeziehungen** dar (siehe Bild 6.15). Hier geht es um die Ordnung der Begriffe in allgemeine und besondere, abstrakte und konkrete.

- Die Spezifikationsseite links betont die Klassifikation von Diensten in zustandserhaltende Abfragen und zustandsverändernde Aktionen.

- Die Implementationsseite rechts betont die Klassifikation von Merkmalen in speichernde Daten und berechnende Algorithmen.

Bild 6.15
Klassifikation

A

Klassifikation   A ist Oberbegriff von B

B ist Unterbegriff von A

B

UML-Diagramme nutzen wir, um Sachverhalte zu veranschaulichen und Programme zu entwerfen.

6.4.3   Eine Übersicht

Abschließend fassen wir gegensätzliche Aspekte des Begriffspaars Schnittstelle/Implementation tabellarisch zusammen:

Tabelle 6.1
Schnittstelle und
Implementation

Schnittstelle	Implementation
Sicht der Kunden	Sicht des Lieferanten
Funktionalität	Struktur
Verhalten	Zustand
Was wird gemacht?	Wie wird es gemacht?
Spezifikation	Realisation

Schnittstelle	Implementation
öffentlich, exportiert	privat, intern
aufrufbar, zugreifbar	verborgen, geschützt
stabil	änderbar
Dienste, Operationen	konkrete Datenstrukturen und Algorithmen
Abfragen	Konstanten, schreibgeschützte Variablen, Funktionen
Aktionen	gewöhnliche Prozeduren

6.5   Zusammenfassung

Zwischen den Ebenen der Spezifikation und der Implementierung haben wir Brücken gebaut und überschritten:

- Eine Cleo-Schnittstelle lässt sich durch kleine, meist syntaktische Änderungen in eine Component-Pascal-Schnittstelle transformieren.

- Abfragen werden in Component Pascal durch Konstanten, schreibgeschützte Variablen oder Funktionen implementiert, Aktionen durch gewöhnliche Prozeduren.

- Eine Cleo-Spezifikation durch Vertrag wird in Component Pascal mit Zusicherungen und einer Prozedur für die Invarianten implementiert.

- Zuweisungen sind elementare Anweisungen, die den Zustand von Variablen verändern. Zuweisungen genügen, um die Algorithmen der Dienste eines Kaffeeautomaten, eines Schalters und einer Menge zu implementieren.

- Reihungen sind konkrete Datenstrukturen, die aus einer Anzahl gleicher Elemente bestehen. Die Elemente einer Reihung sind durch Indizierung direkt zugreifbar.

- Datenabstraktion ist das Konzept, Daten nur durch Wirkungen von Operationen zu beschreiben und von ihrer konkreten Implementation zu abstrahieren. Datenabstraktion und modulares Programmieren passen gut zueinander.

Nebenbei haben wir auch Elemente der UML kennengelernt.

6.6   Literaturhinweise

Die UML stammt von G. Booch, J. Rumbaugh und I. Jacobsen, die ihre früheren Modellierungssprachen in die UML integrierten [2]. Die Object Management Group (OMG) hat die UML-Version 1.1 1997 zum Standard erklärt [50]. Wir nehmen uns für dieses Buch die Freiheit, UML-Elemente mit anderen zu mischen. Zur UML gibt es ein großes Angebot an Literatur; stellvertretend seien die Bücher von M. Fowler und K. Scott [4] und B. Oesterreich [25] genannt.

6.7 Übungen

Nach einer Aufgabe zur EBNF üben Sie die Transformation von Cleo-Spezifikationen in Component-Pascal-Programme.

Aufgabe 6.1
EBNF-Regeln

Component-Pascal-Kommentare können ineinander geschachtelt sein, d.h. (* ... (* ... *) ... *) ist erlaubt. Beschreiben Sie die Syntax dieser Kommentare mit EBNF, und zwar (1) ohne Schachtelung, (2) mit Schachtelung!

Aufgabe 6.2
Programm-
transformation

Bei den Aufgaben 2.1 bis 2.7 haben Sie Cleo-Module spezifiziert. Transformieren Sie diese in implementierte Component-Pascal-Module!

Aufgabe 6.3
Zugriff auf
Reihungselemente

Mit der Vereinbarung VAR a : ARRAY 10 OF CHAR, welche der folgenden Bezeichner sind korrekt?

a [5]   a [2 * 3 - 8]   a [ORD (MAX (SET))]   a [LEN (a)]

7 Ein- und Ausgabe

In diesem Kapitel gestalten wir Benutzungsoberflächen zum Kaffeeautomaten. Dazu erinnern wir an zwei bereits definierte Begriffe:

Kommandomodul
- Ein Kommandomodul ist ein Modul, das Elemente für eine Benutzungsoberfläche bereitstellt, die aus Kommandoaufrufen, Menüs oder Dialogboxen bestehen kann (siehe S. 13).

Kommando
- In BlackBox ist ein Kommando eine gewöhnliche Prozedur mit einer eingeschränkten Signatur aus der Schnittstelle eines Moduls (siehe 5.3.7 S. 101).

7.1 Kaffeeautomat als Kommandomodul

Wir können das in Programm 6.3 S. 132 implementierte Modul l1Kaffeeautomat formal als Kommandomodul betrachten und Aufrufe seiner Aktionen als Kommandoaufrufe in einem Textfenster zusammenstellen, benutzen und als Dokument speichern (siehe Bild 7.1; Abfragenaufrufe akzeptiert der Kommandointerpreter nicht). Einen Text mit Kommandoaufrufen und Aufrufsymbolen nennen wir **Aufrufmenü**.

Bild 7.1
Aufrufmenü zu
Kaffeeautomat

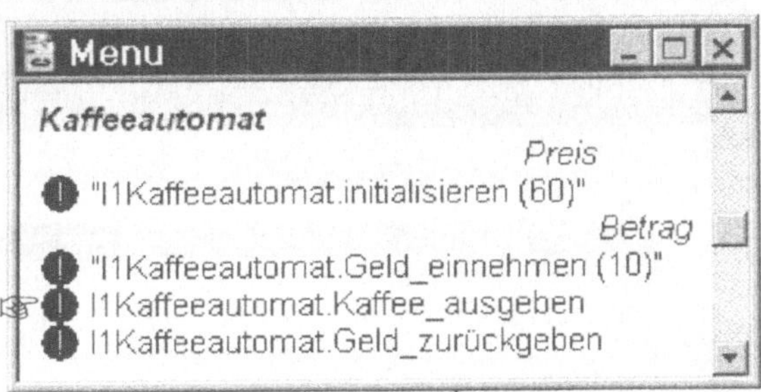

Klicken wir (nachdem l1Kaffeeautomat übersetzt ist) zuerst auf das Aufrufsymbol vor Kaffee_ausgeben, so passiert nicht das Gewünschte, sondern es erscheint ein Trapfenster:

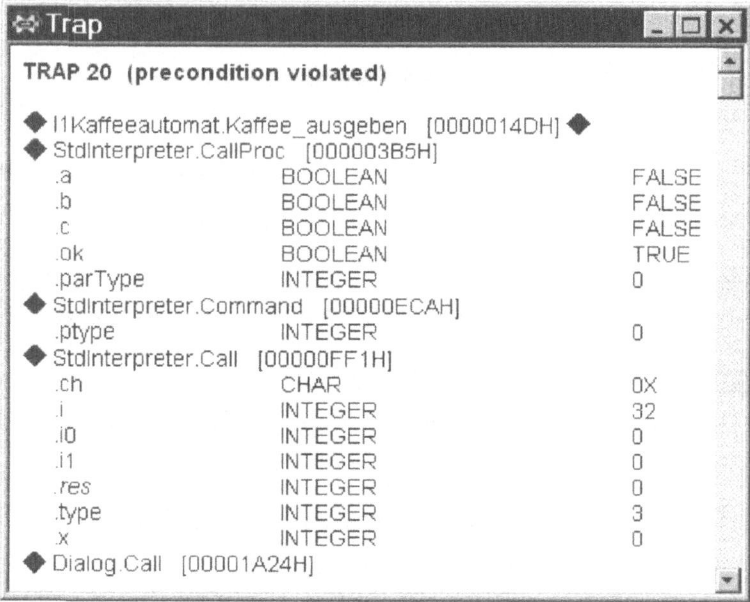

An den ersten beiden Zeilen erkennen wir, dass eine Vorbedingung in Kaffee_ausgeben verletzt ist (20 ist die Fehlernummer). Die (blauen) Rauten sind klickbare Hyperverbindungen. Durch Anklicken der Raute rechts oben öffnet sich ein Fenster mit dem Quellmodul, wobei die **Trapstelle** markiert ist:

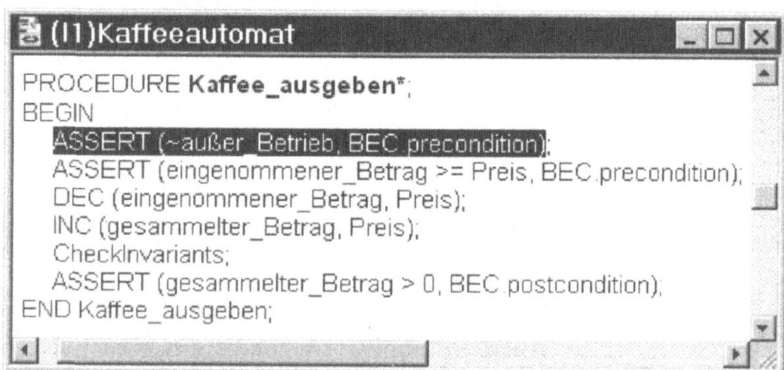

Der Kaffeeautomat ist außer Betrieb!

Anklicken der Raute links oben in Bild 7.2 liefert ein Fenster mit den globalen Variablen des geladenen Moduls I1Kaffeeautomat:

Bild 7.4
Zustand globaler
Variablen zum
Trapzeitpunkt

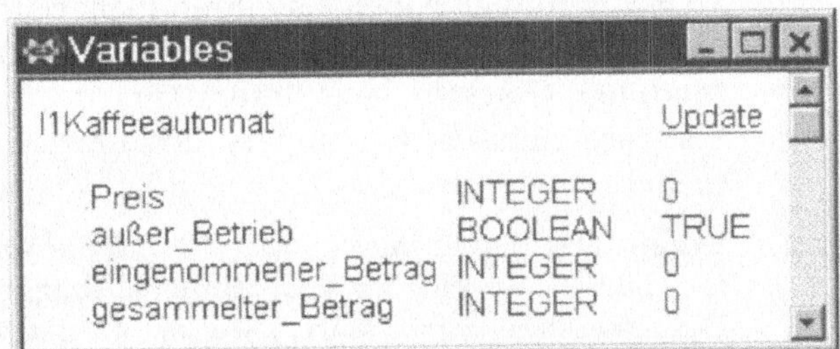

Warum ist außer_Betrieb = TRUE? Die Variablen haben genau die Werte, die sie durch das Ausführen des Initialisierungsteils des Moduls nach dem Laden erhalten. Richtig, wir haben initialisieren nicht zuerst aufgerufen!

Liegt ein Fehler des Benutzers vor? Nein!

Leitlinie 7.1
Robustheit

> Benutzer machen keine Fehler; es gibt keine „Bedienerfehler". Benutzern ist jede Eingabe erlaubt; keine Eingabe darf zum Abbruch eines Programmablaufs führen. Ein Programm muss **robust** sein; es muss angemessen auf Eingaben von Benutzern reagieren.

Diese Leitlinie ist mit der Methode der Spezifikation durch Vertrag zu konfrontieren: Ein Kunde muss Vorbedingungen benutzter Dienste erfüllen. Aber Benutzer und Kunden sind nicht dasselbe! Es ist eben ein Missverständnis, *nicht* zwischen Menschen (Benutzern) und Software (Kundenmodulen) zu unterscheiden. Wir folgern daraus:

Leitlinie 7.2
Vorbedingungen und
Benutzereingaben

> Vorbedingungen sind *kein* geeignetes Mittel, um Eingaben von Benutzern zu prüfen.

I1Kaffeeautomat eignet sich nicht als Kommandomodul, das man beliebigen Benutzern anbieten könnte. Das schnell erstellte Menü in Bild 7.1 erfüllt seinen Zweck zum Testen des Moduls. Solange wir die Kommandos in erlaubten Reihenfolgen mit erlaubten Parameterwerten aufrufen, ereignet sich kein Trap. Andererseits können wir Traps provozieren, um zu testen, ob das Modul Vorbedingungen richtig prüft. So sollte uns stets bewusst sein, ob wir gerade die Rolle des Entwicklers und Testers, oder die des Anwenders einnehmen.

Leitlinie 7.3
Zweck von
Vorbedingungen

> Vorbedingungen sind ein geeignetes Mittel für Lieferanten, um zu prüfen, ob Kunden ihre Anforderungen erfüllen.

Vorbedingungen haben also ihren Platz dort, wo es um Aufruf-beziehungen innerhalb der Software, zwischen Prozeduren, Modulen, Objekten geht. Interaktionen zwischen Mensch und Software müssen wir anders gestalten; dazu im Folgenden mehr.

Entwanzen nach dem Tode?

Exkurs. Das Trapfenster von Bild 7.2 und die Verbindung zum Quell-text Bild 7.3 erstellt der Post-Mortem-Debugger von BlackBox. Ein **Debugger** (von *bug* = Wanze, „Mucke", Defekt) ist ein Werkzeug, das dem Entwickler beim Suchen von Fehlerursachen hilft. **Post Mortem** bedeutet „nach dem Tode", wenn der Programmablauf in eine „Falle" (*trap*) gestürzt ist, aus der er nicht herauskommt. Ein **Post-Mortem-Debugger** liefert Laufzeitinformation zum Zeitpunkt, an dem ein Feh-ler erkannt und der Programmablauf abgebrochen wird. Die biolo-gisch-waidmännischen Metaphern erinnern an den wilden Westen, als Trapper Fallen stellten, um Tiere (nicht nur Wanzen) zu fangen und zu töten. Wir halten diese Metaphern für fragwürdig, aber aus der ameri-kanischen Geschichte erklärbar.

Zustand einer Kommando-ausführung

Exkurs. In Bild 7.2 zeigen die Zeilen ab der dritten Zeile die Arbeit, die BlackBox bis zum eigentlichen Kommandoaufruf erledigt: Das Dialog-system ruft den Kommandointerpreter, und dieser ruft schließlich den Kaffeeautomaten. Der letzte Aufruf steht oben; von unten nach oben liest sich die Aufrufkette

Dialog.Call → StdInterpreter.Call → StdInterpreter.Command
→ StdInterpreter.CallProc → I1Kaffeeautomat.Kaffee_ausgeben

Unter einem Aufruf stehen die lokalen Variablen der Prozedur. Was das Trapfenster zeigt, nennt man **Aufrufkeller** (*call stack*).

Zustand eines Moduls

Exkurs. Das Fenster in Bild 7.4 erhält man nicht nur über die Raute im Trapfenster, sondern jederzeit mit dem Menübefehl

Info→Global Variables

wobei ein Modulname selektiert sein muss. BlackBox lässt den Ent-wickler also in geladene Module hinein schauen. Der in einem Varia-bles-Fenster gezeigte Zustand eines Moduls wird nach einer Benutzung des Moduls nicht automatisch aktualisiert, sondern erst durch Klicken auf <u>Update</u>. Variables- und Trapfenster stellen zusammen den Zustand einer Kommandoausführung zum Trapzeitpunkt dar.

7.2   Kaffeeautomat mit einfacher Ein-/Ausgabe

Wir haben bereits in Abschnitt 1.4 den Unterschied zwischen Benutzer und Kunde diskutiert. Jetzt greifen wir den Entwurf von Bild 1.9 S. 14 auf und modellieren den Kaffeeautomaten mit zwei Modulen:

● Das schon implementierte Modul I1Kaffeeautomat realisiert die Funktion eines Kaffeeautomaten und dient als Lieferant.

- Ein noch zu implementierendes Kommandomodul I1Kaffeeautomat_EinAusgabe realisiert eine Benutzungsoberfläche und nutzt als Kunde die Dienste von I1Kaffeeautomat.

Der Begriff **Funktion** bedeutet hier Funktionalität, nicht etwa mathematische Funktion oder Funktionsprozedur.

```
MODULE I1Kaffeeautomat_EinAusgabe;          MODULE I1Kaffeeautomat;

  IMPORT I1Kaffeeautomat;                     ...

...                                           ...

END I1Kaffeeautomat_EinAusgabe.             END I1Kaffeeautomat.
```

In diesem Entwurf steckt eine allgemeine Idee:

Leitlinie 7.4
Trennung von
Funktion und
Ein-/Ausgabe

> Trenne beim Entwurf einer Aufgabenlösung Aspekte der Funktion von Aspekten der Benutzungsoberfläche, sodass sie unabhängig voneinander implementierbar sind.

Gründe für die Aufteilung sind: Funktionale Teile müssen korrekt, Benutzungsoberflächen robust sein. Zum funktionalen Teil einer Aufgabenlösung kann man verschiedene Benutzungsoberflächen gestalten, z.B. um den Anforderungen verschiedener Benutzergruppen zu entsprechen. Die Trennung von Funktion und Ein-/Ausgabe erlaubt es, die Qualitätsmerkmale Korrektheit und Robustheit getrennt zu betrachten und zu erzielen.

Bild 7.5
Kommandomodul
und Funktionsmodul

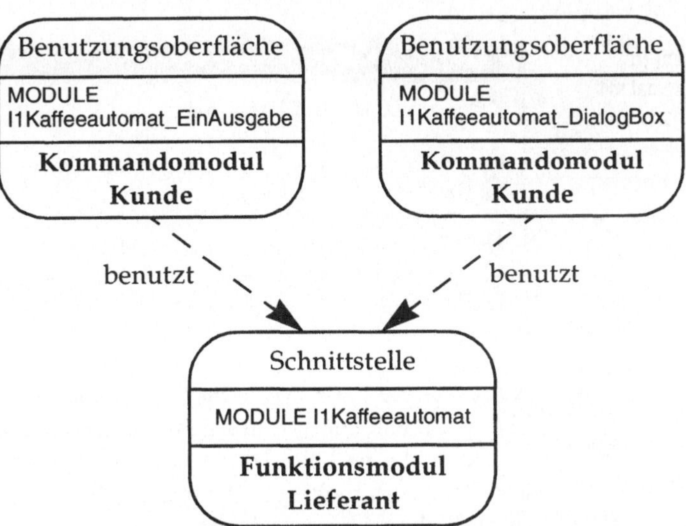

In diesem Sinn ist I1Kaffeeautomat ein **Funktionsmodul** (Funktionalitätsmodul) und Bild 7.5 nimmt den Entwurf für den nächsten Abschnitt vorweg. Doch zunächst entwerfen wir die

Schnittstelle des Kommandomoduls I1Kaffeeautomat_EinAusgabe. Sie orientiert sich syntaktisch an I1Kaffeeautomat, ändert jedoch die Semantik:

- Zu jeder Aktion von I1Kaffeeautomat bietet I1Kaffeeautomat_EinAusgabe ein gleichnamiges Kommando.

- I1Kaffeeautomat_EinAusgabe hat keine Abfragen, nur Kommandos. Statt Abfragen gibt es ein Kommando Zustand_anzeigen, das die Abfragewerte von I1Kaffeeautomat ausgibt.

- I1Kaffeeautomat_EinAusgabe toleriert jede Benutzereingabe. Kommandos stellen keine Vorbedingungen, sondern prüfen, ob vom Benutzer eingegebene Aufträge und Werte verwendbar sind; falls nicht, geben sie erläuternde Meldungen aus.

Die Kommandos von I1Kaffeeautomat_EinAusgabe könnten dieselben Parameter haben wie die Aktionen von I1Kaffeeautomat, da der Kommandointerpreter diese akzeptiert. Wir nutzen jedoch hier eine allgemeinere Technik: Die Kommandos sind parameterlos; in ihrem Anweisungsteil lesen sie Werte mit speziellen Eingabeoperationen ein.

Wir gehen den Weg von der Benutzungsoberfläche von Bild 7.6 zur Implementation.

7.2.1   Benutzungsoberfläche

Bild 7.6
Aufrufmenü zu
Kaffeeautomat mit
Ein-/Ausgabe

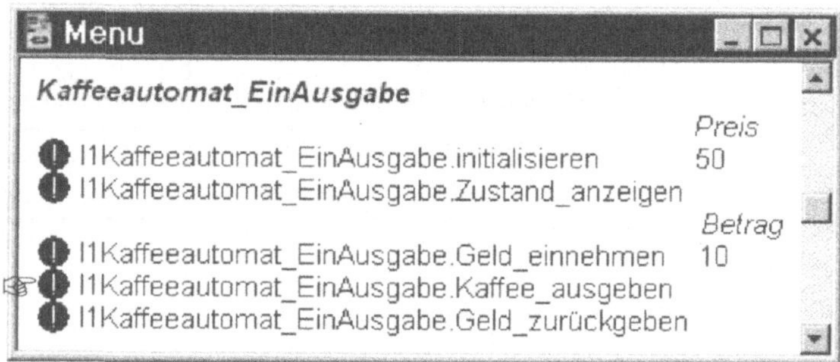

Angenommen, I1Kaffeeautomat_EinAusgabe ist implementiert und übersetzt. Klicken wir auf das Aufrufsymbol vor Kaffee_ausgeben, so schreckt uns kein Trapfenster wie in Abschnitt 7.1, sondern der Kommandoablauf akzeptiert den Aufruf und gibt einen freundlichen Hinweis in das Log-Fenster (freilich ohne Kaffee herauszurücken):

Bild 7.7
Ausgabe von
Kaffee_ausgeben

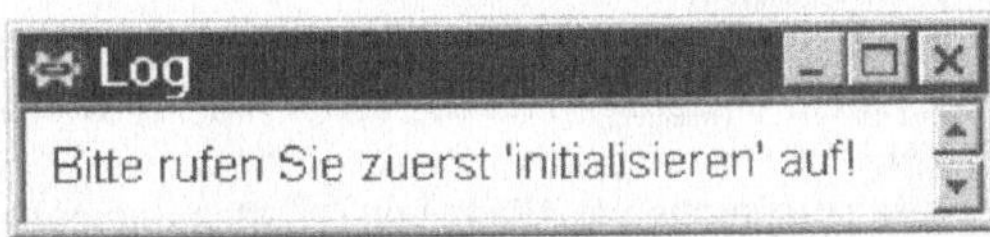

Folgen wir dem Hinweis und klicken auf das Aufrufsymbol vor initialisieren, so erscheint die Meldung

Bitte geben Sie einen positiven Preis ein!

Der Kommandoablauf hat versucht, vom Anfang des Menüdokuments eine Ganzzahl zu lesen und ist damit gescheitert, daher diese Ausgabe. Der Preis, eine positive Ganzzahl, muss als Text im aktiven Fenster stehen und ihr Anfang oder die Leerzeichen davor müssen markiert sein:

Bild 7.8
Eingabe von Preis

Diesmal funktioniert die Eingabe des Preises, initialisieren gibt den Anfangszustand des Kaffeeautomaten aus:

Bild 7.9
Ausgabe von
initialisieren mit
akzeptiertem Preis

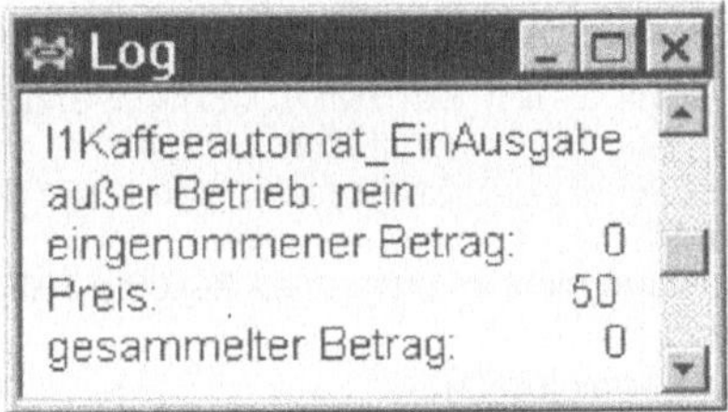

Die anderen Kommandos arbeiten ähnlich, was wir durch Probieren erfahren können.

7.2.2   **Entwurf**

Ohne Abfragen besitzt I1Kaffeeautomat_EinAusgabe auch keinen Zustand, keinen Initialisierungsteil und keine Invarianten. Es stellt keine Vor- und garantiert keine Nachbedingungen, sondern prüft die Bedingungen, unter denen es I1Kaffeeautomat sicher aufrufen und dessen Zustand ausgeben kann.

Überlegen wir uns zunächst ein allgemeines Muster, dem die Algorithmen der Kommandos von I1Kaffeeautomat_EinAusgabe folgen, und notieren es in Pseudocode:

Entwurf 1 des Algorithmus	lies Eingabewert
	IF I1Kaffeeautomat im erwarteten Zustand und
	    Eingabe erfolgreich und gelesener Wert verwendbar
	THEN
	    rufe entsprechende Aktion von I1Kaffeeautomat auf
	    zeige Zustand von I1Kaffeeautomat an
	ELSE
	    gib Meldung aus
	END

Das Lesen und Prüfen eines Eingabewerts kommt nur bei initialisieren und Geld_einnehmen vor, bei den anderen Kommandos entfallen diese Teile.

Auswahl	Wir brauchen erstmals eine Auswahlanweisung IF ... THEN ... ELSE ... END, damit das Kommando je nach Fall unterschiedlich reagiert (siehe 4.7.3 S. 76). Ist die zwischen IF und THEN stehende Bedingung erfüllt, so fährt der Ablauf mit der zwischen THEN und ELSE stehenden Anweisungsfolge fort, sonst mit der Anweisung zwischen ELSE und END.

Die Bedingung in Entwurf 1 des Algorithmus setzt sich aus drei Einzelbedingungen zusammen, die alle gelten müssen, damit I1Kaffeeautomat korrekt aufgerufen wird. So weit, so gut. Der Nachteil des Algorithmus ist, dass er im ELSE-Zweig nicht differenziert, welche Einzelbedingung verletzt ist. Folglich erhält der Benutzer eine ungenaue Meldung (oder der Algorithmus prüft die Bedingungen noch einmal). Verbessern wir also den Algorithmus:

Entwurf 2 des Algorithmus	lies Eingabewert
	IF I1Kaffeeautomat nicht im erwarteten Zustand THEN
	    gib Meldung A aus
	ELSIF Eingabe erfolglos THEN
	    gib Meldung B aus
	ELSIF gelesener Wert nicht verwendbar THEN
	    gib Meldung C aus
	ELSE
	    rufe entsprechende Aktion von I1Kaffeeautomat auf
	    zeige Zustand von I1Kaffeeautomat an
	END

Mehrfache Auswahl	Bei der **mehrfachen Auswahlanweisung** werden die mit IF ... THEN und ELSIF ... THEN geklammerten Fälle einzeln der Reihe nach geprüft. Bei der ersten erfüllten Bedingung wird der zugehörige THEN-Zweig gewählt. Ist keine Bedingung erfüllt, so wird der ELSE-Zweig gewählt, falls vorhanden, sonst nichts. Nach Ausführung des einen gewählten Zweigs geht die Ablaufkontrolle an die Stelle nach dem END über.

Semantik

Die Semantik von Auswahlanweisungen lässt sich gut mit Zusicherungen spezifizieren:

```
IF a THEN
    ASSERT (a);
    b;
ELSIF c THEN
    ASSERT (~a & c);
    d;
ELSIF e THEN
    ASSERT (~a & ~c & e);
    f;
ELSE
    ASSERT (~a & ~c & ~e);
    g;
END;
```

Dabei stehen a, c und e für (seiteneffektfreie) Bedingungen, b, d, f und g für Anweisungen. Umgekehrt können wir den Effekt der Zusicherungsprozedur ASSERT mit einer einseitigen Auswahlanweisung beschreiben:

```
ASSERT (Bedingung, Fehlernummer);
```

ist äquivalent mit

```
IF ~Bedingung THEN
    HALT (Fehlernummer);
END;
```

HALT ist eine Standardprozedur; sie beendet den Programmablauf mit einem Trap. Gemäß Programmierkonvention schreiben wir den Aufruf **fett**.

Reihenfolge der
Bedingungen

Man beachte, dass die Reihenfolge der Bedingungen bei Auswahlanweisungen eine Rolle spielt. Im Entwurf 2 des Algorithmus ist es z.B. sinnlos, die Verwendbarkeit eines Werts zu prüfen, wenn schon seine Eingabe gescheitert ist.

Bevor wir Entwurf 2 des Algorithmus in eine Implementation umsetzen können, müssen wir wissen, wie die Ein- und Ausgabe zu bewerkstelligen sind. BlackBox bietet (wie alle Oberon-Sprachumgebungen) zwei Module, die sich gut für Lernzwecke eignen; diese stellen wir vor.

7.2.3   Eingabemodul In und Ausgabemodul Out

Das Modul In dient dem sequenziellen Lesen von Werten aus einem Textfenster, das Modul Out dem sequenziellen Schreiben von Werten in das Log-Fenster. Die Werte können Zahlen, Zeichen oder Zeichenketten sein; sie bilden aneinandergereiht einen Text, der **Eingabe-** bzw. **Ausgabestrom** heißt. Die aktuelle

Lese- bzw. **Schreibposition** im Text zeigt jeweils hinter das zuletzt gelesene bzw. geschriebene Zeichen und kann nur durch eine Lese- bzw. Schreiboperation verändert, d.h. weitergesetzt werden. Eine genaue Beschreibung von In und Out erhalten wir wie für alle Standardmodule online mit dem Menübefehl des Browsers, Info→Documentation (siehe 5.3.3 S. 94).

7.2.3.1   **In**

Hier betrachten wir einen Teil der syntaktischen Schnittstelle des Eingabemoduls:

Programm 7.1
Schnittstelle von In

```
DEFINITION In;
    VAR Done: BOOLEAN;
    PROCEDURE Char (VAR ch: CHAR);
    PROCEDURE Int (VAR i: INTEGER);
    ...
    PROCEDURE Open;
    PROCEDURE Real (VAR x: REAL);
    PROCEDURE String (VAR str: ARRAY OF CHAR);
END In.
```

Noch nicht vorgestellte Sprachelemente sind:

Sprachelemente

- **Typ**: ARRAY OF CHAR ist ein Typ für Zeichenketten beliebiger Länge.

- **Parameterart**: Die Angabe VAR entspricht einem Ein-/Ausgabeparameter (in Cleo mit INOUT markiert, siehe auch 7.4.2). Bei den Prozeduren von In handelt es sich nur um Ausgabeparameter, anstelle von OUT steht historisch bedingt VAR. Beachte: Der Eingabe eines Werts von der Benutzungsoberfläche entspricht die Ausgabe des Werts an die aufrufende Prozedur.

Wie sieht nun die Semantik der Schnittstelle Programm 7.1 aus? Hier eine informale Beschreibung:

Semantik

- **Done** zeigt an, ob die letzte Operation erfolgreich war. Es wird nur durch ein erfolgreiches Open auf TRUE gesetzt.

- **Open** lässt den Eingabestrom im Text des aktiven Fensters beginnen, entweder am Textanfang oder, wenn ein Textstück selektiert ist, am Anfang der Selektion.

- **Char, Int, Real, String**: Gilt Done, so versuchen sie, einen Wert entsprechenden Typs zu lesen und bei Erfolg an den Ausgabeparameter zu binden; sonst sind sie effektlos.

  Eine einzulesende Zeichenkette ist durch Leer-, Zeilenumbruch-, Tabulatorzeichen oder doppelte Hochkommas begrenzt.

Im algorithmischen Muster zum Einlesen eines einzelnen Werts

Muster zum Einlesen

```
In.Open;
In.Type (x);
IF In.Done THEN
    verarbeite x
END;
```

steht   In.Type   für   eine   der   Leseoperationen;   für
I1Kaffeeautomat_EinAusgabe brauchen wir nur In.Int.

7.2.3.2   Out

Die syntaktische Schnittstelle des Ausgabemoduls lautet

Programm 7.2
Schnittstelle von Out

```
DEFINITION Out;
    PROCEDURE Char (ch: CHAR);
    PROCEDURE Int (i, n: INTEGER);
    PROCEDURE Ln;
    PROCEDURE Open;
    PROCEDURE Real (x, n: REAL);
    PROCEDURE String (str: ARRAY OF CHAR);
END Out.
```

Ihre Semantik sei wieder informal beschrieben:

Semantik

- **Open** aktiviert das Log-Fenster, d.h. bringt es auf dem Bildschirm nach vorne.

- **Char, Int, Real, String** schreiben den übergebenen Parameterwert in das Log-Fenster. Die Parameter sind Eingabeparameter. Beachte: Der Eingabe eines Werts von der aufrufenden Prozedur entspricht die Ausgabe des Werts an die Benutzungsoberfläche.

  Der zweite Parameter n bei Int und Real gibt die Mindestanzahl der auszugebenden Stellen der Zahl i bzw. x an.

- **Ln** schreibt ein Zeilenumbruchzeichen in das Log-Fenster.

Das algorithmische Muster zum Ausgeben eines einzelnen Werts in einer eigenen Zeile sieht so aus:

Muster zum
Ausgeben

```
Out.Open;
Out.Type (x);
Out.Ln;
```

Out.Type   steht   für   eine   der   Schreiboperationen;   für
I1Kaffeeautomat_EinAusgabe brauchen wir Out.Int und Out.String.

7.2.4   Implementation

Wir haben die Puzzlestücke gesammelt, die wir nun zusammensetzen, um I1Kaffeeautomat_EinAusgabe zu implementieren.

Programm 7.3
Kommandomodul für
Ein-/Ausgabe zu
Kaffeeautomat

```
MODULE I1Kaffeeautomat_EinAusgabe;

IMPORT
    In,
    Out,
    Dialog,
    KA := I1Kaffeeautomat;

(* Kommandos *)

PROCEDURE Zustand_anzeigen*;
    CONST
        Stellen = 4;
BEGIN
    Out.Open;
    Out.String ("I1Kaffeeautomat_EinAusgabe"); Out.Ln;
    Out.String ("außer Betrieb: ");
    IF KA.außer_Betrieb THEN
        Out.String ("ja"); Out.Ln;
    ELSE
        Out.String ("nein"); Out.Ln;
        Out.String ("eingenommener Betrag: ");
        Out.Int (KA.eingenommener_Betrag, Stellen); Out.Ln;
        Out.String ("Preis:                    ");
        Out.Int (KA.Preis, Stellen); Out.Ln;
        Out.String ("gesammelter Betrag:     ");
        Out.Int (KA.gesammelter_Betrag, Stellen); Out.Ln;
    END;
END Zustand_anzeigen;

PROCEDURE initialisieren*;
    VAR
        neuer_Preis : INTEGER;
BEGIN
    In.Open;
    In.Int (neuer_Preis);
    Out.Open;
    IF ~In.Done OR (neuer_Preis <= 0) THEN
        Out.String ("Bitte geben Sie einen positiven Preis ein!"); Out.Ln;
    ELSE
        KA.initialisieren (neuer_Preis);
        Zustand_anzeigen;
    END;
END initialisieren;

PROCEDURE Geld_einnehmen*;
    VAR
        Betrag : INTEGER;
BEGIN
    In.Open;
    In.Int (Betrag);
    Out.Open;
    IF KA.außer_Betrieb THEN
        Out.String ("Bitte rufen Sie zuerst 'initialisieren' auf!"); Out.Ln;
```

```
4 ☞        ELSIF ~In.Done OR (Betrag <= 0) THEN
               Out.String ("Bitte geben Sie einen positiven Geldbetrag ein!"); Out.Ln;
               KA.Geld_einnehmen (Betrag);
               Zustand_anzeigen;
           END;
       END Geld_einnehmen;

       PROCEDURE Kaffee_ausgeben*;
       BEGIN
           Out.Open;
           IF KA.außer_Betrieb THEN
               Out.String ("Bitte rufen Sie zuerst 'initialisieren' auf!"); Out.Ln;
           ELSIF KA.eingenommener_Betrag < KA.Preis THEN
               Out.String ("Bitte geben Sie mehr Geld ein!"); Out.Ln;
               KA.Kaffee_ausgeben;
               Out.String ("Hier ist Ihr Kaffee - wohl bekomm's!"); Out.Ln;
               Zustand_anzeigen;
5 ☞            Dialog.Beep;
           END;
       END Kaffee_ausgeben;

       PROCEDURE Geld_zurückgeben*;
       BEGIN
           Out.Open;
           IF KA.außer_Betrieb THEN
               Out.String ("Bitte rufen Sie zuerst 'initialisieren' auf!"); Out.Ln;
           ELSE
               Out.String ("Hier erhalten Sie ");
               Out.Int (KA.eingenommener_Betrag, 0);
               Out.String (" Zenti-Euro zurück."); Out.Ln;
               KA.Geld_zurückgeben;
               Zustand_anzeigen;
           END;
       END Geld_zurückgeben;

   END I1Kaffeeautomat_EinAusgabe.
```

Programm 7.3 ergänzt an einigen Stellen den Entwurf 2 des
Algorithmus, S. 156, oder weicht von ihm ab. In der folgenden
Liste von Bemerkungen entsprechen die Nummern den Num-
mern bei den ☞Symbolen in Programm 7.3.

Lokales Merkmal

(1) In einigen Kommandos haben wir erstmals **lokale Merkmale** vereinbart, z.B. in Zustand_anzeigen die Konstante Stellen,
in initialisieren die Variable neuer_Preis. Lokale Vereinbarungen
einer Prozedur stehen zwischen ihrem Kopf und ihrem
Anweisungsteil. Vereinbarungs- und Anweisungsteil einer
Prozedur bilden ihren Rumpf. Die Syntax lautet vereinfacht

```
ProcDecl      = PROCEDURE IdentDef [ FormalPars ]
                [ ";" DeclSeq [ BEGIN StatementSeq ] END ident ].
```

Die syntaktische Einheit DeclSeq ist die gleiche wie beim Vereinbarungsteil eines Moduls.

<table>
<tr><td>Sichtbarkeitsbereich</td><td>

■ **Statische Eigenschaft**: Lokale Merkmale sind nur innerhalb des vereinbarenden Prozedurrumpfs sichtbar; sie sind „Privateigentum" der Prozedur.</td></tr>
<tr><td>Existenzdauer</td><td>

■ **Dynamische Eigenschaft**: Lokale Variable existieren nur während eines Aufrufs der vereinbarenden Prozedur. Beim Aufruf einer Prozedur wird für jede lokale Variable Speicherplatz reserviert, bei der Rückkehr aus dem Prozeduraufruf wird der Speicherplatz freigegeben.</td></tr>
</table>

(2) neuer_Preis wird nicht durch eine Zuweisung initialisiert, sondern durch den Prozeduraufruf

In.Int (neuer_Preis);

<table>
<tr><td>In.Open vor
Out.Open</td><td>

(3) Der Eingabestrom muss *vor* dem Ausgabestrom geöffnet sein, damit In vom Fenster des Kommandoaufrufs liest. Umgekehrt wäre durch Out.Open das Log-Fenster aktiv und In würde versuchen, die Eingabe vom Log-Fenster zu lesen.</td></tr>
</table>

(4) Statt alle Fälle zu differenzieren, sind bei initialisieren und Geld_einnehmen zwei Fälle fehlerhafter Eingabe zusammengefasst.

(5) Der Aufruf Dialog.Beep erzeugt einen kurzen Piepston, der leider nicht die fehlende Ausgabe einer physischen Tasse Kaffee ersetzt.

<table>
<tr><td>Fazit</td><td>

Mit Programm 7.3 haben wir mit einfachen Mitteln ein robustes Kommandomodul zur menüorientierten Benutzungsoberfläche Bild 7.6 des Kaffeeautomaten implementiert.</td></tr>
</table>

● Vergleichen wir den Umfang der Programme 6.3 S. 132 und 7.3: Der Aufwand für solch ein Kommandomodul kann den Aufwand für ein reines Funktionsmodul (inklusive Spezifikation) übersteigen.

● Die Eingabe erfolgt im Menü-, die Ausgabe im Log-Fenster. Der Benutzer muss die voneinander unabhängigen Fenster nebeneinander anordnen, um Ursache und Wirkung verfolgen zu können.

● Der Zustand des Kaffeeautomaten wird immer wieder in einen fortlaufenden Text ausgegeben. Das ist gut zum Protokollieren, aber geschwätzig und unruhig, wenn nur der aktuelle Zustand interessiert.

Suchen wir also nach Möglichkeiten, die Ein-/Ausgabe eleganter zu gestalten!

7.3   Kaffeeautomat mit Dialogbox

Gewünscht ist eine Benutzungsoberfläche mit den zusätzlichen Eigenschaften:

- Ein- und Ausgabebereiche liegen beieinander, nicht getrennt.

- Die Ein-/Ausgabe erfolgt in bestimmten Feldern, die jeweils aktuelle Werte anzeigen.

- Der Programmieraufwand ist minimal.

Dialogboxen erfüllen diese Anforderungen. Dem Entwurf Bild 7.5 folgend verwenden wir wieder I1Kaffeeautomat als Funktionsmodul und entwickeln dazu ein Kommandomodul I1Kaffeeautomat_DialogBox für eine Dialogbox:

```
MODULE I1Kaffeeautomat_DialogBox;          MODULE I1Kaffeeautomat;

    IMPORT I1Kaffeeautomat;                    ...

    ...                                        ...

END I1Kaffeeautomat_DialogBox.             END I1Kaffeeautomat.
```

Die Schnittstelle von I1Kaffeeautomat_DialogBox weist folgende Merkmale auf:

<table><tr><td>Entwurf der
Kommando-
schnittstelle</td><td>

- Zu jeder Aktion von I1Kaffeeautomat bietet I1Kaffeeautomat_DialogBox ein gleichnamiges parameterloses Kommando.

- I1Kaffeeautomat_DialogBox hat keine Abfragen, sondern Anzeigefelder. Um diese zu implementieren, brauchen wir ein weiteres Sprachelement von Component Pascal: Verbunde.

- I1Kaffeeautomat_DialogBox ist genauso robust wie I1Kaffeeautomat_EinAusgabe.

</td></tr></table>

7.3.1   Verbunde

Verbunde sind wie Reihungen **strukturierte Daten**, die der Programmierer definieren kann. Im Unterschied zu Reihungen bestehen sie nicht aus indizierten Elementen gleichen Typs, sondern aus benannten Elementen jeweils beliebigen Typs.

Für den Kaffeeautomaten brauchen wir einen Verbund, der die Anzeigefelder einer Dialogbox zu einer Einheit zusammenfasst:

```
RECORD
    außer_Betrieb          : BOOLEAN;
    Betrag,
    eingenommener_Betrag,
    Preis,
    gesammelter_Betrag     : INTEGER;
    Meldung                : ARRAY 60 OF CHAR;
END
```

Neben Anzeigefeldern, die den Abfragen des Funktionsmoduls entsprechen, gibt es zwei weitere Felder:

- Betrag dient dazu, den gerade eingegebenen Betrag vom bereits eingenommenen zu unterscheiden.

- Meldung dient dazu, Meldungen auszugeben (ARRAY 60 OF CHAR ist ein Reihungstyp für Zeichenketten mit der maximalen Länge 60 - 1).

Verbundtyp

Die Schlüsselwörter RECORD und END begrenzen einen Verbundtyp, sie umschließen eine Liste von Elementen, die **Felder** (*Attribut*, *field*) heißen. Verbundfelder werden syntaktisch wie Variablen vereinbart. Zur Konstruktion eines Verbundtyps ist also für jedes Feld

- ein Name (z.B. außer_Betrieb) und

- ein Typ (z.B. BOOLEAN)

anzugeben:

```
RECORD
    Feldname A : Feldtyp A;
    Feldname B : Feldtyp B;
    ...
END
```

Verbundvariable

Vom obigen Verbundtyp ist nur ein Exemplar zu vereinbaren, eine Variable des Verbundtyps, die wir nach ihrem Zweck Anzeige nennen:

```
VAR
    Anzeige :
        RECORD
            außer_Betrieb : BOOLEAN;
            ...
        END;
```

Der Variable Anzeige ist zur Laufzeit ein Speicherplatz zugeordnet, der aus Speicherplätzen für die Verbundfelder besteht (siehe Bild 7.10).

Zugriff

Der Name Anzeige bezeichnet den Verbund als Ganzes. Die einzelnen Felder eines Verbunds sind mit der Punktnotation explizit benennbar und direkt zugreifbar. Beispielsweise bezeichnen die **qualifizierten Namen**

Anzeige.außer_Betrieb   und   Anzeige.Meldung

zwei Felder des Verbunds Anzeige. Allgemein hat eine qualifizierte Variable die Form

Verbundvariablenname.Feldname

Die Notation entspricht absichtlich der von Cleo für den Zugriff auf Dienste von Objekten, siehe S. 37.

Bild 7.10
Speicherplatz zu
Verbund -
exemplarisch

Anzeige

außer_Betrieb	FALSE	BOOLEAN
Betrag	18	INTEGER
eingenommener_Betrag	50	INTEGER
Preis	70	INTEGER
gesammelter_Betrag	210	INTEGER
Meldung	"Bitte geben..."	ARRAY 60 OF CHAR

Operationen

Da der Typ einer Variable die zulässigen Operationen bestimmt, sind mit qualifizierten Variablen, die Verbundfelder bezeichnen, alle Operationen möglich, die der Feldtyp erlaubt, also insbesondere Zuweisungen und Parameterübergaben.

Die Verbundvariable Anzeige wird im Kommandomodul I1Kaffeeautomat_DialogBox vereinbart und repräsentiert dort die Ein-/Ausgabefelder einer Dialogbox. Die Dialogbox muss auf den Verbund und seine einzelnen Felder zugreifen können.

Export von Feldern

Component Pascal erlaubt es, die Exportart für jedes Verbundfeld einzeln festzulegen. Im Beispiel muss die Dialogbox die Felder Betrag und Preis zur Eingabe nutzen können, sie sind daher mit Schreibrecht zu exportieren. Die anderen Felder werden nur zur Ausgabe benutzt und daher schreibgeschützt exportiert. Die Verbundvariable als Ganzes ist schreibbar zu exportieren, weil wenigstens ein Feld Schreibrecht fordert:

```
VAR
    Anzeige* :
        RECORD
            außer_Betrieb-              : BOOLEAN;
            Betrag*,
            eingenommener_Betrag-,
            Preis*,
            gesammelter_Betrag-        : INTEGER;
            Meldung-                    : ARRAY 60 OF CHAR;
        END;
```

Konflikt?

Leitlinie 6.3 S. 144 fordert, Variablen nur schreibgeschützt zu exportieren. Hier gibt es eine Ausnahme von dieser Regel, weil es um Ein-/Ausgabe geht: Das Kommandomodul exportiert die Variable Anzeige an die Dialogbox, die Benutzungsoberfläche.

7.3.2   Entwurf

I1Kaffeeautomat_DialogBox besitzt durch die Variable Anzeige einen Zustand, der

- den Zustand des Funktionsmoduls I1Kaffeeautomat *und*
- die Eingaben des Benutzers widerspiegelt.

Anstelle des Kommandos Zustand_anzeigen von I1Kaffeeautomat_EinAusgabe tritt eine private Prozedur Zustand_übertragen, die die Abfragewerte von I1Kaffeeautomat nach Anzeige überträgt und ausgibt. Sie ist immer aufzurufen, nachdem sich der Zustand von I1Kaffeeautomat geändert hat, also nach jedem Aktionsaufruf.

Das allgemeine Muster der Algorithmen der Kommandos von I1Kaffeeautomat_DialogBox sieht in Pseudocode so aus:

Entwurf des
Algorithmus

```
IF I1Kaffeeautomat nicht im erwarteten Zustand THEN
    zeige Meldung A an
ELSIF Eingabewert im Anzeigefeld nicht verwendbar THEN
    zeige Meldung B an
ELSE
    rufe entsprechende Aktion von I1Kaffeeautomat auf
    zeige Meldung C an
    Zustand_übertragen
END
```

Das Prüfen eines Eingabewerts kommt wieder nur bei initialisieren und Geld_einnehmen vor. Eingabewerte müssen nicht wie bei I1Kaffeeautomat_EinAusgabe explizit eingelesen werden: Benutzereingaben in der Dialogbox ändern den Zustand von Anzeige automatisch, sodass ein Eingabewert direkt in einem Verbundfeld steht.

Hingegen ist für die Ausgabe der Anzeigefelder eine Prozedur des Standardmoduls Dialog zu nutzen. Der Aufruf

```
Dialog.Update (Anzeige);
```

aktualisiert die Felder der Dialogbox(en), die an Anzeige gebunden sind, mit den Werten von Anzeige. Dialog.Update ist nur aufzurufen, wenn sich der Zustand von Anzeige durch Anweisungen geändert hat.

7.3.3   Implementation

Wir stellen das fertige Kommandomodul vor, bevor wir offene Details besprechen.

Programm 7.4
Kommandomodul für
Dialogbox zu
Kaffeeautomat

```
MODULE I1Kaffeeautomat_DialogBox;

IMPORT
    Dialog,
    Strings,
    KA := I1Kaffeeautomat;

VAR
    Anzeige* :
        RECORD
            außer_Betrieb-                : BOOLEAN;
            Betrag*,
            eingenommener_Betrag-,
            Preis*,
            gesammelter_Betrag-           : INTEGER;
            Meldung-                      : ARRAY 60 OF CHAR;
        END;

PROCEDURE Zustand_übertragen;
BEGIN
    Anzeige.außer_Betrieb              := KA.außer_Betrieb;
    Anzeige.eingenommener_Betrag       := KA.eingenommener_Betrag;
    Anzeige.Preis                      := KA.Preis;
    Anzeige.gesammelter_Betrag         := KA.gesammelter_Betrag;
    Dialog.Update (Anzeige);
END Zustand_übertragen;

(* Kommandos *)

PROCEDURE initialisieren*;
BEGIN
    IF Anzeige.Preis <= 0 THEN
        Anzeige.Meldung := "Bitte geben Sie einen positiven Preis ein!";
    ELSE
        KA.initialisieren (Anzeige.Preis);
        Anzeige.Meldung := "Neuer Preis akzeptiert.";
    END;
    Zustand_übertragen;
END initialisieren;

PROCEDURE Geld_einnehmen*;
BEGIN
    IF KA.außer_Betrieb THEN
        Anzeige.Meldung := "Bitte drücken Sie zuerst auf 'initialisieren'!";
    ELSIF Anzeige.Betrag <= 0 THEN
        Anzeige.Betrag := 0;
        Anzeige.Meldung := "Bitte geben Sie einen positiven Geldbetrag ein!";
    ELSE
        KA.Geld_einnehmen (Anzeige.Betrag);
        Anzeige.Betrag := 0;
        Anzeige.Meldung := "Betrag akzeptiert.";
    END;
    Zustand_übertragen;
END Geld_einnehmen;
```

1 ☞

2 ☞

2 ☞

```
PROCEDURE Kaffee_ausgeben*;
BEGIN
  IF KA.außer_Betrieb THEN
    Anzeige.Meldung := "Bitte drücken Sie zuerst auf 'initialisieren'!";
  ELSIF KA.eingenommener_Betrag < KA.Preis THEN
    Anzeige.Meldung := "Bitte geben Sie mehr Geld ein!";
  ELSE
    KA.Kaffee_ausgeben;
    Anzeige.Meldung := "Hier ist Ihr Kaffee - wohl bekomm's!";
    Dialog.Beep;
  END;
  Zustand_übertragen;
END Kaffee_ausgeben;

PROCEDURE Geld_zurückgeben*;
  VAR
    Betrag : ARRAY 20 OF CHAR;
BEGIN
  IF KA.außer_Betrieb THEN
    Anzeige.Meldung := "Bitte drücken Sie zuerst auf 'initialisieren'!";
  ELSE
    Strings.IntToString (KA.eingenommener_Betrag, Betrag);
    KA.Geld_zurückgeben;
    Anzeige.Meldung := "Sie erhalten " + Betrag + " Zenti-Euro zurück.";
  END;
  Zustand_übertragen;
END Geld_zurückgeben;

BEGIN
  Zustand_übertragen;
END I1Kaffeeautomat_DialogBox.
```

Die linken Randsymbole lauten: 2 ☞ (bei `Zustand_übertragen;` in Kaffee_ausgeben), 3 ☞ (bei `Betrag : ARRAY 20 OF CHAR;`), 3 ☞ (bei `Strings.IntToString`), 3 ☞ (bei `Anzeige.Meldung := "Sie erhalten "...`), 2 ☞ (bei `Zustand_übertragen;` in Geld_zurückgeben), 4 ☞ (bei `Zustand_übertragen;` im Hauptteil).

In der folgenden Liste von Bemerkungen entsprechen die Nummern den Nummern bei den ☞Symbolen in Programm 7.4.

(1) Ein Aufruf Dialog.Update (Anzeige) steht als letzte Anweisung in Zustand_übertragen, um die Dialogfelder jedesmal zu aktualisieren, wenn der Zustand von I1Kaffeeautomat übertragen wird.

(2) Jedes Kommando ruft am Ende Zustand_übertragen auf, damit die Dialogbox nach einer Interaktion stets den Zustand von I1Kaffeeautomat darstellt. Sonst könnten vom Benutzer veränderte Felder mit anderen Werten Verwirrung stiften.

Typkonvertierung

(3) Geld_zurückgeben soll den zurückzugebenden Wert von I1Kaffeeautomat.eingenommener_Betrag im Meldungsfeld ausgeben. eingenommener_Betrag ist eine Zahl, während Meldung eine Zeichenkette ist. Der Wert ist vom Typ INTEGER in den Typ ARRAY n OF CHAR zu konvertieren. Das Standardmodul Strings bietet dazu eine Prozedur IntToString.

Die lokale Variable Betrag nimmt den konvertierten Wert auf. (Ein Namenskonflikt mit dem Verbundfeld Anzeige.Betrag ist ausgeschlossen, da die Größen in disjunkten Namenräumen vereinbart sind.)

Die Zeichenkette Betrag ist mit literalen Zeichenketten zu einem Satz zu kombinieren. Das Verketten von Zeichenketten erledigt in Component Pascal ein Operator, der mit dem Pluszeichen „+" dargestellt ist.

(4) Anzeige ist zu initialisieren. Dazu genügt ein Aufruf von Zustand_übertragen; davon unberührte Felder sind implizit mit Defaultwerten initialisiert (Betrag mit 0, Meldung mit der leeren Zeichenkette "").

Nachdem das Kommandomodul übersetzt ist, erstellen wir eine Dialogbox dazu.

7.3.4   Dialogbox

Eine einfache und direkte Vorgehensweise ist, sich eine Dialogbox automatisch erzeugen zu lassen. Dazu ist der Menübefehl

    Controls→New Form...

aufzurufen; in der erscheinenden Befehlsdialogbox ist der Modulname, hier I1Kaffeeautomat_DialogBox, einzusetzen und der OK-Knopf anzuklicken. Der Befehl generiert aus der Schnittstelle des angegebenen Moduls eine Dialogbox mit **Defaultlayout**. (Bild 7.11 zeigt das Defaultlayout zu I1Kaffeeautomat_DialogBox, wobei das Textfeld Betrag durch Anklicken selektiert ist.)

Defaultlayout   Jedem Verbund ist ein Gruppenkasten (z.B. Anzeige) zugeordnet, der die Steuerelemente für die Verbundfelder umrahmt. Einem booleschen Feld entspricht ein beschriftetes Prüfkästchen (z.B. außer_Betrieb), den anderen Verbundfeldern entsprechen beschriftete Textfelder (z.B. Betrag). Schreibgeschützten Verbundfeldern entsprechen graue Felder, um sie als nicht eingabefähig zu kennzeichnen (z.B. Meldung); voll exportierten Verbundfeldern entsprechen weiße, eingabefähige Felder (z.B. Preis). Jeder parameterlosen gewöhnlichen Prozedur ist ein beschrifteter Kommandoknopf (z.B. Geld_einnehmen) zugeordnet.

Die Defaultdialogbox ist direkt benutzbar. Tatsächlich nutzt man sie nur, wenn das Layout nebensächlich ist, z.B. zum Testen. Das automatisch erzeugte Layout vergeudet Platz, nimmt für Steuerelemente Defaultgrößen und für Beschriftungen exportierte Namen, und sortiert Kommandoknöpfe alphabetisch. (Zudem erwartet es kurze Namen, wie im Englischen üblich; lange deutsche Namen erscheinen verstümmelt.)

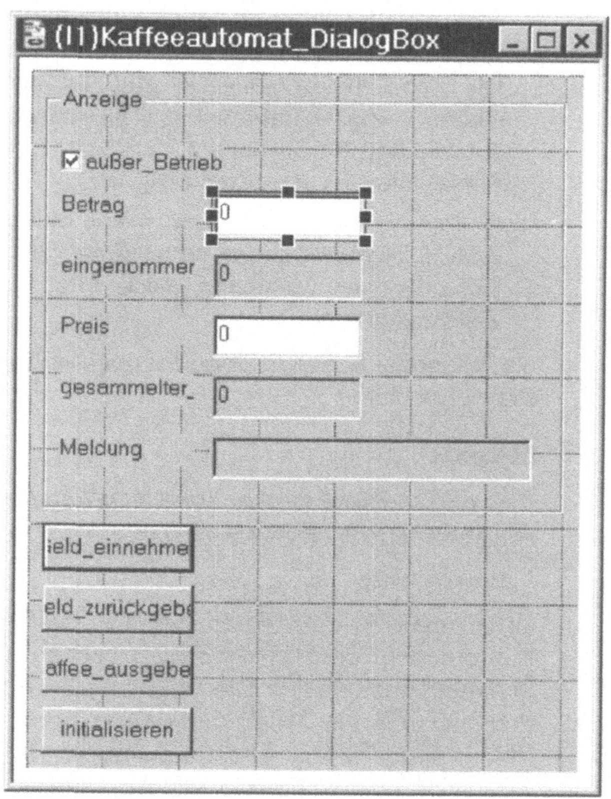

Layout editieren

Um ästhetische und ergonomische Mängel des Defaultlayouts zu beseitigen, editiert man die Dialogbox. Ist sie im **Layoutmodus**, so stellt der **Dialogboxeditor** das Menü Layout zur Verfügung; nützlich sind auch die Edit→Select-Befehle. Der Menübefehl

Edit→Object Properties...

öffnet eine **Inspekteurdialogbox**; sie zeigt die Eigenschaften des selektierten Objekts an. Bild 7.12 zeigt den Inspekteur passend zu Bild 7.11. Mit dem Inspekteur definiert man Eigenschaften eines Steuerelements einer Dialogbox und seine Bindungen an Merkmale von Modulschnittstellen. Beim Arbeiten mit dem Inspekteur wiederholt man typischerweise die Schritte:

(1) Selektiere ein Steuerelement durch direktes Anklicken oder Anklicken des Next-Knopfs des Inspekteurs.

(2) Trage Eigenschaften des Steuerelements im Inspekteur ein.

(3) Klicke auf den Apply-Knopf des Inspekteurs.

Bild 7.12
Inspekteurdialogbox

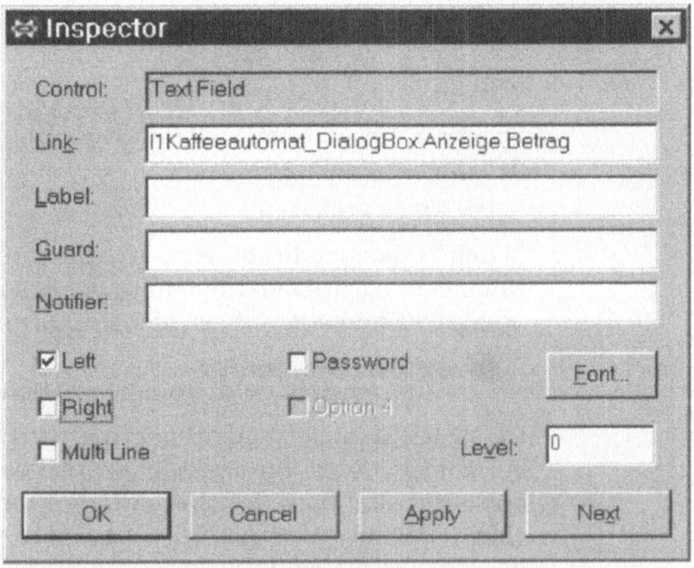

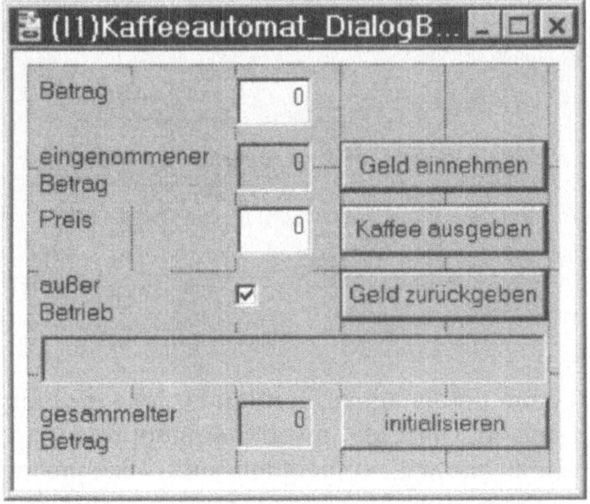

In unserem Beispiel hat die Dialogbox nach dem Editieren das
Layout von Bild 7.13, das dem physischen Modell des Kaffeeautomaten Bild 1.1 S. 1 ähnelt.

Bild 7.13
Editierte Dialogbox
im Layoutmodus

Dialogbox speichern

Nach dem Editieren speichern wir die Dialogbox im Layoutmodus als Ressourcendokument im Rsrc-Verzeichnis des Subsystems, im Beispiel unter

I1\Rsrc\Kaffeeautomat_DialogBox.odc

Dialogboxen lassen sich übrigens wie andere Objekte kopieren und in Behälterobjekte einbetten.

Interagiert ein Anwender mit einer Dialogbox, so soll er ihr Layout nicht verändern. Dazu dient der **Maskenmodus**. Der Entwickler kann eine im Layoutmodus geöffnete Dialogbox mit dem Menübefehl

Dev→Mask Mode

in den Maskenmodus bringen. Üblicherweise ruft man aber ein Kommando des Standardmoduls StdCmds auf, um die Dialogbox im Maskenmodus zu öffnen, hier mit Aufrufsymbol:

"StdCmds.OpenAuxDialog
('I1/Rsrc/Kaffeeautomat_DialogBox', 'Kaffeeautomat')"

Der erste Parameter ist der Pfadname der Datei, die die Dialogbox enthält, der zweite erscheint im Titel der geöffneten Dialogbox (siehe Bild 7.14). Das Kommando kann man wie üblich in einem Dokument, einer Hyperverbindung oder einem Menü der Menüleiste unterbringen.

Bild 7.14
Dialogbox im
Maskenmodus

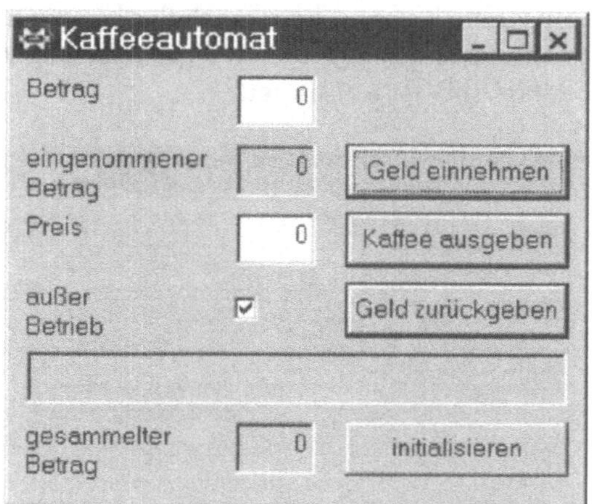

Beim Öffnen eines Dokuments, das eine Dialogbox enthält, werden die Module, an die sie gebunden ist, dynamisch geladen (falls sie noch ungeladen sind). Beispielsweise führt der obige Kommandoaufruf dazu, dass zuerst I1Kaffeeautomat geladen und initialisiert wird, dann I1Kaffeeautomat_DialogBox, und die Dialogbox geöffnet wird. Bild 7.15 ergänzt die bereits in den Bildern 1.9 S. 14 und 7.5 dargestellten Beziehungen.

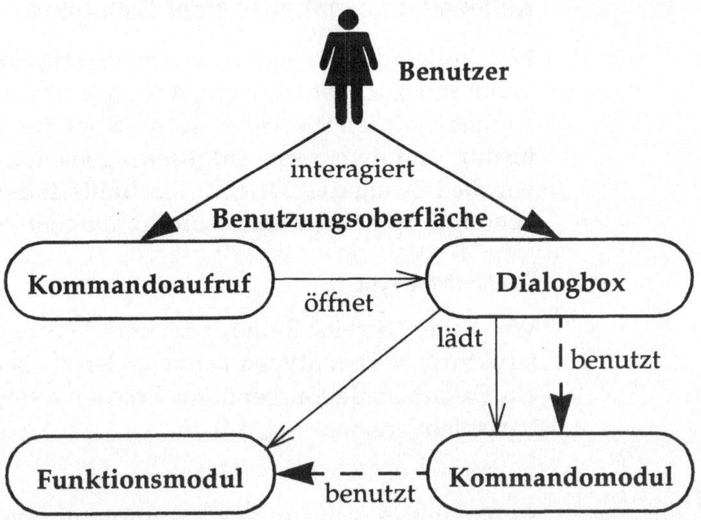

Bild 7.15
Benutzer,
Benutzungs-
oberfläche und
Module

Die Dialogbox Bild 7.14 verhält sich im Wesentlichen wie das Aufrufmenü Bild 7.6. Unterschiede im Detail sind: Betrag und Preis brauchen zur Eingabe nicht selektiert sein, statt Aufrufsymbole sind Kommandoknöpfe anzuklicken, Meldungen erscheinen statt im Log-Fenster im zweitletzten Textfeld. Tippen wir beispielsweise in der Dialogbox in das Feld Betrag eine 5 und klicken auf den Knopf Geld einnehmen, so erscheint die Meldung "Bitte drücken Sie zuerst auf 'initialisieren'!".

Fazit

Mit dem Kommandomodul Programm 7.4 und der Dialogbox Bild 7.14 haben wir eine robuste und ansprechende grafische Benutzungsoberfläche realisiert, die die Anforderungen von S. 163 erfüllt.

- Verglichen mit der sequenziellen Ein-/Ausgabe von Programm 7.3 ist für die Dialogbox etwas weniger zu programmieren, aber mehr am Dialogboxlayout zu editieren.

- Die Dialogbox lässt den Benutzer jederzeit jeden Kommandoknopf anklicken. Akzeptiert der Kaffeeautomat den Kommandoaufruf nicht, so erhält der Benutzer einen Hinweis.

Den letzten Aspekt empfinden wir als Nachteil, denn was nützt es, einen Knopf drücken zu können, wenn man durch das Drükken nur erfährt, dass man den Knopf besser nicht gedrückt hätte?

7.4   Kaffeeautomat mit bewachter Dialogbox

Wir wollen die Dialogbox so verbessern, dass ein Kommandoknopf nur klickbar ist, wenn das zugeordnete Kommando seine Aufgabe tatsächlich leisten kann. BlackBox bietet einen Mechanismus, mit dem diese Anforderung leicht zu erfüllen ist. Bevor wir die Lösung des vorigen Abschnitts ändern, stellen wir dazu benötigte Sprachelemente von Component Pascal vor.

7.4.1   Definierbare Typen

Wir haben bereits Reihungen und Verbunde als definierbare strukturierte Datentypen kennengelernt, aber bisher nur jeweils ein Exemplar davon benötigt. Erscheint solch ein Typ in einer Variablenvereinbarung, z.B. in

```
VAR vector : ARRAY 6 OF REAL;
```

so handelt es sich um einen **anonymen Typ**, denn ARRAY 6 OF REAL konstruiert zwar einen Typ, ist aber kein Typname. Ein Typ erhält in einer **Typvereinbarung** einen Namen, z.B.

```
TYPE Vector = ARRAY 6 OF REAL;
```

Mit dem Typnamen Vector lässt sich die obige Variable auch so vereinbaren:

```
VAR vector : Vector;
```

Programmierkonvention

Die Namengebung entspricht einer Konvention: Variablennamen beginnen mit Kleinbuchstaben, Typnamen mit Großbuchstaben. Bis auf den ersten Buchstaben können die Namen gleich sein, um die Namenvielfalt im Programm zu beschränken. (Nur beim Kaffeeautomaten halten wir uns noch nicht an diese Konvention.)

Allgemein hat eine Typvereinbarung die Form

```
TYPE Typname = Typ;
```

wodurch der Name auf der linken Seite neu eingeführt und an den Typ auf der rechten Seite gebunden wird; rechts kann ein bekannter Typname (siehe S. 140) oder ein neu konstruierter Typ stehen (siehe oben). **Einfache Typen** sind Grundtypen oder solche, die sich auf Grundtypen zurückführen lassen; **strukturierte Typen** sind Reihungen und Verbunde.

Eine Typvereinbarung empfiehlt sich, wenn von dem Typ mehr als ein Exemplar gebraucht wird. Sie ist zwingend, wenn der Typ als Parametertyp einer Prozedur erscheint, weil Component Pascal Typverträglichkeit und Typprüfung auf Typnamen zurückführt (nicht auf die Speicherstruktur des Typs).

Globale Typen kann ein Modul wie andere Merkmale exportieren. Exportiert ein Modul eine Prozedur mit einem selbst vereinbarten Typ als Typ eines formalen Parameters, so muss es auch diesen Typ exportieren, weil Kunden diesen Typ kennen müssen, um die Prozedur mit einem aktuellen Parameter dieses Typs aufzurufen. (Component Pascal erzwingt das leider nicht.)

7.4.2   Parameterübergabearten

Parameterübergabe in Component Pascal ist in vorigen Abschnitten schon vorgekommen. Component Pascal kennt im Wesentlichen die für Cleo vorgestellten Übergabearten der Eingabe, Ausgabe und Ein-/Ausgabe, bietet sie aber in Verbindung mit zwei Implementationsvarianten an:

- Bei **Wertübergabe** wird der formale Parameter an den Wert des aktuellen Parameters gebunden. Der aktuelle Parameter muss ein Ausdruck sein. Der formale Parameter fungiert als lokale Variable der Prozedur, die implizit mit dem Wert des aktuellen Parameters initialisiert wird. Zuweisungen an den formalen Parameter beziehen sich auf einen Speicherplatz, der nur für die Dauer der Ausführung des Prozeduraufrufs reserviert ist.

- Bei **Referenzübergabe** wird der formale Parameter an den aktuellen Parameter gebunden. Der aktuelle Parameter muss eine Variable sein. Der formale Parameter fungiert als neuer, nur lokal in der Prozedur gültiger Name für den aktuellen Parameter. Zuweisungen an den formalen Parameter beziehen sich auf den Speicherplatz des aktuellen Parameters.

Tabelle 7.1
Parameter-
übergabearten -
exemplarisch

		Eingabe	Ausgabe	Ein- und Ausgabe
Wert- über- gabe	einfacher Typ	PROC P (x : REAL)	nicht möglich	
	struktu- rierter Typ	PROC P (x : Vector)		
Refe- renz- über- gabe	einfacher Typ	nicht erlaubt	PROC P (OUT x : REAL)	PROC P (VAR x : REAL)
	struktu- rierter Typ	PROC P (IN x : Vector)	PROC P (OUT x : Vector)	PROC P (VAR x : Vector)

Tabelle 7.1 stellt die Parameterübergabearten von Component Pascal anhand exemplarischer Prozedurvereinbarungen zusammen. Dabei steht PROC P für PROCEDURE Prozedurname. Wertüber-

gabe erfolgt nur in der Richtung vom Aufrufer zum Aufgerufenen und scheidet daher für Ausgabeparameter aus.

Bezug

Ein Referenzparameter ist durch einen **impliziten konstanten Bezug** auf eine Variable, den aktuellen Parameter, realisiert: **Bezug** bedeutet, dass der gespeicherte Wert des formalen Parameters nicht ein Wert seines vereinbarten Typs ist, sondern sich auf einen solchen Wert bezieht. **Implizit** bedeutet, dass beim Zugriff auf einen formalen Parameter automatisch auf die bezogene Variable zugegriffen wird (nicht auf den Bezug). **Konstant** bedeutet, dass der Bezug nicht geändert werden kann.

Bild 7.16
Referenzparameter -
exemplarisch

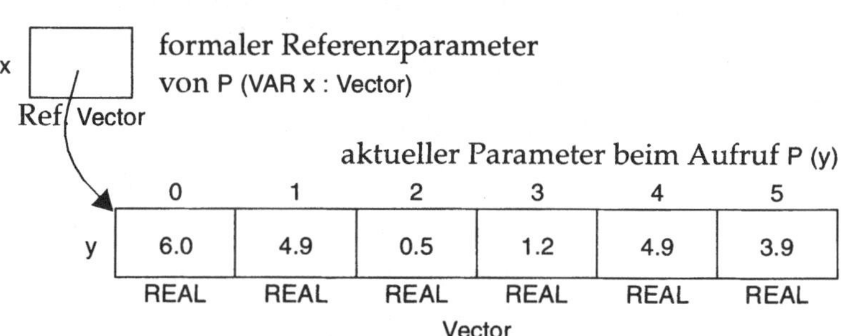

Implementation

Bild 7.16 veranschaulicht diesen Sachverhalt. Konkret implementiert sind Bezüge durch Adressen. Die Speicherzelle eines formalen Referenzparameters enthält die Adresse des aktuellen Parameters.

Wert- oder Referenzübergabe?

Bei strukturierten Typen als Eingabeparameter gibt es zwei Möglichkeiten. Referenzübergabe ist zu bevorzugen, da sie das Kopieren des aktuellen Parameters spart und somit effizienter ist. (Der Kopieraufwand ist bei Grundtypen vernachlässigbar, aber nicht bei großen Reihungen oder Verbunden.) Die weniger effiziente Wertübergabe ist trotzdem bei strukturierten Typen erlaubt, weil es manchmal nötig ist, von einem Eingabeparameter eine Kopie zu erstellen; in solchen Fällen ist Wertübergabe bequemer als explizites Kopieren. Ein Unterschied zwischen den beiden Eingabearten ist, dass ein formaler Wertparameter Ziel von Zuweisungen und aktueller (Ein- und) Ausgabeparameter sein kann, ein IN-Referenzparameter nicht.

7.4.3   Entwurf

Nach diesen Vorbereitungen entwerfen wir die verbesserte Dialogbox zum Kaffeeautomaten.

7.4.3.1   Wächter

Der Programmierer vereinbart zu jedem Kommando eine Prozedur, die **Wächter** (*guard*) heißt und dazu dient, den Zustand des
Kommandoknopfs zwischen klickbar und nicht klickbar umzu-
schalten. Aufgerufen wird der Wächter vom BlackBox-Gerüst
immer dann, wenn der Kommandoknopf einen Zustandswech-
sel brauchen könnte. Ein Wächter hat die Signatur

☞

```
PROCEDURE SomeCommandGuard* (VAR par : Dialog.Par);
```

Der Name SomeCommandGuard ist frei wählbar, setzt sich aber
gemäß unserer Programmierkonvention aus dem Namen des zu
bewachenden Kommandos und Guard zusammen. Der Wächter
muss exportiert sein, damit BlackBox ihn aufrufen kann.

Der Parameter Dialog.Par ist ein vom Modul Dialog exportierter
Verbundtyp, der als Typ des Ein-/Ausgabeparameters par
erscheint. Von seinen Feldern interessiert hier nur der boolesche
Schalter disabled, den der Wächter einstellen muss. Es bedeutet

    par.disabled   der Kommandoknopf ist nicht klickbar
    ~par.disabled   der Kommandoknopf ist klickbar

Wann soll ein Kommandoknopf klickbar sein? Wenn die Vorbedingung für die entsprechende Aktion des Funktionsmoduls
I1Kaffeeautomat erfüllt ist! Bei den bisherigen Lösungen haben wir
diese Vorbedingung zerlegt, um differenzierte Meldungen an
den Benutzer auszugeben. Jetzt entfallen die Meldungen und
wir können die Vorbedingung wieder zusammensetzen. Allerdings brauchen wir sie negiert, da der Schalter disabled, nicht ena-
bled heißt. Die für die bewachte Variante des Kommandomoduls,
I1Kaffeeautomat_DBbewacht, zu programmierenden Wächter folgen
also dem (ausnahmsweise deutsche Namen verwendenden)
Schema

Muster für einen
Wächter

```
PROCEDURE Kommando_bewachen* (VAR par : Dialog.Par);
BEGIN
    par.disabled := ~(Vorbedingung zu I1Kaffeeautomat.Kommando);
END Kommando_bewachen;
```

Die Vorbedingungen haben wir bereits beim Spezifizieren durch
Vertrag formuliert, wir können sie z.B. aus den Programmen 2.5
S. 31, 2.8 S. 35 und 6.2 S. 124 ablesen.

7.4.3.2   Kommandos

Durch das Einführen der Wächter vereinfachen sich die Algorithmen der Kommandos: Die Auswahlanweisungen in Programm 7.4 zum Prüfen von Bedingungen entfallen mit allen

Zweigen bis auf den letzten, ebenso die „Fehlermeldungen".
Der Rest folgt dem Schema

Muster für ein
Kommando

```
PROCEDURE Kommando*;
BEGIN
    rufe entsprechende Aktion von I1Kaffeeautomat auf
    zeige Meldung an
    Zustand_übertragen
END Kommando;
```

Robustheit

Das Kommandomodul ist allerdings nur noch im Zusammenwirken mit einer entsprechenden Dialogbox robust. Über die
Kommandoknöpfe der Dialogbox werden die Kommandos nur
gerufen, wenn die Schaltflächen aktiv sind. Die Kommandos
bleiben aber direkt aufrufbar, unabhängig von der Dialogbox
und dem Zustand ihrer Kommandoknöpfe. Für Aufrufe an der
Dialogbox vorbei sind die Kommandos nicht mehr robust.

7.4.4 Implementation

Setzen wir den Entwurf direkt in die Implementation um:

Programm 7.5
Kommandomodul für
bewachte Dialogbox
zu Kaffeeautomat

```
MODULE I1Kaffeeautomat_DBbewacht;

    IMPORT
        Dialog,
        Strings,
        KA := I1Kaffeeautomat;

    VAR
        Anzeige* :
            RECORD
                außer_Betrieb-                 : BOOLEAN;
                Betrag*,
                eingenommener_Betrag-,
                Preis*,
                gesammelter_Betrag-            : INTEGER;
                Meldung-                       : ARRAY 60 OF CHAR;
            END;

    PROCEDURE Zustand_übertragen;
    BEGIN
        Anzeige.außer_Betrieb              := KA.außer_Betrieb;
        Anzeige.eingenommener_Betrag       := KA.eingenommener_Betrag;
        Anzeige.Preis                      := KA.Preis;
        Anzeige.gesammelter_Betrag         := KA.gesammelter_Betrag;
        Dialog.Update (Anzeige);
    END Zustand_übertragen;
```

(* Wächter und Kommandos *)

```
PROCEDURE initialisieren_bewachen* (VAR par : Dialog.Par);
BEGIN
    par.disabled := Anzeige.Preis <= 0;
END initialisieren_bewachen;

PROCEDURE initialisieren*;
BEGIN
    KA.initialisieren (Anzeige.Preis);
    Anzeige.Meldung := "Neuer Preis akzeptiert.";
    Zustand_übertragen;
END initialisieren;

PROCEDURE Geld_einnehmen_bewachen* (VAR par : Dialog.Par);
BEGIN
    par.disabled := KA.außer_Betrieb OR (Anzeige.Betrag <= 0);
END Geld_einnehmen_bewachen;

PROCEDURE Geld_einnehmen*;
BEGIN
    KA.Geld_einnehmen (Anzeige.Betrag);
    Anzeige.Betrag := 0;
    Anzeige.Meldung := "Betrag akzeptiert.";
    Zustand_übertragen;
END Geld_einnehmen;

PROCEDURE Kaffee_ausgeben_bewachen* (VAR par : Dialog.Par);
BEGIN
    par.disabled :=
        KA.außer_Betrieb OR (KA.eingenommener_Betrag < KA.Preis);
END Kaffee_ausgeben_bewachen;

PROCEDURE Kaffee_ausgeben*;
BEGIN
    KA.Kaffee_ausgeben;
    Anzeige.Meldung := "Hier ist Ihr Kaffee - wohl bekomm's!";
    Zustand_übertragen;
    Dialog.Beep;
END Kaffee_ausgeben;

PROCEDURE Geld_zurückgeben_bewachen* (VAR par : Dialog.Par);
BEGIN
    par.disabled := KA.außer_Betrieb OR (KA.eingenommener_Betrag <= 0);
END Geld_zurückgeben_bewachen;

PROCEDURE Geld_zurückgeben*;
    VAR
        Betrag : ARRAY 20 OF CHAR;
BEGIN
    Strings.IntToString (KA.eingenommener_Betrag, Betrag);
    KA.Geld_zurückgeben;
    Anzeige.Meldung := "Hier erhalten Sie " + Betrag + " Zenti-Euro zurück.";
    Zustand_übertragen;
END Geld_zurückgeben;
```

```
BEGIN
    Zustand_übertragen;
END I1Kaffeeautomat_DBbewacht.
```

7.4.5 **Dialogbox**

Die Kommandoknöpfe in der Dialogbox sind an die Wächter zu
binden. Dazu öffnet man die Dialogbox im Layoutmodus und
benutzt den Inspekteur (siehe viertes Feld in Bild 7.12).

Bild 7.17
Bewachte Dialogbox

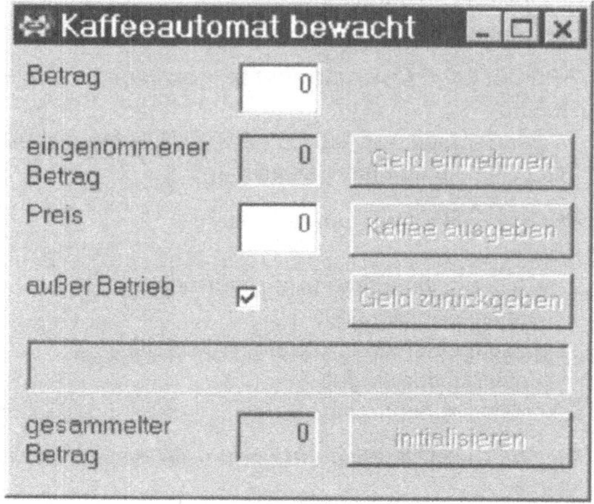

Dialogbox benutzen

Die gerade geöffnete Dialogbox Bild 7.17 zeigt durch die ausge-
blendeten Beschriftungen der Kommandoknöpfe an, dass keiner
klickbar ist. Der Kaffeeautomat ist noch außer Betrieb, muss also
erst initialisiert werden. Der Kommandoknopf initialisieren ist aber
nicht klickbar, weil im Preisfeld 0 steht. Tragen wir einen positiven Preis ein, so wird initialisieren klickbar. Entsprechend wird Kaffee ausgeben erst klickbar, wenn ein ausreichender Betrag eingegeben wurde.

Bild 7.18 stellt die Beziehungen zwischen Kommandoknopf,
Kommando, Wächter, Aktion und Bedingungen dar.

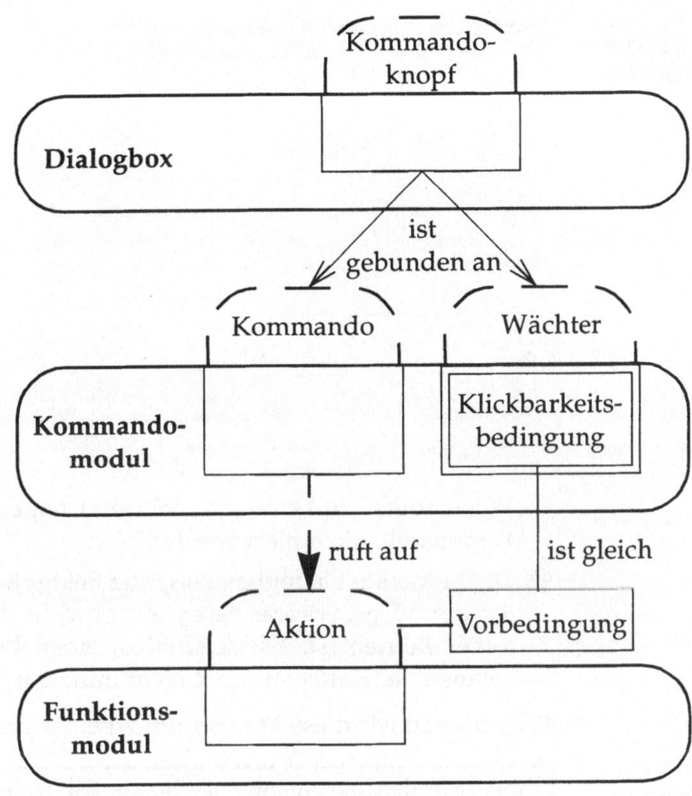

Fazit

Das Kommandomodul Programm 7.5 und die Dialogbox Bild 7.17 erfüllen die zusätzliche Anforderung von S. 174. Programm 7.5 ist trotz der doppelten Anzahl exportierter Prozeduren kürzer als Programm 7.4 (und Programm 7.3). Die Implementationen der Algorithmen brauchen nur Zuweisungen und Prozeduraufrufe, keine strukturierten Anweisungen.

☺

Das Programmieren von Kommandomodulen mit Wächtern ist also einfacher als ohne Wächter. Offenbar ist es vorteilhaft, mit einem Komponentengerüst zu arbeiten: Das Gerüst erledigt Teilaufgaben, um die sich der Programmierer sonst selbst kümmern muss.

7.5   Kaffeeautomat mit meldender Dialogbox

Die bewachte Dialogbox lässt den Benutzer jederzeit auch negative Zahlen in die Felder Betrag und Preis eintragen:

Bild 7.19
Bewachte Dialogbox
- Schwachstellen

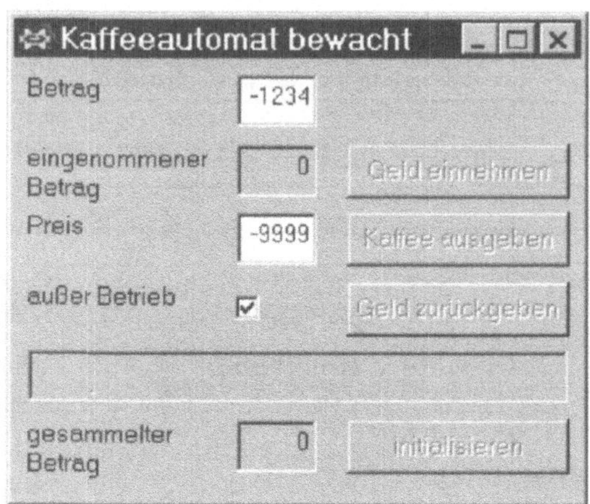

☹ Wozu sollte die Dialogbox Werte anzeigen, die von keinem Kommando akzeptiert werden?

☹ Die bewachte Dialogbox zeigt die Felder Betrag, eingenommener Betrag und gesammelter Betrag an, obwohl der Kaffeeautomat außer Betrieb ist. Es ist sinnlos, einen Betrag einzugeben, solange der Kaffeeautomat nicht initialisiert ist.

Formulieren wir diese Mängel um zu einer positiven Leitlinie:

Leitlinie 7.5
Benutzbarkeit

> Eine gute Benutzungsoberfläche lässt den Benutzer stets alles Sinnvolle tun und visualisiert durch Ausblenden, was gerade sinnlos ist.

7.5.1

Wächter für Felder

Den zweiten Mangel beheben wir schnell, indem wir den Feldern Betrag, eingenommener Betrag und gesammelter Betrag und ihren Beschriftungen einen gemeinsamen Wächter zuordnen, so wie wir im vorigem Abschnitt jedem Kommando einen Wächter zugeordnet haben:

Programm 7.6
Wächter für
Betragsfelder

```
PROCEDURE Anzeige_bewachen* (VAR par : Dialog.Par);
BEGIN
    par.disabled := KA.außer_Betrieb;
END Anzeige_bewachen;
```

Diese Prozedur ist in das Programm 7.5 aufzunehmen. Die genannten Elemente der Dialogbox sind an diesen Wächter zu binden; die Dialogbox sieht dann aus wie in Bild 7.20.

Zustand eines
Steuerelements

Allgemein gilt: Nicht nur Kommandoknöpfen, sondern beliebigen Dialogelementen können Wächter zugeordnet sein. Der

Zustand eines Kommandoknopfs wechselt zwischen nicht klickbar und klickbar, der eines beliebigen Steuerelements zwischen passiv und aktiv.

7.5.2   Melder

Den ersten Mangel beheben wir mit einem weiteren Mechanismus von BlackBox, einem **Melder** (*notifier*). Während ein Wächter nur den *Zustand* von Steuerelementen beeinflusst, kann ein Melder auch *Werte* von Dialogfeldern ändern. Genau diese Fähigkeit brauchen wir: Sobald ein Benutzer in eines der Dialogfelder Betrag oder Preis einen negativen Wert schreibt, setzt ein Melder den Wert auf 0 zurück.

Ein Melder wird vom Programmierer vereinbart. Aufgerufen wird er von BlackBox nach jeder Interaktion mit einem Dialogfeld, das an den Melder gebunden ist, aber bevor BlackBox die Wächter aufruft.

Ein Melder hat die Signatur

```
PROCEDURE NameNotify* (op, from, to : INTEGER);
```

Der Name NameNotify ist frei wählbar, endet aber gemäß unserer Programmierkonvention mit Notify. Der Melder muss exportiert sein, damit BlackBox ihn aufrufen kann.

In unserem Beispiel sind die Parameter irrelevant. Bequemerweise schreiben wir nur einen Melder für beide Felder (statt je einen). Der Melder prüft die Felder auf verwendbare Werte. Hat wenigstens ein Feld einen nicht verwendbaren Wert, so setzt er das Feld Betrag auf 0 und aktualisiert den Zustand der anderen Felder (dabei erhält das Feld Preis seinen Wert von l1Kaffeeautomat.Preis).

Programm 7.7
Melder für Betrag und Preis

```
PROCEDURE melden* (op, from, to : INTEGER);
BEGIN
    IF (Anzeige.Preis <= 0) OR (Anzeige.Betrag < 0) THEN
        Anzeige.Betrag := 0;
        Zustand_übertragen;
    END;
END melden;
```

Diese Prozedur ist in das Programm 7.5 aufzunehmen. Die Felder Betrag und Preis der Dialogbox sind mittels Inspekteur an diesen Melder zu binden (siehe fünftes Feld in Bild 7.12).

Bild 7.20
Meldende Dialogbox

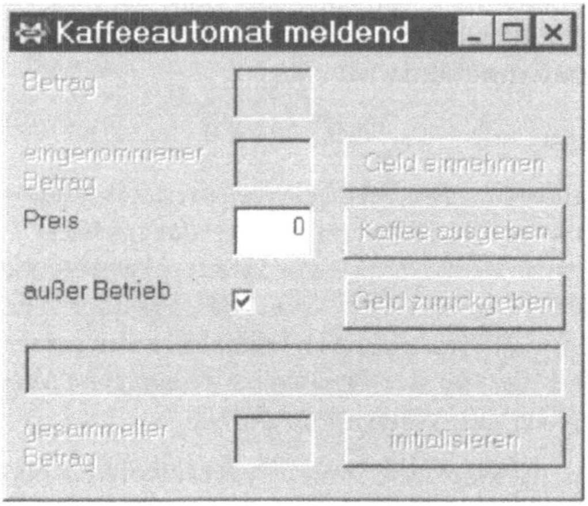

Dialogbox benutzen

In der gerade geöffneten Dialogbox Bild 7.20 sind neben den Kommandoknöpfen auch die Betragfelder passiv. Interaktion ist in diesem Zustand nur mit dem Feld Preis möglich, und dort lässt sich nur eine positive Zahl eingeben. Erst danach wird initialisieren klickbar. Nachdem initialisieren geklickt ist, sind die Betragfelder aktiv.

Fazit

Die zusätzlichen Prozeduren (Programme 7.6 und 7.7) und die Dialogbox Bild 7.20 beseitigen mit wenig Aufwand die zu Beginn des Abschnitts kritisierten Mängel von Programm 7.5. Das Beispiel hat uns einen Eindruck davon vermittelt, wie man grafische Benutzungsoberflächen gestalten kann.

Die gezeigte Vorgehensweise

(1) Funktionsmodul entwickeln,

(2) Kommandomodul entwickeln,

(3) Defaultdialogbox erzeugen,

(4) Dialogbox editieren

ist nicht zwingend; der umgekehrte Weg ist auch denkbar. Mit dem Menübefehl Controls→New Form... kann man eine leere Dialogbox erzeugen, in die man mit dem Dialogboxeditor die gewünschten Steuerelemente platziert. Dieses Vorgehen ist angebracht, wenn man einem Benutzer schnell einen Prototyp einer Benutzungsoberfläche zeigen will, ohne eine Funktion zu realisieren.

7.6   Zusammenfassung

Wir haben verschiedene Konzepte der Ein-/Ausgabe kennengelernt:

- Mit Aufrufsymbolen kann man schnell textuelle Menüs zusammenstellen.
- Zum Testen eines Funktionsmoduls ist schnell ein nicht robustes Aufrufmenü erstellt.
- Eine Benutzungsoberfläche für Anwender muss robust sein.
- Um die Aspekte Funktion und Ein-/Ausgabe voneinander zu trennen, verteilt man Aufgaben zwischen Kommando- und Funktionsmodulen.
- Die Standardmodule In und Out ermöglichen sequenzielle Ein-/Ausgabe von formatiertem Text.
- Dialogboxen kann man aus Kommandomodulen erzeugen und mit dem Dialogboxeditor gestalten.
- Wächter und Melder dienen dazu, Dialogboxen benutzerfreundlich zu gestalten.
- Spezifikation durch Vertrag hilft dabei, Bedingungen für Wächter festzulegen.

7.7   Literaturhinweise

Mehr über die Möglichkeiten von BlackBox zum Gestalten von Benutzungsoberflächen erfährt man aus der umfangreichen Online-Dokumentation.

7.8   Übungen

Mit diesen Aufgaben üben Sie das Gestalten von Benutzungsoberflächen.

Aufgabe 7.1
Angepasste
Oberfläche

Ändern Sie das Kommandomodul und die Dialogbox des Kaffeeautomaten so, dass die Dialogbox ein Prüfkästchen betriebsbereit statt außer Betrieb hat und alle Beträge in DM statt Euro anzeigt! Das Funktionsmodul I1Kaffeeautomat bleibt, wie es ist.

Aufgabe 7.2
Benutzbarkeit

Machen Sie die Benutzungsoberfläche des Kaffeeautomaten besser verständlich, indem Sie die Ausgabe weiterer Meldungen einbauen, die den Benutzer über seine Eingabemöglichkeiten informieren!

Aufgabe 7.3
Korrekte
Geldeinnahme

Verbessern Sie die Benutzungsoberfläche des Kaffeeautomaten so, dass das Betriebspersonal nicht einen eingenommenen Betrag einkassieren kann (d.h. initialisieren ist durch eingenommener_Betrag = 0 zu bewachen)!

Aufgabe 7.4
Zwei Dialogboxen

Die Kaffeeautomatenmodelle von Bild 1.1 S. 1 und Programm 2.4 S. 26 haben zwei Schnittstellen - je eine für Benutzer und das Betriebspersonal. Bilden Sie dieses Modell nach, indem Sie zu einem Kommandomodul zwei entsprechende Dialogboxen gestalten!

Aufgabe 7.5
Kaffeesorte und
Zutaten

Entwickeln Sie ein Kommandomodul und eine Dialogbox zu einem Kaffeeautomaten, bei dem man Sorte und Zutaten wählen kann: koffeinfrei/koffeinhaltig, ohne/mit Milch, ohne/mit Zucker. Verwenden Sie als Funktionsmodul Ihre Lösung von Aufgabe 6.2!

Strukturiertes und modulares Programmieren

Hier lösen wir zwei Aufgaben, wobei wir Teilaufgaben Modulen zuordnen und Prozeduren implementieren. Dabei lernen wir weitere algorithmische Strukturen und zugehörige Sprachelemente von Component Pascal kennen.

Voraussetzung

Gelegentlich spezifizieren wir Dienste vertraglich mit prädikatenlogischen Aussagen. Es ist nicht notwendig, aber hilfreich, wenn der Leser Grundbegriffe der Prädikatenlogik erster Stufe kennt, insbesondere die Quantoren „für alle" und „es gibt ein" und die zugehörigen Rechenregeln.

8.1 Zeichen sammeln

Ein Programm soll die Zeichen eines Eingabetextes einlesen und als geordnete Folge ausgeben, wobei jedes gelesene Zeichen nur einmal in der Ausgabefolge vorkommt.

8.1.1 Entwurf

Die Aufgabe ist klein genug für ein einzelnes Kommando. Wir ordnen das Kommando dem Modul l1CharCollector zu und nennen es Do. Die Benutzungsoberfläche ist der Kommandoaufruf

> ❗ l1CharCollector.Do

Auf sich selbst angewandt liefert er die Ausgabe

> .1CDlacehlort

Ein-/Ausgabe

Die in Leitlinie 7.4 S. 153 empfohlene Trennung von Funktion und Ein-/Ausgabe greift hier nicht, weil der funktionale Teil zu gering ist. Für die Ein-/Ausgabe verwenden wir die Standardmodule In und Out.

Behälter

Von einem Zeichen ist nur gefragt, ob es im Eingabetext vorkommt oder nicht, d.h. gesucht ist die Menge der gelesenen Zeichen. Als Zeichenmenge können wir das Behältermodul ContainersSetOfChar benutzen (siehe Programm 6.6 S. 138).

Ein grober Entwurf eines Algorithmus für Do ist

Grobentwurf des
Algorithmus

1. bereite Anfangszustand für benutzte Dienste vor
2. lies Zeichen vom Eingabestrom und füge sie zur Menge hinzu
3. gib jedes in der Menge enthaltene Zeichen aus

Jeder Schritt ist zu verfeinern, zu formalisieren und zu konkretisieren. Wir konzentrieren uns zunächst auf den Kern der Aufgabe, den zweiten und dritten Schritt. Aus der Lösung folgt dann, was im ersten Schritt zu tun ist.

8.1.1.1   Eingabe

Nach jeder Leseoperation ist zu prüfen, ob ein Zeichen gelesen wurde; falls ja, wird das gelesene Zeichen zur Menge hinzugefügt und das nächste gelesen. Am Ende des Eingabestroms ist kein Zeichen mehr zu lesen. Mit der Kenntnis von Programm 7.3 S. 160 könnte der Algorithmus so aussehen:

Entwurf 1 des
Eingabeschritts

```
In.Char (c1);
IF In.Done THEN
    ContainersSetOfChar.Put (c1);
    In.Char (c2);
    IF In.Done THEN
        ContainersSetOfChar.Put (c2);
        In.Char (c3);
        IF In.Done THEN
            ContainersSetOfChar.Put (c3);
            In.Char (c4);
            ...
        END;
    END;
END;
```

Die Namen c1, c2,... bezeichnen nacheinander gelesene Zeichen - es können beliebig viele sein. Brauchen wir für jedes Zeichen eine Variable? Nein, eine Variable genügt:

```
VAR c : CHAR;
```

Nach dem Aufruf

```
ContainersSetOfChar.Put (c);
```

ist der Wert der Variable c in der Menge enthalten; c ist frei, das nächste Zeichen des Eingabestroms aufzunehmen:

```
In.Char (c);
```

Problematisch am Entwurf 1 ist, dass wir nicht wissen, nach wievielen Zeichen der Eingabestrom endet. Theoretisch wären beliebig viele IF-Anweisungen ineinander zu schachteln, doch das ist schreibtechnisch nicht machbar. Tatsächlich liegt hier keine Fallunterscheidung vor, sondern eine Wiederholung immer gleicher Schritte, solange eine bestimmte Bedingung erfüllt ist. Die Bedingung ist hier

```
In.Done
```

d.h. das Lesen war erfolgreich, das Ende des Eingabestroms ist noch nicht erreicht und das gelesene Zeichen ist verarbeitbar.

Anstatt die Wiederholung mit „..." anzudeuten, ist es prägnanter, die wiederholt zu prüfende Bedingung und die zu wiederholenden Anweisungen nur einmal hinzuschreiben und das Wiederholen dem Ablauf des Algorithmus aufzutragen. Diesem Zweck dienen **Wiederholungsanweisungen**. Mit der in 4.7.3 S. 76 vorgestellten WHILE-Anweisung lautet der Algorithmus

<table>
<tr><td>Entwurf 2 des
Eingabeschritts</td><td>

```
In.Char (c);
WHILE In.Done DO
    ContainersSetOfChar.Put (c);
    In.Char (c);
END;
```

</td></tr>
</table>

Wiederholung

Ist die zwischen WHILE und DO stehende Bedingung erfüllt, so wird die durch DO und END geklammerte Anweisungsfolge ausgeführt, danach kehrt der Ablauf zum WHILE zurück, d.h. die Bedingung wird erneut ausgewertet.

Bedingungsschleife

Wiederholungsanweisungen heißen kurz **Schleifen**. Den **Schleifenrumpf** bildet die zu wiederholende Anweisungsfolge. Die WHILE-Schleife ist eine **Bedingungsschleife**, weil die Wiederholung von einer Bedingung gesteuert wird. Sie ist eine **kopfgesteuerte Schleife**, weil die **Schleifenbedingung** *vor* dem Rumpf steht und *vor* diesem ausgeführt wird. Die Bedingung bedeutet bei der WHILE-Schleife eine **Fortsetzungsbedingung**, weil der Rumpf wiederholt wird, solange die Bedingung *erfüllt* ist. Das allgemeine Muster der WHILE-Schleife lautet

```
initialisierende Anweisungen;
WHILE Fortsetzungsbedingung DO
    zu wiederholende Anweisungen;
END;
```

Initialisierung

Wozu dient die Anweisungsfolge vor der Schleife? Die Bedingung ist ein boolescher Ausdruck, in dem mindestens eine Variable vorkommt, deren Wert im Schleifenrumpf verändert wird. Diese Variable muss schon beim ersten Auswerten der Bedingung einen gültigen Wert besitzen; diesen Wert erhält die Variable durch eine initialisierende Anweisung vor der Schleife.

Im Entwurf 2 muss die Anweisung In.Char (c), die ein Zeichen liest, einmal vor der Schleife ausgeführt werden, damit das Prüfen von In.Done sinnvoll ist und (falls In.Done erfüllt ist) die Anweisung ContainersSetOfChar.Put (c) ein tatsächlich gelesenes Zeichen zur Menge hinzufügt.

Semantik

Die Semantik der WHILE-Anweisung lässt sich gut mit Zusicherungen spezifizieren:

```
WHILE a DO
    ASSERT (a);
    b;
END;
ASSERT (~a);
```

Hier stehen a für eine (seiteneffektfreie) Fortsetzungsbedingung und b für Anweisungen. Nach der Schleife ist also die **Abbruchbedingung** ~a erfüllt, die negierte Fortsetzungsbedingung.

Im Entwurf 2 ist nach der WHILE-Schleife das Ende des Eingabestroms erreicht und alle gelesenen Zeichen sind in der Zeichenmenge enthalten.

8.1.1.2   Ausgabe

Untersuchen wir den dritten Schritt des Grobentwurfs des Algorithmus von S. 187: Die Formulierung „jedes Zeichen" verlangt auch hier eine Schleife. Alle Zeichen sind der Reihe nach zu betrachten, für jedes Zeichen sind die gleichen Anweisungen auszuführen. Mit der Vereinbarung

```
VAR c : CHAR;
```

verfeinern wir den Schritt mit einer WHILE-Schleife:

Entwurf 1 des
Ausgabeschritts

```
c := kleinstes Zeichen
WHILE c ist ein gültiges Zeichen DO
    falls c in der Zeichenmenge enthalten ist, gib c aus
    c := nächstes Zeichen
END
```

Um diesen Pseudocode so zu formalisieren, dass der Übersetzer ihn akzeptiert, benutzen wir die Standardfunktionen MIN, MAX, ORD und CHR (siehe 6.3.5.1 S. 134 und Anhang A 10.3, S. 402):

Entwurf 2 des
Ausgabeschritts

```
c := MIN (CHAR);
WHILE c <= MAX (CHAR) DO
    IF ContainersSetOfChar.Has (c) THEN
        Out.Char (c);
    END;
    c := CHR (ORD (c) + 1);
END;
```

Wie ergibt sich aus einem Zeichen das nächste?

(1) Das Zeichen c als Zahl interpretieren: ORD (c),

(2) diese Zahl um 1 erhöhen: ORD (c) + 1,

(3) die neue Zahl als Zeichen interpretieren: CHR (ORD (c) + 1).

Die Ausführung der Schleife beginnt mit dem kleinsten Zeichen c = MIN (CHAR). Der Schleifenrumpf wird wiederholt, solange c <= MAX (CHAR). Bei jedem Schleifendurchlauf erhält c den Wert des nächstgrößeren Zeichens. Die Abbruchbedingung ist c > MAX (CHAR), d.h. der Wert von c ist größer als das größte Zeichen.

Klingt überzeugend, hat aber einen Haken: Der Wert von c kann gar nicht größer als MAX (CHAR) werden! Hat c vor der Stelle ☀ den größten Wert, c = MAX (CHAR) = 0FFFFX, so ist das nächste Zeichen CHR (ORD (c) + 1) = CHR (ORD (0FFFFX) + 1) = CHR (0FFFFH + 1) = CHR (10000H) = 0X = MIN (CHAR) <= MAX (CHAR). Die Abbruchbedingung ist also nicht erfüllt, die Fortsetzungsbedingung gilt weiter, weil mit dieser Arithmetik der Nachfolger des größten Zeichens das kleinste Zeichen ist. Der Überlauf führt dazu, dass die Schleife nie abbricht.

Eine Schleife **terminiert**, wenn für jede Ausführung gilt: Nach endlich vielen Auswertungen ist die Fortsetzungsbedingung nicht (mehr) erfüllt, die Abbruchbedingung ist erfüllt. Eine nicht terminierende Schleife heißt **Endlosschleife**. Notwendig, nicht hinreichend für das Terminieren einer Schleife ist, dass in der Schleifenbedingung mindestens eine Variable vorkommt, deren Wert im Schleifenrumpf verändert wird. (Abgesehen von konstanten Bedingungen: WHILE FALSE DO END terminiert, obwohl die Bedingung gar keine Variable enthält.)

Korrektheit

Endlosschleifen verursachen Softwarefehler mit dem Symptom „System reagiert nicht mehr". Programmierer müssen darauf achten, terminierende Schleifen zu konstruieren, weil es keinen automatischen Nachweis der Terminierung beliebiger Schleifen geben kann. Besondere Aufmerksamkeit verdienen der erste und der letzte Durchlauf einer Schleife, um Fehler der Art „um eins daneben" zu vermeiden.

Leitlinie 8.1
Terminierung von
Schleifen

> Schleifen sollen terminieren, Programmierer sollen das Terminieren von Schleifen logisch argumentierend nachweisen. Wähle eine Schleifenfortsetzungsbedingung möglichst *stark*, eine -abbruchbedingung möglichst *schwach*, damit die Schleife leichter terminiert.

Beim Entwurf 2 der Eingabeschleife auf S. 189 ist die geprüfte Variable In.Done. Sie wird im Schleifenrumpf nicht direkt verändert, aber indirekt durch den Prozeduraufruf In.Char (c). Da kein Eingabetext unendlich lang sein kann (er steht in einem Dokument, das in einem Speicher endlicher Kapazität liegt), und bei jedem Lesen die Leseposition im Eingabetext um ein Zeichen näher ans Ende gerückt wird, terminiert die Eingabeschleife.

Schleifenvariante

Der Abstand der Leseposition vom Textende ist eine **Schleifenvariante**, das ist eine natürliche Zahl, die bei jedem Schleifendurchlauf kleiner wird. Die Angabe einer Variante zu einer Schleife weist deren Terminierung nach, da die Variante nicht kleiner als 0 werden kann.

Beim Entwurf 2 der Ausgabeschleife auf S. 190 ist die geprüfte Variable c. Sie wird im Schleifenrumpf direkt verändert, aber die Abbruchbedingung c > MAX (CHAR) ist zu stark, sie ist immer FALSE. Wir können die Schleife zum Terminieren bringen, indem wir die Abbruchbedingung abschwächen bzw. die Fortsetzungsbedingung verstärken. Aus c < MAX (CHAR) folgt c <= MAX (CHAR), daher ist c < MAX (CHAR) eine stärkere Fortsetzungsbedingung als c <= MAX (CHAR). Damit erhalten wir eine verbesserte, terminierende Version:

Entwurf 3 des
Ausgabeschritts

```
c := MIN (CHAR);
WHILE c < MAX (CHAR) DO
    IF ContainersSetOfChar.Has (c) THEN
        Out.Char (c);
    END;
    c := CHR (ORD (c) + 1);
END;
ASSERT (c >= MAX (CHAR));
ASSERT (c = MAX (CHAR));
IF ContainersSetOfChar.Has (c) THEN
    Out.Char (c);
END;
```

Die Abbruchbedingung ist c >= MAX (CHAR), nach der Schleife gilt sogar c = MAX (CHAR). Für c = MAX (CHAR) ist die IF-Anweisung aus dem Schleifenrumpf noch einmal hinzuschreiben.

Suchen wir eine elegantere Lösung: Anstatt ein Zeichen als Zahl zu interpretieren, um den Nachfolger zu erhalten, nehmen wir eine Zahl und interpretieren sie bei Bedarf als Zeichen:

```
VAR i : INTEGER;
```

Der Entwurf 4 orientiert sich am Entwurf 2:

Entwurf 4 des
Ausgabeschritts

```
i := ORD (MIN (CHAR));
WHILE i <= ORD (MAX (CHAR)) DO
    IF ContainersSetOfChar.Has (CHR (i)) THEN
        Out.Char (CHR (i));
    END;
    INC (i);
END;
```

Hat die Schleifenvariable i vor der Stelle ☞den letzten Wert, i = ORD (MAX (CHAR)) = ORD (0FFFFX) = 0FFFFH, so ist ihr nächster Wert 0FFFFH + 1 = 10000H > 0FFFFH = ORD (MAX (CHAR)). Damit ist die Abbruchbedingung erfüllt und die Schleife terminiert.

Bei dieser Schleife ist die Anzahl der Durchläufe bei jeder Ausführung gleich, nämlich ORD (MAX (CHAR)) - ORD (MIN (CHAR)) + 1. Darin unterscheidet sie sich von der Eingabeschleife, bei der die Anzahl der Durchläufe von der Länge des Eingabetextes abhängt. Im Entwurf 4 wird i dreimal im Schleifenrumpf benutzt, aber nur einmal verändert: Die letzte Anweisung, das INC (i), zählt i (ausgehend von einer Untergrenze) hoch, bis es eine feste Obergrenze überschreitet.

Zählschleife

Diese Situation ist typisch für eine spezielle Art von Schleifen, die **Zählschleifen**. Da sie oft vorkommen, bietet Component Pascal dafür als eigenes Konstrukt die FOR-Anweisung. Damit formuliert sich die Ausgabeschleife so:

Entwurf 5 des Ausgabeschritts

```
FOR i := ORD (MIN (CHAR)) TO ORD (MAX (CHAR)) DO
    IF ContainersSetOfChar.Has (CHR (i)) THEN
        Out.Char (CHR (i));
    END;
END;
```

i nimmt nacheinander alle Werte des Intervalls von ORD (MIN (CHAR)) bis ORD (MAX (CHAR)) an, für jeden Schleifendurchlauf einen; i wird *implizit* am Ende des Schleifenrumpfs um 1 erhöht.

Das allgemeine Muster der FOR-Schleife lautet

☞

```
FOR i := Initialausdruck TO Terminalausdruck BY Schrittweite DO
    zu wiederholende Anweisungen;
END;
```

Der frei wählbare Name i bezeichnet eine ganzzahlige Variable, die **Zähl-** oder **Laufvariable** (*control variable*). Die Ausdrücke Initialausdruck, Terminalausdruck, Schrittweite sind ganzzahlig und mit dem Typ der Zählvariable verträglich, sie heißen **Zählbereichsgrenzen** und **Schrittweite**. Schrittweite ist ein konstanter Ausdruck ungleich 0. Ohne das BY-Konstrukt gilt Schrittweite = 1.

Semantik

Das folgende Codestück spezifiziert die dynamische Semantik der FOR-Schleife mittels IF- und WHILE-Anweisungen. Man beachte, dass Terminalausdruck nur einmal am Anfang ausgewertet wird! end ist eine implizite Variable, ihr Typ ist mit Terminalausdruck verträglich (siehe ☞. Das Zählbereichsende kann also nicht im Schleifenrumpf verändert werden, dies würde dem Zweck der Zählschleife widersprechen.

☞
```
end   := Terminalausdruck;
i     := Initialausdruck;
IF Schrittweite > 0 THEN
    WHILE i <= end DO
        zu wiederholende Anweisungen;
        INC (i, Schrittweite);
    END;
ELSE
    WHILE i >= end DO
        zu wiederholende Anweisungen;
        INC (i, Schrittweite);
    END;
END;
```

Die Entwürfe 3, 4 und 5 sind **äquivalent**, sie haben denselben Effekt. Wir entscheiden uns leicht für die prägnanteste Formulierung des Entwurfs 5. Während man bei der WHILE-Schleife des Entwurfs 4 das INC (i) am Ende des Schleifenrumpfs vergessen und so eine Endlosschleife erhalten kann, eliminiert die FOR-Schleife diese Fehlerquelle.

Die WHILE-Schleife ist **mächtiger** als die FOR-Schleife, denn jede FOR-Schleife lässt sich in eine äquivalente WHILE-Schleife transformieren. Trotzdem ist die FOR-Schleife nicht überflüssig, denn sie erlaubt in speziellen Situationen elegantere, sicherere Programmierung und effizientere Codeerzeugung.

Leitlinie 8.2
Zählschleifen

> Verwende eine Zählschleife, wenn die Anzahl der Wiederholungen *vor* Schleifenbeginn bekannt ist, denn die Zählschleife stellt den Zählbereich deutlich dar und du musst dich nicht um das In-/Dekrementieren der Zählvariable kümmern.

Richtig eingesetzte Zählschleifen terminieren. Doch leider verhindern auch FOR-Schleifen nicht jeden Missbrauch:

Leitlinie 8.3
Zählvariablen

> Die Zählvariable darf im Schleifenrumpf nicht explizit verändert werden, denn das würde die Verständlichkeit der Zählschleife stark herabsetzen und ihrem intendierten Zweck widersprechen. (Deshalb sind in manchen Programmiersprachen Zählvariablen im Schleifenrumpf schreibgeschützt.)

Wir konstruieren Schleifen systematisch, sodass sie terminieren. Trotz aller Achtsamkeit kann es vorkommen, dass wir eine Endlosschleife erhalten. Was tun, wenn ein Programmablauf in eine Endlosschleife gerät? Bei manchen Plattformen kann man Programmabläufe abbrechen, z.B. mit speziellen Tastenkombinationen. Der BlackBox Component Builder läuft z.B. auf Windows

NT/2000 als Task, man kann ihn mit dem Task-Manager beenden. Doch das ist hart, denn eigentlich ist nur ein endlos schleifender Kommandoablauf zu stoppen. BlackBox reagiert manchmal wie gewünscht auf die Tastenkombination Strg-Pause. Hilft das nicht, so fügen wir in den Schleifenrumpf den Kommandoaufruf BasisTestUtilities.StopOnBreak ein, etwa:

<table><tr><td>

Muster für
Schleifenabbruch per
Tastendruck

</td><td>

```
WHILE ... DO
    ...
    BasisTestUtilities.StopOnBreak;
END;
```

</td></tr></table>

Dann beendet ein Tastendruck einen Ablauf, der den Schleifenrumpf wiederholt, mit einem Trap. (Als Abbruchtaste dient die Escape-Taste.) Nachdem die Schleife gut getestet ist, können wir den Aufruf wieder herausnehmen.

8.1.1.3   Initialisierung

Der erste Schritt des Grobentwurfs des Algorithmus von S. 187 bleibt zu verfeinern. Offenbar sind der Ein- und der Ausgabestrom in der richtigen Reihenfolge zu initialisieren (siehe S. 162):

```
In.Open;
Out.Open;
```

Setzen wir die Codestücke des Entwurfs zu einem ausführbaren Modul zusammen und testen dieses mit verschiedenen Eingabetexten, so stellen wir fest, dass die Ausgabe jedesmal gleich bleibt oder länger wird, auch bei kürzeren Texten. Richtig, der Zeichenmenge werden durch

```
ContainersSetOfChar.Put (CHR (i));
```

im Rumpf der Eingabeschleife S. 189 immer nur Zeichen hinzugefügt, keine entfernt. Eine schnelle Abhilfe ist, im Rumpf der Ausgabeschleife S. 193 die Zeichen wieder zu entfernen:

```
IF ContainersSetOfChar.Has (CHR (i)) THEN
    ContainersSetOfChar.Remove (CHR (i));
    Out.Char (CHR (i));
END;
```

<table><tr><td>

Wieder-
verwendbarkeit

</td><td>

Doch das ist plump! Eleganter ist es, die Menge mit einem Mal zu leeren. Welches Modul soll diese Teilaufgabe erledigen? I1CharCollector könnte es tun, aber es ist sinnvoller, wenn ContainersSetOfChar einen Dienst dafür bereitstellt, weil diesen nicht nur I1CharCollector, sondern auch andere Kunden benutzen können. Der Aufruf des Dienstes (es ist ein Kommando) lautet

</td></tr></table>

```
ContainersSetOfChar.WipeOut;
```

Wo soll der Aufruf stehen?

(1) Am Ende von l1CharCollector.Do nach dem Motto: Kunden von ContainersSetOfChar sollen es nach der Benutzung in leerem Zustand zurücklassen.

(2) Am Anfang von l1CharCollector.Do.

Die Alternative (2) ist sicherer, denn man kann nicht erwarten, dass sich alle Kunden von ContainersSetOfChar an kaum prüfbare Spielregeln halten.

8.1.2　Implementation

Nun bleiben die Entwurfselemente zu kombinieren.

Programm 8.1
Zeichensammler als
Modul

```
MODULE l1CharCollector;

  IMPORT
    In,
    Out,
    Set := ContainersSetOfChar;

  PROCEDURE Do*;
    (*!
      Read characters from the input stream until its end is reached.
      Register each character value encountered.
      Write the found character values as an ordered sequence to the log.
    !*)
    VAR
      c  : CHAR;
      i  : INTEGER;
  BEGIN
    (* Initializations: *)
    In.Open;
    Out.Open;
    Set.WipeOut;

    (* Input: *)
    In.Char (c);
    WHILE In.Done DO
      Set.Put (c);
      In.Char (c);
    END;

    (* Output: *)
    FOR i := ORD (MIN (CHAR)) TO ORD (MAX (CHAR)) DO
      IF Set.Has (CHR (i)) THEN
        Out.Char (CHR (i));
      END;
    END;
    Out.Ln;
  END Do;

END l1CharCollector.
```

Zur besseren Lesbarkeit bleibt der Grobentwurf des Algorithmus von S. 187 als Gliederungskommentar erhalten. Bei ☞ergänzen wir ein Out.Ln, damit die nächste Ausgabe in einer neuen Zeile beginnt.

8.1.3 Erweitern des Mengenmoduls

Programm 8.1 benutzt das erweiterte Modul ContainersSetOfChar. Hier implementieren wir die Prozedur WipeOut, die in das Programm 6.6 S. 138 aufzunehmen ist. Die Zeichenmenge ist dort durch eine Reihung set mit dem Elementtyp SET implementiert. Um die Zeichenmenge zu leeren, ist jedes SET-Element der Reihung set zu leeren. Das algorithmische Muster zum Bearbeiten aller Elemente einer Reihung array ist eine FOR-Schleife:

Muster zum
Durchlaufen einer
Reihung

```
FOR i := 0 TO LEN (array) - 1 DO
    bearbeite array [i]
END;
```

Die leere Menge als Wert des SET-Typs ist durch {} dargestellt. Damit erhalten wir die Lösung

Programm 8.2
Leeren einer
Zeichenmenge

```
PROCEDURE WipeOut*;
    VAR
        i : INTEGER;
BEGIN
    FOR i := 0 TO LEN (set) - 1 DO
        set [i] := {};
    END;
END WipeOut;
```

Spezifizieren

Wir haben uns mit einer verbalen Spezifikation von WipeOut begnügt. Wie ist es vertraglich zu spezifizieren? Vorbedingung stellt es keine; die Nachbedingung können wir formulieren und schrittweise formalisieren, wobei die Abfrage Has ins Spiel kommt:

- Die Menge ist leer.

- Kein Zeichen ist in der Menge enthalten.

- Für keinen Wert x : CHAR gilt Has (x).

- Für alle Werte x : CHAR gilt nicht Has (x).

In erweiterter Cleo-Notation lautet die Spezifikation:

```
ACTIONS
    WipeOut
        POST
            FOR_ALL x : CHAR IT_HOLDS NOT Has (x)
```

Prädikatenlogik

Die Nachbedingung lässt sich nicht mit Mitteln der Aussagenlogik als boolescher Ausdruck formulieren, sondern bedarf der

Ausdrucksmittel der Prädikatenlogik erster Stufe. Component Pascal verfügt nicht über diese Ausdrucksmittel. Die Alternative ist, eine weitere Abfrage einzuführen, in Cleo-Notation:

Programm 8.3
Spezifikation von
Diensten der
Zeichenmenge

```
QUERIES
    IsEmpty : BOOLEAN

    Has (IN x : CHAR) : BOOLEAN
        POST
            result IMPLIES NOT IsEmpty

ACTIONS
    WipeOut
        POST
            IsEmpty
```

Damit können wir Has teilweise spezifizieren: result bezeichnet das von Has gelieferte Ergebnis; ist es TRUE, d.h. ist das Element x in der Menge enthalten, so ist die Menge nicht leer. WipeOut ist vollständig mittels IsEmpty spezifiziert. (Dafür ist jetzt IsEmpty nicht formal spezifiziert.)

Implementieren

IsEmpty transformieren wir in eine parameterlose Component-Pascal-Funktion (siehe 6.1.4.3 S. 115):

```
PROCEDURE IsEmpty* () : BOOLEAN;
```

Die Zeichenmenge ist genau dann leer, wenn alle SET-Elemente der implementierenden Reihung set leer sind:

(set [0] = {}) & (set [1] = {}) & ... & (set [LEN (set) - 1] = {})

Das algorithmische Muster von S. 197 führt zur folgenden Implementation. Dabei gilt nach jedem Schleifendurchlauf

result = (set [0] = {}) & (set [1] = {}) & ... & (set [i] = {})

Nach dem letzten Durchlauf mit i = LEN (set) - 1 hat result also den gesuchten Wert.

```
PROCEDURE IsEmpty* () : BOOLEAN;
    VAR
        result : BOOLEAN;
        i      : INTEGER;
BEGIN
    result := TRUE;
    FOR i := 0 TO LEN (set) - 1 DO
        result := result & (set [i] = {});
    END;
    RETURN result;
END IsEmpty;
```

Doch halt! Die Zeichenmenge ist genau dann *nicht* leer, wenn *wenigstens eines* der SET-Elemente der Reihung set *nicht* leer ist. Um dies festzustellen, sind nicht unbedingt alle SET-Elemente zu prüfen. Sobald eine nicht leere Teilmenge gefunden ist, ist die Gesamtmenge nicht leer und kann durch Prüfen weiterer Teilmengen nicht mehr leer werden; die Schleife kann dann beendet werden. Nicht eine Zählschleife, sondern eine Bedingungsschleife ist das passende Konstrukt:

Programm 8.4

Ist die Zeichenmenge leer?

```
PROCEDURE IsEmpty* () : BOOLEAN;
    VAR
        result : BOOLEAN;
        i      : INTEGER;
BEGIN
    result := set [0] = {};
    i       := 1;
    WHILE result & (i < LEN (set)) DO
        result := set [i] = {};
        INC (i);
    END;
    ASSERT (~result OR (i >= LEN (set), BEC.invariant);
    RETURN result;
END IsEmpty;
```

Die Schleifeninitialisierung prüft die erste Teilmenge set [0] und setzt i auf den Index der nächsten Teilmenge. Der Schleifenrumpf prüft die aktuelle Teilmenge set [i] und setzt i auf den Index der nächsten Teilmenge. Die Schleife wird fortgesetzt, wenn die aktuelle Teilmenge leer ist *und* es noch weitere Teilmengen gibt. Die Schleife wird abgebrochen, wenn die aktuelle Teilmenge nicht leer ist *oder* keine Teilmenge mehr zu prüfen ist.

Diese Lösung ist effizienter als der Ansatz mit der FOR-Schleife. Das Beispiel zeigt, dass die Implementation einer Abfrage mehr Überlegung fordern kann als die einer Aktion, die mittels der Abfrage spezifiziert ist. Zum Glück trifft dies nicht immer zu!

Nachdem das Zeichenmengenmodul ContainersSetOfChar erweitert und getestet ist, kopieren wir die neuen Dienste IsEmpty (Programm 8.4) und WipeOut (Programm 8.2) in das Zahlenmengenmodul ContainersSetOfInteger, denn sie hängen nicht vom Elementtyp ab.

8.1.4 Fazit

Wir haben mit dieser Aufgabe die Methode des **schrittweisen Verfeinerns** geübt, die zusammen mit dem strukturierten Programmieren entwickelt wurde. Dabei haben wir nicht nur einen strukturierten Algorithmus entworfen, sondern die Aufgabe auch modular zerlegt: Wir haben überlegt, welche Teilaufgaben bereits vorhandene Module übernehmen können. In der

Absicht, möglichst wiederverwendbare Teillösungen zu schaffen, haben wir existierende Module erweitert.

8.2 Zeichen zählen

Wir erschweren die Aufgabe des vorigen Abschnitts: Zeichen sind nicht nur zu sammeln, sondern es ist zu zählen, wie oft sie vorkommen. Ein Programm soll die Zeichen eines Eingabetextes einlesen und die Häufigkeit jedes Zeichens registrieren und in Tabellen und Diagrammen ausgeben, die nach (a) Zeichen und (b) Häufigkeit geordnet sind.

Um die Aufgabe schnell brauchbar zu lösen, suchen wir wieder schon während des Entwurfs in der Modulbibliothek nach fertigen, nützlichen kleinen Werkzeugen.

8.2.1 Entwurf

Die Aufgabe ist wie die vorige klein genug für ein einzelnes Kommando Do des Moduls I1CharCounter. Der Kommandoaufruf

> I1CharCounter.Do

liefert auf den Component Pascal Language Report (siehe Anhang A) angewandt die Ausgabe

Bild 8.1
Textuelle Ausgabe von I1CharCounter.Do

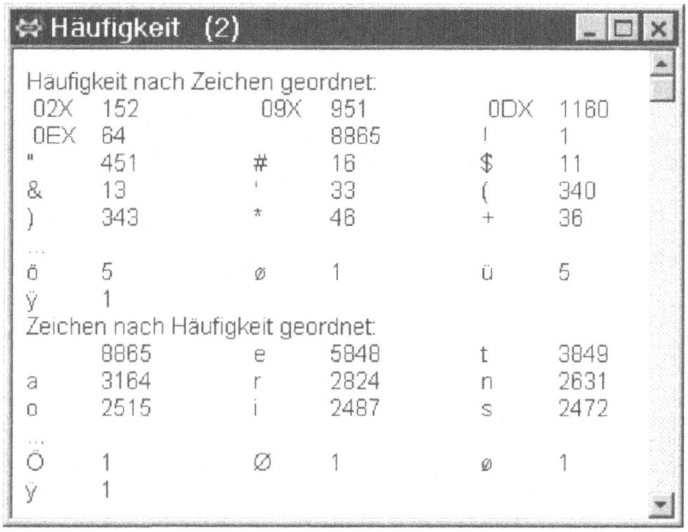

```
Häufigkeit  (2)

Häufigkeit nach Zeichen geordnet:
   02X   152        09X   951        0DX   1160
   0EX   64               8865       !     1
   "     451        #     16         $     11
   &     13         '     33         (     340
   )     343        *     46         +     36
   ...
   ö     5          ø     1          ü     5
   ÿ     1
Zeichen nach Häufigkeit geordnet:
         8865       e     5848       t     3849
   a     3164       r     2824       n     2631
   o     2515       i     2487       s     2472
   ...
   Ö     1          Ø     1          ø     1
   ÿ     1
```

Die textuelle Ausgabe in Bild 8.1 ist gekürzt, die grafische in Bild 8.2 verkleinert.

Bild 8.2
Grafische Ausgabe
von
I1CharCounter.Do

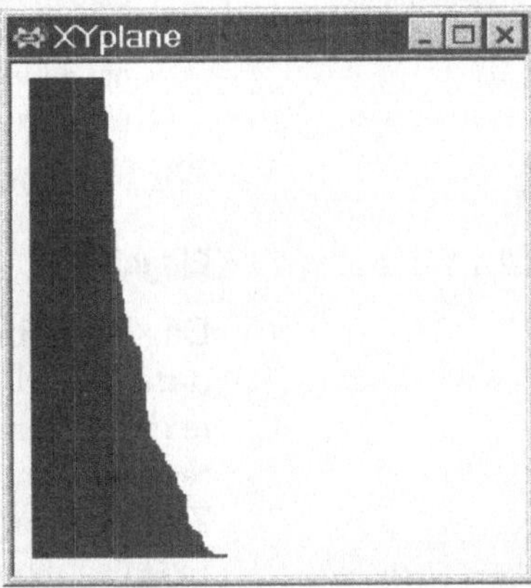

Ein-/Ausgabe

Der funktionale Teil ist wieder so klein, dass wir ihn nicht modular trennen, sondern nur innerhalb des Algorithmus von Do. Zur Abwechslung verwenden wir für die textuelle Ein-/Ausgabe die Module UtilitiesIn und UtilitiesOut, für die grafische Ausgabe das Modul GraphUtilities.

Registrierung

Um die Häufigkeit der Zeichen zu zählen, steht uns kein Modul zur Verfügung. Wir definieren dazu keine abstrakte Datenstruktur, denn es genügt eine konkrete Reihung von Zählern:

```
VAR frequency : ARRAY numberOfChars OF INTEGER;
```

Ähnlich wie bei der Implementation der Zeichenmenge wird jedes Zeichen auf einen Index dieser Reihung abgebildet. Ganze Zahlen kommen als Indizes und als Elemente der Reihung vor - mit unterschiedlicher Bedeutung. Zur besseren Lesbarkeit des Programmtextes vereinbaren wir für jeden Zweck einen Typ:

```
TYPE
    Frequency   = INTEGER;
    Index       = INTEGER;
```

Mit den vereinbarten Variablen

```
VAR
    c           : CHAR;
    frequency   : ARRAY numberOfChars OF Frequency;
```

erhält man zu einem Zeichen seine Häufigkeit:

(1) Das Zeichen c als Zahl interpretieren: ORD (c),

(2) diese Zahl als Index eines Reihungselements verwenden:

```
                                    frequency [ORD (c)].
```

Ein grober Entwurf eines Algorithmus für Do ist

Grobentwurf des Algorithmus	1. bereite Anfangszustand für benutzte Dienste vor und initialisiere Daten 2. lies Zeichen vom Eingabestrom und registriere ihre Häufigkeiten 3. gib die vorkommenden Zeichen sortiert mit ihren Häufigkeiten aus 4. gib die vorkommenden Häufigkeiten sortiert mit den Zeichen aus

Wir beginnen wieder damit, den zweiten Schritt zu verfeinern.

8.2.1.1   Eingabe

Das Eingabemodul UtilitiesIn ist etwas mächtiger als das Standardmodul In, was hier aber keine Rolle spielt, da der Eingabetext zeichenweise zu lesen ist. Tabelle 8.1 stellt die hier von UtilitiesIn gebrauchten Merkmale neben bekannte Merkmale von In. Zu beachten ist, dass UtilitiesIn.failed den Misserfolg vorherigen Lesens anzeigt, während In.Done den Erfolg anzeigt.

Tabelle 8.1
Partieller Vergleich
von UtilitiesIn und In

UtilitiesIn	In
failed- : BOOLEAN	Done : BOOLEAN
Open	Open
ReadRawChar (OUT x : CHAR)	Char (VAR ch : CHAR)

Mit dem Aliasnamen In := UtilitiesIn ähnelt der Algorithmus dem der vorigen Aufgabe (siehe S. 189):

Entwurf 1 des
Eingabeschritts

```
In.ReadRawChar (c);
WHILE ~In.failed DO
    INC (frequency [ORD (c)]);
    In.ReadRawChar (c);
END;
```

Es folgt dem allgemeinen Muster zum sequenziellen Einlesen und Verarbeiten einzelner Zeichen:

Muster zur
sequenziellen
Eingabe und
Verarbeitung mit
WHILE

```
lies erstes Zeichen
WHILE letzte Leseoperation war erfolgreich DO
    verarbeite zuletzt gelesenes Zeichen
    lies nächstes Zeichen
END
```

Bei diesem Muster kommt im Schleifenrumpf das Verarbeiten statisch vor dem Einlesen, während die dynamische Reihenfolge für dasselbe Zeichen umgekehrt ist. Deshalb ist ja das erste Zeichen *vor* der Schleife zu lesen. Wem das missfällt, der kann ein anderes Schleifenkonstrukt wählen:

Muster zur
sequenziellen
Eingabe und
Verarbeitung mit
LOOP

```
LOOP
    lies nächstes Zeichen
    IF letzte Leseoperation war erfolglos THEN EXIT END
    verarbeite zuletzt gelesenes Zeichen
END
```

Die LOOP-Schleife ist eine **rumpfgesteuerte Bedingungs-schleife**. Der mit LOOP und END geklammerte Schleifenrumpf wird solange wiederholt, bis er durch eine **EXIT**-Anweisung verlassen wird. Ähnlich **RETURN** ist **EXIT** eine Steueranweisung, die den Ablauf an anderer Stelle fortfahren lässt, daher schreiben wir es per Programmierkonvention **fett**. Die **EXIT**-Anweisung beendet die innerste umfassende LOOP-Schleife. LOOP und **EXIT** sind nicht syntaktisch, aber kontextuell aufeinander bezogen.

Semantik

Die Semantik der LOOP-Anweisung lässt sich mit Zusicherungen spezifizieren, wobei a und c für Anweisungen (ohne **EXIT**) und b für eine (seiteneffektfreie) Abbruchbedingung stehen:

```
LOOP
    a;
    IF b THEN EXIT END;
    ASSERT (~b);
    c;
END;
ASSERT (b);
```

Der Entwurf des Eingabeschritts erhält mit der LOOP-Schleife die Gestalt

Entwurf 2 des
Eingabeschritts

```
LOOP
    In.ReadRawChar (c);
    IF In.failed THEN EXIT END;
    INC (frequency [ORD (c)]);
END;
```

Welche Entwurfsvariante ist besser, 1 oder 2?

☹ Bei kopfgesteuerten Schleifen muss man Anweisungsfolgen, die vor der Prüfung der Schleifenbedingung wiederholt auszuführen sind, zweimal hinschreiben.

☺ Rumpfgesteuerte Schleifen sind flexibler, mit ihnen lässt sich das Duplizieren von Code vermeiden.

☹ Strenge Regeln strukturierten Programmierens verlangen von jedem Kontrollkonstrukt je genau eine Eintritts- und Austrittsstelle, und statisches und dynamisches Ende sollen zusammenfallen. Demnach verbietet sich, **EXIT** und LOOP-Schleife überhaupt zu verwenden.

☺ Die WHILE-Schleife endet statisch und dynamisch beim END.

☺ Fette **EXIT**s lassen dynamische Enden einer LOOP-Schleife gut erkennen.

8.2.1.2 **Nach Zeichen sortierte Ausgabe**

Auch für die textuelle Ausgabe orientieren wir uns an der Lösung der vorigen Aufgabe (siehe S. 193):

Entwurf 1 des
Ausgabeschritts

```
FOR i := ORD (MIN (CHAR)) TO ORD (MAX (CHAR)) DO
    IF frequency [i] > 0 THEN
        gib das Zeichen CHR (i) und seine Häufigkeit frequency [i]
                                          textuell und grafisch aus
    END
END
```

Damit ist die Ausgabeschleife komplett, zu verfeinern ist die Ausgabe eines einzelnen Zeichen-/Häufigkeits-Paars.

Textuelle Ausgabe

Für die textuelle Ausgabe schreiben wir eine lokale Prozedur, die auch bei der nach Häufigkeiten sortierten Ausgabe zu verwenden ist:

Entwurf der
Ausgabeprozedur

```
PROCEDURE Write (c : CHAR; freq : Frequency);
BEGIN
    Out.WriteChar (c);      Out.WriteTab;
    Out.WriteInt (freq);    Out.WriteLn;
END Write;
```

Wir benutzen den Aliasnamen Out := UtilitiesOut. Das Ausgabemodul UtilitiesOut ist mächtiger als das Standardmodul Out. Tabelle 8.2 stellt die hier von UtilitiesOut gebrauchten Merkmale neben bekannte Merkmale von Out:

Tabelle 8.2
Partieller Vergleich
von UtilitiesOut und
Out

UtilitiesOut	Out
OpenNew (IN newTitle : ARRAY OF CHAR)	Open
WriteChar (x : CHAR)	Char (ch : CHAR)
WriteTab	
WriteLn	Ln
WriteInt (x : INTEGER)	Int (i, n : INTEGER)
WriteString (IN x : ARRAY OF CHAR)	String (str : ARRAY OF CHAR)

Semantik

- **OpenNew** öffnet ein neues Ausgabefenster mit der Überschrift newTitle und einem Lineal mit festen Tabulatorpositionen. (Das Lineal ist unsichtbar, der Menübefehl Text→Show Marks macht es sichtbar.) Damit kann man zu unterscheidende Ausgabetexte nacheinander in verschiedene Fenster leiten.

- **WriteTab** gibt ein Tabulatorzeichen aus.

Nach obigem Entwurf erzeugt Write eine zweispaltige Tabelle, eine Spalte für das Zeichen, eine für seine Häufigkeit. Write lässt sich leicht so ändern, dass es eine Tabelle mit 2 * n Spalten erzeugt. (In Bild 8.1 ist n = 3.)

Grafische Ausgabe

Zur grafischen Ausgabe eines Häufigkeitsdiagramms verwenden wir eine kartesische Fläche. Der x-Achse entsprechen die Ordnungszahlen der Zeichen, der y-Achse ihre Häufigkeiten. Anstatt nur den Punkt (x, y) = (ORD (c), frequency [ORD (c)]) zu zeichnen, ziehen wir eine senkrechte Linie von (ORD (c), 0) nach (ORD (c), frequency [ORD (c)]).

Wiederverwendbarkeit

Häufigkeitsdiagramme kommen in vielen Aufgaben vor. Die Teilaufgaben des Zeichnens waagrechter und senkrechter Linien in einer kartesischen Fläche lassen sich gut in ein wiederverwendbares Modul packen. Hier ist eine Schnittstelle:

Programm 8.5
Schnittstelle des Grafikausgabemoduls - reduziert

```
DEFINITION GraphUtilities;
    PROCEDURE DrawHorizontalLine (x, y: INTEGER);
    PROCEDURE DrawVerticalLine (x, y: INTEGER);
    PROCEDURE OpenNew;
END GraphUtilities.
```

- **OpenNew** öffnet ein neues Fenster mit einer kartesischen Fläche. Der Koordinatenursprung liegt in der linken unteren Ecke des Fensters. Das Fenster zeigt nur Punkte mit nichtnegativen Koordinaten.

- **DrawHorizontalLine** zeichnet eine waagrechte Linie von (0, y) nach (x, y).

- **DrawVerticalLine** zeichnet eine senkrechte Linie von (x, 0) nach (x, y).

Die Verfeinerung und Formalisierung des Entwurfs 1 von S. 204 lautet damit

Entwurf 2 des Ausgabeschritts

```
GraphUtilities.OpenNew;
FOR i := ORD (MIN (CHAR)) TO ORD (MAX (CHAR)) DO
    IF frequency [i] > 0 THEN
        Write (CHR (i), frequency [i]);
        GraphUtilities.DrawVerticalLine (i, frequency [i]);
    END;
END;
```

Wir haben damit die Hälfte der gestellten Aufgabe gelöst. In der Praxis stellen wir die Lösungselemente zu einem ausführbaren Modul zusammen und testen es; hier warten wir damit, bis die Lösung des zweiten Aufgabenteils vorliegt.

8.2.1.3

Sortieren

Nach Häufigkeit sortierte Ausgabe

Der zweite Aufgabenteil ist, die Datenpaare (Zeichen, Häufigkeit) nach Häufigkeit sortiert auszugeben. Durch die Struktur der Häufigkeitsreihung frequency bedingt liegen diese Datenpaare nach Zeichen sortiert vor. Eine Teilaufgabe lautet:

Sortiere eine gegebene Reihung ganzer Zahlen.

Die sortierte Reihung enthält dieselben Werte wie vorher, aber an anderen Stellen, unter anderen Indizes. Eine Prozedur Sort, die dies leistet, stellt das Modul MathVectorsOfInteger bereit.

Vektoren

Reihungen mit Zahlen als Elementtyp entsprechen Vektoren der Mathematik. Für Vektoren gibt es eine eigene Arithmetik, man kann Vektoren aber nicht nur addieren, sondern auch für geometrische und statistische Berechnungen nutzen. So liegt es nahe, all diese Vektoroperationen in einem wiederverwendbaren Modul zusammenzufassen.

Generisches Modul

Verschiedene Arten von Zahlen führen zu verschiedenen Arten von Vektoren. Die Spezifikation eines Vektormoduls kann von der Zahlenart abstrahieren, ja sogar nicht nur Zahlen, sondern allgemeinere Elemente betrachten. Die in Programm 8.6 vorgestellte vertragliche Spezifikation des Vektormoduls ist **generisch**, d.h. sie lässt den konkreten Elementtyp der Reihung möglichst offen und setzt allgemeine Platzhaltertypen an Stellen, wo der Elementtyp vorkommt. Da manche Operationen vom Elementtyp gewisse Eigenschaften fordern, benutzt die Spezifikation mehrere Platzhalter.

Hier interessieren nur die Operationen des Vektormoduls, die zur Lösung der Zeichenhäufigkeitsaufgabe beitragen:

- Für die Operation Sort gilt: Eine Reihung ist nur sortierbar, wenn für den Elementtyp die Ordnungsrelationen <, >, <=, >= definiert sind und für je zwei Werte x, y des Typs entweder x < y, x < y oder x = y gilt. Deshalb verlangt Sort den Elementtyp Comparable, der diese Eigenschaft besitzt.

- Das Suchen eines Indexes zu gegebenem Element ist dagegen bei jedem Elementtyp möglich, weshalb sich MinIndexOf mit dem Elementtyp Any begnügt. Any muss nur als Reihungselement- und Parametertyp einsetzbar sein. Diese Eigenschaften hat jeder Typ. (Deshalb schließt Comparable Any ein.)

Die Platzhalter Any und Comparable sind **generische Parameter** des Moduls MathVectors. Wie erweitern die Cleo-Notation um eine TYPES-Liste, die generische Parameter und Typvereinbarungen im Component-Pascal-Stil enthalten kann (z.B. Index).

Programm 8.6
Spezifikation des
Vektormoduls -
reduziert

```
MODULE MathVectors

    TYPES
        Any                 (* Generic element type. *)
        Comparable          (* Generic element type; <, >, <=, >= are defined. *)
        Index = NATURAL
```

```
QUERIES
  MinIndexOf (IN x : ARRAY OF Any; IN item : Any) : Index ∪ {notFound}
    POST
      (result = notFound) OR
      ((result < LEN (x)) AND (x [result] = item) AND
      FOR_ALL i : Index IT_HOLDS
                ((i < LEN (x)) AND (x [i] = item)) IMPLIES (result <= i))

  Sorted (IN x : ARRAY OF Comparable) : BOOLEAN
    POST
      result = FOR_ALL i, k : Index IT_HOLDS
                ((i <= k) AND (k < LEN (x))) IMPLIES (x [i] <= x [k])

ACTIONS
  Init (OUT x : ARRAY OF Any; IN item : Any)
    POST
      FOR_ALL i : Index IT_HOLDS (i < LEN (x)) IMPLIES (x [i] = item)

  Sort (INOUT x : ARRAY OF Comparable)
    POST
      Sorted (x)

END MathVectors
```

Generizität ist eine Form der Abstraktion, die besonders bei
Behältern nützlich ist, um von konkreten Elementtypen zu
abstrahieren. Beispielsweise lässt sich die Spezifikation einer
Menge (Programme 2.3 S. 20 und 2.7 S. 34) leicht in eine generische Form bringen.

Zu welchem Zeitpunkt werden generische Parameter durch
konkrete Typen ersetzt? Implementationssprachen beantworten
die Frage unterschiedlich:

- Ohne Unterstützung von Generizität: Wenn der Programmierer ein generisch spezifiziertes Modul implementiert,
  definiert er jeden generischen Parameter durch einen konkreten Typ, z.B. in Component Pascal:

  ```
  TYPE
    Comparable*  = INTEGER;
    Any*         = Comparable;
  ```

- Mit Unterstützung von Generizität: Wenn ein Kundenmodul
  ein generisches Modul als Lieferant benutzt, gibt es für generische Parameter konkrete Typen an, z.B. in Component-Pas-
  cal-ähnlicher Notation:

  ```
  IMPORT
    Vectors := MathVectors OF INTEGER;
  ```

Elementspezifisches
Modul

In Implementationssprachen, die generische Module nicht
unterstützen (z.B. Component Pascal), ist für jeden konkreten
Typ, der einen generischen Parameter ersetzt, ein eigenes Modul

zu implementieren. Deshalb existiert das Modul MathVectors in unserer Modulbibliothek in mehreren Varianten - dem Elementtyp entsprechend z.B. als MathVectorsOfInteger für ganzzahlige Vektoren, als MathVectorsOfReal für reelle Vektoren.

Nach diesem Ausflug zu generischen Modulen wenden wir uns wieder der Aufgabe zu, die Häufigkeit von Zeichen sortiert auszugeben.

Initialisieren

Init von Programm 8.6 initialisiert eine Reihung x, alle Elemente von x erhalten denselben Wert item. Wir setzen es zum Initialisieren der Häufigkeitsreihung ein. Der Aufruf

```
MathVectorsOfInteger.Init (frequency, 0);
```

gehört als Verfeinerung zum ersten Schritt des Grobentwurfs des Algorithmus von S. 202 vor den Eingabeschritt.

Sortieren

Sort von Programm 8.6 sortiert eine Reihung x. Es wäre voreilig, die Häufigkeitsreihung zu sortieren, weil dabei die Zuordnung zwischen Zeichen und Häufigkeit verloren geht. Stattdessen vereinbaren wir eine zweite Reihung gleichen Typs:

```
VAR frequency, frequencySorted : ARRAY numberOfChars OF Frequency;
```

kopieren nach dem Eingabeschritt die Häufigkeitsreihung durch eine Zuweisung:

```
frequencySorted := frequency;
```

und sortieren die Kopie:

```
MathVectorsOfInteger.Sort (frequencySorted);
```

Zuweisung bei Reihungen

Nebenbei erfahren wir, dass die Zuweisung von Reihungen als Ganzes definiert ist. Sie weist jedes Element der Reihung auf der rechten Seite (Quelle) dem entsprechenden Element auf der linken Seite zu (Ziel). Voraussetzung dafür ist, dass Quelle und Ziel von demselben Typ sind, sonst wäre die Zuweisung nicht typ- und speichersicher. (Bei Zeichenreihungen gelten spezielle Regeln.)

Das Ergebnis des obigen Vorgangs veranschaulichen wir mit Stellvertretern der beiden Reihungen mit nur 6 Elementen:

Bild 8.3
Speicherplatz zu
Häufigkeits-
reihungen -
exemplarisch

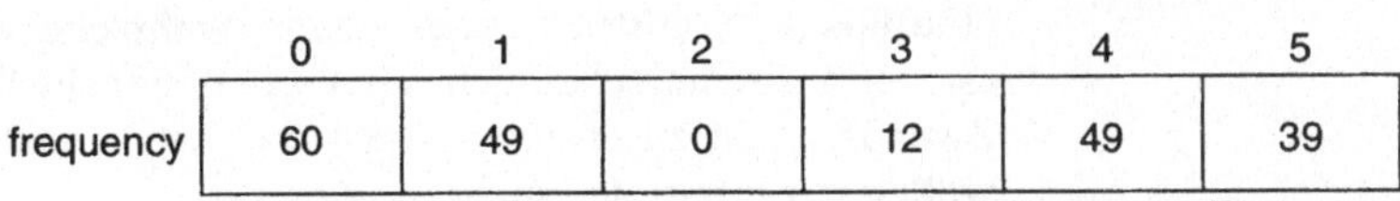

Die sortierte Häufigkeitsreihung frequencySorted ist elementweise auszugeben, mit einer Zählschleife angesetzt:

Entwurf 1 des
Ausgabeschritts

```
FOR i := ORD (MIN (CHAR)) TO ORD (MAX (CHAR)) DO
    gib frequencySorted [i] aus
END
```

Zwei kleine Verbesserungen: Die interessanten, großen Häufigkeiten sollen zuerst kommen, die Häufigkeit 0 interessiert nicht und soll nicht in der Ausgabe erscheinen. Lassen wir also die Schleife mit negativer Schrittweite von oben nach unten zählen und prüfen wir den Häufigkeitswert vor dem Ausgeben:

Entwurf 2 des
Ausgabeschritts

```
FOR i := ORD (MAX (CHAR)) TO ORD (MIN (CHAR)) BY -1 DO
    IF frequencySorted [i] > 0 THEN
        gib frequencySorted [i] aus
    END
END
```

Effizienz

Da die Reihung frequencySorted sortiert ist, haben ihre ersten Elemente den Häufigkeitswert 0. Bei den letzten Durchläufen der FOR-Schleife liefert die Bedingung frequencySorted [i] > 0 stets FALSE, d.h. da ist nichts mehr auszuführen. Eine Bedingungsschleife passt besser:

Entwurf 3 des
Ausgabeschritts

```
i := ORD (MAX (CHAR));
WHILE (i >= ORD (MIN (CHAR))) & (frequencySorted [i] > 0) DO
    gib frequencySorted [i] aus;
    DEC (i);
END;
```

Effizienz

Bei jedem Schleifendurchlauf werden zwei Größen geprüft: der Index und der Wert des Reihungselements. Wenn wir sicher wüssten, dass 0 als Elementwert vorkommt, dann könnten wir auf das Prüfen des Index verzichten, denn ein Indexbereichunterlauf wäre ausgeschlossen.

Sicherheit

Exkurs. Man könnte argumentieren: Sehr wahrscheinlich kommen in einem Eingabetext nicht alle 65536 Unicodezeichen vor, sodass die

Häufigkeit 0 auftritt. Aber „sehr wahrscheinlich" ist eben nicht „sicher"! Unwahrscheinliches hat schon manche Katastrophe ausgelöst. Zwar ist nicht zu erwarten, dass das Zeichenzählen fatal endet, doch wollen wir prinzipiell nicht die Korrektheit der Effizienz opfern.

Eine kleine Änderung garantiert das Vorkommen von 0 als Elementwert: Die Reihungen um ein Element verlängern, dieses mit 0 initialisieren:

Entwurf 4 des
Ausgabeschritts

```
VAR
    frequency, frequencySorted : ARRAY numberOfChars + 1 OF Frequency;

i := LEN (frequencySorted) - 1;
WHILE frequencySorted [i] > 0 DO
    gib frequencySorted [i] aus;
    DEC (i);
END;
```

Suchen

Nun fehlt zur Häufigkeit das zugehörige Zeichen. Mit den Werten von Bild 8.3 ist der höchste Index 5, die erste ausgegebene Häufigkeit das letzte Element in frequencySorted, 60. Welches Zeichen hat diese Häufigkeit? Die Information steckt in der Reihung frequency, es ist der Index, dessen Element den Wert 60 hat, hier 0. (Die Zahl 0 ist dann wieder als Zeichen 0X zu interpretieren.) Die Teilaufgabe lautet:

```
Gegeben:    frequency und frequencySorted [i].
Gesucht:    Index k mit frequency [k] = frequencySorted [i].
```

Das Vektormodul löst diese Suchaufgabe mit der Operation MinIndexOf:

```
k := MathVectorsOfInteger.MinIndexOf (frequency, frequencySorted [i]);
```

Da die sortierte Reihung aus der unsortierten durch Vertauschen der Elementwerte hervorgegangen ist, kommt jeder Wert frequencySorted [i] in frequency vor und die Funktion MinIndexOf kann und muss einen gültigen Indexwert als Ergebnis liefern. Im Allgemeinen kann MinIndexOf nicht davon ausgehen, dass ein angegebener Wert in der Reihung enthalten ist. Findet MinIndexOf den gesuchten Wert nicht in der Reihung, so gibt es den Wert notFound zurück, der kein gültiger Index ist (d.h. es gilt notFound < 0). Nach der obigen Zuweisung sind die Zusicherungen

```
ASSERT (k # MathVectorsOfInteger.notFound);
ASSERT ((0 <= k) & (k < LEN (frequency)));
```

erfüllt, d.h. k kann als Index in frequency verwendet werden.

Eine Häufigkeit kann mehrfach vorkommen, in Bild 8.3 z.B. 49. Welchen Indexwert liefert

```
MathVectorsOfInteger.MinIndexOf (frequency, 49)
```

- 3 oder 4? Die Spezifikation Programm 8.6 legt fest, dass MinIn-dexOf (x, item) stets von allen Indizes k mit x [k] = item den kleinsten Index liefert. Zwei aufeinander folgende Aufrufe von MinIndexOf (frequency, 49) liefern jeweils 3. Bei dieser Aufgabe soll aber der erste Aufruf 3, der zweite 4 liefern. Dies ist zu erreichen, wenn die gesuchte Häufigkeit gelöscht wird, nachdem ihr Index bestimmt ist. Zum Löschen ist ein Wert undefined zu verwenden, der keine Häufigkeit sein kann (also mit undefined < 0):

```
frequency [k] := undefined;
```

Der verfeinerte Entwurf des Ausgabealgorithmus lautet damit

Entwurf 5 des
Ausgabeschritts

```
i := LEN (frequencySorted) - 1;
WHILE frequencySorted [i] > 0 DO
    k := MathVectorsOfInteger.MinIndexOf (frequency, frequencySorted [i]);
    gib das Zeichen CHR (k) und seine Häufigkeit frequency [k]
                                    textuell und grafisch aus;
    frequency [k] := undefined;
    DEC (i);
END;
```

Seine Wirkung auf die Reihung frequency von Bild 8.3 zeigt die Spur von Bild 8.4. Eine **Spur** (*trace*) ist eine Folge von Zuständen von Datenelementen, die bei einem Programmablauf durch aufeinander folgende Zugriffe auf diese Datenelemente entsteht.

Bild 8.4
Spur der
Häufigkeitsreihung

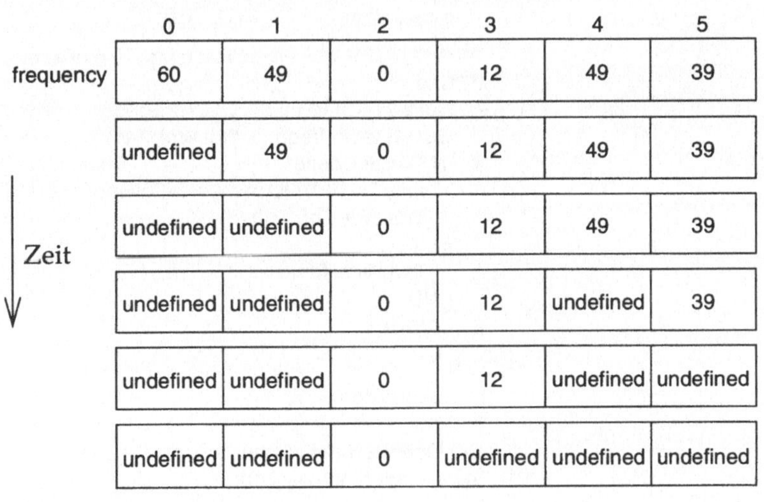

frequency	0	1	2	3	4	5
	60	49	0	12	49	39
	undefined	49	0	12	49	39
	undefined	undefined	0	12	49	39
	undefined	undefined	0	12	undefined	39
	undefined	undefined	0	12	undefined	undefined
	undefined	undefined	0	undefined	undefined	undefined

8.2.2   Implementation

Wir stellen nun die gefundenen Lösungselemente zu einem Modul zusammen.

Programm 8.7
Zeichenzähler als
Modul

```
MODULE I1CharCounter;

IMPORT
    GraphUtilities,
    Vectors   := MathVectorsOfInteger,
    In        := UtilitiesIn,
    Out       := UtilitiesOut;

PROCEDURE Do*;
    (*!
        Read characters from the input stream until its end is reached. Count
        the frequency of each character. Show the results in textual and
        graphical output, ordered by characters and by frequencies.
    !*)

    CONST
        numberOfChars   = ORD (MAX (CHAR)) - ORD (MIN (CHAR)) + 1;
        undefined       = -1;
        numberOfColumns = 3;

    TYPE
        Frequency       = INTEGER;
        Index           = INTEGER;

    VAR
        c                   : CHAR;
        frequency,
        frequencySorted     : ARRAY numberOfChars + 1 OF Frequency;
        i, k                : Index;
        freq                : Frequency;
        writeCount          : INTEGER;

    PROCEDURE Write (c : CHAR; freq : Frequency);
    BEGIN
        Out.WriteChar (c);      Out.WriteTab;
        Out.WriteInt (freq);    Out.WriteTab;
        INC (writeCount);
        IF writeCount MOD numberOfColumns = 0 THEN
            Out.WriteLn;
        ELSE
            Out.WriteTab;
        END;
    END Write;

BEGIN
    (* Initializations: *)
    In.Open;
    Out.OpenNew ("Häufigkeit");
    Vectors.Init (frequency, 0);

    (* Input: *)
    LOOP
        In.ReadRawChar (c);
        IF In.failed THEN EXIT END;
        INC (frequency [ORD (c)]);
    END;
```

```
                    (* Output ordered by characters: *)
                    Out.WriteLn;
                    Out.WriteString ("Häufigkeit nach Zeichen geordnet:"); Out.WriteLn;
3                   writeCount := 0;
                    GraphUtilities.OpenNew;
                    FOR i := ORD (MIN (CHAR)) TO ORD (MAX (CHAR)) DO
1                       freq := frequency [i];
                        IF freq > 0 THEN
                            Write (CHR (i), freq);
                            GraphUtilities.DrawVerticalLine (i, freq);
                        END;
                    END;

5                   (* Processing: *)
                    frequencySorted := frequency;
                    Vectors.Sort (frequencySorted);

                    (* Output ordered by frequencies: *)
                    Out.WriteLn;
                    Out.WriteString ("Zeichen nach Häufigkeit geordnet:"); Out.WriteLn;
3                   writeCount := 0;
                    GraphUtilities.OpenNew;
                    i       := LEN (frequencySorted) - 1;
1                   freq    := frequencySorted [i];
                    WHILE freq > 0 DO
                        k := Vectors.MinIndexOf (frequency, freq);
                        Write (CHR (k), freq);
6                       GraphUtilities.DrawVerticalLine (LEN (frequencySorted) - 1 - i, freq);
                        frequency [k] := undefined;
                                      (* ...so we won't get the same index a second time. *)
                        DEC (i);
1                       freq := frequencySorted [i];
                    END;
                END Do;

            END I1CharCounter.
```

Die Nummern in der folgenden Liste von Bemerkungen entsprechen den Nummern bei den ☞Symbolen in Programm 8.7.

Puffervariable

(1) Die Variable freq nimmt eine Häufigkeit auf, um mehrere Zugriffe auf dasselbe Reihungselement auf einen Zugriff zu reduzieren. Im erzeugten Code muss die Adresse des Reihungselements nur ein- statt drei- bzw. viermal ermittelt werden. Die Zuweisung an freq erfolgt bei der FOR-Schleife am Anfang des Schleifenrumpfs, bei der WHILE-Schleife nach jeder Änderung des Indexes, also vor der Schleife und am Ende des Schleifenrumpfs.

freq ist kein wesentlicher Teil der Problemlösung. Es handelt sich um eine lokale Optimierung, bei der man nicht sicher ist, ob sie nicht der Übersetzer selbst vornimmt.

(2) writeCount zählt für die Ausgabeprozedur Write die Doppelspalten. Es muss global bezüglich Write vereinbart sein, denn lokal könnte es Write nicht als „Gedächtnis" dienen.

(3) writeCount wird als Teil der Schleifeninitialisierung vor jeder Ausgabeschleife auf 0 gesetzt.

Tabellierte Ausgabe

(4) Write inkrementiert writeCount. Jedes numberOfColumns-te Mal gibt Write einen Zeilenumbruch statt einen Tabulator aus.

Trennung von
Funktion und
Ein-/Ausgabe

(5) Der funktionale Teil der Aufgabenlösung besteht nur aus einer Zuweisung und einem Prozeduraufruf, alles andere ist Initialisierung und Ein-/Ausgabe.

Aufsteigend oder
absteigend?

(6) Weil frequencySorted aufsteigend sortiert ist, beginnt die Schleifenvariable i mit dem größten Index. Im Häufigkeitsdiagramm sollen die Häufigkeiten aber von links nach rechts fallen, deshalb steht für den x-Wert LEN (frequencySorted) - 1 - i statt i.

8.2.3 Implementieren von Grafikprozeduren

Das von Programm 8.7 benutzte Modul GraphUtilities ist zu implementieren. Die Implementation benutzt XYplane, ein Standardmodul für einfache grafische Ausgabe in eine kartesische Fläche. Alle Oberon-Sprachumgebungen bieten XYplane zusammen mit In und Out für Lernzwecke an.

8.2.3.1 XYplane

Der interessierende Teil der Schnittstelle von XYplane ist

Programm 8.8
Schnittstelle von
XYplane - reduziert

```
DEFINITION XYplane;
    CONST
        draw = 1;
        erase = 0;
    PROCEDURE Clear;
    PROCEDURE Dot (x, y, mode: INTEGER);
    PROCEDURE IsDot (x, y: INTEGER): BOOLEAN;
    PROCEDURE Open;
    ...
END XYplane.
```

Semantik

● **Open** öffnet ein neues Fenster mit einer weißen kartesischen Fläche der Größe [0, 255] × [0, 255] und dem Titel „XYplane". Der Punkt (0, 0) ist links unten.

Clear, IsDot und Dot stellen die Vorbedingung, dass Open wenigstens einmal aufgerufen wurde.

● **Clear** löscht alle Punkte im zuletzt geöffneten XYplane-Fenster, d.h. zeichnet sie weiß.

- **IsDot (x, y)** zeigt an, ob der Punkt (x, y) schwarz ist.

- **Dot (x, y, draw)** bzw. **Dot (x, y, erase)** zeichnet den Punkt (x, y) schwarz bzw. weiß (sofern er innerhalb der Fläche liegt); als Nachbedingung gilt IsDot (x, y) bzw. ~IsDot (x, y).

8.2.3.2   Implementation

Eine Folge von Punkten bildet eine Linie. Hier ist eine partielle Implementation von GraphUtilities:

Programm 8.9
Grafikausgabemodul
- reduziert

```
MODULE GraphUtilities;

    IMPORT
        XYplane;

    CONST
        maxXP*  = 256;
        maxYP*  = 256;

    PROCEDURE OpenNew*;
        (*!
            Open a new window with a rectangular drawing area of size
            [0, maxXP - 1] X [0, maxYP - 1].
        !*)
    BEGIN
        XYplane.Open;
    END OpenNew;

    PROCEDURE DrawVerticalLine* (x, y : INTEGER);
        (*!
            Draw a vertical line of range 0 .. y at position x.
            Precondition: OpenNew must have been called before.
        !*)
        VAR
            i : INTEGER;
    BEGIN
        FOR i := 0 TO y DO
            XYplane.Dot (x, i, XYplane.draw);
        END;
        FOR i := y + 1 TO maxYP - 1 DO
            XYplane.Dot (x, i, XYplane.erase);
        END;
    END DrawVerticalLine;

    (* Other operations not shown. *)

END GraphUtilities.
```

(1) OpenNew wird direkt an den Lieferanten XYplane weitergeleitet. Der Vorteil des zusätzlichen Prozeduraufrufs liegt im Verbergen von XYplane vor den Kunden von GraphUtilities. (Konflikte kann es geben, wenn XYplane und GraphUtilities gleichzeitig benutzt werden.)

(2) Die zweite FOR-Schleife löscht den oberen Teil der x-Linie.

Zum Testen von GraphUtilities gehen wir wie in Abschnitt 7.1 gezeigt vor, indem wir Kommandoaufrufe der Art

```
GraphUtilities.Open
  "GraphUtilities.DrawHorizontalLine (118, 29);
   GraphUtilities.DrawHorizontalLine (213, 102);
   GraphUtilities.DrawVerticalLine (118, 29);
   GraphUtilities.DrawVerticalLine (213, 102)"
XYplane.Clear
```

eingeben.

Übrigens liegt es an der festen Größe des kartesischen Rechtecks von GraphUtilities bzw. XYplane, dass in Bild 8.2 der obere Teil der Häufigkeitsdiagramme abgeschnitten ist.

8.2.4   Implementieren von Vektoroperationen

Werkzeugkasten-modul

Die von Programm 8.7 benutzten Operationen des Moduls MathVectorsOfInteger sind zu implementieren. MathVectorsOfInteger ist ein Beispiel für ein **Modul ohne Zustand**, und zwar eines der Art der **Werkzeugkastenmodule**. Solche Module bieten Schnittstellen mit parametrisierten Prozeduren, wobei Funktionen Eigenschaften übergebener Materialien untersuchen und gewöhnliche Prozeduren übergebene Materialien bearbeiten. Bei MathVectorsOfInteger sind die Materialien Vektoren.

Wir beschränken uns hier darauf, die Suchfunktion MinIndexOf zu implementieren; für die Sortierprozedur Sort siehe Abschnitt 8.4, für andere Operationen Abschnitt 8.5. Zunächst sind aber benötigte Sprachelemente vorzustellen.

8.2.4.1   Offene Reihungen

Bei den Ein-/Ausgabemodulen In, Out und UtilitiesOut ist uns der Parametertyp ARRAY OF CHAR für Zeichenketten beliebiger Länge begegnet. Hinter diesem konkreten Konstrukt steht ein allgemeines Konzept: Beim Typ einer Reihung kann die Angabe der Länge fehlen; es handelt sich dann um eine **offene Reihung** (*open array*). Offene Reihungen dürfen nur verwendet werden als

- Typen formaler Parameter,
- Basistypen von Zeigern (siehe 10.3.5 S. 274),
- Elementtypen offener Reihungen.

Offene Reihungen erlauben eine sichere Parameterübergabe von Reihungen, ohne dass der formale Reihungsparameter die

Länge der Reihung festlegt. Wir erläutern das am Beispiel der in Programm 8.6 spezifizierten Sortierprozedur Sort.

Eine Component-Pascal-Prozedur mit einem Reihungsparameter könnte so vereinbart sein:

PROCEDURE Sort (VAR x : ARRAY 100 OF INTEGER);

Dieser Ansatz scheitert praktisch an der Typprüfung, denn es gibt keinen aktuellen Parameter, der mit dem formalen Parameter x verträglich ist, auch nicht die Variable

VAR myVector : ARRAY 100 OF INTEGER;

Hier sind x und myVector Exemplare verschiedener anonymer Typen, die an verschiedenen Stellen konstruiert und nur zufällig strukturgleich, daher nicht verträglich sind.

Typsicherheit

Typverträglichkeit des aktuellen und formalen Parameters erreichen wir durch eine Typvereinbarung:

TYPE Vector = ARRAY 100 OF INTEGER;

PROCEDURE Sort (VAR x : Vector);

Ist der aktuelle Parameter mit

VAR myVector : Vector;

vereinbart, so besteht der Prozeduraufruf

Sort (myVector);

die Typprüfung, denn aktueller und formaler Parameter sind von **demselben Typ** namens Vector. Dieser Ansatz ist typsicher, aber leider unflexibel: Das Sort akzeptiert nur Reihungen des Typs Vector, was seine Verwendbarkeit stark einschränkt. Es wäre ungeschickt, müsste man für jede Reihungslänge eine eigene Sortierprozedur mittels Kopieren-und-Einfügen erstellen; der Algorithmus hängt ja nicht von der Länge der Reihung ab.

Flexibilität

Offene Reihungen lösen dieses Problem:

PROCEDURE Sort (VAR x : ARRAY OF INTEGER);

kann mit einer INTEGER-elementigen Reihung beliebiger Länge als aktueller Parameter aufgerufen werden. Es akzeptiert beispielsweise den durch

VAR myVector : ARRAY myLength OF INTEGER;

vereinbarten aktuellen Parameter myVector, weil die Elementtypen der beiden Reihungen x und myVector miteinander verträglich, ja derselbe Typ INTEGER sind.

Dieses Sort erfährt die Länge des aktuellen Parameters nicht aus der Vereinbarung des formalen Parameters, sondern mittels LEN (x). Die Länge einer Reihung ist zur Laufzeit bekannt. Dies ermöglicht sowohl typ- und speichersicheres als auch flexibles Programmieren mit Reihungsparametern.

8.2.4.2 Kurze Auswertung boolescher Ausdrücke

Im Cleo-Programm 8.6 erscheint eine zusammengesetzte Nachbedingung:

Ausdruck 1

    (result = notFound) OR ((result < LEN (x)) AND (x [result] = item))

In der Aussagenlogik ist jeder Teilausdruck eines Ausdrucks stets definiert, als Werte kommen nur FALSE und TRUE vor. In einem Programmablauf gilt das nicht! Der Teilausdruck

    x [result] = item

ist z.B. nur definiert, wenn 0 <= result und result < LEN (x) gilt, sonst führt die Auswertung zu einem Fehler (einem Trap in Component Pascal).

In Programmiersprachen gibt es daher prinzipiell zwei unterschiedliche Ansätze, boolesche Operatoren und Ausdrücke zu behandeln: die lange und die kurze Auswertung.

(1) Die **lange Auswertung** übernimmt von der booleschen Algebra der Logik die Semantik der Operatoren, die bekanntlich durch Tabelle 8.3 beschrieben ist (a und b sind boolesche Ausdrücke). Als zusätzliche Regel ist ein Ausdruck undefiniert, wenn wenigstens ein Teilausdruck undefiniert ist.

Tabelle 8.3
Wertetabelle boolescher Operatoren

a	b	NOT a	a AND b	a OR b	a IMPLIES b	a = b	a # b
FALSE	FALSE	TRUE	FALSE	FALSE	TRUE	TRUE	FALSE
	TRUE		FALSE	TRUE	TRUE	FALSE	TRUE
TRUE	FALSE	FALSE	FALSE	TRUE	FALSE	FALSE	TRUE
	TRUE		TRUE	TRUE	TRUE	TRUE	FALSE

Lange oder **vollständige** Auswertung bedeutet, dass jeder Operand bei einer Operation vollständig ausgewertet wird und dann das Ergebnis gemäß Tabelle 8.3 bestimmt wird. Nach diesem Ansatz sind die Konjunktion und die Disjunktion kommutativ, d.h. die Operanden dürfen vertauscht werden, ohne dass sich der Wert der Aussage ändert.

Beispiel

Demnach ist der obige Ausdruck 1 äquivalent mit z.B.

Ausdruck 2

    ((x [result] = item) AND (result < LEN (x))) OR (result = notFound)

Ist x [result] = item undefiniert, so ist sowohl Ausdruck 1 als auch Ausdruck 2 undefiniert.

Die Reihenfolge der Auswertung der Operanden einer Operation ist nicht durch die Sprache festgelegt, sondern bleibt der Implementation des Übersetzers überlassen.

(2) Die **kurze Auswertung** definiert für die Konjunktion, die Disjunktion und die Implikation eine andere Semantik:

Tabelle 8.4
Kurze Auswertung boolescher Ausdrücke

Ausdruck	wird ausgewertet wie Funktionsrumpf
a AND b	IF a THEN RETURN b ELSE RETURN FALSE END
a OR b	IF a THEN RETURN TRUE ELSE RETURN b END
a IMPLIES b	IF NOT a THEN RETURN TRUE ELSE RETURN b END

Bei **kurzer** oder **bedingter** Auswertung werden die Operanden von links nach rechts ausgewertet, wobei die Auswertung abgebrochen wird, sobald das Ergebnis feststeht, d.h. der zweite Operand wird ggf. nicht ausgewertet. Der zweite Operand muss also nicht unbedingt definiert sein. Mit diesem Ansatz sind die Konjunktion und die Disjunktion nicht kommutativ, d.h. die textuelle Reihenfolge der Operanden spielt eine Rolle.

Beispiel

Demnach sind die obigen Ausdrücke 1 und 2 *nicht* äquivalent. Während Ausdruck 2 undefiniert sein und seine Auswertung zu einem Fehler führen kann, liefert Ausdruck 1 immer einen booleschen Wert:

- Gilt result = notFound, so wird der zweite Operand der Disjunktion nicht ausgewertet, Ausdruck 1 liefert TRUE.

- Gilt result = notFound nicht, so wird der zweite Operand, also (result < LEN (x)) AND (x [result] = item) ausgewertet. Gilt dabei result < LEN (x), so wird auch x [result] = item ausgewertet. An dieser Stelle der Auswertung ist sichergestellt, dass x [result] = item definiert ist. Gilt aber result < LEN (x) nicht, so wird x [result] = item nicht ausgewertet und Ausdruck 1 liefert FALSE.

Nur die Reihenfolge der Auswertung der Operanden bei der Konjunktion, der Disjunktion und der Implikation ist durch die Sprache festgelegt; über die Auswertungsreihenfolge bei anderen Operatoren entscheidet trotzdem der Übersetzerbauer!

Kurze Auswertung in Component Pascal und Cleo

Component Pascal wertet boolesche Ausdrücke generell kurz aus. Auch in Cleo gilt kurze Auswertung (sonst wäre Programm 8.6 fehlerhaft).

Kurze Auswertung nützt nicht nur dabei, Vor- und Nachbedingungen und Invarianten kompakt zu formulieren, sondern auch
bei Prüfungen, die sonst mit geschachtelten IF-Anweisungen zu
lösen wären:

Beispiel

```
IF x > 0 THEN
    IF y / x < 1 THEN
        z := x + y;
    END;
END;
```

ist reduzierbar auf

```
IF (x > 0) & (y / x < 1) THEN
    z := x + y;
END;
```

Im Fall x = 0 ist y/x undefiniert bzw. führt zu einem Laufzeitfehler.
Die zweite Formulierung der Anweisung ist also bei langer Auswertung fehlerhaft und kann zum Abbruch des Programmablaufs führen, während sie bei kurzer Auswertung immer korrekt
funktioniert. Die erste Formulierung ist in beiden Fällen korrekt,
aber aufwändiger.

Pragmatik von
Programmier-
sprachen

Kurze Auswertung führt zu kürzeren und trotzdem sicheren
Programmen. Bei Programmiersprachen, die die Art der Auswertung nicht festlegen, hängt die Semantik eines Programms
hingegen vom Übersetzer ab und der Programmierer muss zwischen Sicherheit mit Aufwand und Effizienz mit Portierbarkeits-
problemen wählen.

8.2.4.3   Implementation

MathVectorsOfInteger ist ein wiederverwendbares, erweiterbares,
änderbares Modul:

Programm 8.10
Vektormodul -
reduziert

```
MODULE MathVectorsOfInteger;
(*!
    Interface Description:
        Vector space of type INTEGER, provides operations on vectors with
        element and scalar type INTEGER. Lengths of vectors are arbitrary
        because procedures use open array parameters.
!*)

    IMPORT
        BEC := BasisErrorConstants;

    CONST
        notFound*      = -1;          (* Possible result of search operations. *)
```

```
TYPE                              (* Right hand type may be substituted by *)
   Integer*        = INTEGER;    (* BYTE, SHORTINT, LONGINT *)
   Real*           = REAL;       (* SHORTREAL *)
   Numeric*        = Integer;    (* Real *)
   Comparable*     = Numeric;    (* CHAR, ARRAY OF CHAR *)
   Any*            = Comparable; (* any type *)
   Index*          = INTEGER;

(* Operations Applicable on Vectors with Any Element Type *)

PROCEDURE MinIndexOf* (IN x : ARRAY OF Any; item : Any) : Index;
   (*!
      Index of the first occurrence of item in x.
      Postcondition:
         (result = notFound) OR
         (result is the smallest index such that x [result] = item).
   !*)
      ...
   END MinIndexOf;

(* Other operations not shown. *)

END MathVectorsOfInteger.
```

Die Liste der Typvereinbarungen erleichtert es, das Vektormodul an Vektoren mit anderen Elementtypen anzupassen. Zugrunde liegt eine Klassifikation der Typen nach ihren Operationen (siehe Bild 6.15 S. 146 für die Bedeutung des Pfeils):

Bild 8.5
Klassifikation von Typen

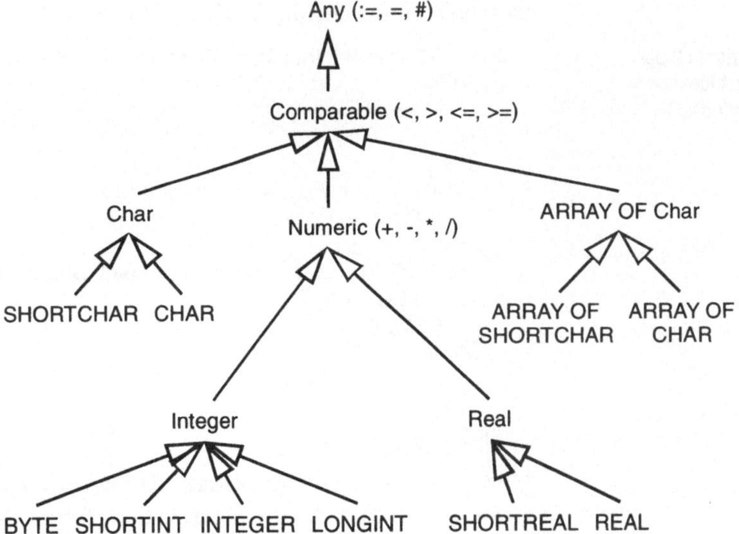

Nun implementieren wir die Suchfunktion MinIndexOf. Die erste Variante prüft die in Programm 8.6 formalisierte Nachbedingung. Die Nachbedingungszusicherung muss direkt vor jeder

RETURN-Anweisung stehen. Um den Ergebniswert in der Nachbedingung benennen zu können, ist dafür eine lokale Variable result vereinbart:

Variante 1 der
Suchfunktion
MinIndexOf

```
PROCEDURE MinIndexOf* (IN x : ARRAY OF Any; item : Any) : Index;
    VAR
        result, i : Index;
    BEGIN
      result := notFound;
      i      := 0;
      WHILE (result = notFound) & (i < LEN (x)) DO
        IF x [i] = item THEN
            result := i;
        END;
        INC (i);
      END;
      ASSERT
        ((result = notFound) OR
        ((0 <= result) & (result < LEN (x)) & (x [result] = item)),
            BEC.postcondResultOk);
        RETURN result;
    END MinIndexOf;
```

Korrektheit

Effizienz

Man überzeugt sich leicht, dass dieser Algorithmus korrekt ist, denn er ist systematisch konstruiert. Sein Nachteil ist, dass jeder Schleifendurchlauf drei relationale Ausdrücke prüft. Eine der Prüfungen ist der Variable result anzulasten. Eliminieren wir sie, so erhalten wir die äquivalente Variante 2:

Variante 2 der
Suchfunktion
MinIndexOf

```
PROCEDURE MinIndexOf* (IN x : ARRAY OF Any; item : Any) : Index;
    VAR
        i : Index;
    BEGIN
      i := 0;
      WHILE (i < LEN (x)) & (x [i] # item) DO
          INC (i);
      END;
      ASSERT ((i = LEN (x)) OR (x [i] = item), BEC.invariant);
      IF i < LEN (x) THEN
          RETURN i;
      ELSE
          RETURN notFound;
      END;
    END MinIndexOf;
```

Man beachte, dass die kurze Auswertung der Schleifenbedingung wesentlich für die Korrektheit der Schleife ist.

Effizienz

Variante 2 prüft zwei Vergleiche pro Schleifendurchlauf. Wie beim Ausgabeschritt auf S. 210 können wir den Algorithmus optimieren, indem wir dafür sorgen, dass der gesuchte Wert item in der Reihung x vorkommt, und zwar unter dem letzten Index.

x ist aber ein Eingabeparameter (wie es sich für eine Funktion gehört), MinIndexOf darf nicht schreibend auf x zugreifen. Diese Einschränkung ist für die optimierte Variante aufzugeben, x muss ein Ein-/Ausgabeparameter sein, die Signatur von MinIndexOf ändert sich. Die Semantik bleibt erhalten, denn der aktuelle Parameter soll nach dem Aufruf wieder denselben Zustand wie vorher haben. Die ursprüngliche Parameterart von x sichern wir per Kommentar zu:

Programm 8.11
Suchfunktion für
Index -
Variante 3

```
PROCEDURE
    MinIndexOf* ((* IN *) VAR x : ARRAY OF Any; item : Any) : Index;
    VAR
        i           : Index,
        lastItem    : Any;
BEGIN
    lastItem          := x [LEN (x) - 1];
    x [LEN (x) - 1]   := item;
    i                 := 0;
    WHILE x [i] # item DO
        INC (i);
    END;
    x [LEN (x) - 1] := lastItem;
    IF i < LEN (x) - 1 THEN
        RETURN i;
    ELSIF item = lastItem THEN
        RETURN LEN (x) - 1;
    ELSE
        RETURN notFound;
    END;
END MinIndexOf;
```

Wir nehmen die effizienteste Variante Programm 8.11 in Programm 8.10 auf.

8.2.4.4   Komplexitätsanalyse

Wir haben den Suchalgorithmus schrittweise optimiert, nun interessieren uns Maßzahlen, anhand derer wir die Effizienz der drei Varianten exakt bestimmen und vergleichen können, d.h. wir wollen die **Komplexität** der Algorithmen analysieren. Dabei unterscheiden wir den statischen und dynamischen Aspekt.

Der **statische Aspekt** bezieht sich auf den Text eines Algorithmus. Dazu zählt man einfach, wie oft gewisse Merkmale vorkommen. Konkret notieren wir hier die Anzahlen der

(1) lokalen Variablenvereinbarungen,

(2) atomaren Bedingungen (wie Vergleiche),

(3) Zuweisungen und Inkrementierungen,

(4) strukturierten Anweisungen,

(5) **RETURN**-Anweisungen.

Die Anzahl (1) ist ein grobes Maß für den Speicherbedarf der Daten, die Summe der Anzahlen (2) bis (5) für den Speicherbedarf des Codes. Diese Anzahlen hängen vom Algorithmus ab, kaum von der verwendeten Programmiersprache. Der exakte Speicherbedarf der globalen Variablen und des Codes in einer konkreten Sprachumgebung ist an der erzeugten Codedatei abzulesen. In BlackBox zählt der Menübefehl

Info→Analyze Module

u.a. die Anzahl der Anweisungen in einem Modul.

Interessanter ist hier der **dynamische Aspekt**, der sich auf das Laufzeitverhalten eines Algorithmus bezieht. Dazu zählt man, wie oft gewisse elementare Operationen bei einem Ablauf des Algorithmus ausgeführt werden. Konkret summieren wir hier die Anzahlen der

- atomaren Bedingungen, Zuweisungen, Inkrementierungen und **RETURN**-Anweisungen.

Für eine genauere Analyse könnte man die verschiedenen Elementaroperationen differenzieren oder gewichten, wir unterlassen dies hier der Einfachheit halber. Die berechnete Zahl hängt wieder vom Algorithmus ab, nicht von der Sprache.

Die Anzahl ausgeführter Elementaroperationen ist nicht bei jedem Ablauf desselben Algorithmus gleich, sie kann mal größer, mal kleiner sein, abhängig von den Eingabedaten. Beim Suchalgorithmus hängt die Anzahl von den Parametern ab: von der Länge der Reihung, der Anordnung der Elementwerte, dem gesuchten Wert. Anstelle exakter Zahlen ermittelt man Schätzwerte für den

- besten,
- schlechtesten und
- durchschnittlichen

Fall. Wir begnügen uns damit, die Durchschnittswerte zu bestimmen. Bei allen Varianten hängt die Anzahl der Schleifendurchläufe von der Reihungslänge n = LEN (x) ab. Im besten Fall wird die Schleife 0-mal, im schlechtesten n-mal und im Mittel n/2-mal durchlaufen. Für Variante 1 erhalten wir Abschätzung

$$2 + ((n+1)/2)*2 + (n/2)*2 + 1 + 1 = 2*n + 5.$$

Zu beachten ist, dass die Zuweisung result := i zwar im Schleifenrumpf steht, aber höchstens einmal ausgeführt wird, weil danach die Schleifenabbruchbedingung result # notFound erfüllt ist.

Variante 2 liefert die Abschätzung

$$1 + ((n+1)/2)*2 + (n/2)*1 + 1 + 2 = (3/2)*n + 5.$$

Variante 3 ergibt

$$3 + ((n+1)/2)*1 + (n/2)*1 + 2 + 1/n + 1 \le n + 7.$$

Variante	Komplexitätsmaßzahl					
	Statisch					Dynamisch
	(1)	(2)	(3)	(4)	(5)	
1	2	3	4	2	1	2*n + 5
2	1	3	5	2	2	(3/2)*n + 5
3	2	3	5	2	3	n + 7

Tabelle 8.5 stellt die Maßzahlen der drei Algorithmen zusammen. Bei der Anzahl der durchschnittlich ausgeführten Elementaroperationen ist die Abhängigkeit von n wesentlich. Alle Varianten sind linear in n, d.h. die mittlere Suchzeit vervielfacht sich mit der Reihungslänge. Doch die Variante 3 ist doppelt so schnell wie Variante 1. Der Effizienzgewinn wird mit einer um ein Viertel komplexeren algorithmischen Struktur erkauft, erkennbar etwa an den drei Rückkehrstellen anstelle einer.

8.2.5   Fazit

Bei dieser Aufgabe haben wir den Algorithmus wieder durch schrittweises Verfeinern entworfen, doch begonnen haben wir mit dem Entwurf der konkreten Datenstruktur zum Zählen der Zeichen. Die Wahl einer ganzzahligen Reihung für die Häufigkeiten hat es ermöglicht, im Algorithmus mit Operationen eines Vektormoduls die lokal vereinbarten Daten zu bearbeiten. Allgemeine Teilaufgaben der Ein-/Ausgabe haben andere Module übernommen, eine spezielle Teilaufgabe haben wir an eine lokale Prozedur delegiert.

Wäre bei dieser Ausgabe eine Zerlegung in mehrere Kommandos angemessener, um der Leitlinie 1.2 S. 5 zu entsprechen? In der vorliegenden Lösung Programm 8.7 hängen die Teilaufgaben voneinander ab (siehe Bild 8.6). Ein Pfeil von A nach B bedeutet, dass A ausgeführt sein muss, bevor B ausgeführt werden kann.

Bild 8.6
Reihenfolge der
Teilaufgaben

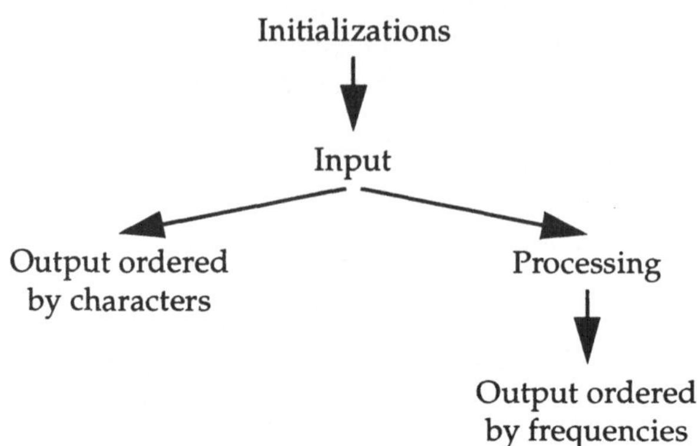

Diese Reihenfolgebeziehungen sind nicht der Willkür des Entwerfers entsprungen. Initialisierungen müssen am Anfang stehen, die Eingabe der Daten muss vor ihrer Verarbeitung erfolgen, die Verarbeitung vor ihrer Ausgabe. Nur die Reihenfolge der beiden Ausgabezweige ist nicht festgelegt.

Würde man jeder Teilaufgabe ein Kommando zuordnen, so wären nur drei von 120 möglichen Aufrufreihenfolgen zulässig - eine sprudelnde Quelle für „Bedienerfehler"! Der Entwerfer steht damit vor den Alternativen:

- Kommandos so entwerfen, dass jedes eine kleine, aber abgeschlossene Teilaufgabe erledigt und die Kommandos möglichst wenig voneinander abhängen.

- Zu den Kommandos eine Dialogbox gestalten und die Aufrufreihenfolge der Kommandos mit Wächtern kontrollieren (siehe Abschnitt 7.4).

8.3   Zusammenfassung

Wir haben zwei Aufgaben gelöst und dabei gelernt, dass

- es Wiederholungsanweisungen in Form von Bedingungs- und Zählschleifen gibt;

- man Schleifen so konstruieren soll, dass sie terminieren;

- vertragliche Spezifikationen mit prädikatenlogischen Ausdrücken aussagekräftiger werden;

- prädikatenlogische Spezifikationen von Diensten zu Implementationen mit Schleifen führen;

- Reihungen und Schleifen zusammenpassen, weil sich beim einen Datenelemente, beim anderen Anweisungen wiederholen;

- formale Parameter die Länge von Reihungen offen lassen können, damit die Prozedur aktuelle Reihungen beliebiger Länge bearbeiten kann;

- man durch Aufzeichnen von Spuren die Wirkungsweise von Algorithmen besser verstehen kann;

- es günstig ist, wenn eine Programmiersprache boolesche Ausdrücke kurz statt lang auswertet;

- Suchalgorithmen oft vorkommen (dreimal in zwei Aufgaben);

- man die Komplexität von Algorithmen bestimmen und vergleichen kann.

8.4   Literaturhinweise

Algorithmen zum Suchen und Sortieren sind Gegenstand zahlloser Lehrbücher. Wir verweisen auf [33] und [40].

8.5   Übungen

Mit diesen Aufgaben üben Sie strukturiertes Programmieren, indem Sie vorgestellte Module erweitern.

Aufgabe 8.1
Algorithmus optimieren

Die Abfrage IsEmpty ist in Programm 8.4 mit einem Suchalgorithmus implementiert, der sich optimieren lässt. Wie?

Aufgabe 8.2
Mengenmodul

Erweitern Sie ContainersSetOfChar um eine boolesche Abfrage IsFull, die TRUE liefert, wenn für alle Zeichen Has (c) gilt, und eine Aktion Fill, deren Nachbedingung IsFull ist!

Aufgabe 8.3
Grafikmodul

Implementieren Sie die auf S. 205 spezifizierte Prozedur DrawHorizontalLine von GraphUtilities!

Aufgabe 8.4
Vektormodul

Implementieren Sie die in Programm 8.5 spezifizierten Dienste Init, Sorted und Sort von MathVectorsOfInteger! Es genügt beim Prüfen, ob eine Reihung sortiert ist, benachbarte Elemente zu vergleichen. Ein einfacher Sortieralgorithmus vertauscht benachbarte Elemente.

Aufgabe 8.5
Spur

Führen Sie den Sortieralgorithmus, den Sie zu Aufgabe 8.4 entworfen haben, gedanklich mit einer kleinen Reihung mit beliebigen Werten aus und notieren Sie dabei die Spur der Reihung!

Aufgabe 8.6
Komplexitätsanalyse

Bestimmen Sie die Komplexität des Sortieralgorithmus, den Sie zu Aufgabe 8.4 entworfen haben!

Aufgabe 8.7
Auswertung
boolescher
Ausdrücke

Welche der folgenden booleschen Ausdrücke sind bei kurzer, welche bei langer Auswertung definiert? Nehmen Sie an, dass alle vorkommenden Namen geeignet vereinbart sind.

$(x > 1)$ & $(y \ \text{MOD} \ x = 2)$

$(y \ \text{MOD} \ x = 2)$ & $(x > 1)$

9   Objektorientiertes Programmieren

Zum Kaffeeautomatenbeispiel holen wir Tassen aus dem Schrank und erhalten den Grundbegriff des objektorientierten Programmierens, die Klasse. Wir starten in der Ebene der Spezifikation mit Cleo, um in wenigen Transformationsschritten die Ebene der Implementation mit Component Pascal zu erreichen.

9.1   Tassen

Betrachten wir das Cleo-Programm 2.8 S. 35: Beglückt uns dieser Kaffeeautomat? Wo bleibt der Kaffee? Der Automat knöpft dem Kunden Geld ab, ohne etwas dafür zu liefern!

Wo liegt der Fehler? Haben wir falsch spezifiziert? Vergleichen wir Programm 2.8 mit dem physischen Modell des Kaffeeautomaten, Bild 1.1 S. 1: Offenbar fehlt schon im physischen Modell der Ausgabeplatz für den Kaffee!

Leitlinie 9.1
Modell und
Spezifikation

> Eine Spezifikation ist höchstens so gut wie das Modell, das ihr zugrunde liegt. Ein mangelhaftes Modell ist nicht durch eine „gute" Spezifikation zu reparieren, denn diese kann die Mängel bestenfalls korrekt widerspiegeln.

Bild 9.1
Physisches Modell
des Kaffeeautomaten
mit Ausgabeplätzen

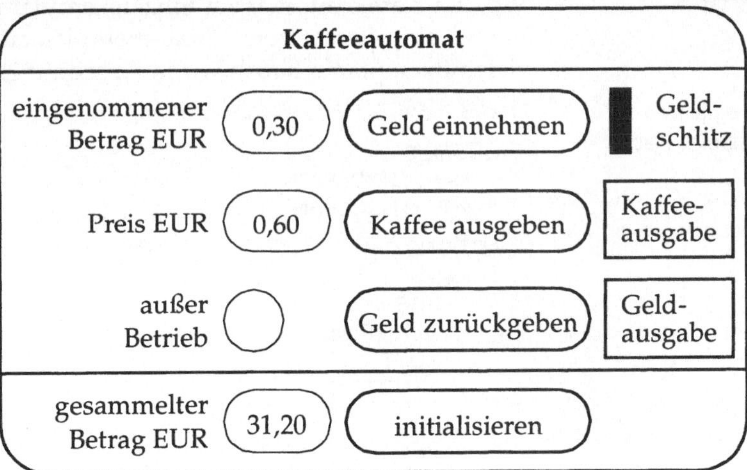

Verbessern wir also erst das physische Modell (siehe Bild 9.1). Bei dieser Gelegenheit ergänzen wir nicht nur einen Platz für die Kaffeeausgabe, sondern auch einen für die Geldrückgabe.

Bevor wir den Knopf „Kaffee ausgeben" drücken, müssen wir eine Tasse auf den Kaffeeausgabeplatz stellen, sonst verschwindet der Kaffee im Ablauf. Die Tasse sollte vorher leer sein, sonst läuft sie über, wenn der Automat sie füllt.

Was folgt aus diesen Änderungen für das Softwaremodell des Kaffeeautomaten? Die Aktionen Kaffee_ausgeben und Geld_zurückgeben erhalten Parameter (siehe S. 24):

```
Kaffee_ausgeben (INOUT Pott : Tasse)

Geld_zurückgeben (OUT Betrag : NATURAL)
```

Die Tasse erscheint als Typ Tasse eines formalen Parameters von Kaffee_ausgeben. Von einem Typ kann es beliebig viele Exemplare geben - das trifft sich gut, denn der Automat soll ja viele Tassen füllen. Wäre die Tasse als Modul modelliert, so könnte der Automat immer nur dieselbe Einzeltasse füllen. (Außerdem kann ein Modul nicht Parameter sein.)

9.1.1   Klasse

Wir modellieren vom Benutzen einer physischen Tasse ausgehend Dienste einer Tasse. Das Vorgehen gleicht dem Modellieren des Kaffeeautomaten durch ein Modul; Dienste teilen sich in Abfragen und Aktionen. Der Unterschied ist, dass die Tasse ein Typ, der Kaffeeautomat ein Einzelexemplar ist. Den Schritt vom Modul zur Klasse, vom Einzelexemplar zum Typ mit beliebig vielen Exemplaren haben wir in Abschnitt 2.5 kennengelernt.

Programm 9.1
Tasse als Klasse

```
CLASS Tasse

    QUERIES
        leer    : BOOLEAN
        voll    : BOOLEAN

    ACTIONS
        leeren
            PRE
                NOT leer
            POST
                NOT voll

        füllen
            PRE
                leer
            POST
                voll
```

INVARIANTS
    NOT (leer AND voll)

END Tasse

Die verschiedenen Zustände, die eine Tasse einnehmen kann, studieren wir anhand eines Zustandsdiagramms und üben daran das Spezifizieren durch Vertrag.

9.1.2 Vertrag und Zustandsdiagramm

Vom Vertrag zum
Zustandsdiagramm

Die beiden booleschen Abfragen leer und voll erlauben zunächst vier Zustände. Eine Tasse kann leer oder voll sein, aber nicht beides gleichzeitig; die Invariante

    NOT (leer AND voll)

schließt einen physisch unmöglichen Zustand aus. Eine Tasse kann aber auch nur teilweise gefüllt sein; deshalb führen wir die Abkürzung

    teilvoll = NOT leer AND NOT voll

ein. Wir füllen nur leere Tassen, dann aber voll. Geleert wird eine Tasse schluckweise - mit wievielen Schlucken, überlassen wir dem Trinkenden. Das Zustandsdiagramm Bild 9.2 stellt das Verhalten einer Tasse mit dem Vertrag von Programm 9.1 grafisch dar.

Bild 9.2
Zustandsdiagramm
einer Tasse

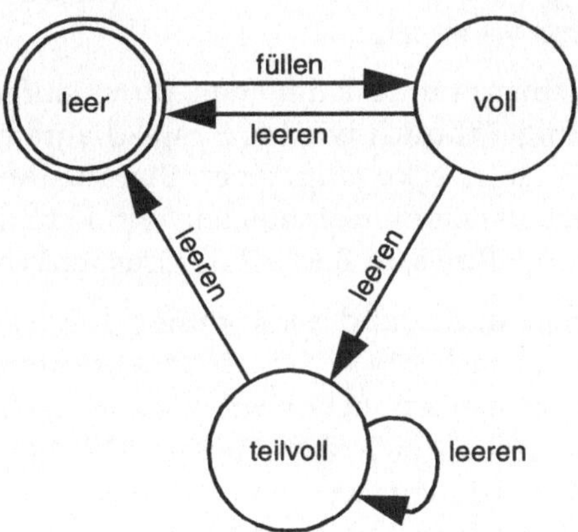

Wie in 2.4.2 S. 32 erwähnt, kann man aus einem Zustandsdiagramm systematisch eine vertragliche Spezifikation herleiten. Prüfen wir also, ob Bild 9.2 und Programm 9.1 in diesem Sinn äquivalent sind!

Vom
Zustandsdiagramm
zum Vertrag

Die Aktion füllen kommt in Bild 9.2 nur bei *einem* Übergang vor; der Vorzustand ist leer, der Nachzustand voll. Mit der Gleichsetzung Vorzustand = Vorbedingung, Nachzustand = Nachbedingung entspricht dies genau der Spezifikation von füllen in Programm 9.1.

leeren kommt bei vier Übergängen vor. Der Menge der möglichen Vorzustände entspricht die Disjunktion der Vorbedingungen: voll OR teilvoll. Da leer AND voll als Zustand ausgeschlossen ist, ist dies gleichwertig mit der Vorbedingung NOT leer.

In der Nachbedingung erscheinen die Vor- *und* die Nachzustände. Zu jedem Vorzustand gibt es eine Nachbedingung, die den Vorzustand implikativ mit den möglichen Nachzuständen verknüpft. Im Beispiel ergibt sich die Nachbedingung

    OLD (voll) IMPLIES (teilvoll OR leer)
    OLD (teilvoll) IMPLIES (teilvoll OR leer)

wobei die Zeilen mit den einzelnen Nachbedingungen konjunktiv zu verknüpfen sind. Dies lässt sich zu

    (OLD (voll) OR OLD (teilvoll)) IMPLIES (teilvoll OR leer)

vereinfachen und weiter zu

    NOT OLD (leer) IMPLIES NOT voll

Da NOT leer als Vorbedingung zugesichert ist, reduziert sich der Ausdruck weiter zu NOT voll - also genau der Nachbedingung von Programm 9.1. Damit ist die Äquivalenz von Bild 9.2 und Programm 9.1 gezeigt.

Durchlaufen eines Zustandsdiagramms

Zustandsdiagramme kann man durchlaufen, indem man den Pfeilen folgt (ähnlich wie bei Syntaxdiagrammen, siehe Bild 4.7 S. 63). Es ist zweckmäßig, einen **Startzustand** (manchmal mehrere Startzustände) festzulegen; wir kennzeichnen ihn durch einen Doppelkreis, in Bild 9.2 der Zustand leer.

Wir starten im Zustand leer, kommen durch füllen nach voll, von da durch leeren nach teilvoll oder leer. In teilvoll können wir durch leeren beliebig oft bleiben, bevor wir nach leer gehen. Dort angekommen, wiederholt sich der Ablauf. Alle möglichen Folgen von Zuständen können wir textuell mit einem EBNF-Ausdruck beschreiben (siehe Abschnitt 4.5):

Formel 9.1
Zustandsfolge einer Tasse

    { leer voll { teilvoll } }

Hier bilden leer, voll und teilvoll ein Alphabet terminaler Symbole. Ein EBNF-Ausdruck, in dem nur Terminale vorkommen, heißt **regulärer Ausdruck** (*regular expression*). Eine formale Sprache heißt **regulär** (*regular language*), wenn sie sich mit einem einzigen Nichtterminal beschreiben lässt, das durch einen regulären Ausdruck definiert ist.

Regulärer Ausdruck

Notieren wir beim Durchlaufen des Zustandsdiagramms statt der Zustände die Aktionen, so erhalten wir einen anderen regulären Ausdruck:

Formel 9.2
Aktionsfolge einer
Tasse

{ füllen { leeren } leeren }

Bild 9.2, Formel 9.1 und Formel 9.2 sind äquivalent in dem Sinn, dass jedes aus jedem anderen herleitbar ist (abgesehen von den Namen, die in den Ausdrücken nicht alle vorkommen). Damit haben wir - verglichen mit Programm 9.1 - kompakte Spezifikationen der Tasse gefunden, die eine Vorstellung vom Zusammenhang der Zustände oder Aktionen vermitteln. Reguläre Ausdrücke eignen sich gut, um zulässige Folgen von Aktionsaufrufen darzustellen. Eine Spezifikation durch Vertrag lässt sich dagegen leichter um eine Implementation ergänzen.

9.1.3   Benutzung

Zurück zum Modellieren des Kaffeeautomaten, Bild 9.1. Die Aktion Kaffee_ausgeben erwartet vom Parameter Pott des Typs Tasse, dass er vor dem Aufruf leer ist, und sie garantiert, dass er nachher voll ist. Der Parameter muss deshalb von der Art Ein- *und* Ausgabe sein. Die Spezifikation lautet:

Programm 9.2
Spezifikation von
Kaffee ausgeben

```
Kaffee_ausgeben (INOUT Pott : Tasse)
    PRE
        NOT außer_Betrieb
        eingenommener_Betrag >= Preis
        Pott.leer
    POST
        eingenommener_Betrag = OLD (eingenommener_Betrag) - Preis
        gesammelter_Betrag = OLD (gesammelter_Betrag) + Preis
        Pott.voll
```

Gegenüber Programm 2.8 S. 35 bietet dieses Kaffee_ausgeben mit der zusätzlichen Nachbedingung Pott.voll dem Kunden mehr, verlangt mit der zusätzlichen Vorbedingung Pott.leer aber auch mehr von ihm. Wir zeigen, warum das so ist:

Pott ist eine Tasse, und Tasse bietet voll nur als Nachbedingung von füllen. Also muss die Implementation von Kaffee_ausgeben Pott.füllen aufrufen, um die Nachbedingung Pott.voll zu gewährleisten. Tasse fordert jedoch leer als Vorbedingung von füllen. Da Kaffee_ausgeben den Pott vom Kunden als Parameter erhält, reicht es die Vorbedingung von füllen als Pott.leer an den Kunden weiter (sonst müsste es selbst den Pott leeren). So kann es getrost Pott.füllen aufrufen.

Da füllen von Tasse die Nachbedingung voll garantiert, kann auch Kaffee_ausgeben seinem Kunden Pott.voll zusichern.

Aufruf

Um die Aktion Kaffee_ausgeben aufrufen zu können, braucht es eine Tasse, die von einem Kunden zu vereinbaren ist:

```
mein_Haferl : Tasse
```

Der Aufruf lautet damit

```
Kaffeeautomat.Kaffee_ausgeben (mein_Haferl)
```

und das Trinken (oder Ausschütten) sieht etwa so aus:

```
WHILE NOT mein_Haferl.leer DO
    mein_Haferl.leeren
END
```

So gestärkt untersuchen wir die Beziehungen zwischen den beteiligten Modulen, Klassen und Objekten.

Bild 9.3
Benutzungsstruktur
des Kaffee-
Szenariums - statisch

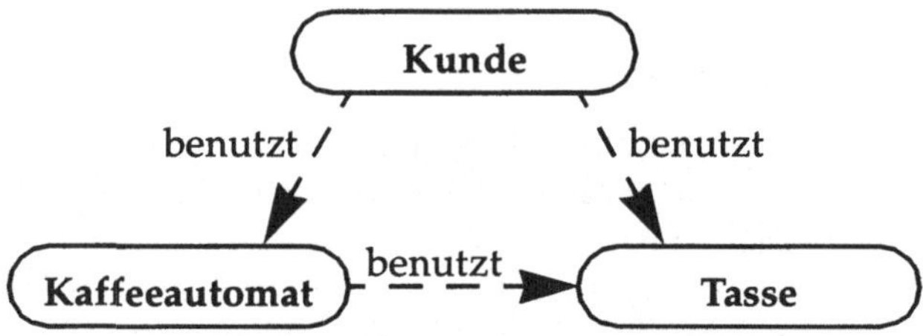

In Bild 9.3 ist Tasse als Klasse zu interpretieren. Es handelt sich um die statische **Benutzungsstruktur** des Szenariums.

Bild 9.4
Aufrufstruktur eines
Kaffee-Szenarios -
dynamisch

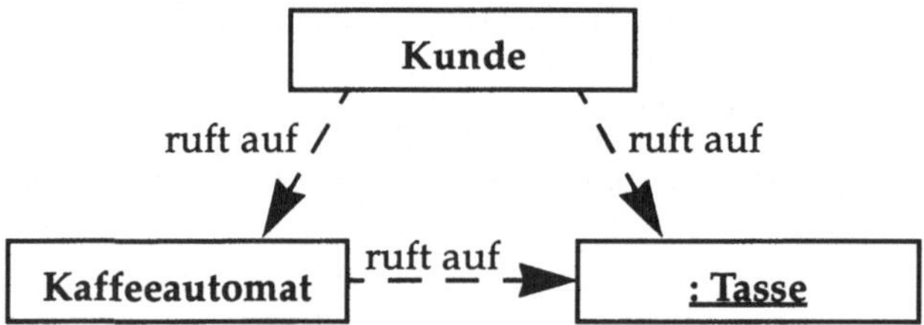

In Bild 9.4 sind Kunde, Kaffeeautomat und Tasse als Objekte zu interpretieren. Es handelt sich um die dynamische **Aufrufstruktur** eines Szenarios, d.h. eines Ablaufs des Szenariums. Die Schreibweise **: Tasse** kennzeichnet ein Exemplar der Klasse Tasse; vor dem „:" kann ein Objektname stehen. Im Beispiel hat das Tassenobjekt aber zwei Namen: beim Kunden heißt es mein_Haferl, beim Kaffeautomaten Pott.

9.2   Mengen

Ein zweites Beispiel für eine Klasse liefert die in 1.2.2 S. 8 eingeführte Menge. Es ist motiviert durch Anwendungen, die mehrere Mengen - eben Exemplare einer Mengenklasse - benötigen (siehe Abschnitt 10.3). Wir modellieren Set als Cleo-Klasse, indem wir wie in Abschnitt 2.5 vorgehen: Das Schlüsselwort MODULE durch CLASS ersetzen. Dabei kombinieren wir die Programme 2.7 S. 34 und 8.3 S. 198. Von 8.6 S. 206 übernehmen wir das Konstrukt der TYPES-Liste, um eine generische Menge zu spezifizieren. Der Elementtyp Element ist offen gelassen, erst bei einer Implementation der Klasse ist er zu konkretisieren.

Programm 9.3
Menge als
generische Klasse

```
CLASS Set

    TYPES
        Element                         (* Generic element type. *)

    QUERIES
        IsEmpty : BOOLEAN

        Has (IN x : Element) : BOOLEAN
            POST
                result IMPLIES NOT IsEmpty

    ACTIONS
        Put (IN x : Element)
            POST
                Has (x)

        Remove (IN x : Element)
            POST
                NOT Has (x)

        WipeOut
            POST
                IsEmpty

END Set
```

Generische Klasse

Die Spezifikation ist unabhängig von speziellen Eigenschaften des Typs Element. (Sie fordert von Element nur, dass es als Parametertyp einsetzbar ist. Diese Eigenschaft hat jeder Typ.) Eine Implementation, die nicht von speziellen Eigenschaften von Element abhängt, heißt **generische Implementation**; sie funktioniert für alle konkreten Element-Typen. Mit einer generischen Implementation sind Mengenobjekte mit konkreten Elementtypen ähnlich wie Reihungen zu vereinbaren, etwa:

```
charSet     : Set OF CHAR
intSet      : Set OF INTEGER
TassenSet   : Set OF Tasse
```

Das heißt, ein konkreter Elementtyp wird nicht schon bei der Implementation der Klasse festgelegt, sondern erst bei der Vereinbarung eines Objekts.

Andererseits zeigen die Programme 6.6 S. 138 und 6.7 S. 140 unterschiedliche Implementationen für Mengen der Elementtypen CHAR und INTEGER, die spezielle Eigenschaften dieser Typen nutzen. Eine Menge des Elementtyps Tasse würde noch eine andere Implementation erfordern.

Elementspezifische Klasse
In Implementationssprachen, die generische Klassen nicht unterstützen (z.B. Component Pascal), ist für jeden Elementtyp eine eigene Klasse zu implementieren. Vereinbarungen von Mengenobjekten sehen dann etwa so aus:

```
charSet        : SetOfChar
intSet         : SetOfInteger
Tassenmenge    : SetOfTasse
```

In beiden Fällen sind die vereinbarten Objekte z.B. so zu benutzen:

```
charSet.Has ("?")
intSet.Put (2 * 3 + 4)
Tassenmenge.Remove (mein_Haferl)
```

9.3 Vom Modul zur Klasse

Wir haben gesehen, dass der Schritt vom Modul zur Klasse auf der Ebene der Spezifikation ganz leicht ist. Allgemein gilt in Cleo die Transformation

```
MODULE Modulname                    CLASS Klassenname
   TYPES                               TYPES
      Vereinbarungen von Typen            Vereinbarungen von Typen
   QUERIES                             QUERIES
      Vereinbarungen von Abfragen         Vereinbarungen von Abfragen
   ACTIONS                             ACTIONS
      Vereinbarungen von Aktionen         Vereinbarungen von Aktionen
   INVARIANTS                          INVARIANTS
      Invarianten                         Invarianten
END Modulname                       END Klassenname
```

Vor uns liegen zwei Schritte in zwei Dimensionen: Von der Spezifikationssprache Cleo zur Implementationssprache Component Pascal, und vom Component-Pascal-Modul zur Component-Pascal-Klasse. Bild 9.5 stellt die Transformationsschritte zusammen.

Bild 9.5
Transformation vom
Modul zur Klasse

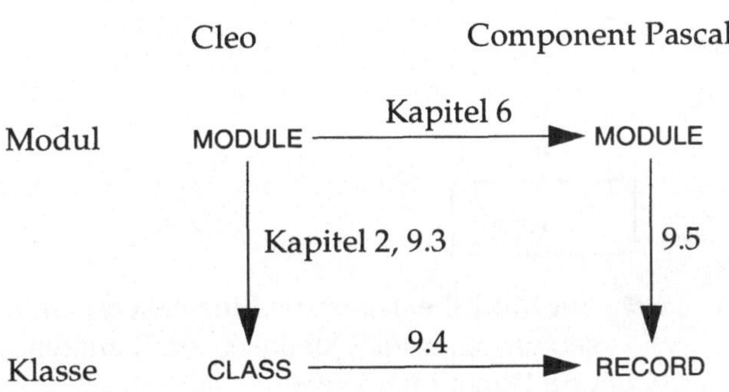

9.3.1   Gemeinsamkeiten

Konzentrieren wir uns zunächst auf die wesentlichen Gemeinsamkeiten von Modulen und Klassen, bevor wir uns mit Details befassen:

- Module und Klassen sind Einheiten der Modellierung und Strukturierung von Software, die jeweils einen bestimmten Zweck erfüllen. Module modellieren Aufgaben, Klassen Dinge eines Anwendungsbereichs.

- Module und Klassen folgen dem Prinzip der Trennung von Schnittstelle und Implementation.

- Schnittstellen von Modulen und Klassen bestehen aus Diensten, die sich in Abfragen und Aktionen teilen.

- Eine Schnittstelle kann durch Verträge aus Vor- und Nachbedingungen und Invarianten spezifiziert werden.

- Eine Implementation definiert zu einer gegebenen Schnittstelle die Daten, die den spezifizierten Zustand repräsentieren, die Speicherstruktur der Daten, und die Algorithmen zu den Diensten.

9.3.2   Unterschiede

Der wesentliche Unterschied zwischen Modulen und Klassen ist:

- Klassen sind Typen, Module nicht. Von Klassen kann es beliebig viele Exemplare geben, die Objekte heißen. Von einem Modul gibt es nur ein Exemplar.

Wir beziehen nun die Ebenen der Implementation und des Programmablaufs ein.

Bild 9.6
Modul - verschiedene
Zeitpunkte

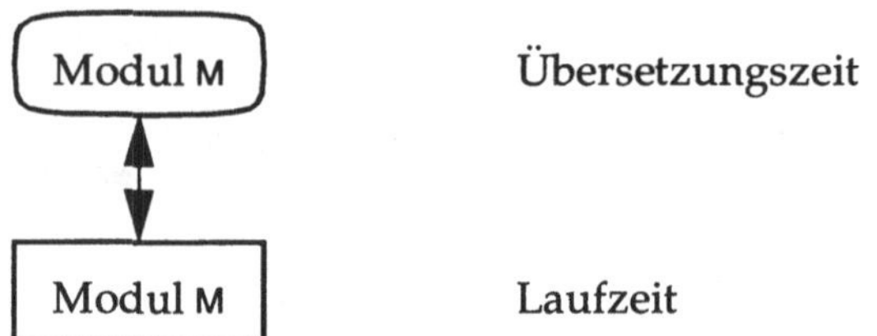

Modul

- Ein Modul existiert als Einzelexemplar, und zwar zur Übersetzungszeit als Quelltext, zur Laufzeit als geladener Code und Daten im Speicher.

- Ein Modul ist i.A. eine abstrakte Datenstruktur.

- Eine Modulimplementation ist vollständig, d.h. ein implementiertes Modul ist ausführbar.

Bild 9.7
Klasse und Objekt -
verschiedene
Zeitpunkte

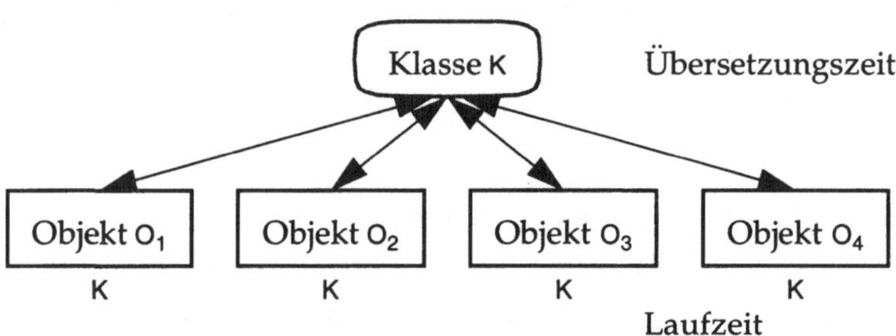

Klasse

- Eine Klasse ist ein Typ. Sie existiert zur Übersetzungszeit als Quelltext. Zur Laufzeit liegen nur Typinformationen über die Objekte von Klassen vor. (Andere Sichtweise: Der Code der Klasse ist geladen.)

- Eine Klasse ist ein **abstrakter Datentyp**: ein Typ, dessen Exemplare abstrakte Datenstrukturen sind.

- Eine Klassenimplementation kann unvollständig sein. Partiell implementierte Klassen dienen dem Klassifizieren von Typen, nicht dem Erzeugen von Objekten.

Objekt

- Ein Objekt ist ein Exemplar einer Klasse. Es erscheint in einem Quelltext in einer Vereinbarung (oder einer Erzeugungsoperation). Ein Objekt existiert nur zur Laufzeit als geladener Code und Daten im Speicher. (Bei anderer Sichtweise gehört der Code zur Klasse.)

- Da der Code für alle Objekte derselben Klasse gleich ist, wird er zwecks Optimierung nur einmal in den Speicher geladen und von allen Objekten gemeinsam benutzt. Jedes Objekt hat seine eigenen Daten im Speicher.

Betrachten wir diese Sachverhalte aus der Sicht der Zeitpunkte:

Übersetzungszeit

Zur Übersetzungszeit gilt: Ein Programm ist eine strukturierte Ansammlung von Modulen und Klassen.

Laufzeit

Zur Laufzeit gilt: Ein Programmablauf führt Aufrufe von Diensten von Modulen und Objekten aus. Die Dienste eines Objekts sind durch seine Klasse bestimmt. Die Zustände von Modulen und Objekten ändern sich durch die Ausführung von Aktionen.

Da ein Softwareentwickler Module und Klassen programmiert, sollte die passende Bezeichnung **klassenorientiertes Programmieren** lauten, doch hat sich die Bezeichnung objektorientiertes Programmieren verbreitet.

9.4   Von der Spezifikation zur Implementation

Wir bereiten den Schritt von einer Cleo-Klasse zu einer Component-Pascal-Klasse vor (siehe Bild 9.5 unten).

Bild 9.8
Module und Klassen
in Cleo

In Cleo stehen Module und Klassen als „gleichberechtigte" Einheiten nebeneinander. Ihre Texte sind in sich abgeschlossen und voneinander getrennt. Nur die Benutzungsbeziehung verbindet Module und Klassen miteinander.

Bild 9.9
Module und Klassen
in Component Pascal

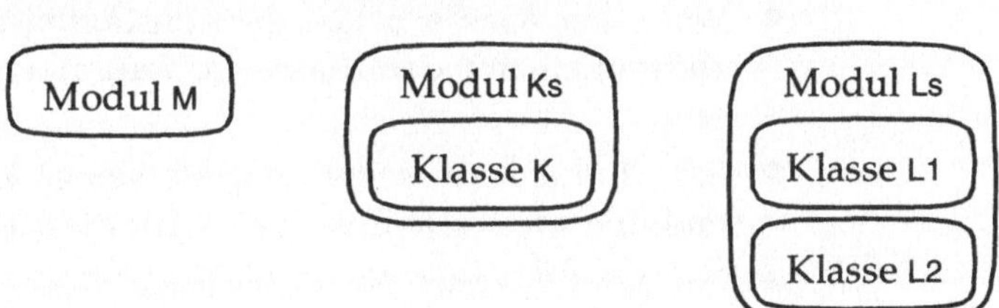

In Component Pascal sind Klassen Modulen untergeordnet. Der Text einer Klasse ist Teil eines Moduls. Zur Benutzungsbeziehung kommt die **textuelle Schachtelung** (*nesting*) hinzu. In einem Modul können beliebig viele Klassen vereinbart sein.

Dieser Ansatz erklärt sich historisch aus der Weiterentwicklung von Modula und Oberon zu Component Pascal. Aus der textuellen Schachtelung folgen aber Eigenschaften von Component

Pascal, in denen es sich von anderen objektorientierten Sprachen unterscheidet und die hinsichtlich Komponentenorientierung interessant sind:

- Mehrere Klassen, die zusammenwirkend eine gemeinsame Aufgabe lösen, können in *ein* Modul gepackt werden, um ihre logische Einheit auszudrücken. Solche Module eignen sich gut als wiederverwendbare Komponenten.

- Das Modul dient als Einheit des Übersetzens, des dynamischen Ladens, des Wiederverwendens und Ersetzens besser als die Klasse, die für diese Zwecke oft „zu klein" ist.

- Ein Modul kann Beziehungen zwischen den in ihm vereinbarten Klassen in einer Art klassenübergreifender Invariante definieren. Da nur das Modul als Ganzes austauschbar ist, können solche Invarianten nicht durch Ersetzen einzelner Klassen verletzt werden.

- Da das Modul dynamische Ladeeinheit ist, werden mit einem Modul auch seine Klassen geladen. (Für eine Kommandoausführung müssten sonst die benötigten Klassen einzeln geladen werden.)

- Die Schutzeinheit ist das Modul, nicht die Klasse. Das Modul kontrolliert die Exportpolitik. Innerhalb des vereinbarenden Moduls sind alle Merkmale einer Klasse öffentlich. Mehrere in einem Modul vereinbarte Klassen sind miteinander „befreundet", sie können auf alle ihre Merkmale zugreifen.

- Ein Modul kann private Klassen vereinbaren, die Kunden verborgen bleiben und hinter den Kulissen Arbeit leisten.

- Von einer Klasse benötigte Konstanten und Typen können zusammen mit der Klasse in demselben Modul vereinbart sein.

- Ein Modul kann selbst Objekte seiner Klassen vereinbaren und übergreifende Invarianten für diese Objekte festlegen.

- Ein Modul kann die Rolle einer Fabrik übernehmen, die Objekte einer Klasse produziert.

Eine weitere Idee in Component Pascal lässt sich auf die Formel bringen:

Klasse = Verbundtyp + typgebundene Prozeduren + Typerweiterung.

Component Pascal fasst Klassen als weiterentwickelte, mit zusätzlichen Eigenschaften ausgerüstete Verbunde auf:

- Die Daten einer Klasse werden als Felder eines Verbundtyps modelliert.

- Die algorithmischen Dienste einer Klasse werden als Prozeduren modelliert, die an den Verbundtyp gebunden sind.

Details zeigen wir am folgenden Beispiel, das Thema Typerweiterung greifen wir in Kapitel 10 auf.

9.4.1 Menge als Klasse

Mit einer Klasse ist stets auch ein Modul zu programmieren. Wie soll man Module und Klassen benennen?

Leitlinie 9.2
Namen von Klassen
und Modulen

> Benenne eine Klasse mit einem Substantiv im Singular, das ein einzelnes Exemplar der Klasse in der vertrauten Terminologie der Anwendung beschreibt (z.B. Konto). Das Substantiv kann mit einem weiteren Wort qualifiziert sein (z.B. Sparkonto). Verwende verständliche Namen, vermeide kryptische Abkürzungen (z.B. *nicht* Sprknt).
>
> Die Gesamtheit der Objekte einer Klasse entspringt letztlich dem Modul, das diese Klasse vereinbart. Benenne deshalb ein Modul mit dem Subsystemnamen gefolgt vom Namen seiner wichtigsten Klasse im Plural (z.B. BankKonten).

Wir formulieren nun die Cleo-Klasse Set von Programm 9.3 als eine in ein Modul eingebettete Klasse in Component Pascal. Dabei müssen wir einen konkreten Elementtyp festlegen, hier CHAR. Die Implementationsteile stammen von den Programmen 6.6 S. 138, 8.2 S. 197 und 8.4 S. 199.

Programm 9.4
Zeichenmenge als
Klasse in Modul

```
MODULE ContainersSetsOfChar;

    IMPORT
        BEC := BasisErrorConstants;

    CONST
        sizeOfCHARset    = ORD (MAX (CHAR)) - ORD (MIN (CHAR)) + 1;
        sizeOfSET        = MAX (SET) - MIN (SET) + 1;

    TYPE
        Element*    = CHAR;
        Set*        = POINTER TO SetDesc;
        SetDesc*    =
            RECORD
                set : ARRAY sizeOfCHARset DIV sizeOfSET OF SET;
            END;
```

```
4 ☞        PROCEDURE (IN set : SetDesc) IsEmpty* () : BOOLEAN, NEW;
               VAR
                   result : BOOLEAN;
                   i      : INTEGER;
               BEGIN
5 ☞              result := set.set [0] = {};
                 i      := 1;
                 WHILE result & (i < LEN (set.set)) DO
                     result := set.set [i] = {};
                     INC (i);
                 END;
                 RETURN result;
               END IsEmpty;

           PROCEDURE (IN set : SetDesc) Has* (x : Element) : BOOLEAN, NEW;
           BEGIN
               RETURN ORD (x) MOD sizeOfSET IN set.set [ORD (x) DIV sizeOfSET];
           END Has;

6 ☞       PROCEDURE (VAR set : SetDesc) Put* (x : Element), NEW;
           BEGIN
               INCL (set.set [ORD (x) DIV sizeOfSET], ORD (x) MOD sizeOfSET);
5 ☞           ASSERT (set.Has (x), BEC.postcondSupplierOk);
           END Put;

           PROCEDURE (VAR set : SetDesc) Remove* (x : Element), NEW;
           BEGIN
               EXCL (set.set [ORD (x) DIV sizeOfSET], ORD (x) MOD sizeOfSET);
               ASSERT (~set.Has (x), BEC.postcondSupplierOk);
           END Remove;

           PROCEDURE (VAR set : SetDesc) WipeOut*, NEW;
               VAR
                   i : INTEGER;
               BEGIN
               FOR i := 0 TO LEN (set.set) - 1 DO
                   set.set [i] := {};
               END;
               ASSERT (set.IsEmpty (), BEC.postcondSupplierOk);
               END WipeOut;

       BEGIN
           ASSERT (sizeOfCHARset MOD sizeOfSET = 0, BEC.invariantModuleImpl);
       END ContainersSetsOfChar.
```

Die Nummern in der folgenden Liste von Bemerkungen entsprechen den Nummern bei den ☞Symbolen in Programm 9.4.

(1) Der Klassenname Set dient als Typname für Zeiger auf Objekte der Klasse. Zeiger behandeln wir in 10.3.5 S. 274.

(2) Das Suffix Desc für „Description" hängen wir per Programmierkonvention an den eigentlichen Namen Set, der bereits für den Zeigertyp vergeben ist.

(3) Die private Variable set von Programm 6.6 S. 138 wird in ein privates Feld des Verbundtyps SetDesc transformiert. Jedes Exemplar von SetDesc hat damit sein eigenes Exemplar von set.

(4) Die Funktionsprozedur

```
PROCEDURE IsEmpty* () : BOOLEAN;
```

von Programm 8.4 S. 199 wird zu einer typgebundenen Funktionsprozedur. Ein erläuternder Zwischenschritt dahin ist, der gewöhnlichen Funktionsprozedur die Daten der Menge als Parameter zu übergeben:

```
PROCEDURE IsEmpty* (IN set : SetDesc) : BOOLEAN;
```

Die Parameterübergabeart ist IN, weil IsEmpty als Abfrage bzw. Funktion den Parameter set nicht verändert. Eine Vereinbarung

```
VAR mySet : ContainersSetsOfChar.SetDesc;
```

vorausgesetzt, kann ein Kunde diese Prozedur so aufrufen:

```
ContainersSetsOfChar.IsEmpty (mySet)
```

Bei dieser Variante spielt ContainersSetsOfChar die Rolle eines Werkzeugkastenmoduls, das Materialien der Art SetDesc bearbeitet (ähnlich wie MathVectors Vektoren bearbeitet). Die Prozedur IsEmpty gibt an, *was* gemacht wird, der Parameter mySet, *woran* es gemacht wird. SetDesc ist schon ein abstrakter Datentyp, weil die konkrete Implementation der Daten verborgen ist und zum Bearbeiten der Daten nur Prozeduren bereitstehen. SetDesc ist aber noch keine Klasse.

Das objektorientierte Programmieren ändert die Sichtweise: Zuerst interessiert das *Woran*, das Objekt, das bearbeitet wird. Dann folgt das *Was*, die Operation, mit der das Objekt bearbeitet wird.

In der Vereinbarung der typgebundenen Prozedur drückt sich das darin aus, dass der *Woran*-Parameter syntaktisch zwischen das PROCEDURE-Schlüsselwort und den *Was*-Prozedurnamen rückt:

```
PROCEDURE (IN set : SetDesc) IsEmpty* () : BOOLEAN;
```

Damit ist die Prozedur IsEmpty **an den Typ** SetDesc **gebunden** (*bound to the record type*), und dieser ist damit eine Klasse. Der Parameter set heißt **Empfänger** (*receiver*). Wieder die Vereinbarung

```
VAR mySet : ContainersSetsOfChar.SetDesc;
```

vorausgesetzt, kann ein Kunde die **typgebundene Prozedur** mit der Punktnotation aufrufen, die den aktuellen *Woran*-Empfänger vor den *Was*-Prozeduraufruf stellt:

```
mySet.IsEmpty ()
```

Diese Variante braucht den Modulnamen ContainersSetsOfChar nur zur Vereinbarung des Objekts namens mySet, nicht zum Aufruf des Dienstes IsEmpty, denn dieser ist an den Typ des Objekts (nicht das Modul) gebunden.

Ein Detail, das erst im Zusammenhang mit der Typerweiterung verständlich wird, ist zu ergänzen: Alle typgebundenen Prozeduren dieses Beispiels sind mit dem **Attribut** NEW vereinbart:

```
PROCEDURE (IN set : SetDesc) IsEmpty* () : BOOLEAN, NEW;
```

(5) Im Rumpf einer typgebundenen Prozedur wird auf ein Merkmal des Empfängers zugegriffen, indem der Merkmalname mit dem Empfängernamen qualifiziert wird. So bezeichnet set.set das Verbundfeld set des Empfängers set, set.Has (x) bezeichnet die typgebundene Prozedur Has des Empfängers set.

Hierin unterscheidet sich Component Pascal syntaktisch von Cleo, das die Qualifizierung nicht braucht (der Empfänger ist in Cleo namenlos).

(6) Bei Aktionen (z.B. Put) erscheint der Empfänger als Ein-/Ausgabeparameter mit VAR, weil er durch den Aufruf verändert wird.

Der Übersetzer erzeugt aus Programm 9.4 diese Schnittstelle:

Programm 9.5
Schnittstelle der
Zeichenmenge als
Klasse

```
DEFINITION ContainersSetsOfChar;

    TYPE
        Set = POINTER TO SetDesc;
        SetDesc = RECORD
            (IN set: SetDesc) Has (x: Element): BOOLEAN, NEW;
            (IN set: SetDesc) IsEmpty (): BOOLEAN, NEW;
            (VAR set: SetDesc) Put (x: Element), NEW;
            (VAR set: SetDesc) Remove (x: Element), NEW;
            (VAR set: SetDesc) WipeOut, NEW
        END;

        Element = CHAR;

END ContainersSetsOfChar.
```

Die Implementation ist wie üblich abgestreift. Vom Quelltext unterscheidet sich die Darstellung dadurch, dass die typgebundenen Prozeduren nicht nach der Verbundtypvereinbarung, sondern innerhalb der Klammern RECORD und END erscheinen (ohne das Schlüsselwort PROCEDURE), um den Zusammenhang zwischen Typ und typgebundenen Prozeduren zu verdeutlichen. Das Feld set erscheint nicht in der Schnittstelle, weil es im Sinne der Datenkapselung privat ist.

Typenmodul

Das Modul ContainersSetsOfChar exportiert nur Typen: eine Klasse für die Menge und den Elementtyp der Menge. Da es keine Prozeduren exportiert, hat es keinen sichtbaren Zustand und gehört zur Art der Module ohne Zustand, und zwar zu den Typenmodulen. Ein **Typenmodul** stellt eine Schnittstelle aus Typen zur Verfügung. Kunden können diese Typen nutzen, um Größen zu vereinbaren. Der im Beispiel vorliegende Spezialfall ist das **Klassenmodul**: Es definiert eine oder mehrere Klassen.

Initialisierung

Ein Problem haben wir fast vergessen: Die Initialisierung von Objekten. Beim Mengenmodul Programm 6.6 S. 138 sorgt die Defaultinitialisierung dafür, dass die Menge nach dem Laden leer ist. Bei der Vereinbarung eines Mengenobjekts durch

```
VAR set : ContainersSetsOfChar.Set;
```

gilt das nur, wenn die Vereinbarung global ist (in einem Modul), aber nicht, wenn sie lokal ist (in einer Prozedur)! Ein lokales Objekt set ist nach der Vereinbarung in einem undefinierten Zustand, es wird wie andere Variablen *nicht* implizit initialisiert. Also muss es der Programmierer explizit durch eine Anweisung initialisieren. Im Beispiel eignet sich WipeOut als Initialisierungsprozedur:

```
set.WipeOut;
```

9.4.2   Transformationsschema

Bündeln wir das Vorgehen beim Mengenbeispiel zu einer allgemeinen Transformation einer Cleo-Klasse in eine Component-Pascal-Klasse:

Cleo

```
CLASS Klassenname

    TYPES
        Vereinbarungen von Typen

    QUERIES
        konstante Abfrage                        : Typ
        variable Abfrage                         : Typ
        berechnete Abfrage (formale Parameter)   : Typ

    ACTIONS
        Aktionsname (formale Parameter)
```

```
               INVARIANTS
                  Bedingung

            END Klassenname
```

Ein neuer Aspekt sind die Invarianten, die beim Mengenbeispiel
nicht vorkommen. Die Transformation verläuft ähnlich wie bei
Modulen: Zu Modulinvarianten definieren wir eine Prozedur
CheckInvariants, zu Klasseninvarianten eine typgebundene Prozedur CheckInvariants.

Component Pascal

```
MODULE SubsystemnameKlassennames;

    CONST
        konstante Abfrage* = Wert;

    TYPE
        Vereinbarungen von Typen

        Klassenname* = POINTER TO KlassennameDesc;
        KlassennameDesc* =
            RECORD
                variable Abfrage- : Typ;
            END;

    PROCEDURE (IN this : KlassennameDesc)
        berechnete Abfrage* (formale Parameter) : Typ, NEW;
    BEGIN
        ...
    END berechnete Abfrage;

    PROCEDURE (IN this : KlassennameDesc) CheckInvariants, NEW;
    BEGIN
        ASSERT (Bedingung);
    END CheckInvariants;

    PROCEDURE (VAR this : KlassennameDesc)
        Aktionsname* (formale Parameter), NEW;
    BEGIN
        ...
    END Aktionsname;

END SubsystemnameKlassennames.
```

9.5   Von der abstrakten Datenstruktur zum abstrakten Datentyp

Vor uns liegt der Transformationsschritt von einem Component-
Pascal-Modul zu einer Component-Pascal-Klasse (siehe Bild 9.5
rechts). Wir haben ihn exemplarisch mit der Menge vollzogen.
Welche Module eignen sich allgemein dazu, sie in Klassen zu
transformieren? Wir haben verschiedene Arten von Modulen
kennengelernt; ein Unterscheidungskriterium ist, ob das Modul
einen Zustand hat oder nicht:

- Module ohne Zustand wie Konstantenmodule (z.B. BasisError-Constants), Werkzeugkastenmodule (z.B. MathVectors) und natürlich Typenmodule sind nur als Einzelexemplare sinnvoll.

- Module mit Zustand sind abstrakte Datenstrukturen. Solche Module sind potenzielle Kandidaten für die Transformation in einen abstrakten Datentyp, ja eine Klasse (z.B. von ContainersSetOfChar nach ContainersSetsOfChar).

9.5.1 Transformationsschema

Allgemein verläuft die Transformation nach folgendem Muster.

Abstrakte
Datenstruktur als
Modul

```
MODULE SubsystemnameThing;

    IMPORT
        Liste der benutzten Module

    CONST
        Vereinbarungen von Konstanten

    TYPE
        Vereinbarungen von Typen

    VAR
        Vereinbarungen von Variablen

    PROCEDURE
        Vereinbarungen von Prozeduren

BEGIN
    initiale Anweisungen
END SubsystemnameThing.
```

Im Einzelnen sind folgende Änderungen auszuführen:

- Den Modulnamen um ein „s" für den Plural erweitern.

- Zwei Typvereinbarungen für die Klasse ergänzen: eine für den Zeigertyp, eine für den Verbundtyp.

- Die Variablen des Ursprungsmoduls zu Feldern des neuen Verbunds machen.

- Alle Prozeduren mit Empfängern versehen: Funktionen mit IN-, gewöhnliche Prozeduren mit VAR-Parametern.

- Alle Prozeduren mit dem Attribut NEW versehen.

- In allen Prozeduren bisherige Zugriffe auf Variablen des Ursprungsmoduls in Zugriffe auf Felder des neuen Verbundtyps umwandeln, indem man ihre Namen mit dem Empfängernamen qualifiziert.

- In allen Prozeduren bisherige Aufrufe von Prozeduren des Ursprungsmoduls in Aufrufe der jetzt typgebundenen Prozeduren umwandeln, indem man ihre Namen mit dem Empfängernamen qualifiziert.

- Den Initialisierungsteil des Ursprungsmoduls zum Rumpf einer neuen typgebundenen Prozedur namens Init machen.

Abstrakter Datentyp
als Klasse in Modul

```
MODULE SubsystemnameThings;

    IMPORT
        Liste der benutzten Module

    CONST
        Vereinbarungen von Konstanten

    TYPE
        Vereinbarungen von Typen

        Thing* = POINTER TO ThingDesc;
        ThingDesc* =
            RECORD
                Vereinbarungen von Feldern
            END;

    Vereinbarungen von an ThingDesc gebundenen Prozeduren

    PROCEDURE (VAR this : ThingDesc) Init*, NEW;
    BEGIN
        initiale Anweisungen
    END Init;

END SubsystemnameThings.
```

9.6 Zusammenfassung

Wir haben das Grundkonzept der objektorientierten Softwarekonstruktion, die Klasse, kennengelernt und ihre Beziehungen zu Modulen und Verbunden studiert:

- Module sind abstrakte Datenstrukturen, Klassen sind abstrakte Datentypen.

- Module lassen sich schematisch in Klassen transformieren.

- Module als Strukturierungseinheiten der Software dienen dazu, Aufgaben eines Anwendungsbereichs zu modellieren.

- Klassen als Strukturierungseinheiten der Software dienen dazu, Klassen von Dingen eines Anwendungsbereichs zu modellieren.

- Component Pascal kapselt Klassen in Module. Dadurch sind Module atomare Komponenten eines komponentenorientierten Systems.

- Component Pascal realisiert Klassen als erweiterbare Verbunde mit typgebundenen Prozeduren.

9.7 Literaturhinweise

Als Klassiker und Bestseller der Objektorientierung ist B. Meyer [21] sehr empfehlenswert; es liefert eine softwaretechnisch begründete Einführung in objektorientierte Konzepte und die Programmiersprache Eiffel. ([21] ist die überarbeitete Auflage des Originals von [17], [17] die deutsche Ausgabe der ersten Auflage von [21].) Mit objektorientiertem Modellieren befassen sich [4] und [25], mit objektorientiertem Programmieren [13], [22] und [27].

9.8 Übungen

Mit diesen Aufgaben üben Sie das Erstellen von Klassen aus gegebenen Modulen oder Spezifikationen und das Benutzen von Klassen.

Aufgabe 9.1
Kaffeeautomaten

Transformieren Sie nach dem Schema von 9.5.1 das Modul I1Kaffeeautomat (Programm 6.3 S. 132) in ein Klassenmodul I1Kaffeeautomaten mit einer Klasse Kaffeeautomat!

Aufgabe 9.2
Tassen

Programmieren Sie eine Klasse Tasse in Component Pascal, die der Spezifikation Programm 9.1 entspricht! Wenden Sie dabei das Transformationsschema von 9.4.2 an! Implementieren Sie Tasse so, dass eine volle Tasse nach einer konstanten Anzahl von Schlucken geleert ist!

Aufgabe 9.3
Kaffeeautomaten und Tassen

Kombinieren Sie die Lösungen der Aufgaben 9.1 und 9.2, sodass die Klasse Kaffeeautomat die Klasse Tasse benutzt!

10 Statische Klassenstrukturen

Wir lernen Grundkonzepte des objektorientierten Programmierens kennen, indem wir überlegen, was Kaffeeautomaten mit Fahrscheinautomaten, Tassen mit Fahrscheinen gemein haben. Mit den gewonnenen Erkenntnissen konstruieren wir ein Programm, das die Rechtschreibung eines Textes prüft.

10.1 Fahrscheinautomaten

In diesem Beispiel besorgen wir uns als Bahnfahrer einen Fahrschein. Im Bahnhof finden wir mehrere Fahrscheinautomaten. Sie sehen fast aus wie Kaffeeautomaten; der wesentliche Unterschied ist, dass sie Fahrscheine statt Kaffee liefern.

Abstraktion

Sollen wir zum Modellieren Bild 9.1 S. 229 kopieren und darin das Wort „Kaffee" durch „Fahrschein" ersetzen? Besser ist, gemeinsame Merkmale beider Automaten zu erkennen, zu verallgemeinern, zu abstrahieren. Stellen wir uns einen Automaten vor, der Geld aufnimmt und etwas dafür ausgibt - eine Ware. Dieser Warenautomat gleicht Bild 10.1.

Bild 10.1
Modell eines
Warenautomaten

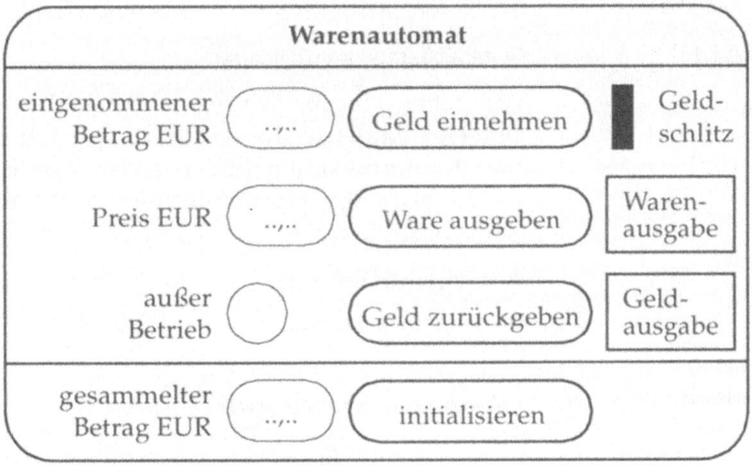

Vom Warenautomaten gibt es keine Exemplare, keine greifbaren Objekte. Ein Automatenproduzent kann keinen allgemeinen Warenautomaten herstellen, er müsste wissen, welche besondere Ware der Automat ausgeben soll. Ein Kaffeeautomat ist *kein* Exemplar des Warenautomaten, denn er liefert ja Kaffee. Der Warenautomat ist ein **abstrakter** Automat, im Unterschied zu den **konkreten** Kaffee- und Fahrscheinautomaten. Wir stellen fest:

- Ein Kaffeeautomat ist ein **spezieller** Warenautomat; er verhält sich wie ein Warenautomat und besitzt alle Merkmale eines Warenautomaten und eventuell einige mehr.

- Ein Fahrscheinautomat ist auch ein spezieller Warenautomat mit dessen Verhalten und Merkmalen.

- Ein Warenautomat ist ein **genereller** Automat, ein **generalisierter** Kaffee- und Fahrscheinautomat; er definiert das gemeinsame Verhalten dieser speziellen Automaten und hat alle ihnen gemeinsame Merkmale, aber nicht mehr.

Diesen Sachverhalt stellen wir grafisch in einem Klassendiagramm mit der Notation von Bild 6.15 S. 146 dar:

Bild 10.2
Klassifikationsstruktur der Automaten

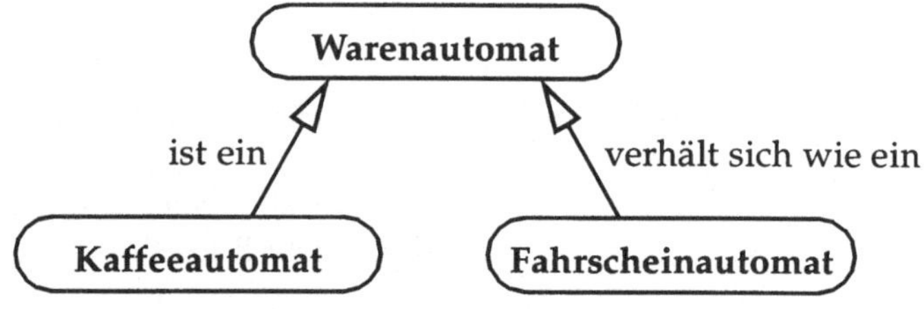

10.1.1   Generalisieren - spezialisieren

Wir haben eine Beziehung zwischen Begriffen - Klassen von Dingen - entdeckt, die seit Jahrtausenden eine Basis menschlicher Kommunikation bildet: **Klassifikation.** Begriffe **klassifizieren** bedeutet, sie vergleichen und nach dem Grad ihrer Gemeinsamkeiten ordnen. Diese Ordnung hat zwei Richtungen:

- **Generalisierung,**

- **Spezialisierung.**

Bild 10.3
Klassifizieren

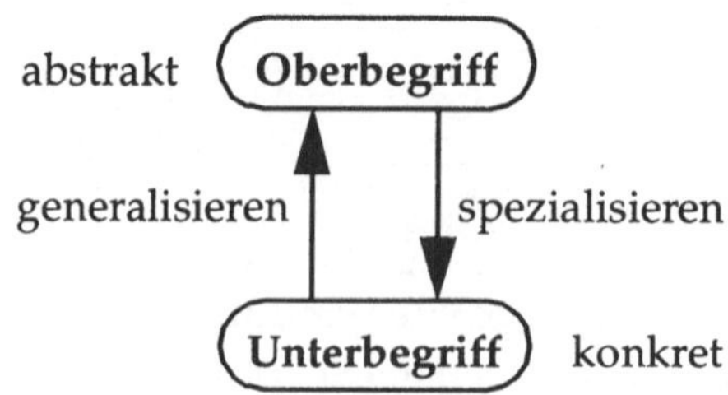

Ein **Oberbegriff** ist allgemeiner, abstrakter als seine Unterbegriffe. Ein **Unterbegriff** ist spezieller, konkreter als seine Oberbegriffe. Dieser Bezeichnungsweise folgend platzieren wir in grafischen Darstellungen meist die allgemeineren Begriffe oben, die spezielleren unten.

Spezifikation

Wie nutzen wir diese Einsicht für die Spezifikation des Fahrscheinautomaten? So wie wir das Modell des Kaffeeautomaten *nicht* kopiert, sondern von ihm abstrahiert haben, kopieren wir auch die Spezifikation des Kaffeeautomaten *nicht*, sondern abstrahieren von ihr, um Redundanz und Aufwand zu sparen.

Waren-, Kaffee- und Fahrscheinautomat modellieren wir als Klassen. Aus der Spezifikation des Kaffeeautomaten (Programme 2.8 S. 35, 9.2 S. 233) filtern wir allgemeine Teile heraus und schreiben diese als Spezifikation der **abstrakten Klasse** Warenautomat auf. Die Spezifikationen fast aller Dienste können wir mit ihren Vor- und Nachbedingungen übernehmen.

Nur die Aktion Kaffee_ausgeben lässt sich nicht direkt verallgemeinern. Zunächst ist ihr Name in Ware_ausgeben zu ändern. Die Variante Programm 9.2 hat aber einen Parameter vom Typ Tasse, und wir wollen weder einen Fahrschein noch sonst eine Ware mit einer Tasse abholen (außer Getränken). Das Verallgemeinern des Kaffeeautomaten zum Warenautomaten gelingt nur, wenn gleichzeitig die Tasse verallgemeinert wird. Zu was? Stellen wir uns vor, der vom Fahrscheinautomaten ausgegebene Fahrschein ist kein Stück Papier, sondern eine aufladbare Magnetkarte (die bei der Bahnfahrt durch Entladen entwertet wird, aber wiederverwendbar bleibt). Damit können wir aus Tasse und Magnetkarte einen Behälter abstrahieren.

10.1.2   Behälter als abstrakte Klasse

Ein Klassendiagramm stellt den Sachverhalt dar:

Bild 10.4
Klassifikationsstruktur der Behälter

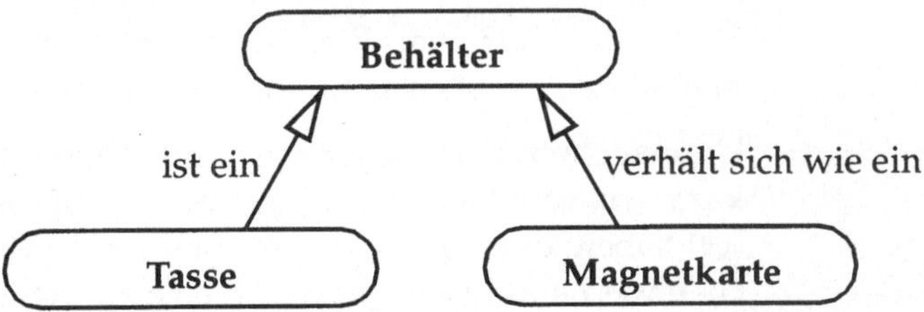

Aus der Spezifikation der Tasse (Programm 9.1 S. 230) abstrahieren wir die Spezifikation der abstrakten Klasse Behälter:

Programm 10.1
Behälter als
abstrakte Klasse

```
CLASS Behälter

    QUERIES
        leer   : BOOLEAN
        voll   : BOOLEAN

    ACTIONS
        leeren
            PRE
                NOT leer
            POST
                NOT voll

        füllen
            PRE
                leer
            POST
                voll

    INVARIANTS
        NOT (leer AND voll)

END Behälter
```

Erweitern

Die Spezifikationen der **konkreten Klassen** Tasse und Magnetkarte erhalten wir als **Erweiterungen** (*extension*) der Spezifikation von Behälter. Dazu schreiben wir nur spezielle Teile auf und verweisen auf gemeinsame Teile mit dem EXTENDS-Konstrukt. Die erweiterte Klasse Behälter heißt dann **Basisklasse** der Klasse Tasse, und Tasse heißt **Erweiterungsklasse** von Behälter.

Programm 10.2
Tasse als erweiterter
Behälter

```
CLASS Tasse EXTENDS Behälter

END Tasse
```

Die Spezifikation der Tasse unterscheidet sich nicht von der des Behälters. Eine Tasse verhält sich wie ein allgemeiner Behälter. Die Klasse Tasse **erbt** (*inherit*) von der Klasse Behälter

Erben

- alle Dienste,

- die Vor- und Nachbedingungen aller Dienste,

- die Invarianten.

☞

Dies gilt allgemein: Eine Erweiterungsklasse erbt von ihrer Basisklasse die Dienste mit den Verträgen.

Untersuchen wir die Magnetkarte: Eine Fahrschein-Magnetkarte soll nur zwei Zustände entwertet (= leer) und geladen (= voll) haben; der Zustand teilvoll soll nicht vorkommen. Dies erreichen wir beim Erweitern durch eine zusätzliche Invariante:

Programm 10.3
Magnetkarte als
erweiterter Behälter

CLASS Magnetkarte EXTENDS Behälter

   INVARIANTS
     leer OR voll

END Magnetkarte

Die Klasse Magnetkarte verstärkt die von ihrer Basisklasse Behälter geerbte Invariante. Ihre vollständige Invariante lautet

   NOT (leer AND voll) AND (leer OR voll)

und lässt sich äquivalent in

   NOT leer = voll

umformen. (Damit ähnelt Magnetkarte einem Schalter, siehe Programm 2.6 S. 33.)

☞

Anpassen

Allgemein gilt: Eine Erweiterungsklasse darf

- die Vorbedingung eines geerbten Dienstes abschwächen,
- die Nachbedingung eines geerbten Dienstes verstärken,
- die geerbte Invariante verstärken.

Das bedeutet: Eine Erweiterungsklasse darf von Kunden weniger verlangen und ihnen mehr bieten als ihre Basisklasse. (Magnetkarte verstärkt allerdings durch die Verstärkung der Invariante die Vorbedingung zu leeren *indirekt* auf voll.)

Das gezeigte Abstraktions- und Erweiterungskonzept erlaubt, die Klassifikation der Begriffe (Bild 10.4) auf die Spezifikationen der Klassen abzubilden. Statt zwei konkrete Klassen in zwei vollständigen, unabhängigen Spezifikationen mit replizierten Teilen zu beschreiben, brauchen wir drei Spezifikationen: eine zusätzliche für die abstrakte Klasse, die die gemeinsamen Teile an einer Stelle konzentriert, und zwei Erweiterungen von dieser.

Ausblick zur
Implementation

Wir bewegen uns bisher auf der Ebene der Spezifikation. Auf der Ebene der Implementation ist Behälter als abstrakte Klasse nicht oder nicht vollständig implementiert und daher gibt es keine Exemplare vom Typ Behälter. Dagegen sind die konkreten Klassen Tasse und Magnetkarte vollständig implementiert und es kann Exemplare vom Typ Tasse und vom Typ Magnetkarte geben. Tasse und Magnetkarte erben die gemeinsame Spezifikation von Behälter, aber ihre Implementationen können sich unterscheiden.

10.1.3   Warenautomat als abstrakte Klasse

Nachdem Behälter spezifiziert ist, lässt sich auch Warenautomat spezifizieren:

<table>
<tr><td>Programm 10.4
Warenautomat</td><td>

```
CLASS Warenautomat

  QUERIES
    außer_Betrieb          : BOOLEAN
    eingenommener_Betrag  : NATURAL
    Preis                  : NATURAL

  QUERIES FOR Betriebspersonal
    gesammelter_Betrag     : NATURAL

  ACTIONS
    Geld_einnehmen (IN Betrag : NATURAL)
      PRE
        NOT außer_Betrieb
      POST
        eingenommener_Betrag = OLD (eingenommener_Betrag) + Betrag

    Ware_ausgeben (INOUT b : Behälter)
      PRE
        NOT außer_Betrieb
        eingenommener_Betrag >= Preis
        b.leer
      POST
        eingenommener_Betrag = OLD (eingenommener_Betrag) - Preis
        gesammelter_Betrag = OLD (gesammelter_Betrag) + Preis
        b.voll

    Geld_zurückgeben
      PRE
        NOT außer_Betrieb
      POST
        eingenommener_Betrag = 0

  ACTIONS FOR Betriebspersonal
    initialisieren (IN neuer_Preis : NATURAL)
      PRE
        neuer_Preis > 0
      POST
        NOT außer_Betrieb
        eingenommener_Betrag = 0
        Preis = neuer_Preis
        gesammelter_Betrag = 0

  INVARIANTS
    Preis > 0
    gesammelter_Betrag MOD Preis = 0

END Warenautomat
```

</td></tr>
</table>

Die Spezifikationen der konkreten Klassen Kaffeeautomat und Fahr-scheinautomat erhalten wir wieder als Erweiterungen der Spezifikation von Warenautomat. Dabei ist jeweils

- der Name Ware_ausgeben und
- der Parameter von Ware_ausgeben

an die konkrete Klasse anzupassen:

Programm 10.5
Kaffeeautomat als erweiterter Warenautomat

```
CLASS Kaffeeautomat EXTENDS Warenautomat

    RENAMES Ware_ausgeben AS Kaffee_ausgeben

    REDEFINES Kaffee_ausgeben

    ACTIONS
        Kaffee_ausgeben (INOUT Pott : Tasse)

END Kaffeeautomat
```

Programm 10.6
Fahrscheinautomat als erweiterter Warenautomat

```
CLASS Fahrscheinautomat EXTENDS Warenautomat

    RENAMES Ware_ausgeben AS Fahrschein_ausgeben

    REDEFINES Fahrschein_ausgeben

    ACTIONS
        Fahrschein_ausgeben (INOUT mk : Magnetkarte)

END Fahrscheinautomat
```

Kaffeeautomat und Fahrscheinautomat benennen Ware_ausgeben um und redefinieren seine Signatur. Beide Erweiterungsklassen übernehmen von Warenautomat das Verhalten von Ware_ausgeben, wie es durch die Vor- und Nachbedingungen spezifiziert ist.

10.1.4   Klassenstruktur

Stellen wir nun die gefundenen Beziehungen zwischen den Klassen in einem Diagramm zusammen. Das Füllen ist eine Assoziation zwischen einem Automaten und einem Behälter (mit der Notation von Bild 6.11 S. 145).

Bild 10.5
Kovariante Erweiterung

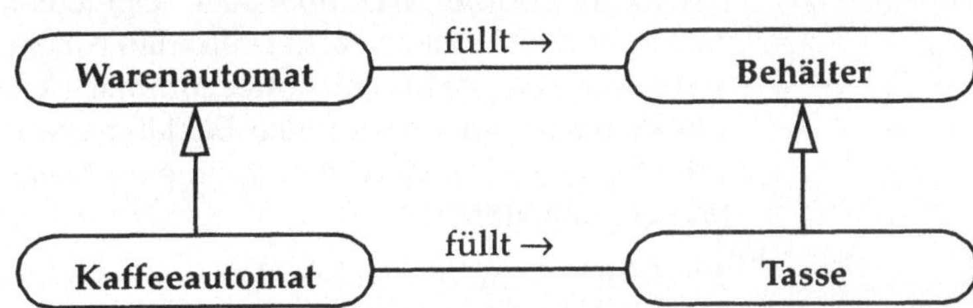

Bild 10.5 zeigt, wie der Warenautomat und der Behälter parallel spezialisiert werden und wie sich dabei aus „Warenautomat füllt Behälter" der Spezialfall „Kaffeeautomat füllt Tasse" ergibt. In der Spezifikation führt dies dazu, die Signatur von Kaffee_ausgeben gegenüber der von Ware_ausgeben zu ändern. Die Art dieser Änderung nennt man **kovariante Erweiterung**. Sie kommt beim Modellieren oft vor. Bild 10.5 ist ein Beispiel für ein angewandtes **Entwurfsmuster** (*design pattern*).

10.2 Erweiterung von Klassen

Das Konzept des Erweiterns von Klassen umfasst vielfältige Aspekte, von denen wir einige hier betrachten.

10.2.1 Klasse als Typ

Verträglichkeit

Klassen sind Typen. Die Erweiterungsbeziehung zwischen Klassen überträgt sich auf ihre Typeigenschaft: Eine Basisklasse ist ein **Basistyp**, eine Erweiterungsklasse ein **Erweiterungstyp**. Wie stehen Typerweiterung und Typverträglichkeit zueinander? Ein Objekt ist mit Größen von Basistypen seines Typs **verträglich** (*compatible*). Umgekehrt formuliert: Eine Größe, die vom Typ A vereinbart ist, kann an ein Objekt gebunden werden, das ein Exemplar eines Erweiterungstyps B von A ist. Über eine A-Größe sind nur Dienste der A-Klasse zugreifbar. Da B die Dienste von A erbt, können nur Zugriffe auf vereinbarte Dienste vorkommen, wenn eine A-Größe an ein B-Objekt gebunden ist.

Polymorphie

Polymorphie ist die Eigenschaft einer Größe, verschiedene Gestalten annehmen zu können. Klassengrößen sind **polymorph**, wenn sie an Objekte verschiedener Erweiterungsklassen gebunden werden können.

Einsetzungsregel

Die obige Typverträglichkeitsregel entspricht der anschaulichen **Einsetzungsregel**: Wo ein Objekt einer allgemeinen Klasse erwartet wird, kann ein Objekt einer spezielleren Klasse eingesetzt werden, da es alle geforderten allgemeinen Dienste besitzt.

Mit dem Beispiel von Bild 10.5: Wer einen Warenautomaten haben will und einen Kaffeeautomaten bekommt, muss damit zufrieden sein, denn ein Kaffeeautomat *ist* und *verhält sich* wie ein Warenautomat. Wer einen Behälter erwartet und eine Tasse erhält, muss zufrieden sein, denn eine Tasse *ist* und *verhält sich* wie ein Behälter.

Ein Objekt kann nur so benutzt werden, wie es eingesetzt wird, also dem Typ der Größe entsprechend, die an es gebunden ist.

Kovarianzproblem

Mit dem Beispiel von Bild 10.5: Wer einen Warenautomaten bekommen hat, weiß nur, dass dieser für den Dienst „Ware ausgeben" einen Behälter fordert. Da eine Pappschachtel ein Behälter *ist*, kann er dem Automaten eine Pappschachtel hinhalten. Pech, wenn sich hinter dem Warenautomaten ein Kaffeeautomat verbirgt, denn dieser fordert *mehr* als einen Behälter - eine Tasse. Die Pappschachtel ist zwar ein Behälter, aber *keine* Tasse! Dies ist das **Kovarianzproblem**. Die Einsetzungsregel findet also ihre Ausnahme beim kovarianten Erweitern.

Objektorientierte Programmiersprachen unterscheiden sich in den Regeln, wie die Signaturen geerbter Dienste angepasst werden dürfen. Eiffel erlaubt kovariantes Anpassen von Parametertypen; Component Pascal, C++, Java erlauben es nicht. Component Pascal fordert, dass die Parametertypen geerbter Dienste gleich bleiben (**invariante Erweiterung**), Ergebnistypen redefinierter Funktionen sind kovariant anpassbar. Der Grund dafür liegt darin, dass bei einem sicheren, erweiterbaren komponentenorientierten System

- das statische Prüfen von Parametertypen und
- das dynamische Laden von Modulen

nicht mit kovarianter Anpassung von Parametern vereinbar sind. Component Pascal bietet mit dynamischer Typprüfung ein Konzept, mit dem sich die Struktur von Bild 10.5 und die Programme 10.4, 10.5 und 10.6 angemessen implementieren lassen.

10.2.2   **Optionen der Anpassung**

Allgemein bietet das Konzept des Erweiterns von Klassen folgende Möglichkeiten. Eine Erweiterungsklasse darf

(1) geerbte Verträge geregelt anpassen,

(2) geerbte Dienste geregelt umbenennen,

(3) die Signatur eines geerbten Dienstes geregelt anpassen,

(4) die Rechte an einem geerbten Dienst geregelt anpassen,

(5) einen geerbten Dienst mit einer Implementation versehen,

(6) weitere Dienste vereinbaren.

Bei den Optionen (1) bis (4) deutet jeweils das Wörtchen „geregelt" an, dass die Regeln von der Programmiersprache festgelegt sind und sich die Sprachen in diesen Regeln unterscheiden. Deshalb stellen wir die Diskussion dieser Aspekte zurück und konzentrieren uns im Folgenden auf die Optionen (5) und (6), die allen objektorientierten Programmiersprachen gemein sind. Mit zwei Definitionen formulieren wir sie neu.

Ein Dienst heißt **abstrakt**, wenn er spezifiziert, aber nicht implementiert ist. Eine Klasse heißt **abstrakt**, wenn sie wenigstens einen abstrakten Dienst hat; sie heißt **konkret**, wenn alle ihre Dienste implementiert sind. Eine Erweiterungsklasse kann

(5a)   abstrakte Dienste ihrer Basisklasse implementieren,

(5b)   implementierte Dienste ihrer Basisklasse mit anderen Implementationen versehen,

(6)   neue Dienste vereinbaren.

Abstraktion

(5a) und (5b) nennt man **Redefinieren**. Die Beispiele dieses Kapitels nutzen nur die Option (5a). Dies ist kein Zufall, denn das Prinzip der Abstraktion prägt das Konzept der Klassenerweiterung. Klassifikationsstrukturen, bei denen abstrakte Klassen die meisten Dienste vereinbaren und spezifizieren, während Erweiterungsklassen meist abstrakte Dienste implementieren, aber nur wenige Dienste reimplementieren oder neu definieren, sind besser als solche, die (5b) und (6) heftig nutzen.

Sind gute Abstraktionen und Klassifikationen gefunden, dann passen sich weitere Erweiterungsklassen leicht in die Struktur ein. Ein **Black-Box-Gerüst** exportiert nur abstrakte Klassen. Das BlackBox Component Framework heißt so, weil dieses Produkt nach diesem Konzept entworfen ist.

10.2.3   Benutzen oder erweitern?

Während die Benutzungsbeziehung eine Menge von Modulen und eine Menge von Klassen strukturiert, tritt bei Klassen die Erweiterungsbeziehung hinzu. In Bild 10.6 erscheint die Klasse in der Mitte des Kreuzes in vier Rollen; sie

Bild 10.6
Benutzen und
Erweitern

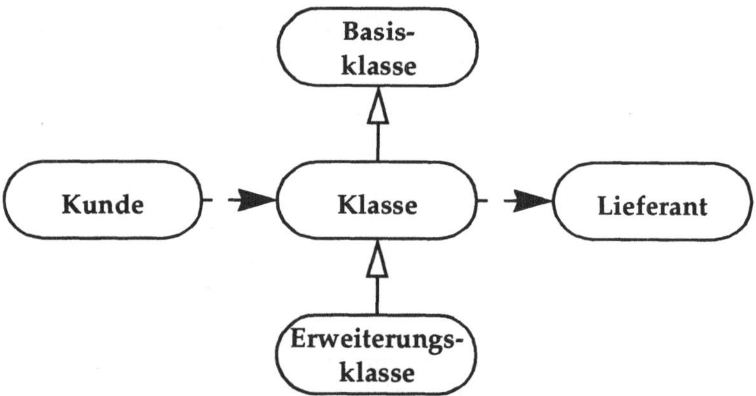

(1) benutzt als Kunde die Lieferantenklasse rechts;

(2) wird als Lieferant von der Kundenklasse links benutzt;

(3) erweitert die Basisklasse oben;

(4) dient der Erweiterungsklasse unten als Basisklasse.

Die Strukturierungsmittel des Benutzens und Erweiterns verleihen dem objektorientierten Programmieren große Ausdruckskraft. Ihre vielfältigen Einsatzmöglichkeiten bergen aber auch

Fehlerquellen. Setzt der Entwickler die beiden Strukturierungsmittel zweckwidrig ein, so entstehen schwer durchschaubare Softwaregebilde. Deshalb sei ihr Zweck noch einmal betont:

Abstraktion

- Die Benutzungs- und die Erweiterungsbeziehung realisieren zwei verschiedene Aspekte des Prinzips der Abstraktion.

Arbeitsteilung

- Die Benutzungsbeziehung realisiert das Verhältnis Kunde - Lieferant und damit das Prinzip der Aufgabenteilung, des Zerlegens und Zusammenfassens.

Klassifikation

- Die Erweiterungsbeziehung realisiert das Verhältnis Oberbegriff - Unterbegriff und damit das Prinzip der begrifflichen Klassifikation, des Generalisierens und Spezialisierens.

Auf der Ebene des objektorientierten Entwurfs stehen weitere Strukturierungsmittel zur Verfügung; diese haben wir in 6.4.2 S. 144 mit einer UML-ähnlichen grafischen Notation exemplarisch benutzt. Wie verhalten sich die Beziehungen der Entwurfsebene und die der Implementationsebene zueinander?

- Komposition, Aggregation und Assoziation werden alle auf die Benutzungsbeziehung abgebildet.

- Die Klassifikation wird auf die Erweiterungsbeziehung abgebildet.

10.3   Wörter sammeln, Rechtschreibung prüfen

Wir knüpfen an die Aufgabe von Abschnitt 8.1 an, wobei uns jetzt die Wörter anstelle der Zeichen eines Textes interessieren.

Ein Programm soll die Rechtschreibung eines Eingabetextes prüfen. Dazu soll es die Wörter des Textes mit dem Inhalt eines Wörterbuchs vergleichen und alle Wörter, die nicht im Wörterbuch vorkommen, in alphabetischer Reihenfolge ausgeben. Außerdem soll es je nach Anforderung die gefundenen, die unbekannten und die Wörter des Wörterbuchs ausgeben.

10.3.1   Entwurf

Kommandos

Wir sehen für die Lösung der Aufgabe das Modul l1WordChecker vor und zerlegen zunächst die Aufgabe in Teilaufgaben, die wir Kommandos zuordnen. Die Hauptaufgabe, das Lesen eines Textes und Ausgeben der unbekannten Wörter, übernimmt das Kommando Check. Check benötigt ein Wörterbuch - woher kommt es? Ein weiteres Kommando InitDictionary liest einen Eingabetext und definiert die gelesenen Wörter als Wörterbuch.

Schon die Kommandos InitDictionary und Check ermöglichen, die Rechtschreibung beliebiger Texte gegenüber beliebigen Wörterbüchern zu prüfen. Logisch betrachtet kommen drei Mengen von Wörtern vor, die wir sogleich benennen:

dictionary   Wörterbuch

foundWords   Gefundene, zu prüfende Wörter des Eingabetextes

unknownWords Unbekannte Wörter des Eingabetextes

Weitere Kommandos geben den Inhalt dieser Mengen aus. Ein Aufrufmenü sieht damit so aus:

```
I1WordChecker.InitDictionary
I1WordChecker.Check

I1WordChecker.WriteDictionary
I1WordChecker.WriteFoundWords
I1WordChecker.WriteUnknownWords

UtilitiesOut.Open
```

Ein-/Ausgabe

Für die Ein-/Ausgabe verwenden wir die Module UtilitiesIn und UtilitiesOut. Falls der Benutzer das Ausgabefenster zwischen zwei Rechtschreibprüfungen geschlossen hat, kann er es mit UtilitiesOut.Open wieder öffnen. An die Stelle des Aufrufmenüs kann eine Dialogbox treten (siehe Abschnitt 7.3).

Behälter

Es liegt nahe, die drei logischen Mengen mit Objekten einer Mengenklasse zu realisieren. Eine generische Mengenklasse ist in Programm 9.3 S. 235 spezifiziert, von dieser benötigen wir eine Variante mit dem Elementtyp Zeichenkette. In Component Pascal erwarten wir ein Klassenmodul ContainersSetsOfString mit einer Klasse Set, die wie in Programm 9.5 S. 244 definiert ist, aber mit angepasster Typvereinbarung für Element. Damit sind die Mengen so zu vereinbaren:

Daten

```
VAR
    dictionary,
    foundWords,
    unknownWords : ContainersSetsOfString.SetDesc;
```

Mengenoperation

Die Menge der unbekannten Wörter ergibt sich, indem man aus der Menge der gefundenen Wörter die im Wörterbuch vorkommenden Wörter entfernt. Die Mengenklasse bietet dafür noch keinen Dienst - eine typische Situation: Der Entwickler findet in der Modul- und Klassenbibliothek oft, was er braucht, aber manchmal muss er die Funktionalität der Bibliothek erweitern. Wir nehmen hier an, dass ContainersSetsOfString einen Dienst für die Differenz zweier Mengen bietet, mit seiner Implementation befassen wir uns in Abschnitt 11.3. Dieser Dienst ist eine an den Typ SetDesc gebundene Prozedur, bei dessen Aufruf drei Mengenobjekte beteiligt sind:

```
a.SetDifference (b, c);        bedeutet soviel wie     a := b - c;
```

Gemeinsame Teilaufgabe

Sowohl InitDictionary als auch Check lesen einen Text und füllen die gelesenen Wörter in ein Mengenobjekt. Diese Teilaufgabe delegieren wir an eine Prozedur (die nicht exportiert sein muss):

```
PROCEDURE ReadText (OUT words : ContainersSetsOfString.SetDesc);
```

ReadText liest Wörter vom Eingabetext und fügt sie in words ein, bis das Ende des Eingabetextes erreicht ist.

Implementation der Kommandos

Der Entwurf ist so weit gediehen, dass wir die Kommandos InitDictionary und Check implementieren können:

```
PROCEDURE InitDictionary*;
BEGIN
    dictionary.WipeOut;
    ReadText (dictionary);
END InitDictionary;

PROCEDURE Check*;
BEGIN
    foundWords.WipeOut;
    ReadText (foundWords);
    unknownWords.SetDifference (foundWords, dictionary);
    WriteUnknownWords;
END Check;
```

Einen großen Teil der Arbeit leistet die Prozedur ReadText. Sie ist so wichtig, dass wir ihr den Abschnitt 10.3.4 widmen. Doch zuvor implementieren wir die Ausgabekommandos, indem wir unser Wissen über das Erweitern von Klassen anwenden.

10.3.2   Abstrahieren von der Ausgabe

Die Ausgabekommandos WriteDictionary, WriteFoundWords und WriteUnknownWords schreiben den Inhalt der jeweiligen Menge alphabetisch sortiert in das Ausgabefenster. Mit dem Aliasnamen Out für UtilitiesOut und der Vereinbarung

```
VAR set : ContainersSetsOfString.SetDesc;
```

folgen sie dem Muster (wobei Kursives zu ersetzen ist):

```
PROCEDURE WriteSet*;
BEGIN
    Out.WriteLn;
    Out.WriteString ("I1WordChecker uses the following set:"); Out.WriteLn;
    set.Write;
END WriteSet;
```

Dieser Entwurf setzt voraus, dass ContainersSetsOfString.SetDesc eine typgebundene Prozedur Write bietet, die den Inhalt des Empfängers mittels UtilitiesOut sortiert ausgibt (siehe ☞. Nachteilig ist die eingeschränkte Wiederverwendbarkeit dieses Write, das die Ausgabe mit UtilitiesOut fest eingebaut hat. Andere Kunden der Mengenklasse könnten andere Ziele für die Ausgabe von Mengeninhalten fordern.

Der Nachteil lässt sich beseitigen, indem Write per Parameter erfährt, *wie* es ein Mengenelement ausgeben soll:

```
set.Write (wordWriter);
```

Objektorientiert gedacht ist der aktuelle Parameter wordWriter von set.Write ein Objekt, das fähig sein muss, ein Mengenelement auszugeben. wordWriter ist Exemplar einer Klasse, etwa WordWriterDesc, und etwa so lokal vereinbart:

```
PROCEDURE WriteSet*;
    VAR wordWriter : WordWriterDesc;
BEGIN
    ...
    set.Write (wordWriter);
END WriteSet;
```


Die folgenden Überlegungen schreiben wir in Cleo-Notation nieder. Das Ausgeben eines Mengenelements muss ein Dienst, eine Aktion der Klasse WordWriter sein. Diese Aktion muss als Parameter ein Mengenelement haben. Da die Aktion das Mengenelement nur ausgeben soll, ist es ein Eingabeparameter:

```
CLASS WordWriter

    ACTIONS
        Write (IN word : ContainersSetsOfString.Element)

END WordWriter
```

Damit haben wir eine Wörter-Schreiber-Klasse mit nur einer Schreib-Aktion - noch nicht viel mehr als eine Prozedur in Component Pascal. Wo soll die Klasse vereinbart sein?

- Wie das Mengenelement auszugeben ist (mit UtilitiesOut), „weiß" nur das Modul I1WordChecker. Demnach muss I1WordChecker die Aktion Write von WordWriter implementieren.

- Die Klasse WordWriter muss in ContainersSetsOfString bekannt sein, denn die dort vereinbarte Klasse Set benutzt WordWriter als Parametertyp seiner Aktion Write:

```
CLASS Set

    QUERIES

        ...
```

```
ACTIONS
   Write (IN wordWriter : WordWriter)
   ...

END Set
```

- I1WordChecker ist Kunde von ContainersSetsOfString. Containers-SetsOfString ist ein von I1WordChecker unabhängiger Lieferant einer Mengenklasse.

Wie lösen wir den Widerspruch auf? Wie erreichen wir, dass ContainersSetsOfString eine von I1WordChecker unabhängige Klasse WordWriter kennt und als Parametertyp benutzen kann, und gleichzeitig I1WordChecker die Aktion Write von WordWriter implementieren kann? Durch Abstraktion!

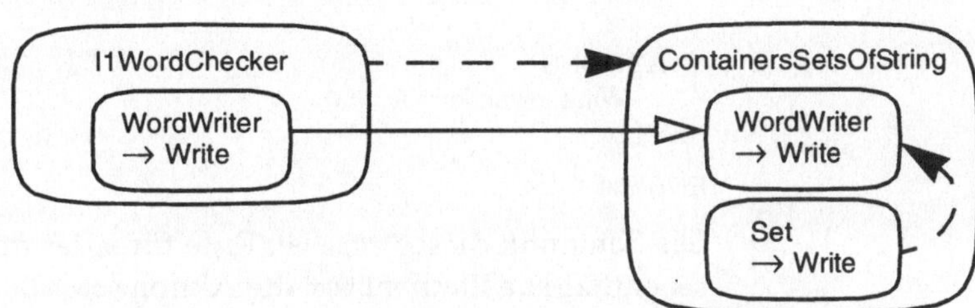

Bild 10.7
Benutzungs- und
Erweiterungsstruktur

Bild 10.7 stellt die Benutzungsbeziehung der Module und die Erweiterungsbeziehung der Klassen dar.

- ContainersSetsOfString vereinbart eine Klasse WordWriter und legt fest, dass sie eine Aktion Write hat. ContainersSetsOfString „weiß" nicht, wie es Write implementieren soll, also lässt es Write abstrakt. Damit ist WordWriter eine abstrakte Klasse:

```
ABSTRACT CLASS ContainersSetsOfString.WordWriter

   ACTIONS
      Write (IN word : Element) IS ABSTRACT

   END WordWriter
```

- I1WordChecker erweitert die Klasse ContainersSetsOfString.WordWriter und redefiniert die Aktion Write in seinem Sinn. Damit ist WordWriter eine konkrete Klasse:

```
CLASS I1WordChecker.WordWriter

   EXTENDS ContainersSetsOfString.WordWriter

   REDEFINES Write

   ACTIONS
      Write (IN word : ContainersSetsOfString.Element)

   END WordWriter
```

Semantik

Welche Semantik hat Write? ContainersSetsOfString.WordWriter definiert Write als abstrakt und legt seine syntaktische Schnittstelle fest (den Parameter vom Typ Element), es kann jedoch nicht vertraglich spezifizieren, wie Write wirkt. Jede Erweiterungsklasse von WordWriter kann Write ziemlich beliebig implementieren, ohne sich am Namen Write zu orientieren.

Verallgemeinern

Aus dieser Not machen wir eine Tugend, indem wir den Namen Write in das allgemeine Do ändern. Damit ist der Name WordWriter für die abstrakte Klasse hinfällig, wir nennen sie Action. Folglich hat das Write von Set jetzt einen Parameter vom Typ Action:

```
CLASS Set

    QUERIES

        ...

    ACTIONS
        Write (IN action : Action)

        ...

END Set
```

Die Semantik dieses Write ist: Rufe für jedes im Empfängerobjekt set enthaltene Element item die Aktion action.Do mit item als aktuellem Parameter auf. Das lässt sich z.B. mit einer Pseudo-FOR-Schleife ausdrücken (item, set.FirstItem, set.LastItem sind vom Typ Element):

```
FOR item := set.FirstItem TO set.LastItem DO
    action.Do (item)
END
```

1 ☞

Dieser Algorithmus ruft action.Do auf, ohne zu „wissen", wie es wirkt. Da er über alle Elemente der Menge iteriert und sie mit einer Aktion unbekannter Semantik bearbeitet, nennen wir ihn ForAllDo statt Write.

Bild 10.8
Abstrakte Namen für abstrakte Klassen und Dienste

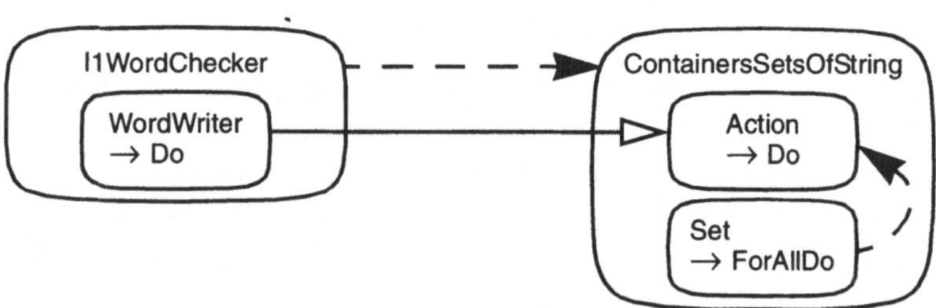

I1WordChecker steht es frei, seine Erweiterungsklasse WordWriter (oder Action oder anders) zu benennen, nur den Namen Do der Aktion muss es beibehalten.

Implementation in Component Pascal

Transformieren wir nun den Entwurf in die Syntax von Component Pascal. Im Modul ContainersSetsOfString stehen Vereinbarungen für die Klasse Action:

```
TYPE
    Action*        = POINTER TO ActionDesc;
    ActionDesc*    = ABSTRACT RECORD END;

PROCEDURE (VAR action : ActionDesc)
    Do* (item : Element), NEW, ABSTRACT;
```

1 ☞

Attribut

Während Cleo in Erweiterungsklassen redefinierte Dienste mit dem REDEFINES-Konstrukt hervorhebt, dreht Component Pascal den Spieß um und markiert erstmalig definierte typgebundene Prozeduren mit dem **Attribut** NEW. Zusätzlich erhält Do als abstrakte Prozedur das Attribut ABSTRACT; Do hat keinen Prozedurrumpf. Außerdem kennzeichnet das Attribut ABSTRACT des Verbundtyps die Klasse als abstrakt.

Für die Klasse Set vereinbart ContainersSetsOfString

```
PROCEDURE (IN set : SetDesc)
    ForAllDo* (VAR action : ActionDesc), NEW;
```

2 ☞

Parameter-übergabeart

Der bisherige Eingabeparameter wird zu einem Ein-/Ausgabeparameter. Das ist zwar für unser Beispiel nicht notwendig, macht aber ForAllDo noch flexibler. Eine Erweiterungsklasse von Action könnte z.B. das Do so redefinieren, dass es zählt, wie oft es aufgerufen wird. Ein Objekt dieser Klasse müsste seinen eigenen Zähler inkrementieren; als VAR-Parameter von ForAllDo dürfte es das, als IN-Parameter nicht.

Beim Kunden von ContainersSetsOfString, also in I1WordChecker, ist die Erweiterungsklasse zu vereinbaren und die Prozedur Do zu implementieren:

```
TYPE
    WordWriterDesc = RECORD (ContainersSetsOfString.ActionDesc) END;

PROCEDURE (VAR ww : WordWriterDesc) Do (word : Sets.Element);
BEGIN
    Out.WriteString (word); Out.WriteLn;
END Do;
```

Außerdem ist in I1WordChecker der Name im Aufruf set.Write in set.ForAllDo zu ändern:

```
PROCEDURE WriteSet*;
    VAR wordWriter : WordWriterDesc;
BEGIN
    ...
    set.ForAllDo (wordWriter);
END WriteSet;
```

2 ☞

Damit sind die Ausgabekommandos von I1WordChecker impleme-
tiert. Wie wirkt sich die statische Struktur der Klassen auf die
Ausführung eines Kommandoaufrufs aus? Dazu untersuchen
wir die dynamische Struktur der beteiligten Objekte.

10.3.3   Polymorphie und dynamisches Binden

**Typbindung und
Typprüfung**

Seit 2.3.2 S. 27 kennen wir das Konzept der Typbindung und statischen Typprüfung: Variablen und Parameter sind an Typen
gebunden. Der Übersetzer prüft bei Zuweisungen, ob der zuzu-
weisende Ausdruck zur Variable, bei Parameterübergabe, ob
der aktuelle zum formalen Parameter passt. Kompatibilität
bedeutet bisher grob gesagt, dass die beteiligten Größen vom
gleichen Typ sind. (Für die exakten Definitionen verschiedener
Kompatibilitätsarten in Component Pascal siehe Anhang A
Appendix A, S. 406.) Statische Typprüfung trägt wesentlich zur
Sicherheit von Programmen bei.

Beispiel

So garantiert der Übersetzer bei Beispiel 1 ☞auf S. 266 bis S. 267
durch die Typprüfung, dass beim Übergeben eines item vom Typ
Element an Do von Action (das einen Wert des Typs Element erwartet) alles passt. Wie verhält es sich bei Beispiel 2 ☞auf S. 267 bis S.
267?

- I1WordChecker.WriteSet übergibt an ForAllDo (das an Containers-
  SetsOfString.SetDesc gebunden ist) als aktuellen Parameter ein
  Objekt (namens wordWriter) vom Typ I1WordChecker.WordWriter-
  Desc.

- ForAllDo hat einen formalen Referenzparameter (namens
  action) vom Typ ContainersSetsOfString.ActionDesc.

Sollte unsere Lösung an der statischen Typprüfung scheitern,
weil die Typen des formalen und des aktuellen Parameters verschieden sind? Ist die Lösung nicht typsicher? Die in 10.2.1
genannten Regeln beantworten diese Fragen:

Im Beispiel sind I1WordChecker.WordWriterDesc und ContainersSetsOf-
String.ActionDesc verschiedene Typen, aber I1WordChecker.WordWriter-
Desc ist eine Erweiterung von ContainersSetsOfString.ActionDesc, es
erbt alle Merkmale von ContainersSetsOfString.ActionDesc. Nach der
Typverträglichkeitsregel ist der aktuelle Parameter wordWriter mit
dem formalen Parameter action verträglich.

Polymorphie

Der formale Referenzparameter action ist eine polymorphe
Größe. Er erwartet ein Objekt des Typs ContainersSetsOf-
String.ActionDesc (das es nicht geben kann, da dieser Typ abstrakt
ist) und erhält ein Objekt des Typs I1WordChecker.WordWriterDesc -

im Einklang mit der Einsetzungsregel. Der **statische Typ** von action ist ContainersSetsOfString.ActionDesc, sein **dynamischer Typ** zum Zeitpunkt des Aufrufs set.ForAllDo (wordWriter) ist I1WordChecker.WordWriterDesc.

Bild 10.9
Referenzparameter
und dynamisches
Binden -
exemplarisch

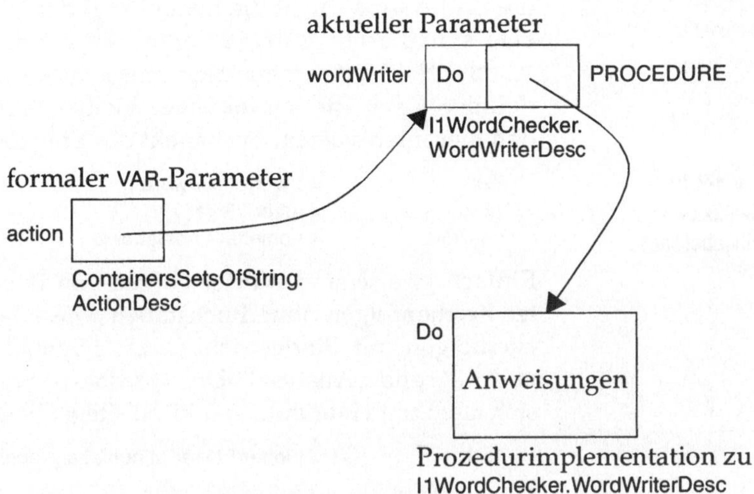

Dynamisches Binden

ForAllDo ruft die Prozedur Do seines formalen Parameters action auf. An welche Implementation dieser Prozedur wird der Aufruf gebunden? An das Do des dynamischen Typs von action, also das Do von I1WordChecker.WordWriterDesc (siehe Bild 10.9). Das Binden des Aufrufs an die Prozedurimplementation findet erst zur Laufzeit statt, abhängig vom Typ des Objekts, an das der formale Parameter gebunden ist - dies nennt man **dynamisches Binden** (*dynamic binding*).

Fazit

Fassen wir die beiden Aspekte dieses Konzepts zusammen:

- **Typsicherheit**: Zur Übersetzungszeit wird bei polymorphen Parameterübergaben geprüft, ob die beteiligten Typen verträglich sind. Dadurch ist garantiert, dass zur Laufzeit eine über den formalen Parameter aufgerufene Prozedur existiert.

- **Flexibilität**: Zur Laufzeit wird beim Aufruf einer Prozedur eines polymorphen formalen Parameters die passende Implementation der Prozedur gewählt, nämlich die an den aktuellen Parameter gebundene. Dadurch sind implementierte, übersetzte und geladene Komponenten offen für Anpassungen und Erweiterungen.

Nun wenden wir uns wieder der Aufgabe der Rechtschreibprüfung zu.

10.3.4 **Syntaxanalyse**

ReadText soll aus dem Eingabetext Wörter herausfiltern. Der Text ist eine Folge von Wörtern, die durch - nennen wir sie: Nichtwörter getrennt sind. Der Text ist also strukturiert, es kommt auf die Anordnung (nicht die Bedeutung) der Wörter an. Wir haben eine syntaktische Aufgabe entdeckt, zu deren Lösung wir in Abschnitt 4.5 erworbene Kenntnisse anwenden. Mit der EBNF definieren wir die Syntax einer kleinen formalen Sprache, die den hier interessierenden Aspekt des Eingabetextes beschreibt:

Formel 10.1
Syntax des
Eingabetextes

```
Text       = { word | nonword }.
word       = letter { letter }.
nonword    = nonletter { nonletter }.
```

Einfacherweise sind Wörter Folgen von Buchstaben, Nichtwörter Zeichenfolgen ohne Buchstaben. Diese Regeln zerteilen Zeichenfolgen mit Bindestrichen, z.B. „Syntax-Analyse" in „Syntax", „-" und „Analyse". Die Sprache ist regulär, denn sie lässt sich auch mit einer einzigen EBNF-Regel beschreiben:

```
Text       = { letter { letter } | nonletter { nonletter } }.
```

Formel 10.1 eignet sich jedoch besser für die folgende Implementation.

Zerteilen

Zu jeder Sprachbeschreibung in EBNF kann man durch systematisches Anwenden von Transformationsregeln ein Programm konstruieren, das eine **Syntaxanalyse** durchführt. Dieses Programm heißt **Zerteiler** (*parser*); es prüft, ob ein beliebiger Text der gegebenen Syntax entspricht (also ein Wort der definierten Sprache ist). Die Transformationsregeln lauten:

● Vereinbare zu jeder EBNF-Regel eine gewöhnliche Prozedur. Die Aufgabe dieser Prozedur ist, das durch die Regel definierte Nichtterminal im Eingabetext zu erkennen. Nenne die Prozedur per Konvention wie das Nichtterminal mit einem vorangestellten Read. Die Analyse beginnt mit einer Prozedur namens Analyze.

Das Beispiel liefert die Prozeduren

```
Analyze
ReadText
ReadWord
ReadNonword
```

wobei ReadText dem schon spezifizierten entspricht (siehe S. 263).

● Bilde den Anweisungsteil jeder Prozedur aus den rechten Seiten der entsprechenden EBNF-Regel nach dem in Tabelle

10.1 zusammengestellten Schema. Dabei bedeuten die in den Anweisungen benutzten Symbole:

char   Variable, die stets das zuletzt gelesene Zeichen enthält

next   Prozedur, die das nächste Zeichen von der Eingabe liest und char zuweist

first (E) Menge der Startsymbole des Ausdrucks E

error   Prozedur, die einen Syntaxfehler meldet

Tabelle 10.1
Transformations-
regeln von der EBNF
zum Algorithmus

Ausdruck E	Anweisung S (E)
"x"	IF char = "x" THEN next ELSE error END
Nonterminal	ReadNonterminal
(Expression)	S (Expression)
[Expression]	IF char IN first (Expression) THEN S (Expression) END
{ Expression }	WHILE char IN first (Expression) DO S (Expression) END
$Factor_0$ $Factor_1$ .. $Factor_n$	S ($Factor_0$); S ($Factor_1$); .. S ($Factor_n$)
$Term_0$ | $Term_1$ | .. | $Term_n$	IF char IN first ($Term_0$) THEN S ($Term_0$) ELSIF char IN first ($Term_1$) THEN S ($Term_1$) .. ELSIF char IN first ($Term_n$) THEN S ($Term_n$) ELSE error END

Der Zerteilungsalgorithmus entsteht also, indem man jedes Nichtterminal in einen Aufruf der entsprechenden Prozedur transformiert und jede Folge, Auswahl, Option oder Wiederholung von EBNF-Ausdrücken jeweils entsprechend in eine Folge, Auswahl, Option oder Wiederholung von Anweisungen. Die Transformationsregeln stellen einige Bedingungen an die Sprache. Da unser Beispiel diese Bedingungen erfüllt, gehen wir nicht auf sie ein.

Transformieren

Wenden wir die Transformationsregeln schematisch auf unser Beispiel an, so erhalten wir die folgenden Prozeduren:

```
PROCEDURE Analyze;
BEGIN
    next;
    IF char IN first (Text) THEN ReadText ELSE error END
END Analyze;
```

```
PROCEDURE ReadText;
BEGIN
   WHILE char IN first (Text) DO
      IF char IN first (word) THEN ReadWord
      ELSIF char IN first (nonword) THEN ReadNonword
      ELSE error
      END
   END
END ReadText;

PROCEDURE ReadWord;
BEGIN
   IF char IN letter THEN next ELSE error END;
   WHILE char IN letter DO next END
END ReadWord;

PROCEDURE ReadNonword;
BEGIN
   IF char IN nonletter THEN next ELSE error END;
   WHILE char IN nonletter DO next END
END ReadNonword;
```

Vereinfachen

Im Beispiel ergeben sich Vereinfachungen. Angenehmerweise können Syntaxfehler nicht auftreten, denn jeder Text erfüllt die Syntaxregeln von Text. Deshalb entfallen die Zweige „ELSE error". Da ein Text mit einem beliebigen Zeichen beginnen kann, liefert die Bedingung char IN first (Text) in Analyze und ReadText stets TRUE. Analyze wird überflüssig. Das erste Zeichen eines Wortes ist ein Buchstabe, deshalb ist first (word) durch letter zu ersetzen. Das Prüfen von char IN first (nonword) im ELSIF-Zweig von ReadText kann entfallen, da die Bedingung aus NOT (char IN letter) folgt. Die ersten Prüfungen IF char IN ... in ReadWord und ReadNonword können entfallen, da schon ReadText die Bedingungen prüft. Damit erhalten wir die vereinfachten Prozeduren:

```
PROCEDURE ReadText;
BEGIN
   next
   WHILE TRUE DO
      IF char IN letter THEN
         ReadWord
      ELSE
         ReadNonword
      END
   END
END ReadText;

PROCEDURE ReadWord;
BEGIN
   next;
   WHILE char IN letter DO next END
END ReadWord;
```

```
PROCEDURE ReadNonword;
BEGIN
    next;
    WHILE char IN nonletter DO next END
END ReadNonword;
```

Konkretisieren

Das Symbol ✴ bei ReadText zeigt, dass konkrete Details zu ergänzen sind, z.B. gehört zu jeder WHILE-Schleife die Fortsetzungsbedingung „Ende des Eingabetextes nicht erreicht". Da wir zur Eingabe das Modul UtilitiesIn (mit dem Aliasnamen In) benutzen, lautet diese Bedingung ~In.failed. Weiter ersetzen wir das abstrakte next durch das konkrete In.ReadRawChar (char).

Zur abstrakten Bedingung char IN letter bietet das Modul BasisChars eine Prüffunktion mit dem Kopf

```
PROCEDURE IsAlphaLatin1 (c : CHAR) : BOOLEAN;
```

Mit dem Aliasnamen Chars := BasisChars ersetzen wir char IN letter durch Chars.IsAlphaLatin1 (char).

Bei den konkretisierten Fassungen der Prozeduren ergänzen wir Vor- und Nachbedingungen, um ihre Semantik zu betonen:

```
PROCEDURE ReadText;
BEGIN
    In.Open;
    In.ReadRawChar (char);
    WHILE ~In.failed DO
        IF Chars.IsAlphaLatin1 (char) THEN
            ReadWord;
        ELSE
            ReadNonword;
        END;
    END;
    ASSERT (In.failed, BEC.postcondition);
END ReadText;

PROCEDURE ReadWord;
BEGIN
    ASSERT (~In.failed & Chars.IsAlphaLatin1 (char), BEC.precondition);
    In.ReadRawChar (char);
    WHILE ~In.failed & Chars.IsAlphaLatin1 (char) DO
        In.ReadRawChar (char);
    END;
    ASSERT (In.failed OR ~Chars.IsAlphaLatin1 (char), BEC.postcondition);
END ReadWord;
```

```
PROCEDURE ReadNonword;
BEGIN
    ASSERT (~In.failed & ~Chars.IsAlphaLatin1 (char), BEC.precondition);
    In.ReadRawChar (char);
    WHILE ~In.failed & ~Chars.IsAlphaLatin1 (char) DO
        In.ReadRawChar (char);
    END;
    ASSERT (In.failed OR Chars.IsAlphaLatin1 (char), BEC.postcondition);
END ReadNonword;
```

Ergänzen

Die Prozeduren sind jetzt in einer Fassung, in der sie den Eingabetext entlang seiner syntaktischen Struktur lesen, d.h. erkennen. Sie bearbeiten den Eingabetext aber noch nicht! Die ursprüngliche Aufgabe ist, Wörter aus einem Text zu filtern. Da Nichtwörter nicht zu bearbeiten sind, ist ReadNonword komplett. Dagegen muss ReadWord das erkannte Wort registrieren und am besten an den Aufrufer übergeben; es erhält die Signatur

```
PROCEDURE ReadWord (OUT word : ContainersSetsOfString.Element);
```

Sein Aufrufer ReadText hat schon auf S. 263 die Signatur

```
PROCEDURE ReadText (OUT words : ContainersSetsOfString.SetDesc);
```

erhalten. Es übernimmt von ReadWord einzelne Wörter, fügt sie in die Menge words ein und übergibt die Menge an seinen Aufrufer.

10.3.5   Zeiger

Um ReadWord weiter zu entwickeln, müssen wir die Vereinbarung des Typs ContainersSetsOfString.Element kennen. Durch

```
TYPE Element = POINTER TO ARRAY OF CHAR;
```

ist Element ein Zeigertyp auf eine offene Reihung von Zeichen. Ein **Zeiger** (*pointer*) ist ein **expliziter Bezug**. (Mit Referenzparametern kennen wir bereits implizite Bezüge; siehe 7.4.2 S. 175).

Analogie

Zeiger sind mit Querverweisen in einem Buch vergleichbar: Der Querverweis „S. 12" ist nicht die Seite 12, sondern ein Bezug darauf. Solche Verweise erlauben es dem Autor, sich auf einen Inhalt zu beziehen, ohne diesen an die Verweisstelle zu kopieren. Als Preis dafür muss der Leser blättern, um den verwiesenen Inhalt zu erfahren.

Ein **Zeigertyp** wird aus einem **Zeigerbasistyp** konstruiert, indem diesem das **Referenzierungssymbol** POINTER TO vorangestellt wird:

☞

```
POINTER TO Zeigerbasistyp
```

Der Zeigerbasistyp kann ein Reihungs- oder Verbundtyp sein. Die folgenden Ausführungen erläutern wir exemplarisch mit einem Reihungstyp als Zeigerbasistyp, sie gelten jedoch auch bei Verbundtypen - insbesondere Klassen - als Zeigerbasistypen. Zeigertypen dürfen wie andere Typen in Vereinbarungen von Typen, Variablen und Prozedursignaturen auftreten.

Wertebereich

Wie andere Typen legen Zeigertypen den Wertebereich und die Operationen ihrer Exemplare fest. Den Wertebereich eines Zeigertyps bilden Bezüge auf Exemplare seines Basistyps. Außerdem gehört ein besonderer Wert namens NIL zum Wertebereich jedes Zeigertyps, er bedeutet den Bezug auf nichts (siehe unten).

Operationen

Die zulässigen Operationen auf Exemplaren von Zeigertypen sind Zuweisung, Vergleich mit = und #, Parameterübergabe und Dereferenzierung (siehe unten).

Zeigervariable

Eine **Zeigervariable** ist eine Variable, deren Typ ein Zeigertyp ist, z.B.

```
VAR word : POINTER TO ARRAY OF CHAR;
```

Zeigervariablen weisen dieselben allgemeinen Merkmale wie andere Variablen auf. Sie haben einen unveränderlichen statischen Typ (den Zeigertyp) und einen veränderlichen Wert (NIL oder einen Bezug auf ein Exemplar des Zeigerbasistyps).

NIL

Welchen Wert hat word nach der Vereinbarung? Component Pascal initialisiert jede Zeigervariable implizit mit NIL, das anzeigt, dass die Variable an kein Exemplar ihres Basistyps gebunden ist:

Bild 10.10
Speicherplatz zu
Zeigervariable -
exemplarisch

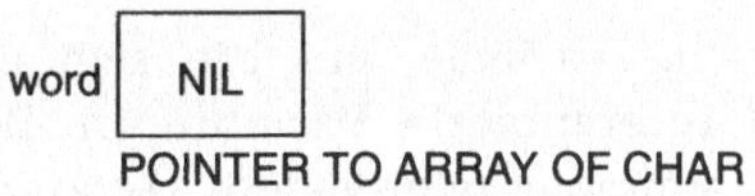

word | NIL |

POINTER TO ARRAY OF CHAR

Nach der Vereinbarung zeigt word also auf nichts; es kann aber auf eine Reihung von Zeichen zeigen. Wie kommt word zu einem Bezug auf eine Reihung?

10.3.5.1   **Dynamische Variablen**

Statische Variable

Die Variablen, die wir bisher kennen, heißen **statische Variablen**, weil sie statisch vereinbart, ihre Existenzdauern durch die statische Programmstruktur bestimmt und zur Übersetzungszeit bekannt sind. Die Existenzdauer einer

● globalen Variable reicht vom Laden bis zum Entladen des vereinbarenden Moduls;

● lokalen Variable reicht von einem Aufruf der vereinbarenden Prozedur bis zur Rückkehr aus diesem Prozeduraufruf.

Dynamische Variable

Zeigervariablen können sich nur auf **dynamische Variablen** beziehen. Eine dynamische Variable wird nicht vereinbart, sondern dynamisch erzeugt. Sie beginnt zu einem beliebigen Zeitpunkt im Programmablauf durch einen expliziten Aufruf einer Erzeugungsoperation zu existieren. In Component Pascal ist die Erzeugungsoperation eine überladene Standardprozedur namens NEW mit einem beliebigen Zeiger als OUT-Parameter. Bei Zeigern auf offene Reihungen hat sie zusätzlich einen IN-Parameter für die Länge der zu erzeugenden Reihung. Beispielsweise erzeugt der Aufruf

    NEW (word, 5);

eine neue dynamische Zeichenreihungsvariable der Länge 5, initialisiert ihre Elemente mit 0X und bindet die Zeigervariable word an einen Bezug auf die Reihungsvariable:

Bild 10.11
Speicherplatz zu Zeigervariable und dynamischer Variable
- exemplarisch

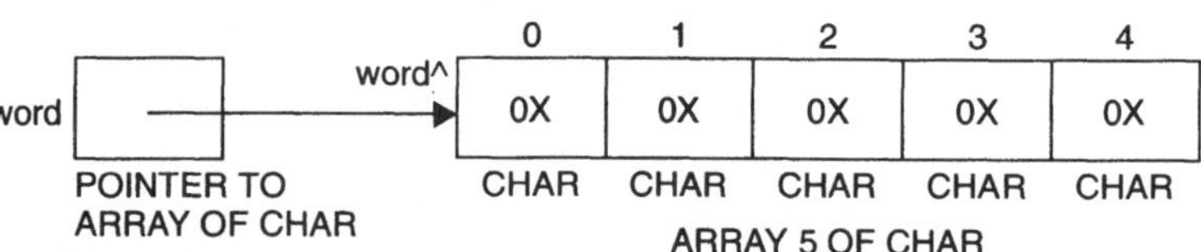

☞

Allgemein erzeugt NEW eine dynamische Variable vom Zeigerbasistyp des Zeigerparameters, initialisiert die dynamische Variable implizit mit Defaultwerten und lässt den Zeigerparameter auf die erzeugte dynamische Variable zeigen.

Referenzierte Variable

Eine dynamische Variable, auf die sich eine Zeigervariable bezieht, heißt **referenzierte Variable**. Im Beispiel ist die Reihungsvariable von word referenziert. **Dereferenzieren** bedeutet, von einer Zeigervariable auf die von ihr referenzierte Variable übergehen. Im Beispiel liefert Dereferenzieren von word die Reihungsvariable. Dereferenzieren entspricht dem Nachschlagen eines Querverweises in einem Buch.

^

Eine dynamische Variable hat keinen vereinbarten Namen, ist aber durch Dereferenzieren einer sie referenzierenden Zeigervariable benennbar. Der Name der referenzierten Variable entsteht durch Anhängen des **Dereferenzierungssymbols „^"** an den Namen der Zeigervariable. Beispielsweise bezeichnet

    word^

in Bild 10.11 die Reihungsvariable als Ganzes, indem die Zeigervariable word **explizit** dereferenziert wird.

Dynamische Variablen haben alle Eigenschaften ihres Typs (des Basistyps des Zeigers bei ihrer Erzeugung). Für eine referenzierte Variable sind alle Operationen zulässig, die der Basistyp eines sie referenzierenden Zeigers festlegt. Beispielsweise ist die referenzierte Reihungsvariable word^ indizierbar:

```
word^ [0]
```

bezeichnet ihr 0-tes Element. Beim Dereferenzieren mit nachfolgendem Indizieren erlaubt Component Pascal, das Dereferenzierungssymbol wegzulassen:

```
word [0]
```

Dann wird **implizit** dereferenziert ohne Gefahr für die Typsicherheit, weil nur das Indizieren der referenzierten Variable word^ (nicht der Zeigervariable word) einen Sinn ergibt. Dies gilt allgemein: Component Pascal dereferenziert implizit, wo es eindeutig sinnvoll ist.

Semantik

Wir können nun die Semantik des obigen Aufrufs von NEW durch eine Zusicherung beschreiben:

```
NEW (word, 5);
ASSERT ((word # NIL) & (LEN (word) = 5) & (word^ = ""));
```

Wert- und
Referenzsemantik

Bei Zuweisungen, Parameterübergaben und Vergleichen von Zeigervariablen werden Bezüge kopiert bzw. verglichen (nicht die referenzierten Variablen). Man spricht von

- **Wertsemantik**, wenn Exemplare von Typen;

- **Referenzsemantik**, wenn Bezüge auf Exemplare von Typen

zugewiesen, übergeben, verglichen werden. Zeigervariablen und Referenzparameter arbeiten mit Referenzsemantik, andere Variablen und Wertparameter mit Wertsemantik. Beim objektorientierten Programmieren ist Referenzsemantik wesentlich; Objekte erscheinen oft als dynamische Variablen.

10.3.5.2   Speicherbereinigung und Speichersicherheit

Um die Referenzsemantik exemplarisch zu erläutern, vereinbaren wir zwei Zeigervariablen

```
VAR word, other : POINTER TO ARRAY OF CHAR;
```

und programmieren die Anweisungen

```
NEW (word, 4);
other := word;
```

Ihre Wirkung zeigt das folgende Bild:

Bild 10.12
Zeigervariablen und
dynamische Variable
- exemplarisch

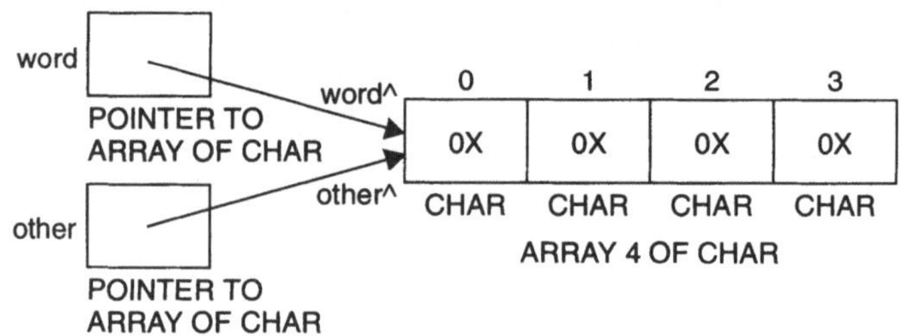

Alias

word und other beziehen sich auf dieselbe dynamische Variable; word^ und other^ sind zwei **Aliasnamen** für dieselbe Reihung. In einer **Aliassituation** hat ein Objekt mehrere Namen. (Aliassituationen können auch bei Referenzparametern auftreten.)

Mit NIL sind neben Vergleichen auch Zuweisungen und Parameterübergaben möglich. Die Zuweisungen

```
word := NIL;
other := NIL;
```

wirken vom Zustand des Bildes 10.12 ausgehend so:

Bild 10.13
Unerreichbare
dynamische Variable
- exemplarisch

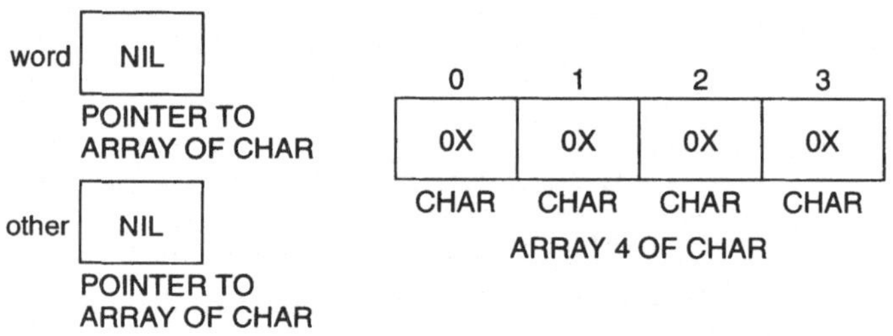

Automatische
Speicherbereinigung

Die dynamische Reihungsvariable ist von keinem Zeiger mehr referenziert, sie ist **unerreichbar** geworden. Component Pascal gibt den von unerreichbaren dynamischen Variablen belegten Speicherplatz automatisch frei: Eine **automatische Speicherbereinigung** (*garbage collection*) wird von Zeit zu Zeit aktiv und sammelt nicht mehr genutzte Speicherbereiche zur späteren Wiedervergabe auf. Nicht nur einzelne Variablen, sondern aus solchen mittels Zeigern zusammengesetzte dynamische Daten- bzw. Objektstrukturen können unerreichbar werden. Beim Programmieren *mit* automatischer Speicherbereinigung

☺ ist es normal, dass unerreichbare Datenstrukturen entstehen,

☺ säubert die „Müllabfuhr" den Speicher regelmäßig von unerreichbaren Elementen,

☺ bleibt stets Speicherplatz zum Erzeugen dynamischer Variablen verfügbar,

☺ können *keine* hängenden Bezüge entstehen. Ein **hängender Bezug** (*dangling reference*) bezieht sich auf einen Speicherplatz, der nicht oder für eine andere Variable reserviert ist.

Deshalb ist automatische Speicherbereinigung eine Voraussetzung für die Speichersicherheit einer Programmiersprache.

Automatisch oder manuell?   **Exkurs.** Bei Programmiersprachen ohne automatische Speicherbereinigung muss sich der Programmierer um die Speicherplatzverwaltung dynamischer Variablen kümmern, indem er Aufrufe von Löschoperationen programmiert. Der manuelle Ansatz birgt zwei Fehlerquellen:

☹ Wird eine dynamische Variable nicht gelöscht, wenn der letzte Bezug auf sie verschwindet, so wird sie unerreichbar. Der Speicherplatz unerreichbarer Variablen häuft sich als Müll im Speicher an und erschöpft schließlich den freien Speicherplatz.

☹ Wird eine dynamische Variable gelöscht, obwohl noch ein Bezug auf sie existiert, so entsteht ein hängender Bezug. Die Folgen hängender Bezüge sind gravierender als die unerreichbarer Variablen.

Zu objektorientiertem Programmieren gehört dynamisches Erzeugen von Objekten. Deshalb bieten objektorientierte Programmiersprachen automatische Speicherbereinigung. Ausnahmen bilden objektorientiert erweiterte Sprachen, bei denen automatische Speicherbereinigung nicht mit dem Speichermodell der Ursprache vereinbar ist (z.B. C++).

Existenzdauer   Die Existenzdauer einer dynamischen Variable ist also durch den Programmablauf bestimmt: Sie reicht vom Erzeugen der Variable bis zu dem Zeitpunkt, an dem sie unerreichbar wird.

Speichersicherheit   Eine Zeigervariable mit Wert NIL darf nicht dereferenziert werden. BlackBox prüft zur Laufzeit vor dem Dereferenzieren einer Zeigervariable, ob sie den Wert NIL hat; falls ja, erzeugt BlackBox einen Trap. Zur Semantik einer Dereferenzierung gehört also eine implizite Vorbedingung, z.B.

```
ASSERT (word # NIL);
word [0] := "a";
```

Ist in einem Anweisungsteil unbekannt, ob eine Zeigervariable an NIL oder einen Bezug auf eine dynamische Variable gebunden ist, so kann dies geprüft werden, z.B.

```
IF word # NIL THEN
    word [0] := char;
ELSE
    (* Dereferencing word causes a trap! *)
END;
```

Zeiger als Parameter   Eine Prozedur mit einem Zeiger als Ein- oder Ein-/Ausgabeparameter, die auf diesen zugreift, sollte als Vorbedingung fordern, dass er nicht NIL ist, z.B.

```
PROCEDURE Do* (word : POINTER TO ARRAY OF CHAR);
BEGIN
    ASSERT (word # NIL, BEC.precondition);
    bearbeite word^;
END Do;
```

Hier ist word ein formaler Wertparameter. Bei einem Aufruf mit einer Zeigervariable actualWord als aktuellem Parameter, etwa

```
Do (actualWord);
```

wird als Wert ein Bezug auf eine Zeichenkette (nicht die Zeichenkette) oder NIL übergeben. Wertparameter von Zeigertypen funktionieren also ähnlich wie Referenzparameter, arbeiten aber mit expliziten, veränderlichen Bezügen. Ein Aufruf

```
Do (NIL);
```

führt zwar ohne und mit Vorbedingung zu einem Trap, aber die Vorbedingung dokumentiert die Anforderung besser, erkennt im Ablauf einen Fehler früher und liefert die Fehlermeldung „Vorbedingung verletzt", die den Aufrufer von Do statt Do oder eine von Do gerufene Prozedur zum Verursacher des Fehlers erklärt.

<table>
<tr><td>Effizienz oder
Sicherheit?</td><td>Die Mengenklasse von ContainersSetsOfString benutzt Referenzsemantik, denn die Elemente der Mengen sind Zeiger auf Zeichenketten. Referenzsemantik vermeidet beim Einfügen das Kopieren der Zeichenketten - ein Effizienzaspekt. Die Lösung birgt aber ein Problem: Die Zeichenketten in einer Menge können über Aliaszeiger außerhalb der Menge manipuliert werden. Dadurch können Invarianten der Menge verletzt werden, d.h. die Lösung ist nicht modulsicher.</td></tr>
<tr><td>Implementation</td><td>Zeiger sind durch Adressen implementiert. Die Speicherzelle einer Zeigervariable enthält die Adresse einer dynamischen Variable, genauer ihre Anfangsadresse, oder den Wert NIL.</td></tr>
</table>

10.3.6   Implementation

Wir vervollständigen nun die Entwurfsteile des Moduls für Rechtschreibprüfungen zu einer Implementation und erläutern danach offene Details.

Programm 10.7
Wörterprüfer als
Modul

```
MODULE I1WordChecker;

    IMPORT
        Chars     := BasisChars,
        BEC       := BasisErrorConstants,
        Sets      := ContainersSetsOfString,
        In        := UtilitiesIn,
        Out       := UtilitiesOut;
```

```
CONST
    maxWordLength* = 100;

TYPE
    WordWriterDesc    = RECORD (Sets.ActionDesc) END;

VAR
    dictionary,
    foundWords,
    unknownWords     : Sets.SetDesc;
```

(* Redefinition of Procedure bound to Sets.Action *)

```
PROCEDURE (VAR wordWriter : WordWriterDesc) Do (word : Sets.Element);
BEGIN
    ASSERT (word # NIL, BEC.precondition);
    Out.WriteString (word); Out.WriteLn;
END Do;
```

(* Parser *)

```
PROCEDURE ReadText (OUT words : Sets.SetDesc);
    (*!
        Read words, discard nonwords from the input stream until its end is
        reached. Put read words into parameter words.
    !*)
    VAR
        char   : Chars.Char;           (* Last read character. *)
        word   : Sets.Element;         (* Last read word. *)

    PROCEDURE ReadWord;
        VAR
            i : INTEGER;
    BEGIN
        ASSERT (~In.failed & Chars.IsAlphaLatin1 (char), BEC.precondition);
        NEW (word, maxWordLength);
        word [0]  := char;
        i         := 1;
        In.ReadRawChar (char);
        WHILE ~In.failed & (i < LEN (word) - 1) & Chars.IsAlphaLatin1 (char)
        DO
            word [i] := char;
            INC (i);
            In.ReadRawChar (char);
        END;
        ASSERT
            (In.failed OR (i = LEN (word) - 1) OR ~Chars.IsAlphaLatin1 (char),
             BEC.invariant);
        ASSERT
            ((word # NIL) & (LEN (word$) > 0) & (word [i] = 0X), BEC.invariant);
    END ReadWord;
```

1 ☞

```
        PROCEDURE ReadNonword;
        BEGIN
           ASSERT (~In.failed & ~Chars.IsAlphaLatin1 (char), BEC.precondition);
           In.ReadRawChar (char);
           WHILE ~In.failed & ~Chars.IsAlphaLatin1 (char) DO
              In.ReadRawChar (char);
           END;
           ASSERT
              (In.failed OR Chars.IsAlphaLatin1 (char), BEC.postcondition);
        END ReadNonword;

     BEGIN (* ReadText *)
        words.WipeOut;
        In.Open;
        In.ReadRawChar (char);
        WHILE ~In.failed DO
           IF Chars.IsAlphaLatin1 (char) THEN
              ReadWord;
              words.Put (word);
           ELSE
              ReadNonword;
           END;
        END;
     END ReadText;
```

(* Commands *)

```
  PROCEDURE InitDictionary*;
  BEGIN
     ReadText (dictionary);
     Out.OpenNew ("I1WordChecker");
  END InitDictionary;

  PROCEDURE WriteDictionary*;
     VAR
        wordWriter : WordWriterDesc;
  BEGIN
     Out.WriteLn;
     Out.WriteString ("I1WordChecker uses the following dictionary:");
     Out.WriteLn;
     dictionary.ForAllDo (wordWriter);
  END WriteDictionary;

  PROCEDURE WriteFoundWords*;
     VAR
        wordWriter : WordWriterDesc;
  BEGIN
     Out.WriteLn;
     Out.WriteString ("I1WordChecker found the following words:");
     Out.WriteLn;
     foundWords.ForAllDo (wordWriter);
  END WriteFoundWords;
```

5 ☞

6 ☞

```
PROCEDURE WriteUnknownWords*;
   VAR
      wordWriter : WordWriterDesc;
BEGIN
   Out.WriteLn;
   Out.WriteString ("I1WordChecker found the following unknown words:");
   Out.WriteLn;
   unknownWords.ForAllDo (wordWriter);
END WriteUnknownWords;

PROCEDURE Check*;
BEGIN
   ReadText (foundWords);
   unknownWords.SetDifference (foundWords, dictionary);
   WriteUnknownWords;
END Check;

BEGIN
   ASSERT (maxWordLength > 1, BEC.invariantModule);
   dictionary.WipeOut;
   foundWords.WipeOut;
   unknownWords.WipeOut;
END I1WordChecker.
```

2 ☞

Die Nummern in der folgenden Liste entsprechen den Nummern bei den ☞Symbolen in Programm 10.7.

(1) Die Variable char und die Prozeduren ReadWord und ReadNonword sind lokal in ReadText vereinbart gemäß Leitlinie 10.1.

Leitlinie 10.1
Lokalität

> Vereinbare Merkmale, vor allem Variablen und Prozeduren, so lokal wie möglich. Je kleiner die Gültigkeitsbereiche von Merkmalen, desto sicherer und änderungsstabiler ist ein Programm und desto unwahrscheinlicher sind Namenskonflikte. Ausgenommen sind natürlich exportierte Merkmale, bei denen die allgemeine Verwendbarkeit im Vordergrund steht.

Optimieren

char ist aus Effizienzgründen kein Parameter von ReadWord und ReadNonword. Da ReadText, ReadWord und ReadNonword über char kommunizieren, gestalten wir zwecks Einheitlichkeit auch die Übergabe des Wortes von ReadWord nach ReadText mit einer Variable word und eliminieren den Parameter word des Entwurfs von ReadWord auf S. 274.

(2) ReadWord erzeugt eine neue dynamische Zeichenkettenvariable für das nächste zu lesende Wort. Da es die Länge von Wörtern in beliebigen Eingabetexten nicht kennt, legt I1WordChecker eine maximale Wortlänge fest (mindestens 2). Es vereinbart eine symbolische Konstante und gibt sie seinen

Kunden bekannt. ReadText zerteilt längere Wörter in Stücke maximaler Länge.

(3) Die Schleife zum Füllen der dynamischen Zeichenkettenvariable mit gelesenen Buchstaben kombiniert die Eingabe mit dem Bearbeiten der Reihung (siehe Programm 8.4 S. 199). Ein Reihungselement ist für das Zeichenkettenendesymbol 0X vorgesehen. Die Defaultinitialisierung hat 0X schon korrekt platziert.

$

(4) Eine weitere Nachbedingung beschreibt den Effekt von ReadWord auf word. Wegen NEW (word, maxWordLength) ist word # NIL; wegen word [0] := char ist LEN (word$) > 0. Dabei bezeichnet word$ die in word^ gespeicherte Zeichenkette; LEN (word$) zählt das Endesymbol 0X nicht mit.

(5) ReadText übergibt den Zeiger auf die von ReadWord gelesene Zeichenkette an die Menge words, seinen Ausgabeparameter.

(6) InitDictionary darf ein (neues) Ausgabefenster erst nach dem Öffnen des Eingabestroms öffnen.

10.3.7   Fazit

Mit dieser Aufgabe haben wir das Benutzen einer Klasse durch Vereinbaren und Benutzen von Objekten geübt. Dabei haben wir auch gelernt, wie man mit erweiterbaren Typen flexible Dienste entwerfen kann. Mit Zeigern haben wir die Basis eines wesentlichen Programmierkonzepts erarbeitet. Wir kennen nun Zeiger auf Reihungen; Zeiger auf Objekte sind von zentraler Bedeutung für die Objektorientierung und Gegenstand des nächsten Kapitels. Das Konstruieren der Prozeduren zur Syntaxanalyse aus den EBNF-Regeln ließ uns dagegen noch einmal schrittweises Verfeinern und strukturiertes Programmieren üben.

10.4   Zusammenfassung

Wir haben einige Konzepte der objektorientierten Softwarekonstruktion kennengelernt:

- Module sind vollständig implementiert.

- Abstrakte Klassen sind nicht oder teilweise implementiert, konkrete Klassen sind vollständig implementiert.

- Ein Modul ist nur erweiterbar, indem es durch eine neue Version ersetzbar ist, deren Schnittstelle die Schnittstelle der alten Version umfasst.

- Eine Klasse ist erweiterbar, indem sie zur Basisklasse einer Erweiterungsklasse erklärt werden kann. Eine Erweiterungsklasse erbt die Merkmale ihrer Basisklasse und spezialisiert sie. Eine Basisklasse generalisiert die gemeinsamen Merkmale ihrer Erweiterungsklassen.

- Eine Ansammlung von Klassen ist durch die Benutzungs- und die Erweiterungsbeziehung strukturiert. Die Benutzungsbeziehung dient der Aufgabenteilung und Zerlegung, die Erweiterungsbeziehung der Klassifikation und Spezialisierung.

- Polymorphie und dynamisches Binden sind Mechanismen, die flexibel anpassbare und erweiterbare Komponenten ermöglichen. Abgeschlossene, vollständig implementierte Lieferanten können Kunden mit spezifischen Aufträgen bedienen. Kunden steht der Weg offen, von Lieferanten spezifizierte Dienste in eigenen Erweiterungsklassen zu redefinieren und den Lieferanten eigene Objekte zur Bearbeitung zu übergeben.

10.5 Literaturhinweise

Konstruktionstechniken für Syntaxanalyseprogramme sind in G. Pomberger und G. Blaschek [27] und ausführlich in N. Wirth [34] dargestellt, darunter auch die in 10.3.4 vorgestellte Technik.

10.6 Übungen

Mit diesen Aufgaben üben Sie das Erweitern von Klassen.

Aufgabe 10.1
Zahlen sammeln

Entwickeln Sie mit den in 10.3 vorgestellten Techniken ein Modul, das Eingabetexte einliest und die Durchschnitts- und Vereinigungsmengen der in den Texten vorkommenden ganzen Zahlen ausgibt! Transformieren Sie dazu das Modul ContainersSetOfInteger (Programm 6.7 S. 140) in ein Klassenmodul und erweitern Sie dieses geeignet!

Aufgabe 10.2
Wörter zählen

Erweitern Sie das Modul I1WordChecker um ein Kommando

```
PROCEDURE Count* (wordLength : INTEGER);
```

Für wordLength <= 0 ist es effektlos, sonst liest es einen Eingabetext, zählt die Häufigkeit der Wörter der Längen 1 bis wordLength, gibt längere Wörter aus und stellt die Häufigkeiten der registrierten Wortlängen textuell und grafisch dar. Kombinieren Sie dazu Lösungselemente der Programme 8.7 S. 212 und 10.7!

Aufgabe 10.3
Wörter suchen

Erweitern Sie das Modul I1WordChecker um ein Kommando

```
PROCEDURE Search* (word : ARRAY OF CHAR);
```

Es liest einen Eingabetext und gibt aus, ob es das Wort word im Text gefunden hat oder nicht. Nehmen Sie dazu an, dass ContainersSetsOfString eine gegenüber Abschnitt 10.3 erweiterte Schnittstelle bietet: Die Klasse Action hat zusätzlich eine abstrakte Funktion

```
PROCEDURE (IN action : ActionDesc)
   Valid* (item : Element) : BOOLEAN, NEW, ABSTRACT;
```

Die Klasse Set hat zusätzlich eine Prozedur

```
PROCEDURE (IN set : SetDesc)
   WhileValidDo* (VAR action : ActionDesc), NEW;
```

Sie iteriert über die Elemente der Menge und bearbeitet sie mit action.Do, solange sie action.Valid erfüllen. Die Pseudo-WHILE-Schleife

```
item := set.FirstItem
WHILE item.Defined AND action.Valid (item) DO
   action.Do (item)
   set.Next (item)
END
```

drückt diese Semantik aus. I1WordChecker vereinbart eine Erweiterungsklasse zu ContainersSetsOfString.Action, die Valid und Do implementiert und eine weitere Prozedur

```
PROCEDURE (IN action : ActionDesc)
   SetWord (IN word : ARRAY OF CHAR), NEW;
```

vereinbart sowie ein Feld word : ContainersSetsOfString.Element.

Dynamische Objektstrukturen

Als Hauptaufgabe dieses Kapitels implementieren wir das Klassenmodul ContainersSetsOfString, das wir im vorigen Kapitel zur Lösung der Aufgabe der Rechtschreibprüfung benutzt haben. Um es zu testen, benötigen wir weitere Module. Beim Implementieren eines Testwerkzeugs lernen wir mit einer Liste das Konzept der dynamischen Objektstruktur kennen, das wir beim Entwurf von ContainersSetsOfString entfalten.

11.1 Prüfling, Testmodul und Testwerkzeug

ContainersSetsOfString soll als Behälterklassenmodul wiederverwendbar sein und muss deshalb sorgfältig getestet werden. Im Folgenden entwickeln wir ein allgemeines Testverfahren, das wir exemplarisch auf ContainersSetsOfString anwenden. Das Testverfahren basiert auf der Vertragsmethode; ein wiederverwendbares Testwerkzeug unterstützt es. Zu einem Test gehören im Wesentlichen drei Module, deren Kunde-Lieferant-Beziehungen Bild 11.1 darstellt.

Bild 11.1
Benutzungsstruktur
eines Testszenariums
- statisch

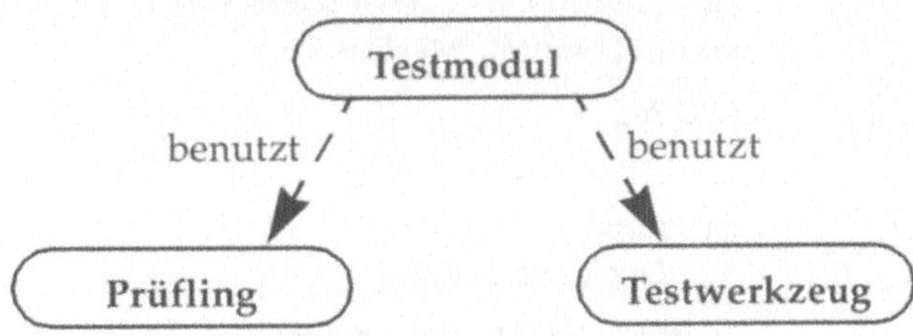

- Ein **Prüfling** ist ein zu testendes Modul.

- Ein **Testmodul** ist ein spezielles Kommandomodul zum Testen eines Prüflings.

- Das **Testwerkzeug** ist ein Modul, das allgemeine, von Prüflingen und Testmodulen unabhängige Teilaufgaben des Testens übernimmt.

Namen

Im Beispiel ist der Prüfling ContainersSetsOfString. Testmodule ordnen wir dem Subsystem Test zu; der Moduldateiname eines Testmoduls ist der seines Prüflings. (Diese Konvention schließt Namenskonflikte nicht aus, ist aber brauchbar.) Hier heißt das Testmodul also TestSetsOfString. Das Testwerkzeugmodul gehört zum Dienstesubsystem Utilities und heißt UtilitiesRepeater.

Wir gehen in folgenden Schritten vor:

(1) Den Prüfling spezifizieren (siehe 11.1.1).

(2) Das Testwerkzeug spezifizieren (siehe 11.1.2 S. 290).

(3) Das Testmodul spezifizieren und implementieren (siehe 11.1.3 S. 292).

(4) Das Testwerkzeug implementieren (siehe Abschnitt 11.2).

(5) Den Prüfling implementieren (siehe Abschnitt 11.3).

11.1.1   Spezifikation des Mengenklassenmoduls

In 10.3.1 S. 261 haben wir die vom Modul ContainersSetsOfString bereitgestellte Mengenklasse Set benutzt. Wir beschreiben hier ihre vollständige Schnittstelle, in folgenden Abschnitten entwikkeln wir ein Testmodul und eine Implementation dazu.

Erweitern

Da wir auf S. 263 die im Cleo-Programm 9.3 S. 235 vorgestellte Schnittstelle von Set schon um eine Aktion für die Differenz zweier Mengen erweitert haben, ergänzen wir auch Aktionen für die Mengenoperationen Vereinigung, Durchschnitt und symmetrische Differenz. Um die Erweiterung abzurunden, fügen wir eine Abfrage IsDisjoint hinzu, die prüft, ob zwei Mengen disjunkt sind. Mittels IsDisjoint und dem bereits vorhandenen IsEmpty können wir die Mengenoperationen partiell vertraglich spezifizieren. Das Cleo-Programm 11.1 zeigt die gegenüber Programm 9.3 neuen Merkmale.

Programm 11.1
Zusätzliche
Merkmale der
Mengenklasse

```
CLASS Set

   ...

   QUERIES
      IsEmpty : BOOLEAN

      IsDisjoint (IN b : Set) : BOOLEAN

      ...

   ACTIONS
      ...

      SetUnion (IN b, c: Set)
         POST
            (OLD (b).IsEmpty AND OLD (c).IsEmpty) IMPLIES a.IsEmpty
            a.IsDisjoint (OLD (b)) IMPLIES OLD (b).IsEmpty
            a.IsDisjoint (OLD (c)) IMPLIES OLD (c).IsEmpty

      SetDifference (IN b, c: Set)
         POST
            a.IsDisjoint (OLD (c))
            OLD (b).IsEmpty IMPLIES a.IsEmpty
```

```
SetIntersection (IN b, c: Set)
   POST
      OLD (b).IsEmpty IMPLIES a.IsEmpty
      OLD (c).IsEmpty IMPLIES a.IsEmpty
      OLD (b).IsDisjoint (OLD (c)) IMPLIES a.IsEmpty
      a.IsDisjoint (OLD (b)) IMPLIES a.IsEmpty
      a.IsDisjoint (OLD (c)) IMPLIES a.IsEmpty

SetDifference (IN b, c: Set)
   POST
      (OLD (b).IsEmpty AND OLD (c).IsEmpty) IMPLIES a.IsEmpty
      (a.IsDisjoint (OLD (b)) AND OLD (c).IsEmpty) IMPLIES
                                            OLD (b).IsEmpty
      (a.IsDisjoint (OLD (c)) AND OLD (b).IsEmpty) IMPLIES
                                            OLD (c).IsEmpty
```

END Set

Die Nachbedingungen setzen voraus, dass das Empfängerobjekt
den Namen a hat. Die OLD-Ausdrücke sind notwendig, weil sich
Empfänger und Parameter auf dasselbe Objekt beziehen können, denn da wir Referenzsemantik voraussetzen, sind Aliassituationen möglich. Beispielsweise verändert der Aufruf

Alias

```
x.SetUnion (x, y)
```

das aktuelle x-Objekt, auf den sich der Empfänger a und der formale Parameter b beziehen.

Von Cleo zu
Component Pascal

Die Aufgabe, die Cleo-Spezifikation in eine Component-Pascal-
Implementation zu transformieren, lösen wir in Abschnitt 11.3,
wo wir mehr über dynamische Objektstrukturen wissen. Programm 11.2 zeigt vorerst die syntaktische Schnittstelle in Component Pascal:

Programm 11.2
Schnittstelle des
Mengenklassen-
moduls

```
DEFINITION ContainersSetsOfString;

   TYPE
      Action = POINTER TO ActionDesc;
      ActionDesc = ABSTRACT RECORD
         (VAR action: ActionDesc) Do (item: Element), NEW, ABSTRACT
      END;

      Element = POINTER TO ARRAY OF CHAR;

      Set = POINTER TO SetDesc;
      SetDesc = EXTENSIBLE RECORD
         (IN set: SetDesc) ForAllDo (VAR action: ActionDesc), NEW;
         (IN set: SetDesc) Has (x: Element): BOOLEAN, NEW;
         (IN a: SetDesc) IsDisjoint (IN b: SetDesc): BOOLEAN, NEW;
         (IN set: SetDesc) IsEmpty (): BOOLEAN, NEW;
         (VAR set: SetDesc) Put (x: Element), NEW;
         (VAR set: SetDesc) Remove (x: Element), NEW;
         (VAR a: SetDesc) SetDifference (IN b, c: SetDesc), NEW;
         (VAR a: SetDesc) SetIntersection (IN b, c: SetDesc), NEW;
```

```
            (VAR a: SetDesc) SetSymDifference (IN b, c: SetDesc), NEW;
            (VAR a: SetDesc) SetUnion (IN b, c: SetDesc), NEW;
            (VAR set: SetDesc) WipeOut, NEW
        END;

END ContainersSetsOfString.
```

Die Klasse Set ist durch EXTENSIBLE als erweiterbar vereinbart.
Ihre Prozeduren sind jedoch nicht redefinierbar, da ihnen das
Attribut EXTENSIBLE fehlt, d.h. sie sind **final**. Das Klassenattribut
EXTENSIBLE verhindert Zuweisungen mit Wertsemantik, weil
diese zu Verletzungen von Klasseninvarianten führen könnten.

11.1.2   Spezifikation des Testwerkzeugmoduls

Das Testwerkzeug hat die Aufgabe, **Dauertests** durchzuführen,
die sich durch Wiederholen von Einzeltests ergeben. Einem
Kunden des Testwerkzeugs - also einem Testmodul - obliegt es,
einen **Einzeltest** zu definieren, der natürlich bei jedem Aufruf
mit anderen Werten arbeitet.

Wir lösen diese Aufgabe mit dem Entwurfsmuster, das wir zur
Ausgabe einer Menge verwendet haben (siehe Bild 10.8 S. 266).
Das Werkzeugmodul UtilitiesRepeater bietet

- eine abstrakte Klasse Action mit einer abstrakten Prozedur Do,
  die von Kunden in einer Erweiterungsklasse als Einzeltest zu
  implementieren ist;

- einen Satz von Prozeduren, die auf Objekten von Erweiterungsklassen von Action operieren (siehe Bild 11.2).

Bild 11.2
Entwurfsmuster für
Testmodul und
Testwerkzeug

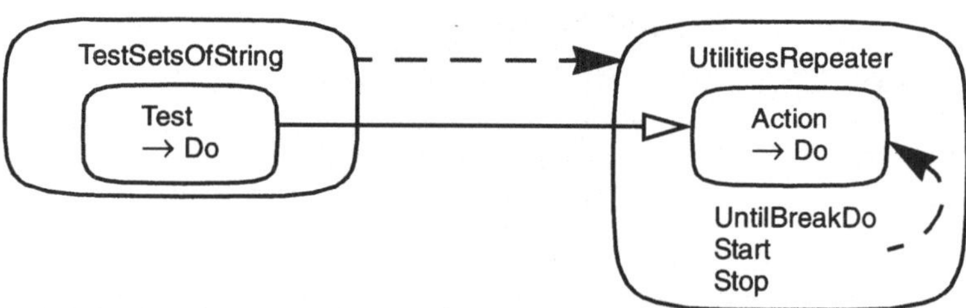

Das Muster von S. 266 adaptieren wir, sodass

- für die Klasse Action nur Referenzsemantik (statt auch Wertsemantik) erlaubt ist,

- die Prozedur Do parameterlos (statt parametrisiert) ist,

- die Kunden von Action Prozeduren (statt einer anderen
  Klasse) sind.

Prozedurale
Schnittstelle

Die Schnittstellenprozeduren von UtilitiesRepeater zu entwerfen und ihre Semantik zu beschreiben ist der nächste Schritt:

- **UntilBreakDo** (action) ruft action.Do wiederholt auf, bis die Escape-Taste gedrückt wird; dann gibt es z.B. diese Meldung in das Log-Fenster aus:

  UtilitiesRepeater: 9456 calls of TestSetsOfString.Test.Do performed!

Dieses einfache Testmittel führt einen Dauertest im Vordergrund aus. Für viele Tests genügt das, hat aber den Nachteil, dass die Ausführung eines Dauertests andere Interaktionen mit Black-Box ausschließt. Lange Dauertests lässt man günstiger im Hintergrund laufen. Dazu dienen diese Prozeduren:

- **Start** (action) registriert action, um action.Do wiederholt im Hintergrund aufrufen zu lassen. (Start registriert ein bestimmtes Action-Objekt nur einmal.)

- **Stop** (action) beendet die Ausführung von action.Do im Hintergrund. (Stop ist effektlos, wenn sich action nicht auf ein registriertes Objekt bezieht oder NIL ist.)

Zwischen den Aufrufen von Start und Stop ist BlackBox offen für Interaktionen. Ein Einzeltest Do sollte allerdings kurz dauern. So lassen sich beliebig viele Dauertests nebenläufig (parallel, zeitlich ineinander verschränkt) ausführen. Da man Dauertests zu beliebigen Zeitpunkten starten und stoppen kann, ist eine Auskunft über die gerade laufenden Dauertests nützlich:

- **Show** zeigt alle im Hintergrund laufenden Daueraktionen etwa so im Log-Fenster an:

```
UtilitiesRepeater                         next time [ms]: 1
Action Name                               Number of Performed Calls of Do
ContainersSetsOfComparable.TestInvariants   1234
ContainersStrings.TestInvariants            2468
TestSetsOfComparable.Test                   4567
TestSetsOfString.Test                       6183
```

Je mehr Dauertests laufen, desto weniger Prozessorzeit bleibt für Interaktionen. Deshalb ist die Wiederholfrequenz der Einzeltests einstellbar. Zusätzliche Prozeduren sind:

- **SetNextTime** (newNextTime) setzt das Zeitintervall zwischen zwei Aufrufen auf newNextTime; Zeiteinheit ist die Millisekunde.

- **StopAll** beendet die Ausführung aller Daueraktionen im Hintergrund.

Die folgende syntaktische Schnittstelle definiert zusätzlich einige Zeitgrößen.

<table>
<tr><td valign="top">

Programm 11.3
Schnittstelle des
Testwerkzeugmoduls

</td><td valign="top">

```
DEFINITION UtilitiesRepeater;

    CONST
        day = 86400000;
        hour = 3600000;
        millisecond = 1;
        minute = 60000;
        second = 1000;
        timeUnit = 1;

    TYPE
        Action = POINTER TO ABSTRACT RECORD
            (action: Action) Do, NEW, ABSTRACT
        END;

        Time = INTEGER;

    VAR
        nextTime-: Time;

    PROCEDURE SetNextTime (newNextTime: Time);
    PROCEDURE Show;
    PROCEDURE Start (action: Action);
    PROCEDURE Stop (action: Action);
    PROCEDURE StopAll;
    PROCEDURE UntilBreakDo (action: Action);

END UtilitiesRepeater.
```

</td></tr>
</table>

11.1.3   Testmodul zur Mengenklasse

Wir entwickeln nun das Testmodul TestSetsOfString zu ContainersSetsOfString, beginnend mit dem Entwurf der Kommandos für ein Aufrufmenü.

11.1.3.1   Entwurf der Kommandos

Zum Testen im Vordergrund dienen diese Kommandoaufrufe:

⏸ TestSetsOfString.TestOnce

führt einen Einzeltest aus,

⏸ TestSetsOfString.TestUntilBreak

einen Dauertest bis zum Abbruch mit Escape. Die Alternative zum beliebig lange dauernden TestUntilBreak, das BlackBox für andere Aktionen blockiert, lautet Testen im Hintergrund:

⏸ TestSetsOfString.StartTest

startet einen Dauertest im Hintergrund,

⏸ TestSetsOfString.StopTest

stoppt ihn. Die Länge des Zeitintervalls, nach dem ein Einzeltest wiederholt wird, stellen wir mit dem Kommandoaufruf

(!) "UtilitiesRepeater.SetNextTime (100)" [milliseconds]

ein. Je kürzer das Intervall ist, umso mehr Einzeltests finden statt; je länger, umso weniger wird die Reaktionsfähigkeit von BlackBox beeinträchtigt. Welche Dauertests gerade laufen zeigt

(!) UtilitiesRepeater.Show

11.1.3.2   Testmethode

Den Entwurf von TestSetsOfString bereiten wir mit allgemeinen Bemerkungen zum Testen vor. Zunächst untersuchen wir verschiedene Bedeutungen des Begriffs **Fehler** (*error*).

Fehler

Der Zweck eines **Tests** ist, **Fehlverhalten** (*fault*) zu provozieren, d.h. Situationen beim Ausführen eines Prüflings, in denen sich dieser unerwartet verhält. Die Gründe bemerkten Fehlverhaltens muss der **Tester** (ein Entwickler, der einen Test durchführt) erschließen. Eine **Fehlerursache** (*defect, bug*) ist eine statische Eigenschaft des Prüflings, seines Quelltextes oder Objektcodes. Sie ist wiederum entstanden durch einen **Denkfehler** (*mistake*) des Programmierers. Ein Test ist **erfolgreich**, wenn Fehler auftreten. Ein intensiver, erfolgloser Test lässt den Tester hoffen, dass der Prüfling seine Aufgabe in Anwendungen erfüllen wird.

Eine allgemeine Testmethode ist der **Funktions-** oder **Black-Box-Test**: Er bezieht sich nur auf die spezifizierte Schnittstelle und das beobachtbare Verhalten eines Prüflings, nicht auf seine verborgene Implementation und Struktur. Ein Funktionstest soll erkennen, dass die Implementation des Prüflings von seiner Spezifikation abweicht.

Spezifikation durch Vertrag

Unser Testverfahren ist ein Funktionstest, der auf der Methode der Spezifikation durch Vertrag basiert. Diese Spezifikationsmethode ist dort anwendbar, wo Dienste von Modulen oder Klassen auf internen Zuständen oder Parametern operieren, also bei Funktionsmodulen und -klassen (im Sinne von Funktionalität). Die Vertragsmethode findet ihre Grenze bei Diensten, die mit ihrer Umgebung interagieren, z.B. bei Kommandos mit Ein-/ Ausgabe, bei Operationen auf Dateien oder der Kommunikation mit anderen Rechnern. Im Folgenden ist ein **Prüfling** eine vertraglich spezifizierte Funktionseinheit (Modul oder Klasse).

Testen des Vertrags

Ein Prüfling ist mit Invarianten und Vor- und Nachbedingungen von Diensten spezifiziert. Seine Spezifikation ist in Form von Zusicherungen von vornherein in seine Implementation eingebaut. Diese Zusicherungen dienen als permanente Testanweisungen, mit denen sich ein Prüfling selbst testet. Ein Prüfling muss zum Testen nur benutzt werden, d.h. seine Dienste müssen aufgerufen werden. Zur Laufzeit werden die Zusicherungen geprüft; verletzte Zusicherungen führen zu Traps; Traps decken Vertragsbrüche auf - die Stellen, an denen die Implementation der vertraglichen Spezifikation widerspricht.

Unter einem **Testfall** verstehen wir den Aufruf eines Dienstes eines Prüflings, wobei der Prüfling in einem bestimmten Zustand ist und der Dienst mit bestimmten aktuellen Parameterwerten versorgt wird. Die Anzahl möglicher Testfälle ist i.A. so groß, dass ein Test nur eine Teilmenge von Testfällen ausführen kann. Ein solcher Test ist **partiell** und kann daher *nicht* nachweisen, dass ein Prüfling fehlerfrei ist.

Wie entdeckt man mit möglichst wenig Testfällen und hoher Wahrscheinlichkeit möglichst viele Fehler? Testfälle gezielt manuell zu konstruieren kann aufwändig sein. Dagegen ist es einfach und effektiv, Testfälle mit automatischen Zufallsverfahren auszuwählen. Wir sprechen dann von **randomisierten Tests**. Ein sehr oft wiederholter Zufallstest ist ein **Stresstest**, da er den Prüfling willkürlichen Testfällen aussetzt.

11.1.3.3   Testverfahren für Klassen

Wir beschreiben nun das Testverfahren in einzelnen Schritten mit Begriffen von Component Pascal und BlackBox. Gegeben sei ein Klassenmodul SomeThings, das eine Klasse Thing definiert. Enthält das Modul mehrere Klassendefinitionen, so wenden wir das Verfahren auf jede einzelne Klasse an.

Verfahrensschritte

(1) **Vorbereiten des Prüflings** SomeThings:

- Programmiere eine an SomeThings.Thing gebundene Prozedur CheckInvariants, die die Klasseninvarianten enthält.
- Programmiere zu jeder an SomeThings.Thing gebundenen Prozedur die Vor- und Nachbedingungen.

(2) **Entwickeln des Testmoduls** TestThings:

- Erweitere die Klasse UtilitiesRepeater.Action zu TestThings.Test.
- Vereinbare in TestThings.Test mindestens ein Objekt thing vom Typ SomeThings.Thing.
- Implementiere die Prozedur Do von TestThings.Test so, dass sie jede Aktion von thing in jeder relevanten Situation einmal aufruft. Ist die Aktion parametrisiert, so versorge ihre Parameter mit Zufallswerten, die die Vorbedingungen erfüllen. Meist ist es unnötig, die Abfragen von thing expli-

zit aufzurufen, da sie in Zusicherungen benutzt und dadurch mitgetestet werden. Das Do von TestThings.Test stellt also einen randomisierten Einzeltest bereit, der wiederholt aufgerufen beliebig viele zufällige Testfälle abdeckt.

- Erzeuge ein Objekt test vom Typ TestThings.Test.

- Programmiere die in 11.1.3.1 beschriebenen Testkommandos, übergebe dabei test an entsprechende Dienste von UtilitiesRepeater.

(3) **Fehlererkennung**: Rufe das Testkommando TestThings.TestUntilBreak oder TestThings.StartTest auf. Solange es still läuft, ist kein Fehler erkannt. Tritt ein Trap auf, so ist der Test erfolgreich.

(4) **Fehlerdiagnose**: Das Trapfenster ermöglicht es, Laufzeitinformationen über die Trapursache zu untersuchen. Schließe daraus mittels **Rückwärtsrechnen** auf die Fehlerursache: Rekonstruiere das Entstehen des fehlerhaften Zustands, den die Zusicherungsprüfung erkannt hat, indem du die Anweisungen vor der Zusicherung zurück verfolgst.

Fazit

Vorteile dieses Testverfahrens sind:

☺ Es lässt sich weitgehend schematisch anwenden, denn der kreative Aufwand liegt darin, den Prüfling vertraglich zu spezifizieren.

☺ Es gibt nur eine Version des Prüflings mit eingebauten Zusicherungen, die sowohl getestet als auch in Anwendungen eingesetzt wird. Es ist nicht erforderlich, den Prüfling für eine Testversion zu „instrumentieren"; der Quelltext des Prüflings wird nicht durch zusätzliche Testanweisungen „verschmutzt"; Ein- und Auskommentieren bzw. bedingtes Übersetzen von Testanweisungen entfällt.

☺ Das Verfahren produziert keine „Testausgabe". Das erspart dem Tester die Mühe, Testausgabe zu dechiffrieren und auf Korrektheit zu prüfen.

Analogie

☺ Die Prüfungen finden nicht nur beim Testen des Prüflings statt, sondern auch im Ernstfall, wenn er in Anwendungen eingesetzt wird. Dies entspricht dem Vorgehen in der Hardware: Hochintegrierte Schaltungen werden so entworfen, dass sie sich selbst testen können. PCs diagnostizieren regelmäßig, ob ihre Hardwarekomponenten noch korrekt funktionieren und melden erkannte Fehler mit Piepstönen.

Ein Nachteil ist:

☹ Das Testverfahren kann nicht besser sein als die vertragliche Spezifikation des Prüflings. Je unvollständiger die Spezifikation, desto weniger Fehler kann das Verfahren entdecken.

11.1.3.4 Entwurf des Einzeltests

Nach der geleisteten Vorarbeit können wir uns auf Schritt (2) des Testverfahrens 11.1.3.3 konzentrieren. TestSetsOfString erweitert die Klasse UtilitiesRepeater.Action zu Test und redefiniert deren Prozedur Do, sodass sie einen Einzeltest von ContainersSetsOfString darstellt. Bild 11.3 kombiniert die Bilder 11.1, 11.2 und 10.8 S. 266 zu einem Entwurfsmodell.

Bild 11.3
Klassendiagramm
des Testszenariums

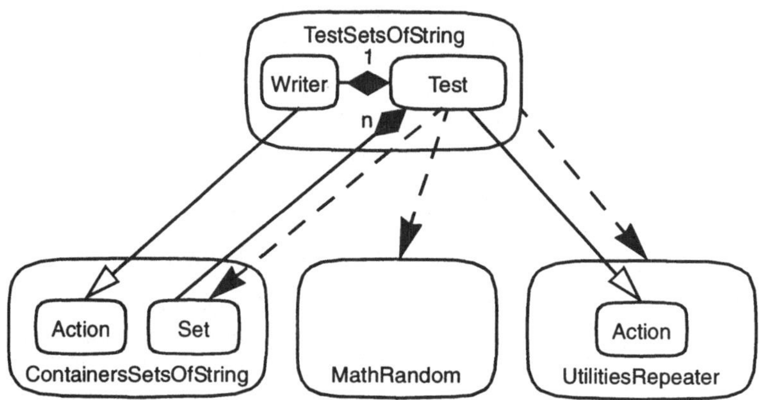

Wie viele Mengen?

Eine Entwurfsentscheidung ist, die Mengenoperationen mit mehreren Mengenobjekten zu testen. Die Anzahl der Mengen legen wir mit einer symbolischen Konstante numberOfSets fest (mit minimalem Wert 3). Einem Test-Objekt ordnen wir numberOfSets Set-Objekte fest zu. In Bild 11.3 erscheint dies als Komposition; in der Implementation vereinbart Test die Reihung

```
set : ARRAY numberOfSets OF ContainersSetsOfString.SetDesc;
```

Natürlich benutzt Test seine Set-Objekte, seine Prüflinge. Ein Test-Objekt besteht weiter aus einem Writer-Objekt, dessen Typ eine Erweiterung von ContainersSetsOfString.Action ist (vergleiche Bild 10.8 S. 266).

Zufallswerte

Test erzeugt zufällige Testfälle. Der Zufall wirkt konkret

- beim Wählen einer aufzurufenden Aktion von ContainersSetsOfString.Set,

- beim Setzen einer Zeichenkette, die in eine der Mengen einzufügen ist,

● beim Wählen der an einer Aktion beteiligten Mengen.

Dazu braucht Test das Modul MathRandom, das einen Zufallszahlengenerator enthält und Dienste bietet, die zufällige Werte verschiedener Typen liefern. Konkret benutzt Test von MathRandom folgendes:

● **UniformI** (lower, upper : INTEGER) : INTEGER liefert eine zufällige, gleichverteilte Ganzzahl aus dem Intervall lower .. upper.

● **GetString** (OUT string : ARRAY OF CHAR) besetzt den Ausgabeparameter string mit zufälligen alphanumerischen Zeichen.

Seiteneffekt

UniformI ist eine seiteneffektbehaftete Funktion, denn zwei aufeinander folgende Aufrufe mit gleichen Parameterwerten liefern meist verschiedene Ergebnisse. Bei Zufallsfunktionen weichen wir erstmals von unseren Leitlinien 1.3 S. 5 und 1.6 S. 6 ab. Der Grund ist Bequemlichkeit: Randomisierte Algorithmen lassen sich so kürzer formulieren. Der Preis dafür ist, dass wir mit Ausdrücken in Zusicherungen kritischer umgehen müssen.

Mehrfache Auswahl

Die Auswahl einer aufzurufenden Aktion kann man mit einer mehrfachen Auswahlanweisung programmieren:

```
action := MathRandom.UniformI (1, n);
IF action = 1 THEN
    wähle Index i einer Menge
    rufe die 1 entsprechende Aktion von set [i] auf
ELSIF action = 2 THEN
    wähle Index i einer Menge
    rufe die 2 entsprechende Aktion von set [i] auf
ELSIF action = 3 THEN
    ...
END
```

Jede Bedingung vergleicht denselben Ausdruck action mit einer Konstante (1, 2, 3,...). Für diesen Spezialfall bietet Component Pascal eine elegantere und effizientere Auswahlanweisung, die CASE-Anweisung. Wir transformieren das obige Codestück in das folgende, äquivalente:

```
CASE MathRandom.UniformI (1, n) OF
|  1:
    wähle Index i einer Menge
    rufe die 1 entsprechende Aktion von set [i] auf
|  2:
    wähle Index i einer Menge
    rufe die 2 entsprechende Aktion von set [i] auf
|  3:
    ...
ELSE
END
```

Ist für den Wert des Ausdrucks MathRandom.Uniforml (1, n) kein Fall (1, 2, 3,...) vorhanden und fehlt der ELSE-Zweig, so bricht die Ausführung der CASE-Anweisung mit einem Trap ab. Deshalb sehen wir hier einen leeren ELSE-Zweig vor. Für Details der CASE-Anweisung verweisen wir auf den Component Pascal Language Report (Anhang A 9.5, S. 394).

11.1.3.5   Implementation

Der Entwurf des Testmoduls ist so weit gediehen, dass wir ihn in eine Implementation umsetzen.

Programm 11.4
Testmodul für
Zeichenketten-
mengen

```
MODULE TestSetsOfString;

    IMPORT
        BEC             := BasisErrorConstants,
        Sets            := ContainersSetsOfString,
        MathRandom,
        Out             := UtilitiesOut,
        UtilitiesRepeater;

    CONST
        numberOfSets  = 5;
        maxItemLength = 20;

    TYPE
        WriterDesc = RECORD (Sets.ActionDesc) END;

        Test =
            POINTER TO RECORD (UtilitiesRepeater.Action)
                item   : Sets.Element;
                set    : ARRAY numberOfSets OF Sets.SetDesc;
                writer : WriterDesc;
            END;

    VAR
        test : Test;

    (* Redefinition of Procedure bound to Sets.Action *)

    PROCEDURE (VAR writer : WriterDesc) Do (item : Sets.Element);
    BEGIN
        Out.WriteString (item); Out.WriteLn;
    END Do;

    (* Redefinition of Procedure bound to UtilitiesRepeater.Action *)

    PROCEDURE (this : Test) Do;

        PROCEDURE N () : INTEGER;
        BEGIN
            RETURN MathRandom.Uniforml (0, LEN (this.set) - 1);
        END N;
```

```
                        BEGIN
                          CASE MathRandom.Uniforml (1, 12) OF
                          |  1 .. 4:
                            NEW (this.item, MathRandom.Uniforml (2, maxItemLength));
                            MathRandom.GetString (this.item^);
                            this.set [N ()].Put (this.item);
                          |  5:
                            this.set [N ()].Remove (this.item);
                          |  6:
                            this.set [N ()].WipeOut;
                          |  7 .. 8:
                            this.set [N ()].SetUnion (this.set [N ()], this.set [N ()]);
                          |  9:
                            this.set [N ()].SetDifference (this.set [N ()], this.set [N ()]);
                          |  10:
                            this.set [N ()].SetIntersection (this.set [N ()], this.set [N ()]);
                          |  11:
                            this.set [N ()].SetSymDifference (this.set [N ()], this.set [N ()]);
                          |  12:
                            IF this.set [N ()].IsDisjoint (this.set [N ()]) & this.set [N ()].IsEmpty ()
                            THEN
                                this.set [N ()].ForAllDo (this.writer);
                                Out.WriteLn;
                            END;
                          ELSE
                          END;
                        END Do;

                        (* Factory *)

                        PROCEDURE New () : Test;
                          VAR
                              result : Test;
                              index  : INTEGER;
                        BEGIN
                            NEW (result);
                            NEW (result.item, MathRandom.Uniforml (2, maxItemLength));
                            FOR index := 0 TO LEN (result.set) - 1 DO
                                result.set [index].WipeOut;
                            END;
                            Out.OpenNew ("TestSetsOfString");
                            RETURN result;
                        END New;

                        (* Commands *)

                        PROCEDURE TestOnce*;
                        BEGIN
                            test.Do;
                        END TestOnce;

                        PROCEDURE TestUntilBreak*;
                        BEGIN
                            UtilitiesRepeater.UntilBreakDo (test);
                        END TestUntilBreak;
```

```
                    PROCEDURE StartTest*;
                    BEGIN
5 ☞                     UtilitiesRepeater.Start (test);
                    END StartTest;

                    PROCEDURE StopTest*;
                    BEGIN
5 ☞                     UtilitiesRepeater.Stop (test);
                    END StopTest;

                BEGIN
                    ASSERT (numberOfSets >= 3, BEC.invariantModule);
                    ASSERT (maxItemLength >= 2, BEC.invariantModule);
3 ☞                 test := New ();
                CLOSE
6 ☞                 StopTest;
                END TestSetsOfString.
```

Die Nummern in der folgenden Liste von Bemerkungen entsprechen den Nummern bei den ☞Symbolen in Programm 11.4.

(1) N ist eine lokale Funktion von Do, die einen zufälligen Index für ein Mengenobjekt auswählt. N bewirkt einen Seiteneffekt (via MathRandom.Uniforml).

(2) Eine Zeichenkette zufälliger Länge wird erzeugt, mit Zufallszeichen besetzt und einer zufälligen Menge hinzugefügt.

(3) test ist ein Zeiger auf ein Test-Objekt. Die Funktion New erzeugt ein Test-Objekt, initialisiert es und liefert als Ergebnis einen Bezug auf das Objekt:

Bild 11.4

Test-Objekt in New
vor der Rückgabe

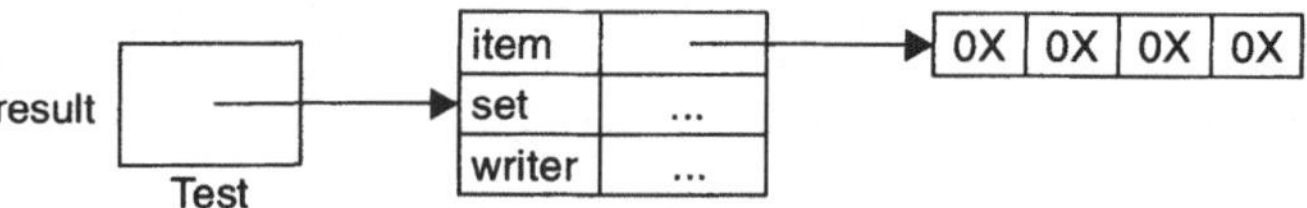

test wird initialisiert, indem ihm das Ergebnis eines Aufrufs von New zugewiesen wird:

Bild 11.5

Test-Objekt nach der
Rückgabe und
Zuweisung an test

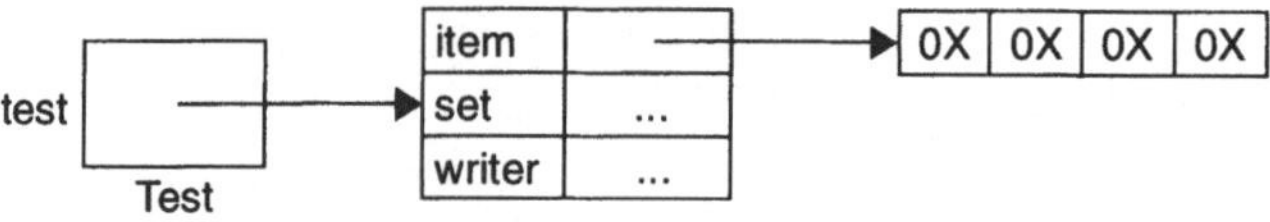

Fabrik

New ist eine **Fabrikfunktion. Fabrik** (*factory*) ist der Name eines Entwurfsmusters für geschütztes Erzeugen und Initialisieren von Objekten.

Seiteneffekt

New ist seiteneffektbehaftet: Zwei aufeinander folgende Aufrufe liefern stets Bezüge auf zwei Objekte (die ähnlich sind), d.h. es gilt New () # New (), abweichend von der mathematischen Vorstellung einer Funktion. Fabrikfunktionen sind der zweite seltene Fall, in dem wir die Leitlinien 1.3 S. 5 und 1.6 S. 6 missachten. Zusicherungen dürfen deshalb keine Aufrufe von Fabrikfunktionen enthalten.

(4) Meist produzieren Tests keine Ausgabe. Doch hier wollen wir das ForAllDo von ContainersSetsOfString.Set testen und lenken die Ausgabe in ein eigenes Fenster.

(5) Die Parameterübergabe des Test-Objekts an das Testwerkzeug ist polymorph: Die Prozeduren erwarten ein UtilitiesRepeater.Action-Objekt (das es nicht geben kann) und erhalten ein TestSetsOfString.Test-Objekt.

(6) Der Aufruf von StopTest im Finalisierungsteil sorgt dafür, dass ein eventuell im Hintergrund laufender Test endet, wenn das Testmodul entladen wird (siehe 4.7.6 S. 80).

11.2   Testwerkzeugmodul

Die Aufgabe dieses Abschnitts ist, das in 11.1.2 spezifizierte Testwerkzeug zu implementieren.

11.2.1   Entwurf

UtilitiesRepeater benutzt für seine Implementation das Standardmodul Services. Das Entwurfsmuster an der Schnittstelle des Testwerkzeugs zum Testmodul, das in Bild 11.2 dargestellt ist, wiederholt sich an der Schnittstelle zwischen Services und UtilitiesRepeater:

Bild 11.6
Entwurfsmodell des
Testwerkzeugs

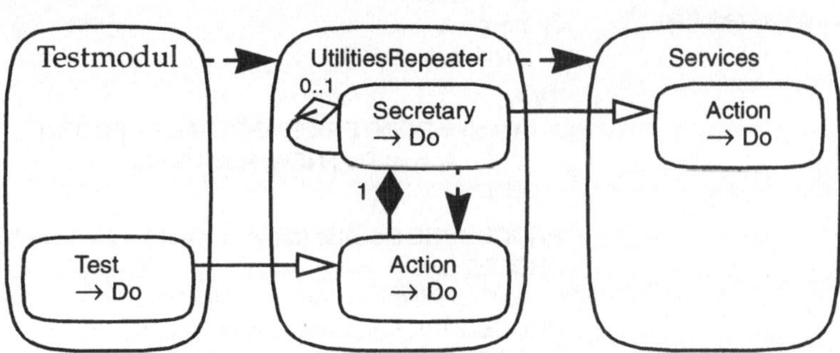

Services exportiert eine abstrakte Klasse Action mit Referenzsemantik und einer abstrakten Aktion Do. Die Semantik dieses Do ist wieder nicht festgelegt; es wird von Services nur über eine polymorphe Größe aufgerufen. UtilitiesRepeater definiert eine private, konkrete Erweiterungsklasse Secretary von Services.Action. Secretary übernimmt Verwaltungsaufgaben, die Services nicht bietet, um die Testmodule zu entlasten. Secretary-Objekte sind

- komponiert aus einem UtilitiesRepeater.Action-Objekt und
- aggregiert aus einem Secretary-Objekt.

Komposition

Wir verwenden zwischen den Klassen Secretary und Action von UtilitiesRepeater Komposition (nicht Erweiterung), um die Erweiterungsklassen der Testmodule von Services.Action zu entkoppeln. Den Testmodulen bleibt verborgen, dass Services an der Implementation von UtilitiesRepeater beteiligt ist. Die Komposition ist mit Referenzsemantik implementiert: Secretary hat einen polymorphen Action-Zeiger, der sich zur Laufzeit auf ein Test-Objekt eines Testmoduls bezieht.

Weiterleitung

In UtilitiesRepeater setzen wir das Muster der **Weiterleitung** (*forwarding*) ein, um das Do von Secretary zu implementieren: Es ruft das Do des Action-Objekts des Empfängers auf.

Aggregation

Die Aggregation in Bild 11.6 bezieht sich auf Secretary selbst und ist daher nur mit Referenzsemantik zu implementieren. Sie repräsentiert eine Liste von Secretary-Objekten für nebenläufige Dauertests. Diesem Aspekt widmen wir den Abschnitt 11.2.2.

Lieferant

Nun machen wir uns mit der Schnittstelle des Lieferantenmoduls Services vertraut, an das UtilitiesRepeater Teilaufgaben delegiert. Wir beschränken uns auf die zum Lösen der Aufgabe benötigten Dienste.

Programm 11.5
Schnittstelle des
Standardmoduls
Services - reduziert

```
DEFINITION Services;

   CONST
      immediately = -1;
      now = 0;
      resolution = 1000;

   TYPE
      Action = POINTER TO ABSTRACT RECORD
         (a: Action) Do-, NEW, ABSTRACT;
      END;

   PROCEDURE DoLater (a: Action; notBefore: LONGINT);
   PROCEDURE
      GetTypeName (IN rec: ANYREC; OUT type: ARRAY OF CHAR);
   PROCEDURE RemoveAction (a: Action);
   PROCEDURE Ticks (): LONGINT;

   (* Other procedures not shown. *)

END Services.
```

Semantik

- **DoLater** (a, notBefore) registriert a, um a.Do einmal zum absoluten Zeitpunkt notBefore im Hintergrund aufrufen zu lassen. a ist ein polymorpher Zeiger, er bezieht sich auf ein Objekt einer Erweiterung von Services.Action; das Do wird dynamisch gebunden. notBefore hat die Zeiteinheit Ticks und akzeptiert die speziellen Werte immediately (für sofortiges Ausführen von a.Do im laufenden Kommando) und now (für das Ausführen von a.Do nach dem laufenden Kommando).

- **Ticks** liefert die aktuelle Zeit in Ticks. resolution gibt die Anzahl der Ticks pro Sekunde an.

- **RemoveAction** (a) entfernt a, sofern es registriert ist.

- **GetTypeName** (rec, type) schreibt den Typnamen von rec in der Form Modulname.Typname in type. rec ist eine beliebige Verbund- oder Verbundzeigervariable. Mit dem Standardtyp ANYREC sind alle Verbundtypen verträglich; er fungiert als abstrakte Basisklasse aller Klassen.

Kunde

Wie nutzt UtilitiesRepeater diese Dienste? Es definiert eine private, konkrete Erweiterungsklasse von Services.Action:

```
TYPE
    Secretary   =
        POINTER TO RECORD (Services.Action)
            action : Action;
            name : ARRAY nameLength OF CHAR;
            count : INTEGER;
            next   : Secretary;
        END;
```

Polymorphie...

Das Feld action realisiert die Komposition des Entwurfsmodells Bild 11.6. Als polymorpher Zeiger bezieht es sich auf ein Objekt einer Erweiterung von UtilitiesRepeater.Action. Secretary implementiert das von Services.Action geerbte Do:

```
PROCEDURE (secretary : Secretary) Do;
BEGIN
    ASSERT (secretary.action # NIL, BEC.invariantClass);
    secretary.action.Do;
    INC (secretary.count);
    Services.DoLater
      (secretary,
        Services.Ticks () + nextTime * (Services.resolution DIV second));
END Do;
```

... und dynamisches Binden

Dieses Do leitet einen Aufruf weiter an secretary.action.Do, das dynamisch gebunden wird. Das Feld count registriert die Anzahl der Aufrufe. Da Services.DoLater für nur einen Aufruf im Hintergrund sorgt, wird es von Do erneut aufgerufen. Den nächsten Aufrufzeitpunkt bestimmt Do so:

- Das Zeitintervall nextTime von der von UtilitiesRepeater angebotenen Zeiteinheit Millisekunden in die von Services erwartete Zeiteinheit Ticks umrechnen;

- aus dem Zeitintervall einen absoluten, zukünftigen Zeitpunkt berechnen.

11.2.2   Dynamische Objektstruktur Liste

Bild 11.6 enthält eine Aggregation mit Selbstbezug auf die Secretary-Klasse. Sie erscheint in der Typvereinbarung

```
TYPE
    Secretary =
        POINTER TO RECORD (Services.Action)
            ...
            next : Secretary;
        END;
```

als Zeiger next, der sich auf ein Objekt der Klasse Secretary bezieht, die gerade definiert wird. Solche Selbstbezüge sind nur mit Zeigern möglich. Dem statischen Selbstbezug entspricht zur Laufzeit der Bezug eines Objekts auf ein anderes Objekt desselben Typs. So kann man mit Zeigern **dynamische Objektstrukturen** realisieren:

- Die Elemente der Struktur sind *Objekte*, die *Struktur* ergibt sich aus der Verzeigerung der Objekte.

- *Dynamisch* bedeutet, dass die Struktur zur Laufzeit veränderlich ist: Objekte kommen in die Struktur und verlassen sie wieder.

UtilitiesRepeater braucht zur Registratur der Action-Objekte für die Hintergrundaktionen und ihrer Secretary-Objekte einen Behälter, eine Art Menge. Den Behälter implementiert es selbst (statt eine geeignete Behälterkomponente zu benutzen), und zwar als dynamische Objektstruktur. Wir wählen dafür die Organisationsform einer **einfach verketteten Liste** (*singly linked list*): Ihre Elemente sind in einer Folge angeordnet, jedes Element hat einen Zeiger auf seinen **Nachfolger.** Hier sind die Elemente Secretary-Objekte und der Nachfolgerzeiger heißt next.

```
    VAR first : Secretary;
```

vereinbart eine private Variable von UtilitiesRepeater als **Anker** auf seine Liste von Secretary-Objekten. Nach dem Laden des Moduls hat first den Wert NIL, d.h. die Liste ist leer:

Bild 11.7
Anker bei leerer Liste

11.2.2.1   **Einfügen eines Elements**

UtilitiesRepeater.Start fügt ein neues Secretary-Objekt in die Liste ein. Beispielsweise hat die Liste nach dem Aufruf

UtilitiesRepeater.Start (test);

von S. 300, in dem test auf ein TestSetsOfString.Test-Objekt zeigt, den Zustand von Bild 11.8. Auch die Komposition des neuen Secretary-Objekts mit dem übergebenen Test-Objekt über den polymorphen Action-Zeiger ist dargestellt:

Bild 11.8
Liste mit einem
Element

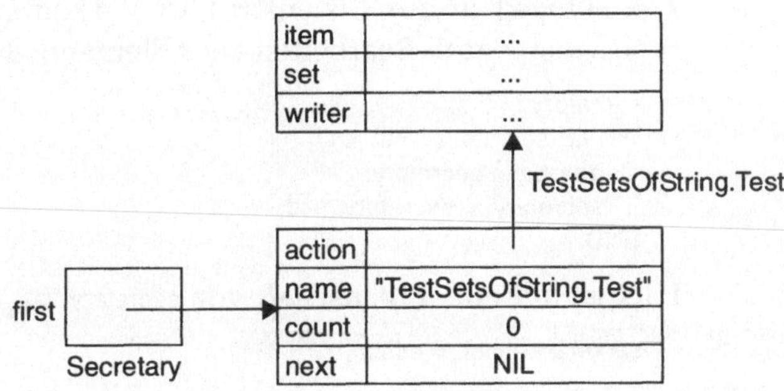

Nach einem weiteren Aufruf, etwa

UtilitiesRepeater.Start (otherTest);

wobei otherTest auf ein TestThings.Test-Objekt zeigt, hat die Liste den Zustand von Bild 11.9 (das unwesentliche Details weglässt):

Bild 11.9
Liste mit zwei
Elementen

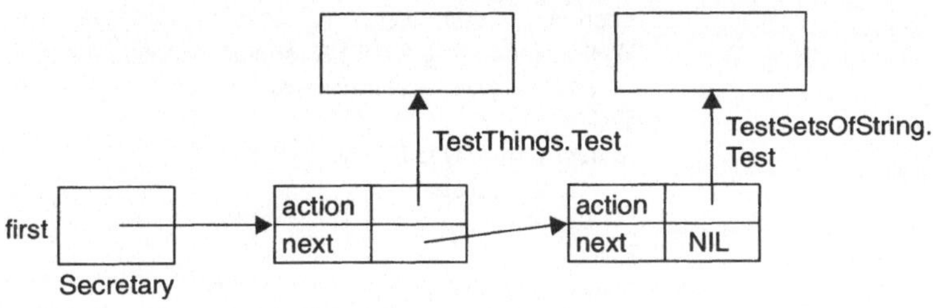

Start fügt ein neues Secretary-Objekt am Anfang der Liste ein, weil dies am einfachsten ist. Mit dem formalen Parameter action : Action und einem lokalen Zeiger secretary : Secretary lautet der Algorithmus dazu:

```
NEW (secretary);
secretary.action    := action;
secretary.next      := first;
first               := secretary;
```

Zu ergänzen sind die Aufrufe

```
Services.GetTypeName (action, secretary.name);
Services.DoLater (secretary, Services.now);
```

mit denen sich das Secretary-Objekt den Typnamen seines Action-Objekts merkt und sich selbst für die erste Ausführung seines Do bei Services registrieren lässt.

11.2.2.2   Bearbeiten der Elemente

Start soll effektlos sein, wenn das übergebene Action-Objekt schon registriert ist (siehe S. 291). Es muss also erst prüfen, ob das Action-Objekt in der Listenstruktur vorkommt. Das algorithmische Muster zum Bearbeiten aller Elemente der Liste ist

Muster zum
Durchlaufen einer
Liste

```
secretary := first;
WHILE secretary # NIL DO
    bearbeite secretary;
    secretary := secretary.next;
END;
```

Suchen eines
Elements

Hier ist nur eine Eigenschaft von secretary zu prüfen, nämlich

```
secretary.action = action
```

Ist diese Bedingung erfüllt, so kann die Schleife abgebrochen werden; es ist dann secretary # NIL und Start muss kein neues Secretary-Objekt erzeugen, weil das Action-Objekt schon registriert ist. Ist die Bedingung nicht erfüllt, dann ist secretary = NIL und Start muss ein neues Secretary-Objekt erzeugen. Damit erhalten wir als Algorithmus für Start

```
secretary := first;
WHILE (secretary # NIL) & (secretary.action # action) DO
    secretary := secretary.next;
END;
IF secretary = NIL THEN
    NEW (secretary);
    ...
END;
```

11.2.2.3   Entfernen eines Elements

UtilitiesRepeater.Stop entfernt ein Secretary-Objekt aus der Liste, sofern es darin enthalten ist. Ist die Liste beispielsweise im Zustand von Bild 11.9, so überführt der Aufruf

```
UtilitiesRepeater.Stop (test);
```

in dem test auf ein TestSetsOfString.Test-Objekt zeigt, die Liste in den folgenden Zustand:

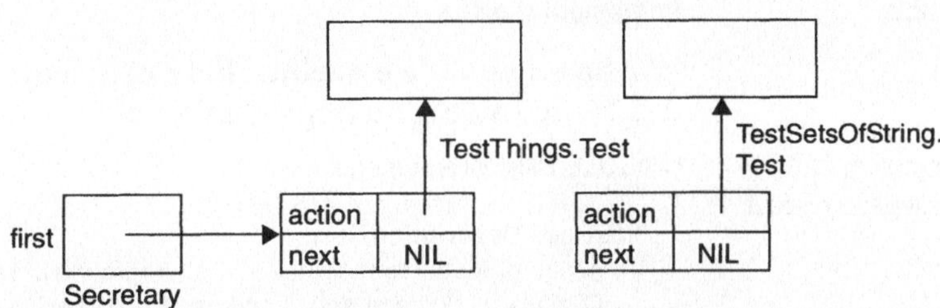

Bild 11.10
Liste nach Entfernen
des letzten Elements

Das Secretary-Objekt zu test ist jetzt unerreichbar und damit der
automatischen Speicherbereinigung überlassen; das Test-Objekt
bleibt über den (im Bild nicht dargestellten) test-Zeiger des aufrufenden Testmoduls erreichbar.

Stop muss zum Entfernen eines Listenelements

- dieses suchen und, falls es gefunden ist,

- den next-Zeiger des Vorgängers auf den Nachfolger des zu
  entfernenden Elements zeigen lassen. Ist das zu entfernende
  Element das erste in der Liste, so ist statt des Vorgängers der
  Anker umzuzeigern.

Mit dem formalen Parameter action : Action und den lokalen Zeigern previous, secretary : Secretary lautet der Algorithmus zum Entfernen eines Elements:

```
previous := first;
secretary := first;
WHILE (secretary # NIL) & (secretary.action # action) DO
    previous := secretary;
    secretary := secretary.next;
END;
IF secretary # NIL THEN
    IF previous = secretary THEN
        first := secretary.next;
    ELSE
        previous.next := secretary.next;
    END;
END;
```

Wenn das zu entfernende Secretary-Objekt gefunden ist, also im
IF secretary # NIL THEN-Zweig, dann sind die Aufrufe

```
Services.RemoveAction (secretary);
Write (secretary.name, secretary.count);
```

zu ergänzen, um das Secretary-Objekt bei Services abzumelden
und die Daten der nun beendeten Daueraktion mit der lokalen
Prozedur Write auszugeben.

11.2.3   Implementation

Wir fügen nun die einzelnen Entwurfselemente zusammen, um das Testwerkzeug zu implementieren.

Programm 11.6
Testwerkzeugmodul

```
MODULE UtilitiesRepeater;
(*!
    Interface Description:
        Action procedures repeated in the foreground or background.
        Clients must extend Action and use UntilBreakDo or Start and Stop.
    Design Description:
        Extension of Services.Action is hidden.
!*)
    IMPORT
        Services,
        StdLog,
        XYplane,
        BasisASCII,
        BEC             := BasisErrorConstants;

    CONST
        millisecond*    = 1;                         (* Time units. *)
        second*         = 1000 * millisecond;
        minute*         = 60 * second;
        hour*           = 60 * minute;
        day*            = 24 * hour;
        timeUnit*       = millisecond;
        nextTimeDefault = millisecond;

        nameLength      = 50;

    TYPE
        Time*           = INTEGER;    (* Invariant: Time >= 0. Unit: milliseconds.*)

        Action*         = POINTER TO ABSTRACT RECORD END;

        Secretary       =
            POINTER TO RECORD (Services.Action)
                action  : Action;         (* Set by Start, called by Secretary.Do. *)
                name    : ARRAY nameLength OF CHAR;
                                          (* Set by Start, used by Stop, Show. *)
                count   : INTEGER;        (* Used by Start, Secretary.Do, Stop. *)
                next    : Secretary;
            END;

    VAR
        nextTime-       : Time;    (* Set by SetNextTime, used by Secretary.Do. *)

        first           : Secretary;
                          (* Registry for Action objects. Uses Secretary.action as key. *)

    (* Definition of Procedure bound to Action *)

    PROCEDURE (action : Action) Do*, NEW, ABSTRACT;
```

(* Redefinition of Procedure bound to Services.Action *)

```
PROCEDURE (secretary : Secretary) Do;
BEGIN
    ASSERT (secretary.action # NIL, BEC.invariantClass);
    secretary.action.Do;
    INC (secretary.count);
    Services.DoLater
        (secretary,
         Services.Ticks () + nextTime * (Services.resolution DIV second));
END Do;
```

(* Settings *)

```
PROCEDURE SetNextTime* (newNextTime : Time);
    (*!
        Set nextTime to newNextTime.
    !*)
BEGIN
    ASSERT (newNextTime >= 0, BEC.precondPar1Nonnegative);
    nextTime := newNextTime;
END SetNextTime;
```

(* Actions *)

```
PROCEDURE Write (IN name : ARRAY OF CHAR; count : INTEGER);
BEGIN
    StdLog.Open; StdLog.Ln;
    StdLog.String ("UtilitiesRepeater: ");
    StdLog.Int (count);
    StdLog.String (" calls of " + name + ".Do performed!");
    StdLog.Ln; StdLog.Ln;
END Write;

PROCEDURE UntilBreakDo* (action : Action);
    (*!
        Repeat calling action.Do until the user presses the ESC key.
        Output action.name and other data.
    !*)
    VAR
        name : ARRAY nameLength OF CHAR;
        count : INTEGER;
BEGIN
    ASSERT (action # NIL, BEC.precondPar1NotNil);
    Services.GetTypeName (action, name);
    count := 0;
    StdLog.Open;
    StdLog.String ("Type ESC to stop calling " + name + "!"); StdLog.Ln;
    REPEAT
        action.Do;
        INC (count);
    UNTIL XYplane.ReadKey () = BasisASCII.ESC;
    Write (name, count);
END UntilBreakDo;
```

```
PROCEDURE Start* (action : Action);
   (*!
      Start action in background, call action.Do every nextTime, register
      name. Effectless, if action is already running.
   !*)
   VAR
      secretary : Secretary;
BEGIN
   ASSERT (action # NIL, BEC.precondPar1NotNil);
   secretary := first;
   WHILE (secretary # NIL) & (secretary.action # action) DO
      secretary := secretary.next;
   END;
   IF secretary = NIL THEN
      NEW (secretary);
      secretary.action := action;
      Services.GetTypeName (action, secretary.name);
      secretary.next   := first;
      first            := secretary;
      Services.DoLater (secretary, Services.now);
   END;
END Start;

PROCEDURE Stop* (action : Action);
   (*!
      Stop action in background, output action.name and other data.
      Effectless, if action is not running.
   !*)
   VAR
      previous,
      secretary : Secretary;
BEGIN
   previous := first;
   secretary := first;
   WHILE (secretary # NIL) & (secretary.action # action) DO
      previous := secretary;
      secretary := secretary.next;
   END;
   IF secretary # NIL THEN
      Services.RemoveAction (secretary);
      Write (secretary.name, secretary.count);
      IF previous = secretary THEN
         first := secretary.next;
      ELSE
         previous.next := secretary.next;
      END;
   END;
END Stop;
```

```
PROCEDURE Show*;
   (*!
      Output the names of all running background actions and other data.
   !*)
   VAR
      secretary : Secretary;
BEGIN
   StdLog.Open; StdLog.Ln;
   StdLog.String ("UtilitiesRepeater    next time [ms]: ");
   StdLog.Int (nextTime); StdLog.Ln;
   StdLog.String ("Action Name     Number of Performed Calls of Do");
   StdLog.Ln;
   secretary := first;
   WHILE secretary # NIL DO
      StdLog.String (secretary.name + "     ");
      StdLog.Int (secretary.count); StdLog.Ln;
      secretary := secretary.next;
   END;
   StdLog.Ln;
END Show;

PROCEDURE StopAll*;
   (*!
      Stop all background actions. Show how they terminate.
   !*)
BEGIN
   Show;
   WHILE first # NIL DO
      Stop (first.action);
      Show;
   END;
END StopAll;

BEGIN
   nextTime := nextTimeDefault;
END UtilitiesRepeater.
```

Die Nummern in der folgenden Liste von Bemerkungen entsprechen den Nummern bei den ☞Symbolen in Programm 11.6.

(1) Statt einer WHILE- verwenden wir hier eine REPEAT-Schleife. Sie ist eine **fußgesteuerte Bedingungsschleife** mit Abbruchbedingung; ihr Rumpf wird mindestens einmal ausgeführt. Das allgemeine Muster der REPEAT-Anweisung lautet

```
REPEAT
   zu wiederholende Anweisungen;
UNTIL Abbruchbedingung;
```

Semantik

Wir spezifizieren ihre Semantik mit Zusicherungen, wobei first : BOOLEAN eine zuätzliche Variable, a eine Anweisungsfolge und b eine (seiteneffektfreie) Abbruchbedingung ist:

```
first := TRUE;
REPEAT
    ASSERT (first OR ~b);
    first := FALSE;
    a;
UNTIL b;
ASSERT (b);
```

(2) Wurde eine Taste gedrückt, so liefert der Funktionsaufruf XYplane.ReadKey () das entsprechende Zeichen, sonst 0X. Als Seiteneffekt entfernt ReadKey das Zeichen aus dem Tastaturpuffer. (XYplane kennen wir von 8.2.3.1 S. 214. ReadKey hat nichts mit grafischer Ausgabe zu tun, aber welches Modul sollte es aufnehmen?)

BasisASCII ist ein Konstantenmodul mit Symbolen für die nicht druckbaren Steuerzeichen des ASCII-Zeichensatzes. ESC ist das Symbol für das Escape-Zeichen.

(3) Show verwendet das auf S. 306 vorgestellte Muster zum Durchlaufen einer Liste.

11.2.4 Fazit

An Hand der Implementation des Testwerkzeugs haben wir die dynamische Objektstruktur der einfach verketteten Liste kennengelernt. Das Einfügen eines Elements am Anfang der Liste und das Durchlaufen der Liste sind leicht und effizient zu realisieren. Das Entfernen eines Elements ist etwas schwieriger und fordert Laufzeit zum Suchen des Elements. Der durchschnittliche Suchaufwand steigt linear mit der Länge der Liste. Dies ist beim Testwerkzeug gleichgültig, da es kaum mit vielen gleichzeitigen Dauertests beauftragt wird. In anderen Anwendungen kann der Suchaufwand jedoch kritisch sein.

11.3 Mengenklasse für Zeichenketten

Das Mengenklassenmodul ContainersSetsOfString haben wir im Rechtschreibungsprüfprogramm in 10.3.1 S. 261 eingesetzt. Seine Schnittstelle haben wir in 11.1.1 festgelegt, um es als Prüfling in unserem Testszenarium zu benutzen. Nun ist die innere Struktur der Klasse Set zu entwerfen und zu implementieren, und zwar als dynamische Objektstruktur.

Eine Menge lässt sich als verkettete Liste realisieren, wie wir bei der Registratur im Testwerkzeug gesehen haben. Mengen von Zeichenketten können aber umfangreich werden. Denken wir etwa an das Wörterbuch zum Prüfen der Rechtschreibung: Einmal erstellt, bleibt es relativ stabil, aber eine oft benutzte Operation ist das Suchen eines Worts im Wörterbuch. Die Effizienz des Einfügens und Entfernens eines Elements ist also unkritisch, aber das Suchen soll möglichst effizient sein. Welche dynamische Objektstruktur erfüllt diese Anforderung?

11.3.1 Rekursive Objektstruktur Binärbaum

Abstrahieren wir bei dynamischen Objektstrukturen vom Inhalt der Objekte, so bleiben Strukturen übrig, die gerichteten Graphen entsprechen - das sind mathematische Gebilde, die die Graphentheorie untersucht.

Graph

Ein **Graph** besteht aus einer Menge von **Knoten** (*node*) und einer Menge von **Kanten** (*edge*), die je zwei Knoten verbinden. Bei einem **gerichteten Graphen** (*directed graph*) haben die Kanten eine Richtung, die vom **Startknoten** zum **Zielknoten** weist. Der Zielknoten einer Kante ist von ihrem Startknoten **erreichbar** (*reachable*). Daher nennen wir ein Objekt oder Element einer verzeigerten Struktur auch Knoten, und übertragen auch andere Begriffe der Graphentheorie auf dynamische Objektstrukturen.

Diagramm

Grafische Darstellungen von Graphen sind uns schon oft begegnet: In Diagrammen bildet man Knoten auf Rechtecke oder Kreise, Kanten auf Striche oder Pfeile ab.

11.3.1.1 Binärbaum

Die uns vertrauten Dateiverzeichnisstrukturen sind konkrete, vielverzweigte Bäume (siehe Bild 5.1 S. 90). Hier untersuchen wir einen abstrakten, speziellen Baum.

Bild 11.11
Binärbaum

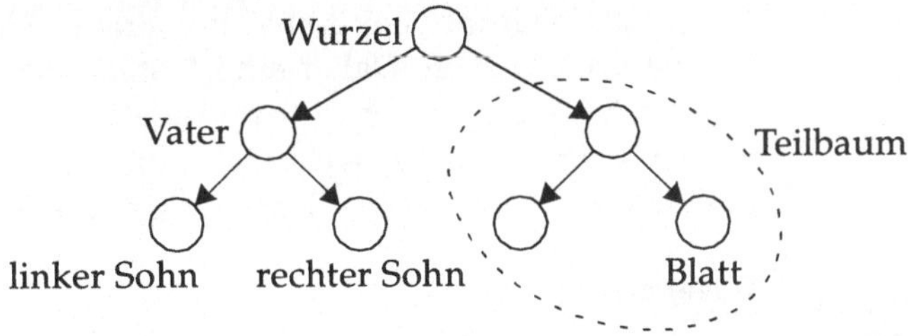

Ein **Binärbaum** (*binary tree*) - im Folgenden auch kurz **Baum** genannt - ist ein Graph, bei dem

- höchstens ein Knoten (die **Wurzel** (*root*) des Baums) nicht Zielknoten einer Kante ist,

- jeder Knoten außer der Wurzel Zielknoten von genau einer Kante ist (deren Startknoten **Vater** (*parent*) des Zielknotens heißt),

- jeder Knoten Startknoten von höchstens zwei Kanten ist (deren Zielknoten **linkes** (*left*) und **rechtes Kind** (*right child*) des Startknotens heißen), und

- jeder Zielknoten einer Kante entweder linkes oder rechtes Kind seines Vaters ist.

Ein **Weg** (*path*) ist eine Folge von Kanten, bei der der Zielknoten der einen Kante der Startknoten der nächsten ist. Jeder Knoten eines Baums ist auf genau einem Weg von der Wurzel erreichbar. Die Wurzel ist von keinem anderen Knoten des Baums erreichbar. Ein Knoten, der nicht Startknoten ist, heißt ein **Blatt** (*leaf*) des Baums. Jeder Knoten eines Baums ist Wurzel eines **Teilbaums** (*subtree*). Damit ist ein Binärbaum entweder

- leer, oder

- hat eine Wurzel und einen linken und einen rechten Teilbaum.

Rekursion
: Diese kurze, exakte Beschreibung ist **rekursiv** und eignet sich als, Definition: Der Begriff, den sie definiert (Baum), erscheint selbst in der Definition (Teilbaum). **Rekursion** ist uns bei der EBNF-Definition der Cleo-Syntax (Formel 4.6 S. 73) und der Definition der Brauchtrelation (S. 79) begegnet. Bäume sind **rekursive Strukturen**. Rekursiv formuliert ist ein Baumknoten ein Vater, wenn er einen nicht leeren Teilbaum hat, sonst ist er ein Blatt. Ein Baumknoten B ist von einem Knoten A desselben Baums erreichbar, wenn B ein Knoten eines Teilbaums von A ist.

Iteration
: Listen sind Bäume, bei denen nur linke (oder nur rechte) Teilbäume vorkommen. Daher sind Listen auch rekursive Strukturen, doch lassen sie sich günstig iterativ definieren und bearbeiten. Als passende Anweisung zum Durchlaufen einer Liste haben wir auf S. 306 eine Bedingungsschleife erkannt.

11.3.1.2   Traversierung

Da Binärbäume zweidimensional sind, eignen sich Schleifen schlecht zum Bearbeiten aller Knoten eines Baums. Rekursion ist bei Bäumen praktisch unverzichtbar. Wie nützlich sie ist, zeigt sich bei drei algorithmischen Mustern zum Durchlaufen - **Traversieren** - eines Baums. In den Bildern 11.12, 11.13 und 11.14 zeigen die Zahlen jeweils die Reihenfolge, in der die Knoten besucht werden.

Bild 11.12
Präorder

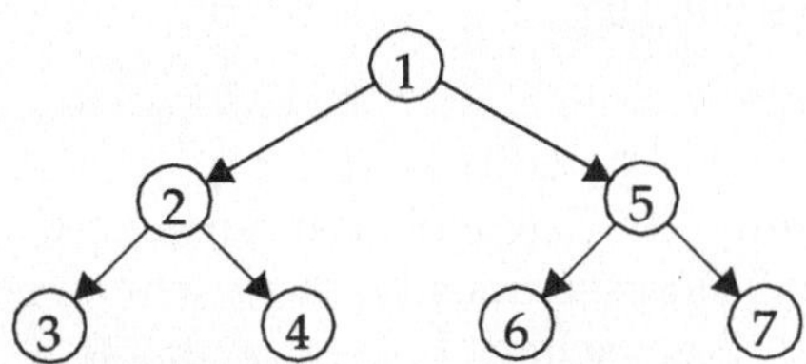

Präorder:

(1) Besuche die Wurzel des Baums.

(2) Durchlaufe den linken Teilbaum des Baums in Präorder.

(3) Durchlaufe den rechten Teilbaum des Baums in Präorder.

Bild 11.13
Inorder

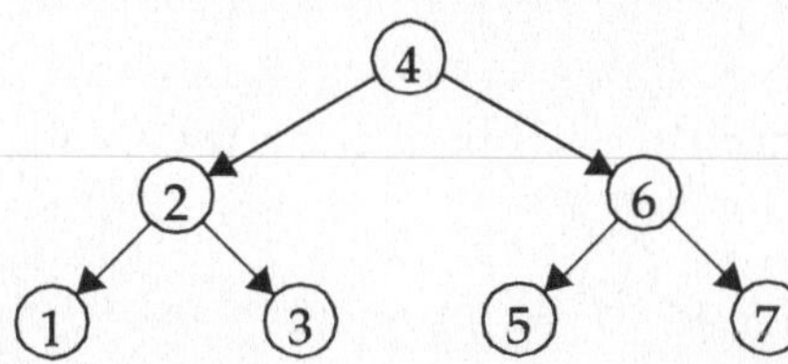

Inorder:

(1) Durchlaufe den linken Teilbaum des Baums in Inorder.

(2) Besuche die Wurzel des Baums.

(3) Durchlaufe den rechten Teilbaum des Baums in Inorder.

Bild 11.14
Postorder

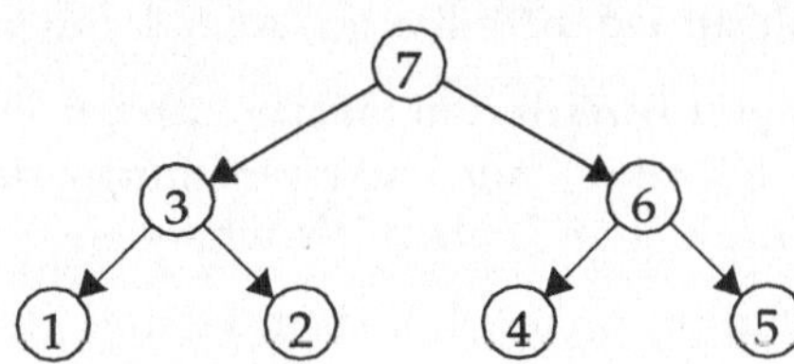

Postorder:

(1) Durchlaufe den linken Teilbaum des Baums in Postorder.

(2) Durchlaufe den rechten Teilbaum des Baums in Postorder.

(3) Besuche die Wurzel des Baums.

Diese Traversierungsmuster sind **rekursive Algorithmen**, denn je zwei ihrer drei Schritte beziehen sich auf den Algorithmus selbst. Da sie die Teilbäume als Ganzes durchlaufen, bevor sie zum benachbarten Teilbaum übergehen, gehören sie zur Kategorie der **Tiefentraversierungen** (*depth-first traversal*), im Unterschied zu den **Breitentraversierungen** (*breadth-first traversal*).

<table>
<tr><td>11.3.1.3</td><td>Geordneter Binärbaum</td></tr>
</table>

11.3.1.3   Geordneter Binärbaum

Baumknoten können Daten bzw. Objekte enthalten. Die Mengenklasse von ContainersSetsOfString implementieren wir mit einem Baum, der Zeichenketten speichert, und zwar so angeordnet, dass ein gesuchtes Element schnell zu finden ist. Bäume mit dieser Eigenschaft heißen **geordnete Binärbäume** oder **binäre Suchbäume**. Dabei ist wesentlich, dass die Menge der Datenwerte vollständig geordnet ist. Für den Datentyp muss also eine Ordnungsrelation definiert sein. Da dies für Zeichenketten und Zeichen zutrifft, genügen Zeichen, um das Konzept zu veranschaulichen.

Beispiel

Fügen wir in einen geordneten Binärbaum die Zeichen

    L I N K E R

der Reihe nach ein, so erhält er diese Gestalt:

Bild 11.15
Geordneter
Binärbaum -
exemplarisch

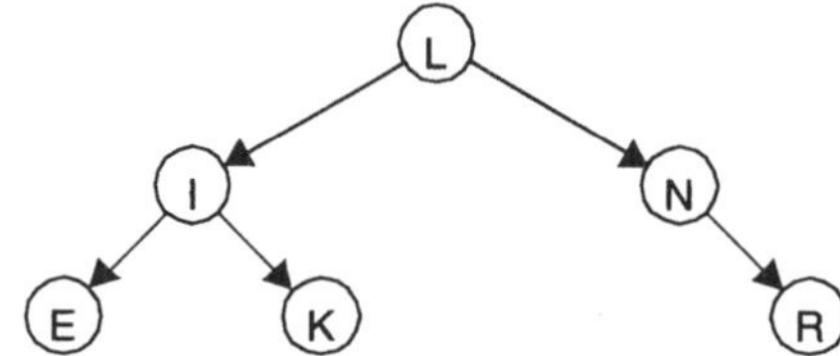

Alle Zeichen links der Wurzel (E, I, K) sind kleiner als das Zeichen der Wurzel (L), alle rechts davon größer (N, R). Entsprechendes gilt für jeden Teilbaum. Also definieren wir rekursiv:

Ein **geordneter Binärbaum** (*binary search tree*) ist ein Binärbaum, der Daten (Objekte) mit einer Ordnungsrelation „<" (kleiner) und vollständig geordnetem Wertebereich so speichert, dass

- alle Daten im linken Teilbaum kleiner als das Datenelement in der Wurzel sind,

- alle Daten im rechten Teilbaum größer als das Datenelement in der Wurzel sind, und

- jeder Teilbaum ein geordneter Binärbaum ist.

Die gespeicherten Daten erhält man in sortierter Folge, wenn man den Baum in Inorder durchläuft. Wir sehen das, wenn wir die Daten auf eine Gerade unter dem Baum projezieren, wobei die Projektionsstrahlen weder sich noch Kanten des Baums schneiden (siehe Bild 11.16). Inorder liefert die Zeichen also alphabetisch sortiert:

    E I K L N R

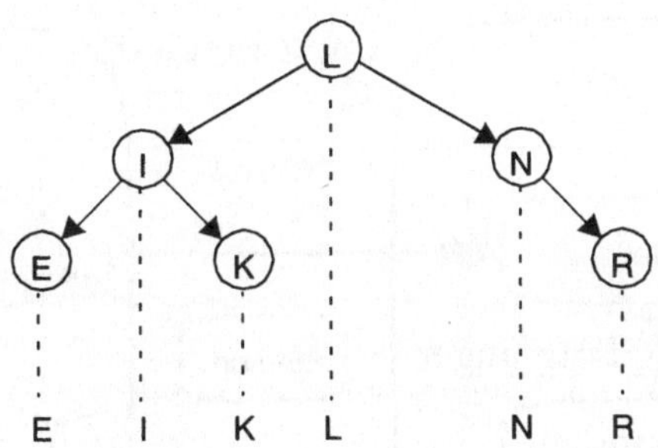

Bild 11.16
Geordneter
Binärbaum mit
Projektion

11.3.1.4   Suchaufwand

Der **Umfang** (*size*) eines Baums ist die Anzahl seiner Knoten, seine **Höhe** (*height*) die Anzahl der Knoten im längsten Weg von der Wurzel zu einem Blatt. Ein Baum ist **ausgewogen** (*balanced*), wenn für jeden Knoten die Höhen des linken und rechten Teilbaums um höchstens 1 differieren. Beispielsweise hat der Baum in Bild 11.16 den Umfang 6, die Höhe 3 und ist ausgewogen.

Der Aufwand zum Suchen eines Elements in einem geordneten Binärbaum ist im Durchschnitt proportional zu seiner Höhe:

Suchaufwand ~ Höhe

Ist der Baum ausgewogen, so ist seine Höhe ungefähr gleich dem Logarithmus seines Umfangs zur Basis 2:

Höhe ≈ ld (Umfang)

Somit wächst der mittlere Suchaufwand mit ld (Umfang):

Suchaufwand ~ ld (Umfang)

Ist der Baum zu einer Liste entartet, so ist der durchschnittliche Suchaufwand proportional zum Umfang:

Suchaufwand ~ Umfang

Im Beispiel von Bild 11.16 ist der mittlere Suchaufwand 2,3 und ld (Umfang) = 2,8.

11.3.2   Entwurf

ContainersSetsOfString exportiert eine Klasse für Mengen von Zeichenketten. Eine Menge implementieren wir durch einen geordneten Binärbaum. Der Baum ist ein privater Lieferant für die Menge.

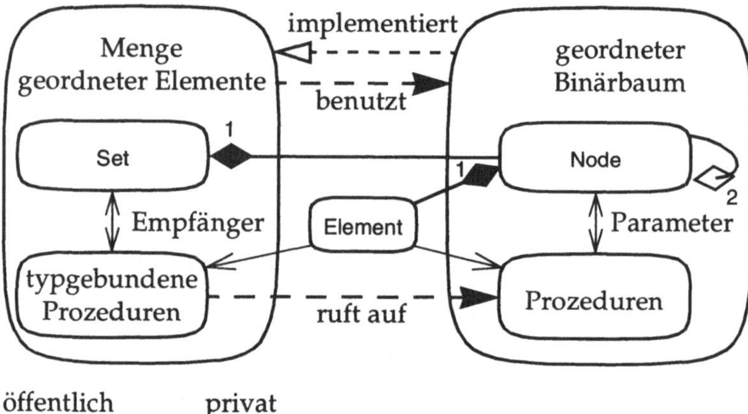

Bild 11.17 zeigt die statische Struktur des Entwurfs, mit dem wir
unterschiedliche Programmierstile bei der Menge und beim
Baum demonstrieren. Einzelne Entscheidungen stellen wir
tabellarisch einander gegenüber:

Menge	Baum
Klasse	abstrakter Datentyp
öffentlich, exportiert	privat, modulintern
vertraglich spezifiziert	ohne Vertrag
erweiterbar	nicht erweiterbar
Zeigertyp Set für Referenzsemantik	Zeigertyp Node für Referenzsemantik
Verbundtyp SetDesc für Wertsemantik	anonymer Verbundtyp, keine Wertsemantik
typgebundene Prozeduren, Empfänger vom Typ SetDesc	Prozeduren, Parameter vom Typ Node
an Baumprozedur delegierend	elementar, iterativ, rekursiv oder rekursive lokale Prozedur benutzend
Mengenoperationen als gewöhnliche Prozeduren	Mengenoperationen als Funktionen

11.3.2.1   Typen

Als Typen zu vereinbaren sind

● der exportierte Elementtyp:

```
Element* = POINTER TO ARRAY OF CHAR;
```

- der private Knotenzeigertyp, der auch als Baumzeigertyp dient und dessen anonymer Basistyp Zeiger auf das enthaltene Datenelement und auf das linke und rechte Kind hat, die gleichzeitig den linken und rechten Teilbaum darstellen:

```
Node =
    POINTER TO RECORD
        item : Element;
        left,
        right : Node;
    END;
```

- der exportierte, erweiterbare Mengentyp, der einen Zeiger auf die Wurzel des implementierenden Baums hat:

```
Set* = POINTER TO SetDesc;
SetDesc* =
    EXTENSIBLE RECORD
        root : Node;
    END;
```

Die Objektstruktur der zuvor leeren Menge set : SetDesc nach dem Einfügen von "Eine", "Beispiel" und "Menge" sieht so aus:

Bild 11.18
Mengenbaum mit drei
Elementen

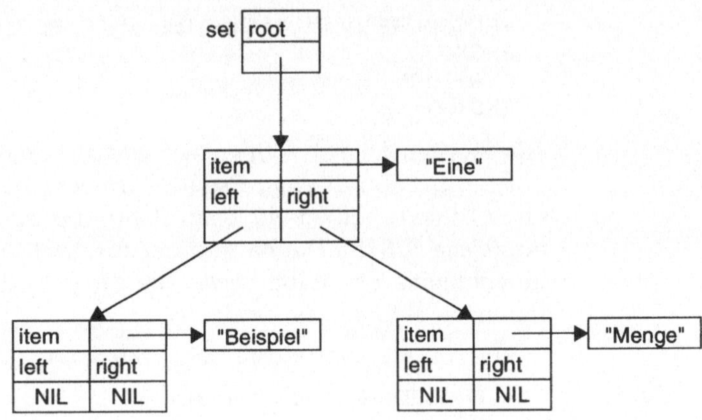

11.3.2.2   Prozeduren

Delegationsmuster

Die Menge delegiert an sie gestellte Aufträge schematisch an ihren Baum. Zu jeder an SetDesc gebundenen Prozedur, die die Empfängermenge bearbeitet, etwa

```
PROCEDURE (VAR set : SetDesc) Name* (formale Parameter), NEW;
```

gibt es eine gleichnamige private Prozedur, etwa

```
PROCEDURE Name (tree : Node; formale Parameter);
```

die den als Zeigerparameter übergebenen Baum bearbeitet. Die Implementation der Mengenprozedur übergibt den Mengenbaum und übernommene Parameter an die Baumprozedur, folgt also dem Schema

```
PROCEDURE (VAR set : SetDesc) Name* (formale Parameter), NEW;
BEGIN
    Name (set.root, aktuelle Parameter);
END Name;
```

Die Mengenprozedur enthält auch die Zusicherungen, um ihren spezifizierten Vertrag zu prüfen. Die Baumprozedur arbeitet als privater Zulieferer ohne Vertrag, sozusagen auf Vertrauensbasis. Sie wird beim Testen der Mengenprozedur mitgetestet.

IsEmpty

Nun sind für die einzelnen Dienste Algorithmen zu entwerfen und zu implementieren. Als ersten Dienst wählen wir die Abfrage IsEmpty, deren Implementation trivial ist:

```
PROCEDURE IsEmpty (tree : Node) : BOOLEAN;
BEGIN
    RETURN tree = NIL;
END IsEmpty;

PROCEDURE (IN set : SetDesc) IsEmpty* () : BOOLEAN, NEW;
BEGIN
    RETURN IsEmpty (set.root);
END IsEmpty;
```

ForAllDo

Als zweiten Dienst wählen wir ForAllDo. Seine Semantik haben wir auf S. 266 mit einer Pseudo-FOR-Schleife beschrieben. Statt einer Schleife setzen wir beim Baum die Inorder-Traversierung ein (siehe S. 315). Die Baumprozedur ForAllDo erhält eine lokale, gewöhnliche Prozedur Inorder, die die geforderte Arbeit leistet, indem sie sich rekursiv aufruft.

```
PROCEDURE ForAllDo (tree : Node; VAR action : ActionDesc);

    PROCEDURE Inorder (tree : Node);
    BEGIN
        IF tree # NIL THEN
            Inorder (tree.left);
            action.Do (tree.item);
            Inorder (tree.right);
        END;
    END Inorder;

BEGIN
    Inorder (tree);
END ForAllDo;
```

```
PROCEDURE (IN set : SetDesc)
   ForAllDo* (VAR action : ActionDesc), NEW;
BEGIN
   ForAllDo (set.root, action);
   set.CheckInvariants;
END ForAllDo;
```

Zum Vertrag der Menge gehört, dass ihre Prozeduren die Invariante der Menge erhalten. Die Mengenprozeduren prüfen deshalb die Mengeninvariante am Ende ihres Anweisungsteils mit

```
set.CheckInvariants;
```

Eine Implementationsinvariante der Menge ist die Invariante des geordneten Baums, und diese ist die Ordnung der gespeicherten Elemente (siehe S. 316).

Problem

Problematisch an ForAllDo ist, dass es die Bauminvariante stören kann, wenn das Do des aktuellen Parameters action Werte der Elemente verändert, die für ihre Ordnung im Baum wichtig sind! Verletzt ForAllDo die Invariante, so ist allerdings der Kunde der Menge schuld, nicht die Menge. Der Kunde, der ActionDesc erweitert, ist verantwortlich dafür, dass das von ihm definierte Do nicht in die Ordnung der Elemente eingreift.

CheckInvariants

Als drittes betrachten wir die private Invariantenprozedur, die die Ordnung im Baum prüft. Die Baumprozedur CheckInvariants darf nichts am Baum verändern. Ihre lokale, gewöhnliche Prozedur Inorder, die den Baum in Inorder traversiert und so rekursiv prüft, setzt nur lokale Variable von CheckInvariants. Jedes Element ist mit dem Element des zuvor besuchten Knotens zu vergleichen, das sich Inorder in der Variable item merkt. Den Sonderfall des kleinsten, in Inorder zuerst besuchten Elements prüft die Bedingung item = NIL. (NIL ist der Defaultinitialisierungswert von item, siehe S. 275.)

```
PROCEDURE CheckInvariants (tree : Node);
   VAR
      ordered  : BOOLEAN;
      item     : Element;

   PROCEDURE Inorder (tree : Node);
   BEGIN
      IF ordered & (tree # NIL) THEN
         Inorder (tree.left);
         ordered  := (item = NIL) OR (item^ < tree.item^);
         item     := tree.item;
         Inorder (tree.right);
      END;
   END Inorder;
```

```
                    BEGIN
                        ordered := TRUE;
                        Inorder (tree);
                        ASSERT (ordered, BEC.invariant);
                    END CheckInvariants;
```

IsDisjoint

Dass rekursives Traversieren nicht nur mit einer gewöhnlichen Prozedur, sondern auch mit einer Funktion möglich ist, zeigt die Implementation der Abfrage IsDisjoint:

```
PROCEDURE AreDisjoint (tree, other : Node) : BOOLEAN;

    PROCEDURE Inorder (tree : Node) : BOOLEAN;
    BEGIN
        RETURN
            (tree = NIL) OR (other = NIL) OR
            (Inorder (tree.left) & ~Has (other, tree.item) & Inorder (tree.right));
    END Inorder;

BEGIN
    RETURN Inorder (tree);
END AreDisjoint;

PROCEDURE (IN a : SetDesc)
    IsDisjoint* (IN b : SetDesc) : BOOLEAN, NEW;
    VAR
        result : BOOLEAN;
BEGIN
    result := AreDisjoint (a.root, b.root);
    ASSERT (result = AreDisjoint (b.root, a.root), BEC.postcondResultOk);
    RETURN result;
END IsDisjoint;
```

Has

Die Implementation der Abfrage Has sucht ein Element im Baum. Dazu ist ein Weg von der Wurzel zum Knoten mit dem gefundenen Element zu gehen, oder zu einem Blatt, falls der Baum das Element nicht enthält. Diese Aufgabe ist mit einem iterativen Algorithmus lösbar, sodass wir sie nicht näher diskutieren.

Put

Das Einfügen eines Elements item mit der Aktion Put lässt sich ebenfalls iterativ implementieren, doch die rekursive Lösung ergibt sich direkt aus der Baumstruktur:

```
Falls der Baum leer ist
    erzeuge einen neuen Knoten und ordne ihm item zu,
sonst falls item kleiner als das Element der Wurzel ist
    füge item in den linken Teilbaum ein,
sonst falls item größer als das Element der Wurzel ist
    füge item in den rechten Teilbaum ein,
sonst ist item bereits im Baum enthalten und nichts zu tun.
```

Den Algorithmus setzen wir in diese Component-Pascal-Prozedur um:

```
PROCEDURE Put (VAR tree : Node; item : Element);
BEGIN
    ASSERT (item # NIL, BEC.precondParsConsistent);
    IF tree = NIL THEN
        NEW (tree);
        tree.item := item;
    ELSIF item^ < tree.item^ THEN
        Put (tree.left, item);
    ELSIF item^ > tree.item^ THEN
        Put (tree.right, item);
    END;
END Put;
```

Remove

Auch das Entfernen eines Elements mit der Aktion Remove formulieren wir rekursiv. (Aufgabe 11.2 verlangt eine iterative Lösung.) Zu beachten ist, dass der Knoten mit dem gefundenen Element nicht einfach gelöscht werden kann - seine Teilbäume müssen erhalten bleiben und wieder so in den Baum eingehängt werden, dass seine Ordnung erhalten bleibt. Ist item das zu entfernende Element, so leistet dieser rekursive Algorithmus das Gewünschte:

Falls der Baum nicht leer ist:
    falls item kleiner als das Element der Wurzel ist
        entferne item aus dem linken Teilbaum,
    sonst falls item größer als das Element der Wurzel ist
        entferne item aus dem rechten Teilbaum,
    sonst ist item an der Wurzel, also falls der linke Teilbaum leer ist
        ersetze die Wurzel durch den rechten Teilbaum,
    sonst falls der rechte Teilbaum leer ist
        ersetze die Wurzel durch den linken Teilbaum,
    sonst sind beide Teilbäume nicht leer, also
        lasse den linken Teilbaum an seiner Stelle,
        entferne das kleinste Element aus dem rechten Teilbaum und
        setze es an die Stelle des zu entfernenden item an der Wurzel.

Für das Element im Knoten K ist das nächstgrößere Element gleich dem kleinsten Element im rechten Teilbaum von K. Entfernen wir beispielsweise mit diesem Algorithmus aus dem Baum von Bild 11.15 das Zeichen L, so erhalten wir diesen Baum:

Bild 11.19
Baum nach
Entfernen eines
Elements

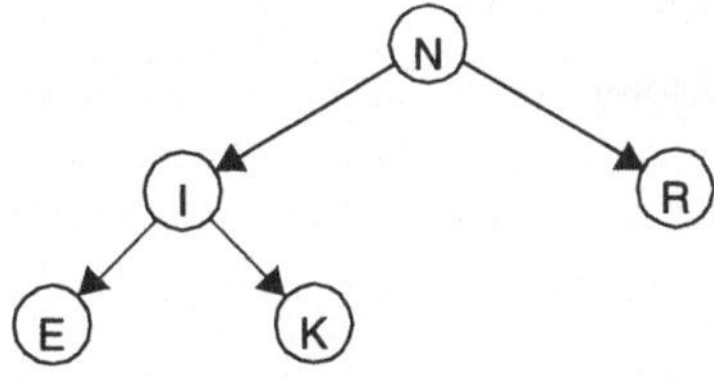

Die ersten vier Fälle des Algorithmus sind leicht zu implementieren:

```
PROCEDURE Remove (VAR tree : Node; item : Element);
BEGIN
   ASSERT (item # NIL, BEC.precondPar2NotNil);
   IF tree # NIL THEN
      IF item^ < tree.item^ THEN
         Remove (tree.left, item)
      ELSIF item^ > tree.item^ THEN
         Remove (tree.right, item);
      ELSIF tree.left = NIL THEN
         tree := tree.right;
      ELSIF tree.right = NIL THEN
         tree := tree.left;
      ELSE
         MoveMin (tree.right, tree.item);
      END;
   END;
END Remove;
```

Den fünften Fall bewältigt eine weitere rekursive Prozedur
MoveMin, die in tree den Knoten mit dem kleinsten Element entfernt und dieses Element an item übergibt:

```
PROCEDURE MoveMin (VAR tree : Node; OUT item : Element);
BEGIN
   ASSERT (tree # NIL, BEC.precondPar1NotNil);
   IF tree.left = NIL THEN
      item   := tree.item;
      tree   := tree.right;
   ELSE
      MoveMin (tree.left, item);
   END;
   ASSERT (item # NIL, BEC.postcondParNotNil);
END MoveMin;
```

Difference

Die Baumprozeduren für Vereinigung, Differenz, Durchschnitt
und symmetrische Differenz formulieren wir als Funktionspro-
zeduren mit Zeigerparametern auf die beiden Operandenbäume
und einem Ergebniszeiger auf den durch die Operation entstandenen Baum. Die Inorder-Traversierung ist hier ungünstig, da
der dabei entstehende Ergebnisbaum zu einer Liste entartet.
Dagegen reproduziert die Präorder-Traversierung die Struktur
des durchlaufenen Baums:

```
PROCEDURE Difference (tree, other : Node) : Node;
   VAR
      result : Node;
```

```
PROCEDURE Preorder (tree : Node);
BEGIN
    IF tree # NIL THEN
        IF ~Has (other, tree.item) THEN
            Put (result, tree.item);
        END;
        Preorder (tree.left);
        Preorder (tree.right);
    END;
END Preorder;

BEGIN
    Preorder (tree);
    RETURN result;
END Difference;
```

Aliasproblem

Beim Implementieren der Mengenprozeduren für Vereinigung, Differenz, Durchschnitt und symmetrische Differenz müssen wir Fehler bei Aliassituationen vermeiden. Betrachten wir etwa zur Vereinbarung

```
PROCEDURE (VAR a : SetDesc) SetDifference* (IN b, c : SetDesc), NEW;
```

den Aufruf

```
x.SetDifference (x, y);
```

Bei seiner Ausführung liegt am Anfang des Anweisungsteils beispielsweise folgende Struktur vor:

Bild 11.20
Aliassituation

Würde die Empfängermenge a verändert, bevor die Operation als Ganzes beendet ist, so würde auch die Operandenmenge b verändert und das Ergebnis eventuell verfälscht. Dies trifft bei unserer Implementation nicht zu, da sie a erst nach Abschluss der Operation aktualisiert:

```
a.root := Difference (b.root, c.root);
```

Diese Zuweisung an a = x ändert jedoch den Operanden b = x. Das Problem stellt sich bei den Nachbedingungen, die wir mit Zusicherungen prüfen und die den Zustand der Operanden *vor* Ausführung der Operation benötigen. Hier hilft seichtes Kopieren der Operandenmengen.

Seichtes Kopieren (*shallow copy*) eines Objekts bedeutet, dass nur das Objekt selbst kopiert wird, nicht die Objekte, auf die es zeigt. Davon zu unterscheiden ist **tiefes Kopieren** (*deep copy*), das ein Objekt und von diesem erreichbare Objekte kopiert. Bei unserer Menge bedeutet seichtes Kopieren das Kopieren des Ankers auf den Baum, während tiefes Kopieren die gesamte Baumstruktur kopiert.

Mit den Vereinbarungen

```
PROCEDURE (VAR target : SetDesc) Copy (IN source : SetDesc), NEW;
BEGIN
    target.root := source.root;
END Copy;

VAR oldB, oldC : SetDesc;
```

liefert die Ausführung der Anweisungen

```
oldB.Copy (b);
oldC.Copy (c);
```

nach dem Zustand von Bild 11.20 diese Struktur:

Bild 11.21
Seichte Kopien

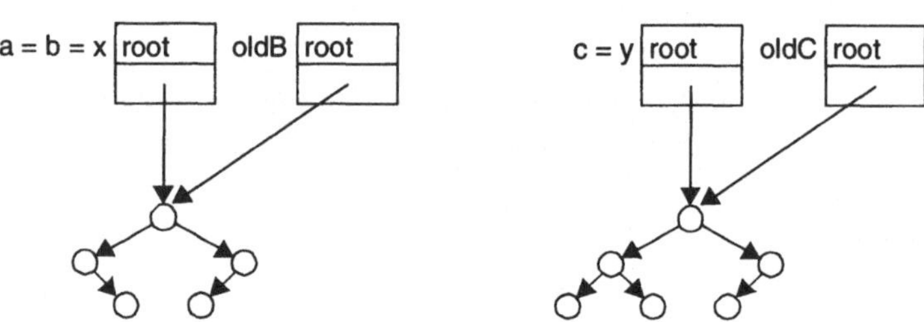

Die Operation hängt einen neuen Baum an a und damit b, der alte Baum von b bleibt unter oldB erhalten. Mit der Rückkehr aus der Prozedur wird er unerreichbar und der automatischen Speicherbereinigung überlassen.

```
PROCEDURE (VAR a : SetDesc) SetDifference* (IN b, c : SetDesc), NEW;
    VAR
        oldB, oldC : SetDesc;
BEGIN
    oldB.Copy (b);
    oldC.Copy (c);
    a.root := Difference (b.root, c.root);
    a.CheckInvariants;
    ASSERT (a.IsDisjoint (oldC), BEC.postcondSupplierOk);
    ASSERT (a.IsEmpty () OR ~oldB.IsEmpty (), BEC.postcondSupplierOk);
END SetDifference;
```

SymDifference

Die symmetrische Differenz braucht keine lokale, rekursive Traversierungsprozedur, da sie sich mit Vereinigung und Differenz darstellen lässt:

```
PROCEDURE SymDifference (tree, other : Node) : Node;
BEGIN
    RETURN Union (Difference (tree, other), Difference (other, tree));
END SymDifference;
```

11.3.3   Implementation

Es folgt das implementierte und dokumentierte Modul ContainersSetsOfString. Es ist wichtig, die Einschränkungen zu dokumentieren, unter denen die Set-Klasse korrekt arbeitet, damit Entwickler von Kunden sich daran halten können (siehe unten 1 ☞.

Programm 11.7
Klassenmodul für
Zeichenketten-
mengen

1 ☞

```
MODULE ContainersSetsOfString;
(*!
    Interface Description:
        Concrete implementation class Set for sets consisting of POINTER TO
        ARRAY OF CHAR elements, provides set operations.
        Static and dynamic set objects may be used as receivers and parameters.
    Restrictions:
        Set cannot guarantee its invariant by itself. Clients of Set must be
        cooperative, they must not
        -   supply a call of ForAllDo with an action that changes the values of
            items in a set;
        -   change items of a set via aliasing pointers.
    Design and Implementation Description:
        Set is implemented by a binary search tree ordered by referenced strings.
        Invariant:
        If the following condition holds before a call of a procedure bound to Set,
        then it will hold after the call too:
            For each node t of the tree associated with the receiver it holds:
                For each node ls of the left subtree of t it holds: ls.item < t.item.
                For each node rs of the right subtree of t it holds: rs.item > t.item.
!*)

    IMPORT
        BEC             := BasisErrorConstants;

    TYPE
        Element*        = POINTER TO ARRAY OF CHAR;

        Action*         = POINTER TO ActionDesc;
        ActionDesc*     = ABSTRACT RECORD END;

        Node            =
            POINTER TO RECORD
                item        : Element;                     (* Invariant: item # NIL. *)
                left,
                right       : Node;
            END;
```

```
Set*            = POINTER TO SetDesc;
SetDesc*        =
   EXTENSIBLE RECORD
      root      : Node;            (* (root = NIL) OR (root is unique). *)
   END;
```

(* Definition of Procedure bound to Action *)

```
PROCEDURE (VAR action : ActionDesc)
   Do* (item : Element), NEW, ABSTRACT;
```

(* Definitions of Tree Operations and Procedures bound to Set *)

(* Invariants *)

```
PROCEDURE CheckInvariants (tree : Node);
   VAR
      ordered  : BOOLEAN;
      item     : Element;

   PROCEDURE Inorder (tree : Node);
   BEGIN
      IF ordered & (tree # NIL) THEN
         Inorder (tree.left);
         ordered  := (item = NIL) OR (item^ < tree.item^);
         item     := tree.item;
         Inorder (tree.right);
      END;
   END Inorder;

BEGIN
   ordered := TRUE;
   Inorder (tree);
   ASSERT (ordered, BEC.invariant);
END CheckInvariants;

PROCEDURE (IN set : SetDesc) CheckInvariants, NEW;
BEGIN
   CheckInvariants (set.root);
END CheckInvariants;
```

(* Queries *)

```
PROCEDURE IsEmpty (tree : Node) : BOOLEAN;
BEGIN
   RETURN tree = NIL;
END IsEmpty;

PROCEDURE (IN set : SetDesc) IsEmpty* () : BOOLEAN, NEW;
   (*!
      Does set contain no element?
   !*)
BEGIN
   RETURN IsEmpty (set.root);
END IsEmpty;
```

```
PROCEDURE Has (tree : Node; item : Element) : BOOLEAN;
BEGIN
    ASSERT (item # NIL, BEC.precondPar2NotNil);
    WHILE tree # NIL DO
        IF item^ < tree.item^ THEN
            tree := tree.left;
        ELSIF item^ > tree.item^ THEN
            tree := tree.right;
        ELSE
            RETURN TRUE;
        END;
    END;
    RETURN FALSE;
END Has;

PROCEDURE (IN set : SetDesc) Has* (x : Element) : BOOLEAN, NEW;
    (*!
        Does set contain x?
    !*)
    VAR
        result : BOOLEAN;
BEGIN
    ASSERT (x # NIL, BEC.precondPar1NotNil);
    result := Has (set.root, x);
    ASSERT (~(result & set.IsEmpty ()), BEC.postcondResultOk);
    RETURN result;
END Has;

PROCEDURE AreDisjoint (tree, other : Node) : BOOLEAN;

    PROCEDURE Inorder (tree : Node) : BOOLEAN;
    BEGIN
        RETURN
            (tree = NIL) OR (other = NIL) OR
            (Inorder (tree.left) & ~Has (other, tree.item) & Inorder (tree.right));
    END Inorder;

BEGIN
    RETURN Inorder (tree);
END AreDisjoint;

PROCEDURE (IN a : SetDesc)
    IsDisjoint* (IN b : SetDesc) : BOOLEAN, NEW;
    (*!
        Does a not share elements with b?
        Postcondition: result = (a * b = emptySet).
    !*)
    VAR
        result : BOOLEAN;
BEGIN
    result := AreDisjoint (a.root, b.root);
    ASSERT (result = AreDisjoint (b.root, a.root), BEC.postcondResultOk);
    RETURN result;
END IsDisjoint;
```

(* Actions *)

```
PROCEDURE Put (VAR tree : Node; item : Element);
    (*  Insert new node with node.item = item into tree such that the order is
        kept. *)
BEGIN
    ASSERT (item # NIL, BEC.precondParsConsistent);
    IF tree = NIL THEN
        NEW (tree);
        tree.item := item;
    ELSIF item^ < tree.item^ THEN
        Put (tree.left, item);
    ELSIF item^ > tree.item^ THEN
        Put (tree.right, item);
    END;
END Put;

PROCEDURE (VAR set : SetDesc) Put* (x : Element), NEW;
    (*!
        Include x into set.
    !*)
BEGIN
    ASSERT (x # NIL, BEC.precondPar1NotNil);
    Put (set.root, x);
    set.CheckInvariants;
    ASSERT (set.Has (x), BEC.postcondSupplierOk);
END Put;

PROCEDURE MoveMin (VAR tree : Node; OUT item : Element);
    (* Remove node with minimal element in tree, move its element to item. *)
BEGIN
    ASSERT (tree # NIL, BEC.precondPar1NotNil);
    IF tree.left = NIL THEN
        item   := tree.item;
        tree   := tree.right;
    ELSE
        MoveMin (tree.left, item);
    END;
    ASSERT (item # NIL, BEC.postcondParNotNil);
END MoveMin;

PROCEDURE Remove (VAR tree : Node; item : Element);
    (*  Delete node with node.item^ = item^ from tree such that the order is
        kept. *)
BEGIN
    ASSERT (item # NIL, BEC.precondPar2NotNil);
    IF tree # NIL THEN
        IF item^ < tree.item^ THEN
            Remove (tree.left, item)
        ELSIF item^ > tree.item^ THEN
            Remove (tree.right, item);
        ELSIF tree.left = NIL THEN
            tree := tree.right;
        ELSIF tree.right = NIL THEN
```

```
            tree := tree.left;
        ELSE
            MoveMin (tree.right, tree.item);
        END;
    END;
END Remove;

PROCEDURE (VAR set : SetDesc) Remove* (x : Element), NEW;
    (*!
        Exclude x from set.
    !*)
BEGIN
    ASSERT (x # NIL, BEC.precondPar1NotNil);
    Remove (set.root, x);
    set.CheckInvariants;
    ASSERT (~set.Has (x), BEC.postcondSupplierOk);
END Remove;

PROCEDURE WipeOut (OUT tree : Node);
BEGIN
    tree := NIL;
END WipeOut;

PROCEDURE (VAR set : SetDesc) WipeOut*, NEW;
    (*!
        Exclude all elements from set.
    !*)
BEGIN
    WipeOut (set.root);
    set.CheckInvariants;
    ASSERT (set.IsEmpty (), BEC.postcondSupplierOk);
END WipeOut;

PROCEDURE (VAR target : SetDesc) Copy (IN source : SetDesc), NEW;
    (* Shallow copy source into target. For internal use only! *)
BEGIN
    target.root := source.root;
END Copy;

PROCEDURE Union (tree, other : Node) : Node;
    (* Left as an exercise for the reader. *)
END Union;

PROCEDURE (VAR a : SetDesc) SetUnion* (IN b, c : SetDesc), NEW;
    (* Left as an exercise for the reader. *)
END SetUnion;

PROCEDURE Difference (tree, other : Node) : Node;
    VAR
        result : Node;

    PROCEDURE Preorder (tree : Node);
    BEGIN
        IF tree # NIL THEN
            IF ~Has (other, tree.item) THEN
                Put (result, tree.item);
```

```
              END;
              Preorder (tree.left);
              Preorder (tree.right);
           END;
        END Preorder;

  BEGIN
     IF tree # other THEN
        Preorder (tree);
     END;
     RETURN result;
  END Difference;

  PROCEDURE (VAR a : SetDesc) SetDifference* (IN b, c : SetDesc), NEW;
     (*!
        Postcondition: a = OLD (b) - OLD (c).
     !*)
     VAR
        oldB, oldC : SetDesc;        (* Solve aliasing problems a = b, a = c. *)
  BEGIN
     oldB.Copy (b);
     oldC.Copy (c);
     a.root := Difference (b.root, c.root);
     a.CheckInvariants;
     ASSERT (a.IsDisjoint (oldC), BEC.postcondSupplierOk);
     ASSERT (a.IsEmpty () OR ~oldB.IsEmpty (), BEC.postcondSupplierOk);
  END SetDifference;

  PROCEDURE Intersection (tree, other : Node) : Node;
     (* Left as an exercise for the reader. *)
  END Intersection;

  PROCEDURE (VAR a : SetDesc) SetIntersection* (IN b, c : SetDesc), NEW;
     (* Left as an exercise for the reader. *)
  END SetIntersection;

  PROCEDURE SymDifference (tree, other : Node) : Node;
  BEGIN
     RETURN Union (Difference (tree, other), Difference (other, tree));
  END SymDifference;

  PROCEDURE (VAR a : SetDesc)
     SetSymDifference* (IN b, c : SetDesc), NEW;
     (*!
        Postcondition: a = OLD (b) / OLD (c).
     !*)
     VAR
        oldB, oldC : SetDesc;        (* Solve aliasing problems a = b, a = c. *)
  BEGIN
     oldB.Copy (b);
     oldC.Copy (c);
     a.root := SymDifference (b.root, c.root);
     a.CheckInvariants;
```

```
    ASSERT
        (a.IsEmpty () OR ~oldB.IsEmpty () OR ~oldC.IsEmpty (),
        BEC.postcondSupplierOk);
    ASSERT
        (~oldB.IsEmpty () OR oldC.IsEmpty () OR ~a.IsDisjoint (oldC),
        BEC.postcondSupplierOk);
    ASSERT
        (oldB.IsEmpty () OR ~oldC.IsEmpty () OR ~a.IsDisjoint (oldB),
        BEC.postcondSupplierOk);
END SetSymDifference;

PROCEDURE ForAllDo (tree : Node; VAR action : ActionDesc);

    PROCEDURE Inorder (tree : Node);
    BEGIN
        IF tree # NIL THEN
            Inorder (tree.left);
            action.Do (tree.item);
            Inorder (tree.right);
        END;
    END Inorder;

BEGIN
    Inorder (tree);
END ForAllDo;

PROCEDURE (IN set : SetDesc)
    ForAllDo* (VAR action : ActionDesc), NEW;
    (*!
        Apply action.Do (item) to each element item of set.
    !*)
BEGIN
    ForAllDo (set.root, action);
    set.CheckInvariants;
END ForAllDo;

END ContainersSetsOfString.
```

11.3.4   Fazit

Für die Implementation der Mengenklasse haben wir einen geordneten Binärbaum gewählt. Diese Organisationsstruktur bietet den Vorteil, dass das Suchen und Einfügen eines Elements in die Menge und das Ausfügen daraus jeweils einen Aufwand proportional zur Höhe des Baums erfordern, während bei einer Organisation als verkettete Liste der Aufwand jeweils proportional zur Anzahl der Elemente in der Menge ist.

Es ist möglich, einen Baum als abstrakten Datentyp oder Klasse in einem eigenen Modul zu kapseln. Solch ein Baumtyp kann zusätzliche Baumoperationen bieten. Wir haben davon abgesehen, da wir Bäume als Organisationsstrukturen sehen, die wir hinter Schnittstellen zu Anwendungen verbergen wollen.

11.4   Zusammenfassung

In diesem Kapitel haben wir

- ein auf der Vertragsmethode basierendes Testverfahren kennengelernt, mit dem wir vertraglich spezifizierte Prüflinge randomisierten Dauertests aussetzen können;

- den Begriff und die Bedeutung dynamischer Objektstrukturen an den Beispielen der einfach verketteten Liste und des geordneten Binärbaums erfahren;

- das wichtige Konzept der Rekursion an Hand rekursiver Objektstrukturen und rekursiver Algorithmen studiert.

11.5   Literaturhinweise

Dynamische Daten- und Objektstrukturen behandeln A. Aho und J. Ullman [1], G. Goos [7] und J. Gore [10]. Ihnen verdanken wir einige Anregungen.

11.6   Übungen

Mit diesen Aufgaben üben Sie, rekursive Algorithmen zu programmieren und durch iterative Algorithmen zu ersetzen.

Aufgabe 11.1
Enthaltensein
rekursiv

Implementieren Sie die Abfrage Has des Baums in ContainersSetsOfString mit einem rekursiven Algorithmus!

Aufgabe 11.2
Einfügen und
Entfernen iterativ

Implementieren Sie die Baumprozeduren Put und Remove und MoveMin in ContainersSetsOfString mit iterativen Algorithmen!

Aufgabe 11.3
Mengenoperationen

Ergänzen Sie die in Programm 11.7 fehlenden Implementationen der Mengenoperationen SetUnion und SetIntersection!

Aufgabe 11.4
Umfang einer Menge

Erweitern Sie die Klasse ContainersSetsOfString.Set um die Abfrage

```
PROCEDURE (IN set : SetDesc) Count* () : INTEGER, NEW;
```

die die Anzahl der Elemente in set liefert!

Vom Entwerfen zum Testen

Wir verallgemeinern die im vorigen Kapitel implementierte Mengenklasse und das Testverfahren dazu; danach öffnen wir bereits benutzte Ein-/Ausgabemodule. Dabei stoßen wir auf oft wiederkehrende Strukturen, die Entwurfsmustern folgen.

Voraussetzung Der Leser ist mit den mathematischen Begriffen Ordnungsrelation, partielle und vollständige Ordnung vertraut.

12.1 Polymorphe Mengenklasse für geordnete Elemente

Wieder-verwendbarkeit Das zur Rechtschreibprüfung entwickelte Mengenklassenmodul generalisieren wir, um es als Komponente zur Lösung zukünftiger Aufgaben wiederverwenden zu können.

12.1.1 Abstrahieren von den Elementen

Die Mengenklasse ContainersSetsOfString.Set legt den Typ der Mengenelemente fest auf Zeichenketten (mit Referenzsemantik). Doch die einzigen Eigenschaften von Zeichenketten, die diese Klasse nutzt, sind das Kopieren von Zeigern auf Zeichenketten und das Vergleichen von zwei Zeichenketten mit der Ordnungsrelation <. Genau betrachtet ist die Schnittstelle der Klasse unabhängig von ihrem Elementtyp; ihre Implementation mit einem geordneten Binärbaum nutzt die Ordnung des Elementtyps. Daher ist die Implementation auf Elementtypen verallgemeinerbar, für die eine Ordnungsrelation < definiert und der Wertebereich vollständig geordnet ist:

Formel 12.1
Vollständige Ordnung

Für je zwei Exemplare x, y des Elementtyps gilt:
entweder x < y, x < y oder x = y.

Generizität Mit den Begriffen von S. 206ff und S. 235f formuliert: Die Spezifikation der Mengenklasse ist generisch für beliebige Elementtypen, ihre Implementation mit einem geordneten Binärbaum ist generisch für Elementtypen mit vollständiger Ordnung. Eine Menge für Zeichenketten wollen wir etwa so vereinbaren:

```
stringSet : Set OF String
```

Polymorphie Component Pascal unterstützt diesen generischen Ansatz nicht, erlaubt jedoch eine objektorientierte, polymorphiebasierte Lösung, die ihm nahe kommt.

Comparable

Vollständig geordnete Mengen von Dingen kommen in der Realität oft vor. Daher liegt der objektorientierte Ansatz nahe, die vollständige Ordnung als Klasse zu modellieren: Wir definieren eine abstrakte Klasse Comparable, statten sie mit den Relationen =, #, <, >, <= und >= aus und fordern, dass sie Formel 12.1 erfüllt.

Set OF Comparable

Die Mengenklasse Set generalisieren wir, indem wir als ihren Elementtyp Comparable zulassen. Dazu ersetzen wir in Programm 11.7 S. 327 die Typvereinbarung

```
Element* = POINTER TO ARRAY OF CHAR;
```

durch

```
Element* = Comparable;
```

und benennen das Modul in ContainersSetsOfComparable um. Nun kann ein Objekt der Mengenklasse ContainersSetsOfComparable.Set Objekte beliebiger konkreter Erweiterungen von Comparable speichern. Einer Menge, etwa vereinbart durch

```
VAR set : ContainersSetsOfComparable.Set;
```

ist von außen nicht anzusehen, von welchem Typ ihre Elemente sind. Deshalb nennen wir die neue Mengenklasse **polymorph**. Allgemein kann ein **polymorpher Behälter** Elemente verschiedenen Typs speichern.

Bild 12.1
Entwurfsmuster für polymorphen Behälter geordneter Elemente - exemplarisch

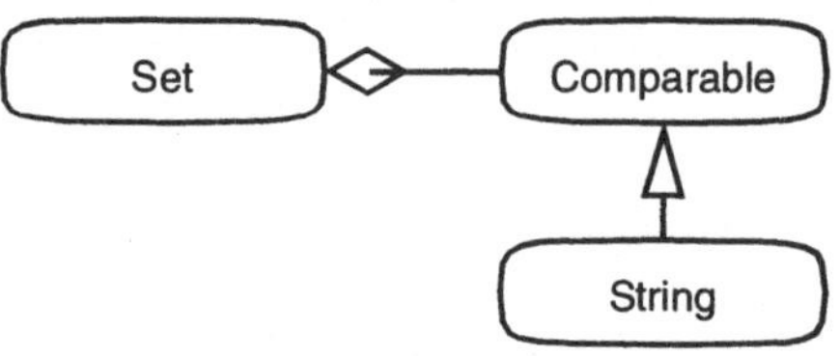

Set OF String

Um ContainersSetsOfComparable.Set im Rechtschreibprüfungsmodul einzusetzen, vereinbaren wir eine Zeichenkettenklasse String als konkrete Erweiterung von Comparable:

```
TYPE
    String =
        POINTER TO RECORD (Comparable)
            string : POINTER TO ARRAY OF CHAR;
        END;
```

und redefinieren die geerbten Relationen. Da diese Klasse von der Anwendung und vom Behälter unabhängig sein soll, ordnen wir sie einem eigenen Modul ContainersStrings zu.

Eine Menge bindet Operationen mit Elementen dynamisch. Zwei Elemente sind dabei nur vergleichbar, wenn sich ihre

Typen vertragen. Wir können daher die polymorphe Mengenklasse nutzen, um beliebige vergleichbare Elemente zu speichern, aber ein Mengenobjekt kann nur Elemente verträglicher
Typen enthalten. Im Beispiel bedeutet das: Sobald ein Mengenobjekt ein erstes Objekt vom Typ String enthält, akzeptiert dieses
Mengenobjekt nur noch String-Objekte als weitere Elemente.

12.1.2   Abstrahieren von der Mengenklasse

Wir haben den Elementtyp der Mengenklasse verallgemeinert -
können wir weitere Eigenschaften von Mengen abstrahieren?
Die Teilmengenrelation, aus der Mengenlehre bekannt, ist eine
Ordnungsrelation - allerdings sind Mengen von Mengen i.A.
nicht vollständig, sondern nur partiell geordnet. Jede vollständige Ordnung ist eine partielle Ordnung, aber nicht umgekehrt.

Bild 12.2
Entwurfsmuster für
Menge -
exemplarisch

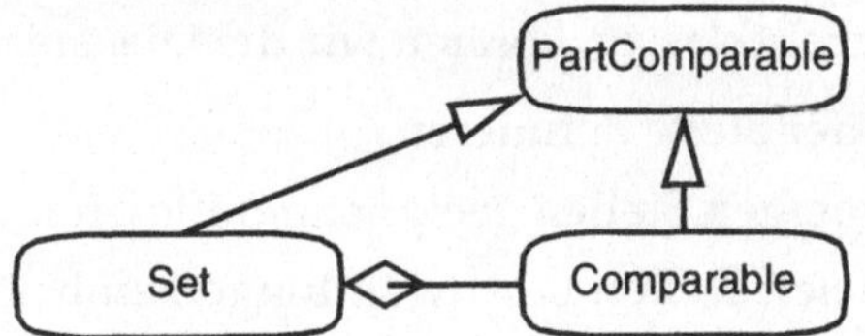

Um die partielle Ordnung zu modellieren, führen wir eine neue
Klasse PartComparable als Basisklasse von Comparable ein. Die Men-
genklasse Set definieren wir als Erweiterung von PartComparable.
Set repräsentiert Mengen vollständig geordneter Elemente - ihre
Objekte. Die Menge dieser Set-Objekte ist partiell geordnet.

12.1.3   Konzept-, Schnittstellen- und Implementationsklassen

Die mathematischen Konzepte der partiellen und vollständigen
Ordnung realisieren wir also softwaretechnisch mit den Klassen
PartComparable und Comparable, die wir deshalb **Konzeptklassen**
nennen. Diesen Begriff ordnen wir in eine Klassifikation von
Klassen ein:

Klassifikation

- Eine **abstrakte Klasse** dient der Erweiterung; sie bietet eine
  offene Schnittstelle, die von Kunden benutzt und von Erweiterungen implementiert werden kann, hat aber keine vollständige Implementation.

  - Eine **Konzeptklasse** ist eine abstrakte Klasse, die ein
    bestimmtes Konzept, eine Idee mit einer strukturierten
    Ansammlung von Diensten realisiert.

  - Eine **Schnittstellenklasse** ist eine abstrakte Klasse mit
    einer vollständigen Schnittstelle, die nur implementiert,

aber nicht um weitere Dienste ergänzt werden muss, um sinnvoll nutzbar zu sein.

- Eine **konkrete Klasse** ist vollständig implementiert, von ihr können Objekte erzeugt werden.

  - Eine **Implementationsklasse** ist eine konkrete Klasse, die eine Schnittstellenklasse erweitert, indem sie alle geerbten Dienste implementiert, ohne neue Dienste zu definieren.

Beispiele

In diesem Sinn sind ContainersSetsOfString.Action (S. 267), UtilitiesRepeater.Action (S. 290) und Services.Action (S. 301) Schnittstellenklassen; I1WordChecker.WordWriter, TestSetsOfString.Test und UtilitiesRepeater.Secretary sind jeweils zugeordnete Implementationsklassen. PartComparable und Comparable sind Konzept-, aber keine Schnittstellenklassen, da ihre Erweiterungen meist weitere Dienste definieren.

Mit Konzeptklassen können wir die Dienste eines Konzepts

- an einer Stelle definieren,
- an wenigen Stellen geeignet redefinieren und
- an vielen Stellen in Anwendungen einheitlich benutzen.

Wartbarkeit

Deshalb sind Konzeptklassen nützlich; sie helfen uns, Software zu vereinheitlichen und zu vereinfachen. Also treiben wir die begonnene Abstraktion weiter, indem wir PartComparable von einer weiteren Konzeptklasse Any erben lassen. Any definiert allgemeine Dienste, die in vielen Klassen vorkommen. Dazu gehören das Vergleichen von zwei Objekten mit = und # und das Kopieren eines Objekts.

Bild 12.3
Hierarchie
allgemeiner
Konzeptklassen

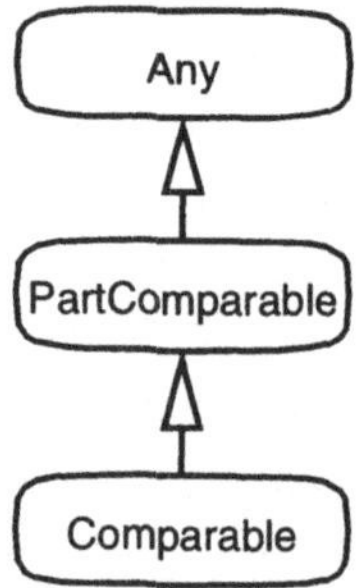

Da diese Konzeptklassen nicht nur Behältern, sondern beliebigen Anwendungsklassen als Basisklassen dienen können, ordnen wir sie dem Modul BasisGenerals zu. Die Klassenhierarchie von Bild 12.3 ähnelt der Typhierarchie von Bild 8.5 S. 221. Der Unterschied ist, dass wir hier reale, erweiterbare Klassen programmieren, während wir dort nur mehrere Typnamen benutzen, um die Software zu ordnen und zu dokumentieren.

12.1.4   Objektübergreifende Invarianten

Die bisher betrachteten Klasseninvarianten beziehen sich auf den Zustand eines einzelnen Objekts. Doch zum Vergleichen und Kopieren gehören zwei Objekte; an Mengenoperationen wie Vereinigung und Durchschnitt sind sogar drei Objekte beteiligt. Relationen und Operationen mit Objekten folgen Regeln eines zugrunde liegenden mathematischen Konzepts. Die Mathematik beschreibt die Regeln ihrer Objekte durch Axiome und daraus abgeleitete Sätze. Softwaretechnisch erscheinen die Regeln als objektübergreifende Invarianten. Eine **objektübergreifende Invariante** ist eine Bedingung, die mehrere Objekte stets gemeinsam erfüllen müssen. Tabelle 12.1 nennt Beispiele;

Tabelle 12.1
Beispiele zu Regeln als Axiome und objektübergreifende Invarianten

Regel	Mathematik: Axiom oder Satz	Softwaretechnik: Objektübergreifende Invariante
Symmetrie der Gleichheitsrelation	$\forall$ x, y: (x = y) $\Rightarrow$ (y = x).	Für je zwei Objekte x, y der Klasse K: (x = y) IMPLIES (y = x).
Transitivität der Ordnungsrelation	$\forall$ x, y, z: (x < y) $\wedge$ (y < z) $\Rightarrow$ (x < z).	Für je zwei Objekte x, y der Klasse K: (x < y) AND (y < z) IMPLIES (x < z).
Assoziativität der Vereinigung	$\forall$ x, y, z: x $\cup$ (y $\cup$ z) = (x $\cup$ y) $\cup$ z.	Für je drei Objekte x, y, z der Klasse K: x $\cup$ (y $\cup$ z) = (x $\cup$ y) $\cup$ z.

Konzeptklassen dienen vielen Erweiterungen als Basis. Die Erweiterungsklassen implementieren die Konzepte und sollen dabei deren Regeln einhalten. Wir wollen daher

- die Regeln einer Konzeptklasse exakt spezifizieren und
- bei einer beliebigen Erweiterungsklasse prüfen, ob sie diese Regeln einhält.

Testverfahren für Konzeptklassen

Mit folgendem Verfahren können wir solche Regeln - objektübergreifende Invarianten - systematisch testen. Dabei sei SomeConcepts ein Modul, das eine Konzeptklasse Concept definiert:

(1) Formuliere die objektübergreifenden Invarianten zu Concept als Zusicherungen in einer Modulprozedur SomeCon-

cepts.CheckConceptInvariants. Versehe diese Prozedur mit Eingabeparametern für die an einer Invariante beteiligten Objekte.

(2) Programmiere zu jeder Erweiterung von Concept eine Prüfprozedur, die SomeConcepts.CheckConceptInvariants mit aktuellen Objekten aufruft und eventuell weitere Regeln prüft.

Bild 12.4
Spezifikation und
Test von
Konzeptklassen -
exemplarisch

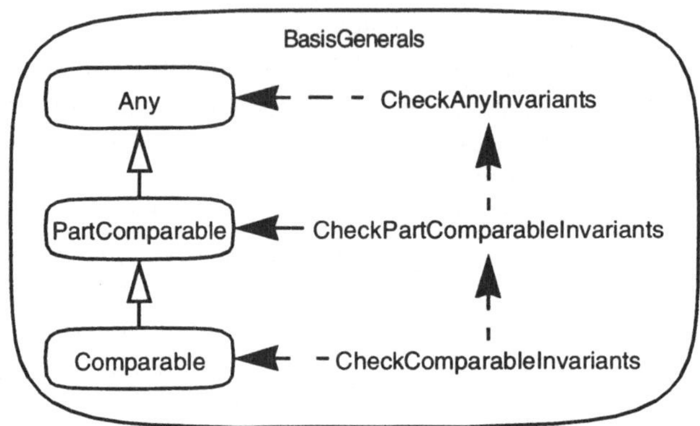

Auf Any, PartComparable und Comparable angewandt liefert das Verfahren den Entwurf von Bild 12.4, an dem ein Muster erkennbar ist: Die Invariantenprüfprozedur einer Erweiterungsklasse ruft die Prüfprozedur ihrer Basisklasse auf und prüft die zusätzlichen objektübergreifenden Invarianten ihrer Klasse.

12.1.5 Testverfahren für konkrete Klassen

Im Beispiel ist ContainersSetsOfComparable.Set eine konkrete Erweiterungsklasse zu BasisGenerals.PartComparable und ContainersStrings.String eine zu BasisGenerals.Comparable. Konkrete Erweiterungen von Konzeptklassen testen wir doppelt. Ist SomeThings ein Modul, das eine konkrete Klasse Thing definiert, die SomeConcepts.Concept erweitert, so lautet das Verfahren:

Verfahrensschritte

(1) Wende das Testverfahren von 11.1.3.3 S. 294 auf SomeThings.Thing an, um das Verhalten einzelner Thing-Objekte zu testen.

(2) Modifiziere das Testverfahren von 11.1.3.3, um objektübergreifende Invarianten mehrerer Thing-Objekte zu testen:

- Erweitere die Klasse UtilitiesRepeater.Action zu TestThings.TestInvariants und redefiniere die Prozedur Do, sodass sie einen randomisierten Einzeltest bereitstellt, der wiederholt aufgerufen beliebig viele zufällige Testfälle abdeckt.

- Vereinbare in Do die Objekte thing1,.., thingn vom Typ Some-Things.Thing, die zum Formulieren der objektübergreifenden Invarianten erforderlich sind.

- Im Anweisungsteil von Do:

    - Initialisiere thing1,.., thingn mit Zufallswerten,

    - rufe SomeConcepts.CheckConceptInvariants (thing1,.., thingk) auf (k <= n),

    - formuliere die objektübergreifenden Invarianten zu Thing als Zusicherungen.

- Erzeuge ein Objekt testInvariants vom Typ TestThings.TestInvariants.

- Programmiere Testkommandos analog zu den in 11.1.3.1 S. 292 beschriebenen, übergebe dabei testInvariants an entsprechende Dienste von UtilitiesRepeater.

Bild 12.5
Konzeptklassen,
konkrete Klassen und
Testszenarium

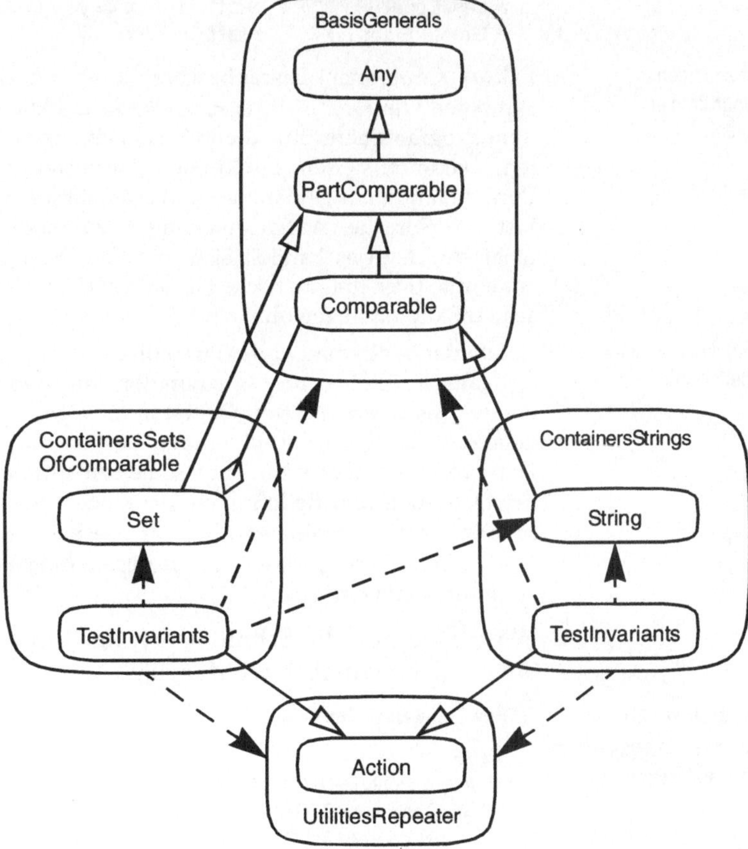

Bild 12.5 integriert die Bilder 12.1, 12.2 und 12.3 mit dem Testszenarium; von Bild 12.4 abstrahiert es. Aus diesem Entwurf können wir ein Muster extrahieren, nach dem wir Lösungen zu ähnlichen Aufgaben gestalten.

12.1.6   Implementieren der Konzeptklassen

Die Entwurfsideen sind erläutert, die Implementierung der Klassen beginnt. Zunächst klären wir die technische Frage, wie eine Relation in die Implementationssprache umzusetzen ist.

Component Pascal

In Component Pascal formulieren wir die Relationen =, #, <, >, <=, >= als typgebundene boolesche Funktionen. Die Schreibweise für relationale Ausdrücke lautet damit

x.Equal (y)	statt	x = y
x.Unequal (y)	statt	x # y
x.Less (y)	statt	x < y
x.Greater (y)	statt	x > y
x.LessEqual (y)	statt	x <= y
x.GreaterEqual (y)	statt	x >= y

Infixnotation in Programmiersprachen

Exkurs. Component Pascal beschränkt die Infixnotation mit Operatorsymbolen wie +, -, *, /, =, #, <, >, <=, >= auf Standardtypen und bietet dem Programmierer nur die Möglichkeit, eigene Klassen mit benannten, parametrisierten Funktionen auszustatten, wobei Aufrufe in Punktnotation mit geklammerten Parametern erscheinen. Die Mächtigkeit der Sprache, Aufgabenlösungen zu modellieren, schränkt dies nicht ein, denn es handelt sich um eine Frage der Syntax, nicht der Semantik. (Der pragmatische Hintergrund ist, dass wir die mathematische Infixnotation gewohnt sind.)

Redefinieren oder überladen?

Eiffel erlaubt alternativ oder zusätzlich zur funktionalen Notation eine semantisch äquivalente Infixnotation mit Operatorsymbolen. C++ erlaubt das Überladen von Operatoren, wobei es die Operanden überladener Operatoren statisch bindet. Das Überladen von Operatoren ist kein objektorientiertes Konzept; seine Semantik unterscheidet sich von der Definition und Redefinition klassengebundener, vererbbarer Operationen mit dynamischer Bindung. Deshalb ist das Überladen von Operatoren ungeeignet, um damit unseren objektorientierten Entwurf zu implementieren.

Wir stellen nun die Schnittstellen der Konzeptklassen vor, ihre Semantik beschreiben wir danach:

Programm 12.1
Schnittstelle des Konzeptklassenmoduls

```
DEFINITION BasisGenerals;

   TYPE
      Any = POINTER TO AnyDesc;
      AnyDesc = ABSTRACT RECORD
         (IN source: AnyDesc) Clone (): Any, NEW, ABSTRACT;
         (VAR target: AnyDesc) Copy (IN source: AnyDesc), NEW, ABSTRACT;
```

```
                    (IN a: AnyDesc)
                        Equal (IN b: AnyDesc): BOOLEAN, NEW, ABSTRACT;
                    (VAR target: AnyDesc) InitDefault, NEW, EMPTY;
                    (VAR target: AnyDesc) InitRandom, NEW, ABSTRACT;
                    (VAR a: AnyDesc) Swap (VAR b: AnyDesc), NEW;
                    (IN a: AnyDesc) Unequal (IN b: AnyDesc): BOOLEAN, NEW;
                    (IN a: AnyDesc) Write, NEW, EMPTY
                END;

                PartComparable = POINTER TO PartComparableDesc;
                PartComparableDesc = ABSTRACT RECORD (AnyDesc)
                    (IN a: PartComparableDesc)
                        Greater (IN b: PartComparableDesc): BOOLEAN, NEW;
                    (IN a: PartComparableDesc)
                        GreaterEqual (IN b: PartComparableDesc): BOOLEAN, NEW;
                    (IN a: PartComparableDesc)
                        Less (IN b: PartComparableDesc): BOOLEAN, NEW;
                    (IN a: PartComparableDesc)
                        LessEqual (IN b: PartComparableDesc): BOOLEAN, NEW,
                                                                ABSTRACT;
                END;

                Comparable = POINTER TO ComparableDesc;
                ComparableDesc = ABSTRACT RECORD (PartComparableDesc)
                    (VAR a: ComparableDesc) SetMax (IN b, c: ComparableDesc), NEW;
                    (VAR a: ComparableDesc) SetMin (IN b, c: ComparableDesc), NEW
                END;

                PROCEDURE CheckAnyInvariants (IN a, b, c: AnyDesc);
                PROCEDURE
                    CheckPartComparableInvariants (IN a, b, c: PartComparableDesc);
                PROCEDURE CheckComparableInvariants (IN a, b, c: ComparableDesc);

            END BasisGenerals.
```

Attribut

Das ☞Symbol zeigt in Programm 12.1 auf die Prozeduren InitDefault und Write mit dem Prozedurattribut EMPTY. Es bedeutet, dass die Prozedur einen leeren Rumpf hat und redefinierbar ist. Eine leere Prozedur ist effektlos, sie macht (im Unterschied zu einer abstrakten Prozedur) ihre Klasse nicht abstrakt.

Programm 12.2
Konzeptklassen-
modul

```
MODULE BasisGenerals;
(*!
    Interface Description:
        Most abstract concept classes Any, PartComparable, Comparable to be
        used for various extensions.
        -  Any is the base class providing the concepts of equality relation,
           copying and cloning.
        -  PartComparable is an extension of Any providing the concept of a
           partially ordered set.
        -  Comparable is an extension of PartComparable providing the concept
           of a totally ordered set.
!*)
```

```
IMPORT
   BEC := BasisErrorConstants;

TYPE
   Any*                    = POINTER TO AnyDesc;
   AnyDesc*                = ABSTRACT RECORD END;

   PartComparable*         = POINTER TO PartComparableDesc;
   PartComparableDesc*     = ABSTRACT RECORD (AnyDesc) END;

   Comparable*             = POINTER TO ComparableDesc;
   ComparableDesc*         =
                      ABSTRACT RECORD (PartComparableDesc) END;
```

(* Procedures bound to Any ***)**

(* Comparison Relations *)

```
PROCEDURE (IN a : AnyDesc)
   Equal* (IN b : AnyDesc) : BOOLEAN, NEW, ABSTRACT;
   (*! Postcondition: result = (a = b). !*)
```

1 ☞
```
PROCEDURE (IN a : AnyDesc)
   Unequal* (IN b : AnyDesc) : BOOLEAN, NEW;
   (*! Postcondition: result = (a # b). !*)
BEGIN
   RETURN ~a.Equal (b);
END Unequal;
```

(* Initializations and Settings *)

```
PROCEDURE (VAR target : AnyDesc) InitDefault*, NEW, EMPTY;
   (*! Initialize target with default values. !*)

PROCEDURE (VAR target : AnyDesc) InitRandom*, NEW, ABSTRACT;
   (*! Initialize target with random values. !*)

PROCEDURE (VAR target : AnyDesc)
   Copy* (IN source : AnyDesc), NEW, ABSTRACT;
   (*! Copy the values of source into target.
       Precondition: source's dynamic type is an extension of target's type.
       Useful for polymorphic entities where assignment does not work. !*)
```

(* Production *)

2 ☞
```
PROCEDURE (IN source : AnyDesc) Clone* () : Any, NEW, ABSTRACT;
   (*! Create a duplicate of source and return a pointer to the duplicate. !*)
```

(* Output *)

```
PROCEDURE (IN a : AnyDesc) Write*, NEW, EMPTY;
   (*! Write the values of the fields of a to some output medium. !*)
```

(* Swapping *)

1 ☞
```
PROCEDURE (VAR a : AnyDesc) Swap* (VAR b : AnyDesc), NEW;
   (*! Exchange the values of a and b. !*)
   VAR
      c : Any;
```

```
BEGIN
    c := a.Clone ();
    a.Copy (b);
    b.Copy (c);
END Swap;
```

(Invariants **)**

```
PROCEDURE CheckAnyInvariants* (IN a, b, c : AnyDesc);
    VAR
        aUEb : BOOLEAN;
        d, e   : Any;
BEGIN
    aUEb := a.Unequal (b);
    (* Reflexivity Rule a = a *)
    ASSERT (a.Equal (a), BEC.invariantClass);
    (* Symmetry Rule a = b IMPLIES b = a *)
    ASSERT (aUEb OR b.Equal (a), BEC.invariantClass);
    (* Transitivity Rule (a = b) & (b = c) IMPLIES a = c *)
    ASSERT (aUEb OR b.Unequal (c) OR a.Equal (c), BEC.invariantClass);
    (* Swapping Rule *)
    d := a.Clone ();
    e := b.Clone ();
    d.Swap (e);
    ASSERT (a.Equal (e) & b.Equal (d), BEC.invariantClass);
END CheckAnyInvariants;
```

(* Procedures bound to PartComparable ***)**

(* Order Relations *)

```
PROCEDURE (IN a : PartComparableDesc)
    LessEqual* (IN b : PartComparableDesc) : BOOLEAN, NEW,
                                                        ABSTRACT;
    (*! Postcondition: result = (a <= b). !*)
```

```
PROCEDURE (IN a : PartComparableDesc)
    Less* (IN b : PartComparableDesc) : BOOLEAN, NEW;
    (*! Postcondition: result = (a < b). !*)
BEGIN
    RETURN a.LessEqual (b) & ~a.Equal (b);
END Less;
```

```
PROCEDURE (IN a : PartComparableDesc)
    GreaterEqual* (IN b : PartComparableDesc) : BOOLEAN, NEW;
    (*! Postcondition: result = (a >= b). !*)
BEGIN
    RETURN b.LessEqual (a);
END GreaterEqual;
```

```
PROCEDURE (IN a : PartComparableDesc)
    Greater* (IN b : PartComparableDesc) : BOOLEAN, NEW;
    (*! Postcondition: result = (a > b). !*)
BEGIN
    RETURN b.LessEqual (a) & ~b.Equal (a);
END Greater;
```

(Invariants **)**

3 ☞
```
PROCEDURE
    CheckPartComparableInvariants* (IN a, b, c : PartComparableDesc);
VAR
    aEQb, aLEb, aLb : BOOLEAN;
BEGIN
    CheckAnyInvariants (a, b, c);
    aEQb := a.Equal (b);
    aLEb := a.LessEqual (b);
    aLb  := a.Less (b);
    (* By Definition (a < b) = (b > a) *)
    ASSERT (aLb = b.Greater (a), BEC.invariantClass);
    (* (a <= b) & (a # b) IMPLIES a < b *)
    ASSERT (~aLEb OR aEQb OR aLb, BEC.invariantClass);
    (* Reflexivity Rule a <= a *)
    ASSERT (a.LessEqual (a), BEC.invariantClass);
    (* Identivity Rule (a <= b) & (b <= a) IMPLIES a = b *)
    ASSERT (~aLEb OR ~b.LessEqual (a) OR aEQb, BEC.invariantClass);
    (* Transitivity Rule (a <= b) & (b <= c) IMPLIES a <= c *)
    ASSERT
        (~aLEb OR ~b.LessEqual (c) OR a.LessEqual (c),
          BEC.invariantClass);
    (* Asymmetry Rule a < b IMPLIES ~(b < a) *)
    ASSERT (~aLb OR ~b.Less (a), BEC.invariantClass);
    (* Transitivity Rule (a < b) & (b < c) IMPLIES a < c *)
    ASSERT (~aLb OR ~b.Less (c) OR a.Less (c), BEC.invariantClass);
END CheckPartComparableInvariants;
```

(* Procedures bound to Comparable ***)**

(* Lattice Operations *)

1 ☞
```
PROCEDURE (VAR a : ComparableDesc)
    SetMin* (IN b, c : ComparableDesc), NEW;
    (*! Postcondition: a = minimal value of b and c. !*)
BEGIN
    IF b.LessEqual (c) THEN
        a.Copy (b);
    ELSE
        a.Copy (c);
    END;
END SetMin;
```

1 ☞
```
PROCEDURE (VAR a : ComparableDesc)
    SetMax* (IN b, c : ComparableDesc), NEW;
    (*! Postcondition: a = maximal value of b and c. !*)
BEGIN
    IF b.LessEqual (c) THEN
        a.Copy (c);
    ELSE
        a.Copy (b);
    END;
END SetMax;
```

```
                    (** Invariants **)

3 ☞                 PROCEDURE CheckComparableInvariants* (IN a, b, c : ComparableDesc);
                      VAR
                          d : Comparable;
                    BEGIN
                      CheckPartComparableInvariants (a, b, c);
                      (* Connectivity Rules a <= b OR b <= a *)
                      ASSERT (a.LessEqual (b) OR b.LessEqual (a), BEC.invariantClass);
                      (* a < b OR a = b OR b < a *)
                      ASSERT (a.Less (b) OR a.Equal (b) OR b.Less (a),BEC.invariantClass);
                      (* Minimum and Maximum Rules
                        If s : nonempty set of elements, then for all e in s:
                            min (s) <= e <= max (s). *)
                      d := a.Clone ();
                      d.SetMin (a, b);
                      ASSERT (d.LessEqual (a) & d.LessEqual (b), BEC.invariantClass);
                      d.SetMax (a, b);
                      ASSERT (a.LessEqual (d) & b.LessEqual (d), BEC.invariantClass);
                    END CheckComparableInvariants;

                    END BasisGenerals.
```

Die Nummern in der folgenden Liste entsprechen den Nummern bei den ☞Symbolen in Programm 12.2.

Dynamisches Binden
(1) Die Konzeptklassen sind abstrakt, doch einige Prozeduren sind schon konkret und nicht redefinierbar, d.h. final. Bei den Relationen sind Equal und LessEqual abstrakt; die anderen Relationen und SetMin und SetMax hängen von ihnen nach festen Regeln ab und sind entsprechend implementiert. Die implementierte Prozedur Swap ruft die abstrakten Prozeduren Clone und Copy auf. Dieser Programmierstil beruht auf Polymorphie und dynamischem Binden.

Fabrik
(2) Die Fabrikfunktion Clone liefert einen Bezug auf ein neu erzeugtes Duplikat des Empfängers. Wegen ihres Seiteneffekts darf sie nicht in Zusicherungen aufgerufen werden.

Objektübergreifende Invariante
(3) Die nach dem Testverfahren von S. 339 gestalteten Invariantenprüfprozeduren formulieren Axiome und Sätze als Zusicherungen. Mathematisch gesehen ist das Prüfen von Sätzen überflüssig, softwarepraktisch erhöhen mehr Zusicherungen die Chance, Fehler zu entdecken. Die Prüfprozedur einer Erweiterung ruft die Prüfprozedur ihrer Basisklasse auf.

12.1.7   Implementieren der Zeichenkettenklasse

Als erste, einfache, konkrete Erweiterung zur Konzeptklasse Comparable betrachten wir die Klasse String für Zeichenketten. Die Schnittstelle ihres Klassenmoduls zeigen wir in der **flachen**

Form, die alle Prozeduren einer Klasse auflistet, also geerbte, redefinierte und neu definierte. Da die qualifizierten, langen Typnamen die Lesbarkeit reduzieren, betonen wir die wichtigen Namen durch Fettschrift.

Programm 12.3
Flache Schnittstelle
des Klassenmoduls
für Zeichenketten

1 ☞

```
DEFINITION ContainersStrings;

    IMPORT BasisGenerals;

    TYPE
        P2AString = POINTER TO ARRAY OF CHAR;

        String = POINTER TO StringDesc;
        StringDesc =
            EXTENSIBLE RECORD
                    (BasisGenerals.ComparableDesc
                        (BasisGenerals.PartComparableDesc
                            (BasisGenerals.AnyDesc)))
                string-: P2AString;
                (IN source: BasisGenerals.AnyDesc)
                    Clone (): BasisGenerals.Any, NEW, ABSTRACT;
                (VAR target: BasisGenerals.AnyDesc)
                    Copy (IN source: BasisGenerals.AnyDesc), NEW, ABSTRACT;
                (IN a: BasisGenerals.AnyDesc)
                    Equal (IN b: BasisGenerals.AnyDesc): BOOLEAN, NEW,
                                                                ABSTRACT;
                (VAR target: BasisGenerals.AnyDesc) InitDefault, NEW, EMPTY;
                (VAR target: BasisGenerals.AnyDesc) InitRandom, NEW,
                                                                ABSTRACT;
                (VAR a: BasisGenerals.AnyDesc)
                    Swap (VAR b: BasisGenerals.AnyDesc), NEW;
                (IN a: BasisGenerals.AnyDesc)
                    Unequal (IN b: BasisGenerals.AnyDesc): BOOLEAN, NEW;
                (IN a: BasisGenerals.AnyDesc) Write, NEW, EMPTY;
                (IN a: BasisGenerals.PartComparableDesc)
                    Greater (IN b: BasisGenerals.PartComparableDesc): BOOLEAN,
                                                                NEW;
                (IN a: BasisGenerals.PartComparableDesc)
                    GreaterEqual (IN b: BasisGenerals.PartComparableDesc):
                                                        BOOLEAN, NEW;
                (IN a: BasisGenerals.PartComparableDesc)
                    Less (IN b: BasisGenerals.PartComparableDesc): BOOLEAN,
                                                                NEW;
                (IN a: BasisGenerals.PartComparableDesc)
                    LessEqual (IN b: BasisGenerals.PartComparableDesc):
                                                BOOLEAN, NEW, ABSTRACT;
                (VAR a: BasisGenerals.ComparableDesc)
                    SetMax (IN b, c: BasisGenerals.ComparableDesc), NEW;
                (VAR a: BasisGenerals.ComparableDesc)
                    SetMin (IN b, c: BasisGenerals.ComparableDesc), NEW;
                (IN a: StringDesc) CheckInvariants, NEW, EXTENSIBLE;
                (IN source: StringDesc) Clone (): String, EXTENSIBLE;
```

```
                    (VAR target: StringDesc)
                        Copy (IN source: BasisGenerals.AnyDesc), EXTENSIBLE;
                    (IN a: StringDesc)
                        Equal (IN b: BasisGenerals.AnyDesc): BOOLEAN, EXTENSIBLE;
                    (VAR target: StringDesc) InitDefault, EXTENSIBLE;
                    (VAR target: StringDesc) InitRandom, EXTENSIBLE;
                    (IN a: StringDesc)
                        LessEqual (IN b: BasisGenerals.PartComparableDesc):
                                                BOOLEAN, EXTENSIBLE;
```

1 ☞
```
                    (IN a: StringDesc) Write, EXTENSIBLE
                END;
```

2 ☞
```
                PROCEDURE New (IN aString: ARRAY OF CHAR): String;
                PROCEDURE StartTestInvariants;
                PROCEDURE StopTestInvariants;
                PROCEDURE TestInvariantsOnce;
                PROCEDURE TestInvariantsUntilBreak;
```

```
            END ContainersStrings.
```

Die Nummern in der folgenden Liste entsprechen den Nummern bei den ☞Symbolen in Programm 12.3.

Attribut

(1) Die Klasse String erhält das Klassenattribut EXTENSIBLE, damit ihre Prozedur Write redefinierbar ist. Das Prozedurattribut EXTENSIBLE sorgt für Redefinierbarkeit einzelner Prozeduren.

Fabrik

(2) Die Fabrikfunktion New liefert ein neues String-Objekt, das eine Kopie einer gegebenen Zeichenkette aString enthält. Wegen ihres Seiteneffekts darf sie nicht in Zusicherungen aufgerufen werden.

Programm 12.4
Klassenmodul für
Zeichenketten

```
MODULE ContainersStrings;
(*!

Interface Description:
    Concrete extensible implementation class String using referenced strings
    extending BasisGenerals.Comparable.
    Intended to be used as element type of containers.
!*)

    IMPORT
        StdLog,
        BEC            := BasisErrorConstants,
        BG             := BasisGenerals,
        MathRandom,
        UtilitiesRepeater;

    TYPE
        P2AString*     = POINTER TO ARRAY OF CHAR;

        String*        = POINTER TO StringDesc;
        StringDesc*    =
            EXTENSIBLE RECORD (BG.Comparable)
                string-   : P2AString;
            END;
```

6 ☞

```
(** Testing **)

TYPE
    TestInvariants   = POINTER TO RECORD (UtilitiesRepeater.Action) END;
VAR
    testInvariants   : TestInvariants;

(** String Invariants **)

PROCEDURE (IN a : StringDesc) CheckInvariants*, NEW, EXTENSIBLE;
BEGIN
    ASSERT (a.string # NIL, BEC.invariantClass);
END CheckInvariants;

(** Redefinitions of Procedures bound to Any **)

(* Comparison Relations *)

PROCEDURE (IN a : StringDesc)
    Equal* (IN b : BG.AnyDesc) : BOOLEAN, EXTENSIBLE;
BEGIN
    WITH b : StringDesc DO
        RETURN (a.string = b.string) OR (a.string$ = b.string$);
    ELSE
        HALT (BEC.precondParsTypeOk);
    END;
END Equal;

(* Initializations and Settings *)

PROCEDURE (VAR target : StringDesc) InitDefault*, EXTENSIBLE;
BEGIN
    NEW (target.string, 1);
    target.CheckInvariants;
END InitDefault;

PROCEDURE (VAR target : StringDesc) InitRandom*, EXTENSIBLE;
    CONST
        minLength   = 2;
                (* minLength >= 2, else invariant checking of SetOfString fails. *)
        maxLength   = 10;
BEGIN
    NEW (target.string, MathRandom.UniformI (minLength, maxLength));
    MathRandom.GetString (target.string);
    target.CheckInvariants;
END InitRandom;

PROCEDURE (VAR target : StringDesc)
    Copy* (IN source : BG.AnyDesc), EXTENSIBLE;
    (*! Shallow copy! !*)
BEGIN
    WITH source : StringDesc DO
        target.string := source.string;
        target.CheckInvariants;
        ASSERT (target.Equal (source), BEC.postcondReceiverOk);
```

The markers in the left margin: 6☞ (at "(** Testing **)"), 1☞ and 5☞ (at "WITH b : StringDesc DO" and "RETURN ..."), 2☞ (at "PROCEDURE (VAR target : StringDesc) InitRandom*"), 3☞ (at "PROCEDURE (VAR target : StringDesc) Copy*"), 1☞ (at "WITH source : StringDesc DO").

```
      ELSE
         HALT (BEC.precondParsTypeOk);
      END;
   END Copy;

   (* Output *)

   PROCEDURE (IN a : StringDesc) Write*, EXTENSIBLE;
      (*! Write the contents of a to the log. !*)
   BEGIN
      StdLog.String (a.string$); StdLog.Ln;
   END Write;

   (* Production *)

   PROCEDURE (IN source : StringDesc) Clone* () : String, EXTENSIBLE;
      (*!  Shallow clone! !*)
      VAR
         result : String;
   BEGIN
      NEW (result);
      result.Copy (source);
      RETURN result;
   END Clone;

   (** Redefinitions of Procedures bound to PartComparable **)

   (* Order Relations *)

   PROCEDURE (IN a : StringDesc)
      LessEqual* (IN b : BG.PartComparableDesc) : BOOLEAN,
                                                        EXTENSIBLE;
   BEGIN
      WITH b : StringDesc DO
         RETURN (a.string = b.string) OR (a.string$ <= b.string$);
      ELSE
         HALT (BEC.precondParsTypeOk);
      END;
   END LessEqual;

   (** Factory **)

   PROCEDURE New* (IN aString : ARRAY OF CHAR) : String;
      (*! New String which contains a copy of aString. !*)
      VAR
         result : String;
   BEGIN
      NEW (result);
      NEW (result.string, LEN (aString$) + 1);
      result.string^ := aString$;
      result.CheckInvariants;
      ASSERT (result.string$ = aString$, BEC.postcondResultOk);
      RETURN result;
   END New;
```

6 ☞

```
(** Testing **)

(* Redefinition of Procedure bound to UtilitiesRepeater.Action *)

PROCEDURE (this : TestInvariants) Do;
    VAR
        a, b, c : StringDesc;
    BEGIN
        (* Choose random strings and check the axioms of a totally ordered set: *)
        a.InitRandom;
        b.InitRandom;
        c.InitRandom;
        BG.CheckComparableInvariants (a, b, c);
    END Do;

(* Commands *)

PROCEDURE TestInvariantsOnce*;
BEGIN
    testInvariants.Do;
END TestInvariantsOnce;

PROCEDURE TestInvariantsUntilBreak*;
BEGIN
    UtilitiesRepeater.UntilBreakDo (testInvariants);
END TestInvariantsUntilBreak;

PROCEDURE StartTestInvariants*;
BEGIN
    UtilitiesRepeater.Start (testInvariants);
END StartTestInvariants;

PROCEDURE StopTestInvariants*;
BEGIN
    UtilitiesRepeater.Stop (testInvariants);
END StopTestInvariants;

BEGIN
    (* Built-in test every time the module is loaded: *)
    NEW (testInvariants);
    testInvariants.Do;
CLOSE
    StopTestInvariants;
END ContainersStrings.
```

2 ☞

6 ☞

6 ☞

Die Nummern in der folgenden Liste entsprechen den Nummern bei den ☞Symbolen in Programm 12.4.

Kovarianz

☹

(1) Bei Equal, LessEqual und Copy liegen kovariante Erweiterungssituationen vor, die statisch z.B. durch

```
PROCEDURE (IN a : StringDesc) Equal* (IN b : StringDesc) : BOOLEAN;
```

auszudrücken wären. Doch Component Pascal verlangt bei Parametern invariante Erweiterung, d.h. die statischen Typen der Parameter müssen in allen durch Redefinieren entstandenen Versionen einer Prozedur gleich sein (siehe S.

259). An die Stelle der statischen Typprüfung tritt die Prüfung des dynamischen Parametertyps zur Laufzeit mittels einer speziellen Auswahlanweisung, der **bewachten Anweisung**, hier:

Dynamische
Typprüfung

```
WITH b : StringDesc DO
    RETURN (a.string = b.string) OR (a.string$ = b.string$);
ELSE
    HALT (BEC.precondParsTypeOk);
END;
```

Im **Wächter** (*guard*) b : StringDesc steht links eine Bezugsgröße, rechts ein Typname, der eine Erweiterung des statischen Typs der linken Seite ist. Ist der dynamische Typ von b mit StringDesc verträglich, so wird der auf DO folgende Anweisungsteil ausgeführt, wobei mit b alle von StringDesc definierten Operationen erlaubt sind; sonst wird der ELSE-Zweig ausgeführt, falls vorhanden, sonst bricht die Ausführung mit einem Trap ab. Im Beispiel endet die Ausführung im ELSE-Zweig auch mit einem Trap, doch zeigt die Trapnummer BEC.precondParsTypeOk eine verletzte Vorbedingung an und erklärt so den Aufrufer der Prozedur, nicht die Prozedur selbst zum Verursacher des Fehlers.

Zufall

(2) InitRandom initialisiert den Empfänger mit einer zufälligen Zeichenkette zufälliger Länge. InitRandom wird benutzt, um objektübergreifende Invarianten bei zufälligen Objekten zu prüfen.

Seicht oder tief
kopieren?

(3) Dieses Copy kopiert seicht: Original und Kopie zeigen auf dieselbe Zeichenkette. Änderungen am Wert der Zeichenkette des Originals wirken sich auf die Zeichenkette der Kopie aus und umgekehrt. Für tiefes Kopieren ersetzen wir

```
target.string := source.string;
```

durch

```
NEW (target.string, LEN (source.string$) + 1);
target.string^ := source.string$;
```

(4) Clone wird in jeder konkreten Erweiterung nur redefiniert, um den Ergebnistyp kovariant an den Empfängertyp anzupassen. Sein Anweisungsteil ist textuell immer gleich: Es ruft Copy auf. Die Semantik von Clone - ob seicht oder tief - entspricht daher der von Copy.

(5) Erst wird geprüft, ob sich die Zeiger a.string und b.string auf dieselbe Zeichenkette beziehen, sonst ob die beiden Zeichenketten denselben Wert haben.

Objektübergreifende
Invariante

(6) Die Vereinbarungen zum Testen ähneln dem bei Programm 11.4 S. 298 angewandten Muster. Der Unterschied ist, dass Do hier objektübergreifende Invarianten prüft. Bei jedem Laden des Moduls wird ein Einzeltest ausgeführt - mit geringen Kosten, aber einer Chance, Fehler zu entdecken, wenn ein Entwickler nach einer Änderung vergessen hat, das Modul erneut zu testen.

12.1.8 Implementieren der Mengenklasse

Als konkrete Erweiterung der Konzeptklasse PartComparable betrachten wir die Klasse Set für Mengen geordneter Elemente. Die Schnittstelle ihres Klassenmoduls zeigen wir in der **kurzen Form**, die nur redefinierte und neu definierte Prozeduren einer Klasse auflistet.

Programm 12.5
Schnittstelle des
Klassenmoduls für
Mengen geordneter
Elemente

1 ☞

```
DEFINITION ContainersSetsOfComparable;

    IMPORT BasisGenerals;

    TYPE
        Action = POINTER TO ActionDesc;
        ActionDesc = ABSTRACT RECORD
            (VAR action: ActionDesc)
                Do (item: BasisGenerals.Comparable), NEW, ABSTRACT
        END;

        Element = BasisGenerals.Comparable;

        Set = POINTER TO SetDesc;
        SetDesc = LIMITED RECORD (BasisGenerals.PartComparableDesc)
            (IN source: SetDesc) Clone (): Set;
            (VAR target: SetDesc) Copy (IN source: BasisGenerals.AnyDesc);
            (IN a: SetDesc) Equal (IN b: BasisGenerals.AnyDesc): BOOLEAN;
            (IN set: SetDesc) ForAllDo (VAR action: ActionDesc), NEW;
            (IN set: SetDesc)
                Has (x: BasisGenerals.Comparable): BOOLEAN, NEW;
            (VAR target: SetDesc) InitDefault;
            (VAR target: SetDesc) InitRandom;
            (IN a: SetDesc) IsDisjoint (IN b: SetDesc): BOOLEAN, NEW;
            (IN set: SetDesc) IsEmpty (): BOOLEAN, NEW;
            (IN a: SetDesc)
                LessEqual (IN b: BasisGenerals.PartComparableDesc):
                                                            BOOLEAN;
            (VAR set: SetDesc) Put (x: BasisGenerals.Comparable), NEW;
            (VAR set: SetDesc) Remove (x: BasisGenerals.Comparable), NEW;
            (VAR a: SetDesc) SetDifference (IN b, c: SetDesc), NEW;
            (VAR a: SetDesc) SetIntersection (IN b, c: SetDesc), NEW;
            (VAR a: SetDesc) SetSymDifference (IN b, c: SetDesc), NEW;
            (VAR a: SetDesc) SetUnion (IN b, c: SetDesc), NEW;
            (VAR set: SetDesc) WipeOut, NEW;
            (IN a: SetDesc) Write
        END;
```

```
VAR
    emptySet-: SetDesc;

PROCEDURE New (): Set;
PROCEDURE StartTestInvariants;
PROCEDURE StopTestInvariants;
PROCEDURE TestInvariantsOnce;
PROCEDURE TestInvariantsUntilBreak;

END ContainersSetsOfComparable.
```

2 ☞

Die Nummern in der folgenden Liste entsprechen den Nummern bei den ☞Symbolen in Programm 12.5.

Attribut

(1) Das Klassenattribut LIMITED bei Set verhindert das Erweitern der Klasse sowie das Vereinbaren, Erzeugen und Zuweisen von Objekten in Kundenmodulen. Die Klasse ist damit für Kunden final, das vereinbarende Modul kontrolliert die Klasse und ihre Objekte vollständig.

Fabrik

(2) Kunden erhalten nur durch Aufruf der Fabrikfunktion New Zugriff auf Set-Objekte. (Wegen ihres Seiteneffekts darf sie nicht in Zusicherungen aufgerufen werden.)

Programm 12.6
Klassenmodul für
Mengen geordneter
Elemente

```
MODULE ContainersSetsOfComparable;
(*!
Interface Description:
    Concrete polymorphic implementation class Set for sets consisting of
    BasisGenerals.Comparable elements, provides set operations and
    comparison relations.
    Only dynamic objects may be used as receivers and parameters.
Restrictions and Design and Implementation Description:
    Same as for ContainersSetsOfString, see S. 327.
!*)

IMPORT
    BEC             := BasisErrorConstants,
    BG              := BasisGenerals,
    ContainersStrings, (*  Used in InitRandom only which needs a concrete
                              extension of Comparable. *)
    MathRandom,
    UtilitiesRepeater;

TYPE
    Element*        = BG.Comparable;

    Action*         = POINTER TO ActionDesc;
    ActionDesc*     = ABSTRACT RECORD END;

    Node            =
        POINTER TO RECORD
            item        : Element;                          (* Invariant: item # NIL. *)
            left,
            right       : Node;
        END;
```

```
    Set*              = POINTER TO SetDesc;
    SetDesc*          =
       LIMITED RECORD (BG.PartComparable)
          root       : Node;              (* (root = NIL) OR (root is unique). *)
       END;

VAR
    emptySet-        : SetDesc;                       (* Neutral element, zero. *)
```

(Testing **)**

```
TYPE
    TestInvariants   = POINTER TO RECORD (UtilitiesRepeater.Action) END;
VAR
    testInvariants   : TestInvariants;
```

1 ☞

(* Forward Declarations *)

```
PROCEDURE ^ LessEqual (tree, other : Node) : BOOLEAN;
PROCEDURE ^ (IN set : SetDesc) IsEmpty* () : BOOLEAN, NEW;
PROCEDURE ^ Has (tree : Node; item : Element) : BOOLEAN;
PROCEDURE ^ Put (VAR tree : Node; item : Element);
PROCEDURE ^ (VAR set : SetDesc) Put* (x : Element), NEW;
PROCEDURE ^ (VAR set : SetDesc) WipeOut*, NEW;
```

(Definition of Procedure bound to Action **)**

```
PROCEDURE (VAR action : ActionDesc)
    Do* (item : Element), NEW, ABSTRACT;
```

(Set Invariants **)**
```
(*  Same as for ContainersSetsOfString, except that
    item.Less (tree.item) replaces (item^ < tree.item^); see S. 328. *)
```

(Redefinitions of Procedures bound to Any **)**

(* Comparison Relations *)

```
PROCEDURE Equal (tree, other : Node) : BOOLEAN;
BEGIN
    RETURN LessEqual (tree, other) & LessEqual (other, tree);
END Equal;

PROCEDURE (IN a : SetDesc) Equal* (IN b : BG.AnyDesc) : BOOLEAN;
    (*! Deep equal! !*)
BEGIN
    WITH b : SetDesc DO
       RETURN Equal (a.root, b.root);
    ELSE
       HALT (BEC.precondParsTypeOk);
    END;
END Equal;
```

(* Initializations and Settings *)

```
PROCEDURE (VAR target : SetDesc) InitDefault*;
BEGIN
    target.WipeOut;
END InitDefault;
```

2 ☞
```
PROCEDURE (VAR target : SetDesc) InitRandom*;
    CONST
        numberOfItems = 100;
    VAR
        i      : INTEGER;
        item   : ContainersStrings.String;
BEGIN
    target.WipeOut;
    FOR i := 1 TO MathRandom.UniformI (0, numberOfItems) DO
        NEW (item);
        item.InitRandom;
        target.Put (item);
    END;
END InitRandom;
```

3 ☞
```
PROCEDURE Copy (VAR target : Node; source : Node);

    PROCEDURE Preorder (tree : Node);
    BEGIN
        IF tree # NIL THEN
            Put (target, tree.item);
            Preorder (tree.left);
            Preorder (tree.right);
        END;
    END Preorder;

BEGIN
    IF target # source THEN
        target := NIL;
        Preorder (source);
    END;
END Copy;
```

3 ☞
```
PROCEDURE (VAR target : SetDesc) Copy* (IN source : BG.AnyDesc);
    (*! Deep copy! !*)
BEGIN
    WITH source : SetDesc DO
        Copy (target.root, source.root);
        target.CheckInvariants;
        ASSERT (target.Equal (source), BEC.postcondReceiverOk);
    ELSE
        HALT (BEC.precondParsTypeOk);
    END;
END Copy;
```

(* Output *)

4 ☞
```
PROCEDURE Write (tree : Node);
BEGIN
    IF tree # NIL THEN
        Write (tree.left);
        tree.item.Write;
        Write (tree.right);
    END;
END Write;
```

4 ☞

```
PROCEDURE (IN a : SetDesc) Write*;
BEGIN
   Write (a.root);
END Write;
```

(* Production *)

5 ☞

```
PROCEDURE (IN source : SetDesc) Clone* () : Set;
   (*! Deep clone! !*)
   VAR
      result : Set;
BEGIN
   NEW (result);
   result.Copy (source);
   RETURN result;
END Clone;
```

(Redefinitions of Procedures bound to PartComparable **)**

(* Order Relations *)

```
PROCEDURE LessEqual (tree, other : Node) : BOOLEAN;

   PROCEDURE Inorder (tree : Node) : BOOLEAN;
   BEGIN
      RETURN
         (tree = NIL) OR
         (Inorder (tree.left) & Has (other, tree.item) & Inorder (tree.right));
   END Inorder;

BEGIN
   RETURN (tree = other) OR Inorder (tree);
END LessEqual;

PROCEDURE (IN a : SetDesc)
   LessEqual* (IN b : BG.PartComparableDesc) : BOOLEAN;
BEGIN
   WITH b : SetDesc DO
      RETURN LessEqual (a.root, b.root);
   ELSE
      HALT (BEC.precondParsTypeOk);
   END;
END LessEqual;
```

(Definitions of Tree Operations and Procedures bound to Set **)**
```
(*  Same as for ContainersSetsOfString, except that
    item.Less (tree.item) replaces (item^ < tree.item^),
    item.Greater (tree.item) replaces (item^ > tree.item^),
    ShallowCopy renames the former Copy; see S. 328 ff. *)
```

(Factory **)**

```
PROCEDURE New* () : Set;
   (*! New empty Set. !*)
   VAR
      result : Set;
```

```
BEGIN
   NEW (result);
   result.CheckInvariants;
   ASSERT (result.IsEmpty (), BEC.postcondResultOk);
   RETURN result;
END New;

(** Testing **)

(* Redefinition of Procedure bound to UtilitiesRepeater.Action *)

PROCEDURE (this : TestInvariants) Do;
   VAR
      a, b, c, aUb, bUc, aDb, aIb, bIc, aSb, d, e, f : SetDesc;
BEGIN
   (* Choose random sets: *)
   a.InitRandom;
   b.InitRandom;
   c.InitRandom;
   (* Initialize other sets: *)
   aUb.SetUnion (a, b);
   bUc.SetUnion (b, c);
   aDb.SetDifference (a, b);
   aIb.SetIntersection (a, b);
   bIc.SetIntersection (b, c);
   aSb.SetSymDifference (a, b);
   (* Check set rules: *)
   BG.CheckPartComparableInvariants (a, b, c);
   (* Idempotence Rules a + a = a *)
   d.SetUnion (a, a);
   ASSERT (d.Equal (a), BEC.invariantClass);
   (* a * a = a *)
   d.SetIntersection (a, a);
   ASSERT (d.Equal (a), BEC.invariantClass);
   (* Association Rules (a + b) + c = a + (b + c) *)
   d.SetUnion (aUb, c);
   e.SetUnion (a, bUc);
   ASSERT (d.Equal (e), BEC.invariantClass);
   (* (a * b) * c = a * (b * c) *)
   d.SetIntersection (aIb, c);
   bIc.SetIntersection (b, c);
   e.SetIntersection (a, bIc);
   ASSERT (d.Equal (e), BEC.invariantClass);
   (* Commutation Rules a + b = b + a *)
   d.SetUnion (b, a);
   ASSERT (aUb.Equal (d), BEC.invariantClass);
   (* a * b = b * a *)
   d.SetIntersection (b, a);
   ASSERT (aIb.Equal (d), BEC.invariantClass);
   (* a / b = b / a *)
   d.SetSymDifference (b, a);
   ASSERT (aSb.Equal (d), BEC.invariantClass);
```

2 ☞

```
(* Neutral Element Rules a + 0 = a *)
d.SetUnion (a, emptySet);
ASSERT (d.Equal (a), BEC.invariantClass);
(* a - 0 = a *)
d.SetDifference (a, emptySet);
ASSERT (d.Equal (a), BEC.invariantClass);
(* Inverse Element Rules a - a = 0 *)
d.SetDifference (a, a);
ASSERT (d.Equal (emptySet), BEC.invariantClass);
(* a / a = 0 *)
d.SetSymDifference (a, a);
ASSERT (d.Equal (emptySet), BEC.invariantClass);
(* a / b = (a - b) + (b - a) *)
d.SetDifference (b, a);
e.SetUnion (aDb, d);
ASSERT (aSb.Equal (e), BEC.invariantClass);
(* a / b = (a + b) - (a * b) *)
d.SetDifference (aUb, aIb);
ASSERT (aSb.Equal (d), BEC.invariantClass);
(* Zero and One Element Rules a * 0 = 0 *)
d.SetIntersection (a, emptySet);
ASSERT (d.Equal (emptySet), BEC.invariantClass);
(* 0 / a = a *)
d.SetSymDifference (emptySet, a);
ASSERT (d.Equal (a), BEC.invariantClass);
(* a * b = 0 iff a and b disjoint *)
ASSERT (aIb.Equal (emptySet) = a.IsDisjoint (b), BEC.invariantClass);
(* (a - b) * b = 0 *)
d.SetIntersection (aDb, b);
ASSERT (d.IsDisjoint (b), BEC.invariantClass);
(* Distribution Rule a * (b + c) = (a * b) + (a * c) *)
d.SetIntersection (a, bUc);
e.SetIntersection (a, c);
f.SetUnion (aIb, e);
ASSERT (d.Equal (f), BEC.invariantClass);
(* a + (b * c) = (a + b) * (a + c) *)
d.SetUnion (a, bIc);
e.SetUnion (a, c);
f.SetIntersection (aUb, e);
ASSERT (d.Equal (f), BEC.invariantClass);
(* Adjunction Rules a * (a + b) = a *)
d.SetIntersection (a, aUb);
ASSERT (d.Equal (a), BEC.invariantClass);
(* a + (a * b) = a *)
d.SetUnion (a, aIb);
ASSERT (d.Equal (a), BEC.invariantClass);
(* Subset Rules 0 <= a *)
ASSERT (emptySet.LessEqual (a), BEC.invariantClass);
(* a <= a + b *)
ASSERT (a.LessEqual (aUb), BEC.invariantClass);
(* a * b <= a *)
ASSERT (aIb.LessEqual (a), BEC.invariantClass);
```

```
      (* a * b <= a *)
      ASSERT (aIb.LessEqual (a), BEC.invariantClass);
      (* (a <= b) <=> (a + b = b) *)
      ASSERT (a.LessEqual (b) = aUb.Equal (b), BEC.invariantClass);
      (* (a <= b) <=> (a * b = a) *)
      ASSERT (a.LessEqual (b) = aIb.Equal (a), BEC.invariantClass);
      (* Consistency Rules a - b = a - (a * b) *)
      d.SetDifference (a, aIb);
      ASSERT (aDb.Equal (d), BEC.invariantClass);
      (* a + b = (a - b) + (b - a) + (a * b) *)
      d.SetUnion (aSb, aIb);
      ASSERT (aUb.Equal (d), BEC.invariantClass);
   END Do;

   (* Commands, Initialization and Finalization *)
   (*  Same as for ContainersStrings; see S. 352 ff. *)

END ContainersSetsOfComparable.
```

Die Nummern in der folgenden Liste entsprechen den Nummern bei den ☞Symbolen in Programm 12.6.

(1) Eine **Vorwärtsvereinbarung** (*forward declaration*) einer Prozedur ist erforderlich, wenn ein Aufruf der Prozedur im Quelltext vor ihrer eigentlichen Vereinbarung erscheint.

Zufall

(2) InitRandom initialisiert den Empfänger mit einer zufälligen Anzahl zufälliger String-Objekte. Wie in Programm 12.4 wird InitRandom benutzt, um objektübergreifende Invarianten bei zufälligen Objekten zu prüfen.

Seicht oder tief kopieren?

(3) Dieses Copy kopiert tief, aber nicht ganz tief: Das Duplikat-Set-Objekt gleicht strukturell dem Original, da der Präorderalgorithmus der Baumprozedur den Originalbaum reproduziert. Die Knoten des Kopiebaums zeigen aber auf dieselben Elemente wie die Knoten des Originalbaums, da die Baumprozedur Put nur Zeiger auf Elemente übernimmt. Für eine tiefere (aber nicht unbedingt tiefste!) Mengenkopie ersetzen wir in Put

```
   tree.item := item;
```

durch

```
   tree.item := item.Clone ();
```

Im Falle einer Menge mit String-Objekten zeigen dann ein Element des Originals und seine Kopie im Kopiebaum auf dieselbe Zeichenkette, da das Clone von String nur seicht kopiert.

(4) Write gibt die Menge aus, indem es alle ihre Elemente ausgibt. Da die Baumprozedur Write den Baum nach Inorder traversiert, gibt es die Elemente sortiert aus.

(5) Dieses Clone stimmt textuell - bis auf den Typnamen des Empfängers und des Resultats - mit dem Clone von Containers-Strings.String überein (siehe S. 351 und S. 353).

Alle anderen Teile von Programm 12.6 folgen Mustern, die wir bereits in anderen Programmen kennengelernt haben.

12.1.9 Anpassen von Kundenmodulen

Kundenmodule, die ContainersSetsOfString benutzen, sind TestSetsOfString (Programm 11.4 S. 298) und I1WordChecker (Programm 10.7 S. 280). Sie an die Benutzung von ContainersSetsOfComparable und ContainersStrings anzupassen, erfordert nur kleine Änderungen. Diese Arbeit empfehlen wir dem Leser als Übung (siehe Aufgaben 12.1 und 12.2).

12.1.10 Fazit

Polymorpher Behälter

Wir haben eine Behälterklasse für Zeichenketten zu einer polymorphen Behälterklasse für geordnete Elemente verallgemeinert, indem wir die Konzeptklasse Comparable als Basisklasse für Elemente eingeführt haben. Der polymorphe Behälter simuliert einen generischen Behälter. Die Ansätze unterscheiden sich insofern, als der generische Ansatz Typsicherheit zur Übersetzungszeit garantiert, während der polymorphe dies erst zur Laufzeit mit bewachten Anweisungen erreicht.

Testkonzept

Die Einführung von Konzeptklassen ermöglicht es, objektübergreifende Invarianten abstrakt in einer Konzeptklasse zu formulieren und konkret für alle Erweiterungen zu testen. Fest eingebaute Invariantenprüfprozeduren ergänzen das Testen einzelner Dienste durch das Testen des inneren Zusammenhangs der Dienste.

Fragile Basisklasse

Da es zu Konzeptklassen viele Erweiterungen geben kann, müssen sie besonders zuverlässig und stabil sein. Änderungen an Konzeptklassen wirken sich auf ihre Erweiterungen aus und können diese invalidieren. Die starke Abhängigkeit der Erweiterungen von ihren Basisklassen ist als **Problem der fragilen Basisklasse** bekannt (*fragile base class problem*).

12.2 Entwurfsmuster

Die meisten der benutzten Module haben wir implementiert (ausgenommen Standardmodule von BlackBox). Als letztes öffnen wir nun die in den Abschnitten 8.2, 10.3 und 11.1 eingesetzten Ein- und Ausgabemodule UtilitiesIn und UtilitiesOut, um zu erfahren, wie ein Programm Eingabetext vom aktiven Fenster erhalten und Ausgabetext in ein neues Fenster lenken kann. Dabei lernen wir zwei wichtige Entwurfsmuster kennen: das Model-View-Controller- und das Carrier-Rider-Mapper-Muster.

12.2.1 Model-View-Controller

Das **Model-View-Controller-Entwurfsmuster** (MVC) wurde zusammen mit der objektorientierten Programmiersprache Smalltalk am Xerox Palo Alto Research Center entwickelt. Heute liegt es vielen grafischen Benutzungsoberflächen zugrunde. MVC steht für drei abstrakte Klassen, die zusammenwirkend Daten speichern, visualisieren und manipulieren. Für Datenarten wie Text, Bild, Tabelle oder Dialogbox spezialisiert man die abstrakten Klassen und konkretisiert das Entwurfsmuster zu einem Entwurf.

Bild 12.6
Model-View-
Controller-
Entwurfsmuster

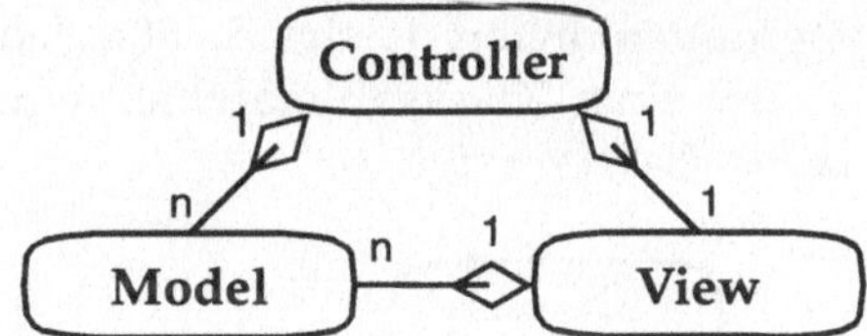

- Ein **Modell** ist ein Behälter für Daten. Zum Beispiel Text besteht nicht nur aus einer Zeichenfolge, sondern zu jedem Zeichen gehören auch Attribute wie Typ, Stil, Größe und Farbe der Schrift. Ein Textmodell speichert und verwaltet diese Daten.

- Eine **Sicht** (*view*) dient dazu, den Inhalt eines Modells visuell in einem Fenster auf dem Bildschirm darzustellen. Zum Beispiel zeigt eine Sicht eines Textmodells die Zeichen des Textes ihren Attributen entsprechend an.

- Ein **Interaktor** (*controller*) kontrolliert die Interaktion zwischen dem Benutzer und der Sicht: Er interpretiert Eingaben des Benutzers wie Mausklick oder Tastendruck, um das Modell entsprechend zu ändern. Im Beispiel des Textes wechselt der Interaktor die Form des Mauszeigers, wenn sich dieser in die Textsicht bewegt, erfasst die Mauszeigerposition zum Klickzeitpunkt und registriert getippte Zeichen.

Kardinalität

Eine wesentliche Entwurfsentscheidung des MVC-Konzepts ist die Trennung der Sicht vom Modell. Eine Sicht braucht ein Modell, um es darzustellen. Zu einem Modell kann es mehrere Sichten geben, die dasselbe Modell unterschiedlich zeigen. Zu jeder Sicht gehört ein Interaktor, der mit der Sicht und dem zugehörigen Modell interagiert.

Text in BlackBox

BlackBox realisiert Varianten des MVC-Konzepts für Texte und für Formen, die hauptsächlich für Layouts von Dialogboxen genutzt werden. Für Texte konkretisiert BlackBox Bild 12.6 so:

Bild 12.7
Model-View-
Controller-Entwurf für
Text in BlackBox

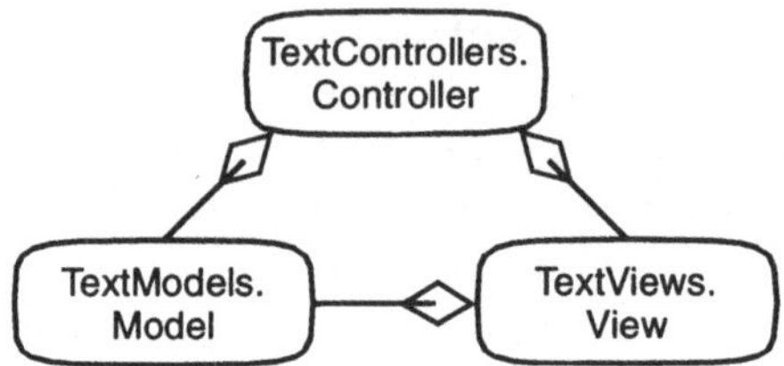

Die Klassen Model, View und Controller in Bild 12.7 sind nicht konkret, sondern abstrakte Klassen des BlackBox Component Framework, zu denen die Entwicklungsumgebung konkrete Standarderweiterungen liefert (siehe S. 88). Jede der drei MVC-Klassen ist Teil einer Klassenhierarchie, deren Muster das Beispiel der Model-Klassen zeigt:

Bild 12.8
Modell-
Klassenhierarchie in
BlackBox

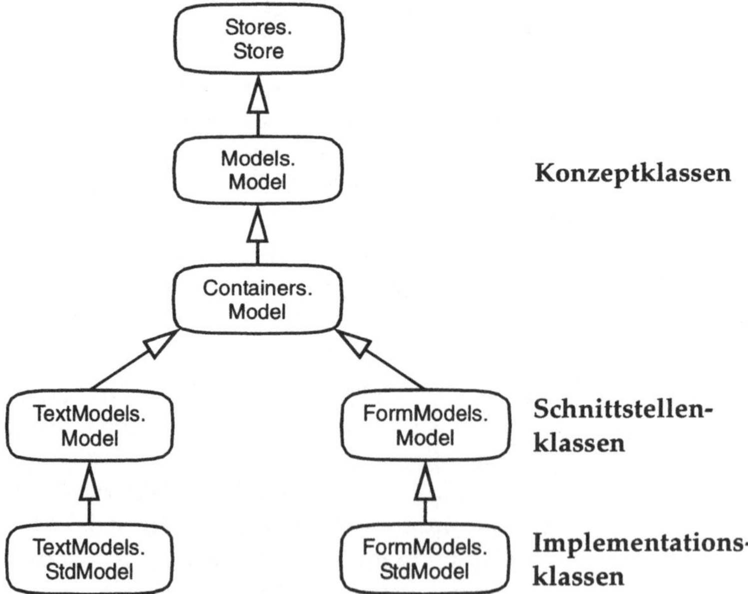

Die abstrakteste Klasse Stores.Store realisiert das Konzept der Speicherbarkeit in einer Datei. Es folgen zwei weitere Konzeptklassen, bevor z.B. TextModels.Model die Schnittstelle vervollständigt. Die Implementationsklassen, z.B. TextModels.StdModel, sind privat; Kunden erhalten nur Zugriff auf Objekte dieser Klassen, indem sie Fabrikfunktionen aufrufen.

<table>
<tr><td>**12.2.2**</td><td>

Carrier-Rider-Mapper

Die Idee beim **Carrier-Rider-Mapper-Entwurfsmuster** ist, Datenbehälter von Zugriffen auf die Daten zu trennen und diese vom Formatieren der Daten. Den drei Aufgaben sind drei Klassen zugeordnet:
</td></tr>
<tr><td>

Bild 12.9
Carrier-Rider-
Mapper-
Entwurfsmuster
</td><td>

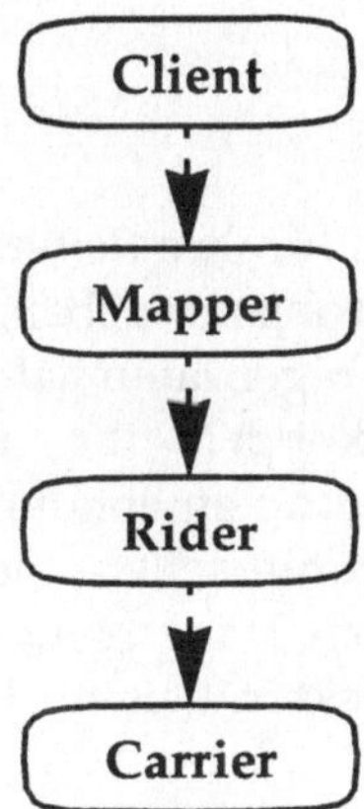

</td></tr>
</table>

- Ein **Träger** (*carrier*) enthält logisch linear angeordnete Daten, auf die er rohe Zugriffe mit Positionsangaben erlaubt. Modelle können die Rolle von Trägern spielen.

- Ein **Reiter** (*rider*) hat eine von seinem Träger unabhängige aktuelle Position auf den Trägerdaten und bietet sequenzielle und wahlfreie Datenzugriffe.

- Ein **Abbilder** (*mapper*) veredelt die rohe Schnittstelle seines Reiters. Während sich Reiter auf Datenzugriffe weniger Typen beschränken, erlauben Abbilder Zugriffe auf Daten von Standard- oder anwendungsspezifischen Typen.

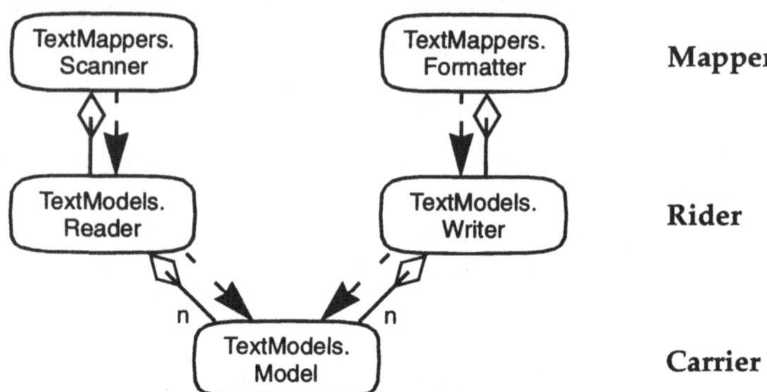

Träger bieten Fabrikfunktionen für ihre Reiter. Zu einem Trägerobjekt kann es mehrere Reiterobjekte geben, von denen jedes seine eigene Position auf den Trägerdaten hat. Die Schnittstellen eines Träger-Reiter-Paars entkoppeln ihre Kunden von den potenziell vielen Träger-Reiter-Implementationen. Abbilder bieten anwendungsorientierte Schnittstellen. Sie verbergen ihren Kunden ihren Reiter und seinen Träger. Nur zum Initialisieren verknüpft sich ein Abbilderobjekt mit einem Trägerobjekt.

12.2.3   Texteingabe

BlackBox kombiniert das Model-View-Controller-Muster von Bild 12.7 mit dem Carrier-Rider-Mapper-Muster von Bild 12.10 zum Entwurf der Texteingabe:

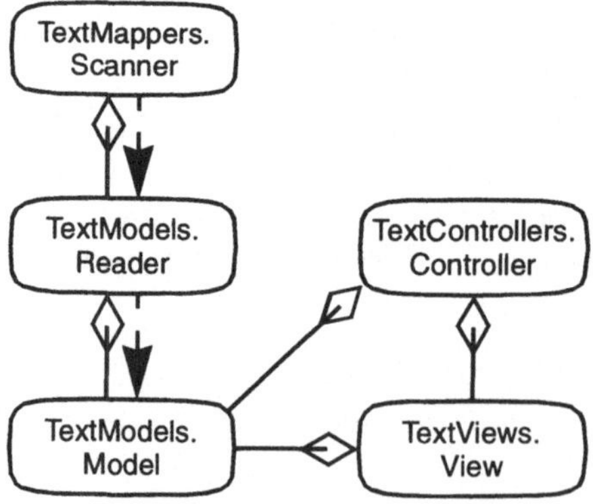

Die statische Klassenstruktur ergänzen wir durch einen Schnappschuss einer dynamischen Objektstruktur mit typischen Objekten zu einem typischen Zeitpunkt:

Bild 12.12
Objektdiagramm zur
Eingabe

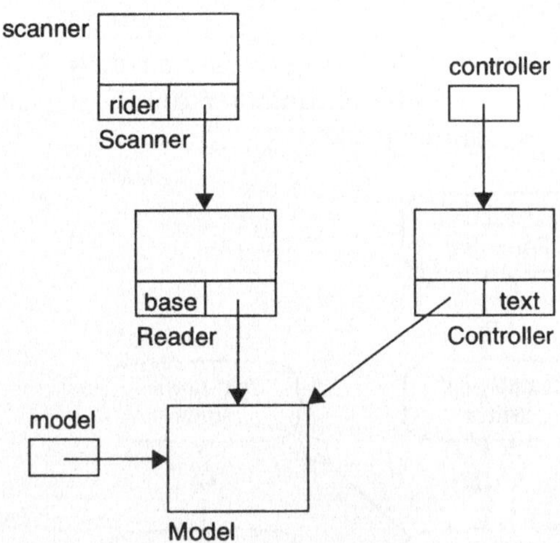

Wie entsteht diese Objektstruktur? Das Scanner-Objekt und die Model- und Controller-Zeiger sind statisch vereinbart. Die Focus-Abfrage des Moduls TextControllers liefert einen Bezug auf das Controller-Objekt des aktiven Textfensters (falls es existiert). Somit erhält der Zeiger controller seinen Wert durch die Zuweisung

```
controller := TextControllers.Focus ();
```

Das Controller-Objekt hat einen Zeiger text auf sein Model-Objekt (und einen hier nicht dargestellten Zeiger view auf sein View-Objekt).

```
model := controller.text;
```

kopiert den Model-Zeiger nach model. Das Verknüpfen des Scanner-Objekts mit dem Model-Objekt leistet der Aufruf

```
scanner.ConnectTo (model);
```

der intern etwa zur Zuweisung

```
scanner.rider := model.NewReader (...);
```

führt, in der die Reader-Fabrikfunktion von Model ein neues Reader-Objekt erzeugt und zum Reiter des Scanner-Objekts auf der Basis des Model-Objekts macht.

Weiterleitung

Im weiteren Verlauf benutzt das Scanner-Objekt sein Reader-Objekt, um seine Operationen zum Lesen formatierter Daten in Operationen seines Reader-Objekts zum Lesen roher Daten umzusetzen.

12.2.4   Textausgabe

Der Entwurf der Ausgabe ähnelt dem der Eingabe (siehe Bild 12.11), doch übernimmt hier die Sicht anstelle des Interaktors eine wesentliche Rolle:

Bild 12.13
Klassendiagramm
zur Ausgabe

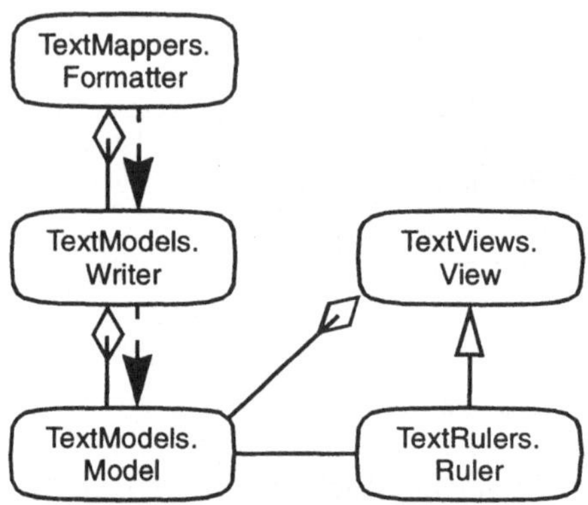

Zusammengesetztes
Dokument

Die Klasse TextRulers.Ruler, eine Erweiterung der Textsicht, modelliert ein Lineal mit Tabulatorpositionen. Mit ihr demonstrieren wir die Technik der zusammengesetzten Dokumente, die Black-Box charakterisiert (siehe S. 92): Ein Lineal (ein spezielles View-Objekt) lässt sich in einen Text (ein Model-Objekt) einbetten (hineinschreiben). Wie bei der Eingabe betrachten wir einen typischen Schnappschuss einer dynamischen Objektstruktur:

Bild 12.14
Objektdiagramm zur
Ausgabe

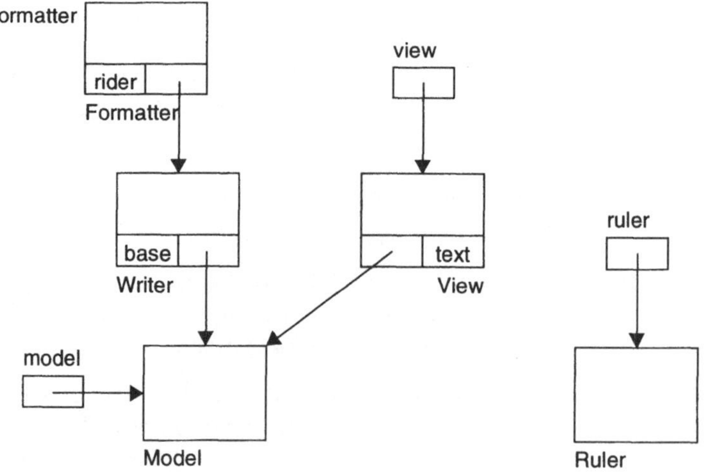

Fabrik

Sie entsteht so: Das Objekt formatter und die Zeiger model, view und ruler sind statisch vereinbart. **Fabrikklassen** heißen in BlackBox einheitlich Directory. Das Modul TextModels hat ein **Fabrikobjekt** dir, dessen Funktion New Model-Objekte fabriziert. Somit erhält der Zeiger model einen Bezug auf ein neues Model-Objekt durch

```
model := TextModels.dir.New ();
```

Das Formatter-Objekt wird durch

```
formatter.ConnectTo (model);
```

mit dem Model-Objekt verknüpft, wobei intern etwa mit

```
formatter.rider := model.NewWriter (...);
```

die Writer-Fabrikfunktion von Model ein neues Writer-Objekt erzeugt und zum Reiter des Formatter-Objekts auf dem Model-Objekt macht.

Weiterleitung Danach benutzt das Formatter-Objekt sein Writer-Objekt, um seine Operationen zum Schreiben formatierter Daten in Operationen seines Writer-Objekts zum Schreiben roher Daten umzusetzen.

Der Kunde benutzt das Formatter-Objekt, um Daten formatiert in das Textmodell zu schreiben. Der Text erscheint aber noch nicht auf dem Bildschirm. Um den Text zu visualisieren, muss das Modell eine Sicht erhalten. Die Fabrik von TextViews erfüllt diese Aufgabe:

```
view := TextViews.dir.New (model);
```

Danach stellt

```
Views.OpenAux (view, title);
```

das View-Objekt in einem Fenster mit dem Titel title dar.

Wie behandeln wir das Lineal? Nach dem bekannten Fabrikmuster liefert

```
ruler := TextRulers.dir.New (NIL);
```

ein neues Ruler-Objekt an ruler. Dieses Lineal erhält durch

```
TextRulers.AddTab (ruler, position * Ports.mm);
```

eine Tabulatorposition bei position (in Millimeter gemessen).

```
formatter.WriteView (ruler);
```

bettet es in den Text ein. Die Sicht entscheidet, ob und wie sie das Lineal visualisiert. Der Parameter von WriteView ist polymorph; WriteView kann beliebige View-Objekte in Model-Objekte schreiben.

12.2.5   **Implementieren des Eingabemoduls**

Wir zeigen nun die Implementation des Eingabemoduls UtilitiesIn:

Programm 12.7
Eingabemodul

```
MODULE UtilitiesIn;

   IMPORT
      StdLog,
      TextControllers,
      TextMappers;

   VAR
      failed-   : BOOLEAN;
      scanner  : TextMappers.Scanner;

   PROCEDURE Open*;
      VAR
         controller    : TextControllers.Controller;
         begin, end   : INTEGER;
   BEGIN
      controller := TextControllers.Focus ();
      IF controller # NIL THEN
         scanner.ConnectTo (controller.text);
         scanner.SetOpts
            ({TextMappers.interpretBools, TextMappers.interpretSets});
         controller.GetSelection (begin, end);
         IF begin = end THEN
            scanner.SetPos (0);
         ELSE
            scanner.SetPos (begin);
         END;
         failed := FALSE;
      ELSE
         failed := TRUE;
         StdLog.String ("UtilitiesIn.Open: controller not focused"); StdLog.Ln;
      END;
   END Open;

   PROCEDURE Position* () : INTEGER;
   BEGIN
      RETURN scanner.Pos ();
   END Position;

   PROCEDURE SetPosition* (position : INTEGER);
   BEGIN
      scanner.SetPos (position);
   END SetPosition;
```

```
PROCEDURE ReadBool* (OUT x : BOOLEAN);
BEGIN
   IF scanner.rider # NIL THEN
      scanner.Scan;
      IF scanner.type = TextMappers.bool THEN
         x := scanner.bool;
      ELSE
         failed := TRUE;
         StdLog.String
            ("UtilitiesIn.ReadBool: scanner.Scan failed, found type: ");
         StdLog.Int (scanner.type); StdLog.Ln;
      END;
   ELSE
      failed := TRUE;
      StdLog.String ("UtilitiesIn.ReadBool: scanner not connected");
      StdLog.Ln;
   END;
END ReadBool;

PROCEDURE ReadChar* (OUT x : CHAR);

...

PROCEDURE ReadRawChar* (OUT x : CHAR);
BEGIN
   IF scanner.rider # NIL THEN
      scanner.rider.Read;
      x      := scanner.rider.char;
      failed := scanner.rider.eot;
   ELSE
      failed := TRUE;
      StdLog.String ("UtilitiesIn.ReadRawChar: scanner not connected");
      StdLog.Ln;
   END;
END ReadRawChar;

PROCEDURE ReadInt* (OUT x : INTEGER);
...

PROCEDURE ReadReal* (OUT x : REAL);
...

PROCEDURE ReadSet* (OUT x : SET);
...

PROCEDURE ReadString* (OUT x : ARRAY OF CHAR);
...

END UtilitiesIn.
```

Programm 12.7 optimiert den Zeiger model der Objektstruktur
von Bild 12.12 weg. Die mit ... angedeuteten Prozedurrümpfe
folgen alle demselben Muster wie ReadBool.

12.2.6 **Implementieren des Ausgabemoduls**

Es folgt die Implementation des Ausgabemoduls UtilitiesOut:

Programm 12.8
Ausgabemodul

```
MODULE UtilitiesOut;

    IMPORT
        Ports,
        Strings,
        TextMappers,
        TextModels,
        TextRulers,
        TextViews,
        Views;

    CONST
        tabDistanceDefault    = 10;
        viewHeigth            = 10;
        viewWidth             = 200;

    VAR
        modelCount            : INTEGER;
        title                 : ARRAY 100 OF CHAR;
        model                 : TextModels.Model;
        formatter             : TextMappers.Formatter;

    PROCEDURE Open*;
    BEGIN
        Views.OpenAux (TextViews.dir.New (model), title$);
    END Open;

    PROCEDURE SetTabs* (tabDistance : INTEGER);
        VAR
            i      : INTEGER;
            ruler  : TextRulers.Ruler;
    BEGIN
        ASSERT (tabDistance > 0);
        ruler := TextRulers.dir.New (NIL);
        FOR i := 1 TO viewWidth DIV tabDistance DO
            TextRulers.AddTab (ruler, i * tabDistance * Ports.mm);
        END;
        formatter.WriteView (ruler);
                            (* A ruler is a view, thus can be written to the text. *)
    END SetTabs;

    PROCEDURE OpenNew* (IN newTitle : ARRAY OF CHAR);
        VAR
            modelCountStr : ARRAY 5 OF CHAR;
    BEGIN
        INC (modelCount);
        Strings.IntToString (modelCount, modelCountStr);
        title     := newTitle + "  (" + modelCountStr + ")";
        model     := TextModels.dir.New ();
        formatter.ConnectTo (model);
        Open;
```

```
        SetTabs (tabDistanceDefault);
    END OpenNew;

    PROCEDURE Position* () : INTEGER;
    BEGIN
        RETURN formatter.Pos ();
    END Position;

    PROCEDURE SetPosition* (newPosition : INTEGER);
    BEGIN
        formatter.SetPos (newPosition);
    END SetPosition;

    PROCEDURE WriteBool* (x : BOOLEAN);
    BEGIN
        formatter.WriteBool (x);
        TextViews.ShowRange
            (model, model.Length() - viewHeigth, model.Length(), TextViews.any);
    END WriteBool;

    PROCEDURE WriteChar* (x : CHAR);
    ...

    PROCEDURE WriteInt* (x : INTEGER);
    ...

    PROCEDURE WriteIntForm*
        (x, base, minWidth : INTEGER; fillChar : CHAR; showBase : BOOLEAN);
    ...

    PROCEDURE WriteLn*;
    ...

    PROCEDURE WriteReal* (x : REAL);
    ...

    PROCEDURE WriteRealForm*
        (x : REAL; precision, minWidth, expWidth : INTEGER; fillChar : CHAR);
    ...

    PROCEDURE WriteRuler* (IN tab : ARRAY OF INTEGER);
        VAR
            i       : INTEGER;
            ruler   : TextRulers.Ruler;
    BEGIN
        ruler := TextRulers.dir.New (NIL);
        FOR i := 0 TO LEN (tab) - 1 DO
            TextRulers.AddTab (ruler, tab [i] * Ports.mm);
        END;
        formatter.WriteView (ruler);
    END WriteRuler;

    PROCEDURE WriteSet* (x : SET);
    ...

    PROCEDURE WriteString* (IN x : ARRAY OF CHAR);
    ...
```

```
PROCEDURE WriteTab*;
  ...

BEGIN
  OpenNew ("UtilitiesOut");
END UtilitiesOut.
```

Die mit ... angedeuteten Prozedurrümpfe folgen demselben Muster wie WriteBool. Offene Details der Ein-/Ausgabemodule sollen den Leser dazu anregen, sich entsprechende Informationen aus der BlackBox-Online-Dokumentation zu beschaffen.

12.2.7   Fazit

Textausgabe ist in BlackBox auf drei Arten möglich:

- Die Standardmodule Out und StdLog schreiben Ausgabetext immer in dasselbe Log-Fenster.

- Das Modul UtilitiesOut kann ein neues Fenster öffnen, um Text auszugeben. Es schreibt nacheinander in verschiedene Fenster, aber immer nur in das zuletzt geöffnete.

- Mit Model-, Formatter- und View-Objekten können wir mehrere Ausgabeströme gleichzeitig in verschiedene Fenster lenken.

12.3   Zusammenfassung

Das letzte Kapitel hat uns an fortgeschrittene Themen der objekt- und komponentenorientierten Programmierung herangeführt:

- Polymorphe Behälter können Elemente verschiedener Typen enthalten.

- Konzeptklassen modellieren abstrakte Ideen und Fähigkeiten wie Vergleichbarkeit und Speicherbarkeit.

- Schnittstellenklassen entkoppeln Schnittstellen von potenziell vielen Implementationen, die in Implementationsklassen verborgen werden.

- Fabriken beliefern Kunden von Schnittstellenklassen mit Objekten privater Implementationsklassen.

- Objektübergreifende Invarianten sind Bedingungen, die mehrere Objekte gemeinsam erfüllen müssen. Sie lassen sich als Zusicherungen in Prüfprozeduren formulieren und durch randomisierte Tests prüfen.

- Ein objektorientiertes Testverfahren prüft systematisch bei konkreten Klassen, ob sie geerbte und eigene objektübergreifende Invarianten erfüllen.

- In kovarianten Erweiterungssituationen ergänzen dynamische Typprüfungen die statischen.

- Entwurfsmuster beschreiben wesentliche, allgemeine Lösungsstrukturen für wiederkehrende Aufgaben des Softwareentwurfs.

- Das Model-View-Controller-Entwurfsmuster liegt der Software vieler interaktiver Benutzungsoberflächen zugrunde; es separiert die Aspekte der Speicherung, der Visualisierung und der Manipulation von Daten.

- Das Carrier-Rider-Mapper-Entwurfsmuster trennt die Aspekte der Speicherung, des Zugriffs und der Formatierung von Daten voneinander.

Damit haben wir uns eine solide Basis für ein tieferes Verständnis der Objekt- und der Komponententechnologie geschaffen, auf der unsere weitere Arbeit aufbauen kann.

12.4   Literaturhinweise

Die Konzeptklassen Any, PartComparable und Comparable sind nach Vorbildern der Eiffel-Basis-Klassenbibliotheken entworfen [19].

Der Begriff des Entwurfsmusters hat sich mit dem Buch von E. Gamma, R. Helm, R. Johnson und J. Vlissides verbreitet [5]. Die Autoren präsentieren einen Katalog von Musterlösungen zu Fragen des objektorientierten Softwareentwurfs, die sich immer wieder ähnlich stellen. J.-M. Jézéquel, M. Train und C. Mingins [14] wenden die Vertragsmethode auf diese Entwurfsmuster an und zeigen so, dass Entwurfsmuster durch vertragliche Spezifikationen an Ausdruckskraft, Verständlichkeit und Wiederverwendbarkeit gewinnen. Das Model-View-Controller-Entwurfsmuster erläutern H. Mössenböck [22] und S. Warford [40]. Das Carrier-Rider-Mapper-Entwurfsmuster ist in C. Szyperski [31] und der BlackBox-Online-Dokumentation beschrieben.

Dem Leser, der nun seine informatischen Kenntnisse vertiefen möchte, empfehlen wir A. Aho und J. Ullman [1] sowie G. Goos [6], [7], [8], [9].

12.5   Übungen

Mit diesen Aufgaben üben Sie das Anpassen und Verallgemeinern objektorientierter Programme.

Aufgabe 12.1
Anpassen des
Testmoduls zur
Mengenklasse

Programmieren Sie ein Testmodul TestSetsOfComparable zu ContainersSetsOfComparable, indem Sie das Testmodul TestSetsOfString (Programm 11.4 S. 298) anpassen! Importieren Sie dazu ContainersStrings und ersetzen Sie an einer Stelle ContainersSetsOfString.Element durch ContainersStrings.String! Die Implementation des Do von WriterDesc erfordert jetzt einen Typtest für die kovariante Erweiterungssituation. Zufällige Zeichenketten liefert InitRandom von ContainersStrings.String. Außerdem müssen die Set-Objekte dynamische statt statische Objekte sein.

Aufgabe 12.2
Anpassen des
Moduls zur
Rechtschreibprüfung

Programmieren Sie eine Variante des Wörterprüfermoduls I1WordChecker (Programm 10.7 S. 280), die ContainersSetsOfComparable und ContainersStrings statt ContainersSetsOfString benutzt! Wie in Aufgabe 12.1 sind die Implementation des Do von WriterDesc und die Vereinbarungen und Initialisierungen der Set-Objekte anzupassen. Vereinbaren Sie in ReadText word als statische Reihung, beachten Sie, dass diese nicht defaultmäßig initialisiert wird, und verwenden Sie die Fabrikfunktion von ContainersStrings.String, um eine Kopie von word zur Menge words hinzuzufügen!

Aufgabe 12.3
Verallgemeinern der
Mengenklasse

Ergänzen Sie das Klassenmodul ContainersSetsOfComparable um ein Modul ContainersSetsOfAny, das eine polymorphe Mengenklasse Set exportiert, die als Elementtyp beliebige Erweiterungen der Konzeptklasse BasisGenerals.Any akzeptiert! Da die Menge von ihren Elementen keine Ordnung fordert, ist sie nicht mit einem geordneten Binärbaum implementierbar. Programmieren Sie stattdessen eine Lösung mit einer Liste!

A Component Pascal Language Report

Oberon microsystems, Inc.
Technoparkstrasse 1
CH-8005 Zürich
Switzerland

Authors
> Oberon microsystems, Inc.
> March 2001

Authors of Oberon-2 report
> H. Mössenböck, N. Wirth
> Institut für Computersysteme, ETH Zürich
> October 1993

Author of Oberon report
> N. Wirth
> Institut für Computersysteme, ETH Zürich
> 1987

Contents

1. Introduction

Component Pascal is Oberon microsystems' refinement of the Oberon-2 language. Oberon microsystems thanks H. Mössenböck and N. Wirth for the friendly permission to use their Oberon-2 report as basis for this document.

Component Pascal is a general-purpose language in the tradition of Pascal, Modula-2, and Oberon. Its most important features are block structure, modularity, separate compilation, static typing with strong type checking (also across module boundaries), type extension with methods, dynamic loading of modules, and garbage collection.

Type extension makes Component Pascal an object-oriented language. An object is a variable of an abstract data type consisting of private data (its state) and procedures that operate on this data. Abstract data types are declared as extensible records.

Component Pascal covers most terms of object-oriented languages by the established vocabulary of imperative languages in order to minimize the number of notions for similar concepts.

Complete type safety and the requirement of a dynamic object model make Component Pascal a component-oriented language.

This report is not intended as a programmer's tutorial. It is intentionally kept concise. Its function is to serve as a reference for programmers. What remains unsaid is mostly left so intentionally, either because it can be derived from stated rules of the language, or because it would require to commit the definition when a general commitment appears as unwise.

Appendix A defines some terms that are used to express the type checking rules of Component Pascal. Where they appear in the text, they are written in italics to indicate their special meaning (e.g. the *same* type).

It is recommended to minimize the use of procedure types and super calls, since they are considered obsolete. They are retained for the time being, in order to simplify the use of existing Oberon-2 code. Support for these features may be reduced in later product releases. In the following text, red stretches denote these obsolete features.

2. Syntax

An extended Backus-Naur formalism (EBNF) is used to describe the syntax of Component Pascal: Alternatives are separated by |. Brackets [and] denote optionality of the enclosed expression, and braces { and } denote its repetition (possibly 0 times). Ordinary parentheses (and) are used to group symbols if necessary. Non-terminal symbols start with an upper-case letter (e.g., Statement). Terminal symbols either start with a lower-case letter (e.g., ident), or are written all in upper-case letters (e.g., BEGIN), or are denoted by strings (e.g., ":=").

3. Vocabulary and Representation

The representation of (terminal) symbols in terms of characters is defined using ISO 8859-1, i.e., the Latin-1 extension of the ASCII character set. Symbols are identifiers, numbers, strings, operators, and delimiters. The following lexical rules must be observed: Blanks and line breaks must not occur within symbols (except in comments, and blanks in strings). They are ignored unless they are essential to separate two consecutive symbols. Capital and lower-case letters are considered as distinct.

1. *Identifiers* are sequences of letters, digits, and underscores. The first character must not be a digit.

```
ident            = ( letter | "_" ) { letter | "_" | digit }.
letter           = "A" .. "Z" | "a" .. "z" | "À" .. "Ö" | "Ø" .. "ö" | "ø" .. "ÿ".
digit            = "0" | "1" | "2" | "3" | "4" | "5" | "6" | "7" | "8" | "9".
```

Examples:

```
x     Scan     Oberon2    GetSymbol      firstLetter
```

2. *Numbers* are (unsigned) integer or real constants. The type of an integer constant is INTEGER if the constant value belongs to INTEGER, or LONGINT otherwise (see 6.1). If the constant is specified with the suffix 'H' or 'L', the representation is hexadecimal, otherwise the representation is decimal. The suffix 'H' is used to specify 32-bit constants in the range -2147483648 .. 2147483647. At most 8 significant hex digits are allowed. The suffix 'L' is used to specify 64-bit constants.

A real number always contains a decimal point. Optionally it may also contain a decimal scale factor. The letter E means "times ten to the power of". A real number is always of type REAL.

```
number           = integer | real.
integer          = digit { digit } | digit { hexDigit } ( "H" | "L" ).
real             = digit { digit } "." { digit } [ ScaleFactor ].
ScaleFactor      = "E" [ "+" | "-" ] digit { digit }.
hexDigit         = digit | "A" | "B" | "C" | "D" | "E" | "F".
```

Examples:

```
1234567        INTEGER     1234567
0DH            INTEGER     13
12.3           REAL        12.3
4.567E8        REAL        456700000
0FFFF0000H     INTEGER     -65536
0FFFF0000L     LONGINT     4294901760
```

3. *Character* constants are denoted by the ordinal number of the character in hexadecimal notation followed by the letter X.

```
character        = digit { hexDigit } "X".
```

4. *Strings* are sequences of characters enclosed in single (') or double (") quote marks. The opening quote must be the same as the closing quote and must not occur within the string. The number of characters in a string is called its *length*. A string of length 1 can be used wherever a character constant is allowed and vice versa.

string   = ' " ' { char } ' " ' | " ' " { char } " ' ".

Examples:

"Component Pascal"   "Don't worry!"   "x"

5. *Operators* and *delimiters* are the special characters, character pairs, or reserved words listed below. The reserved words consist exclusively of capital letters and cannot be used as identifiers.

+	:=	ABSTRACT	EXTENSIBLE	POINTER
-	^	ARRAY	FOR	PROCEDURE
*	=	BEGIN	IF	RECORD
/	#	BY	IMPORT	REPEAT
~	<	CASE	IN	RETURN
&	>	CLOSE	IS	THEN
.	<=	CONST	LIMITED	TO
,	>=	DIV	LOOP	TYPE
;	..	DO	MOD	UNTIL
|	:	ELSE	MODULE	VAR
$		ELSIF	NIL	WHILE
(	)	EMPTY	OF	WITH
[	]	END	OR	
{	}	EXIT	OUT	

6. *Comments* may be inserted between any two symbols in a program. They are arbitrary character sequences opened by the bracket (* and closed by *). Comments may be nested. They do not affect the meaning of a program.

4. Declarations and Scope Rules

Every identifier occurring in a program must be introduced by a declaration, unless it is a predeclared identifier. Declarations also specify certain permanent properties of an object, such as whether it is a constant, a type, a variable, or a procedure. The identifier is then used to refer to the associated object.

The *scope* of an object x extends textually from the point of its declaration to the end of the block (module, procedure, or record) to which the declaration belongs and hence to which the object is *local*. It excludes the scopes of equally named objects which are declared in nested blocks. The scope rules are:

1. No identifier may denote more than one object within a given scope (i.e., no identifier may be declared twice in a block);

2. An object may only be referenced within its scope;

3. A declaration of a type T containing references to another type T1 may occur at a point where T1 is still unknown. The declaration of T1 must follow in the same block to which T is local;

4. Identifiers denoting record fields (see 6.3) or methods (see 10.2) are valid in record designators only.

An identifier declared in a module block may be followed by an export mark ("*" or "-") in its declaration to indicate that it is exported. An identifier x exported by a module M may be used in other modules, if they import M (see Ch.11). The identifier is then denoted as M.x in these modules and is called a *qualified identifier*. Variables and record fields marked with "-" in their declaration are *read-only* (variables and fields) or *implement-only* (methods) in importing modules.

```
Qualident        = [ ident "." ] ident.
IdentDef         = ident [ "*" | "-" ].
```

The following identifiers are predeclared; their meaning is defined in the indicated sections:

ABS	(10.3)	INTEGER	(6.1)
ANYPTR	(6.1)	FALSE	(6.1)
ANYREC	(6.1)	LEN	(10.3)
ASH	(10.3)	LONG	(10.3)
ASSERT	(10.3)	LONGINT	(6.1)
BITS	(10.3)	MAX	(10.3)
BOOLEAN	(6.1)	MIN	(10.3)
BYTE	(6.1)	NEW	(10.3)
CAP	(10.3)	ODD	(10.3)
CHAR	(6.1)	ORD	(10.3)
CHR	(10.3)	REAL	(6.1)
DEC	(10.3)	SET	(6.1)
ENTIER	(10.3)	SHORT	(10.3)
EXCL	(10.3)	SHORTCHAR	(6.1)
HALT	(10.3)	SHORTINT	(6.1)
INC	(10.3)	SHORTREAL	(6.1)
INCL	(10.3)	SIZE	(10.3)
INF	(6.1)	TRUE	(6.1)

5. Constant Declarations

A constant declaration associates an identifier with a constant value.

```
ConstantDeclaration  = IdentDef "=" ConstExpression.
ConstExpression      = Expression.
```

A constant expression is an expression that can be evaluated by a mere textual scan without actually executing the program. Its operands are constants (Ch.8) or predeclared functions (Ch.10.3) that can be evaluated at compile time.

Examples of constant declarations are:

```
N = 100
```

```
limit = 2*N - 1

fullSet = {MIN(SET) .. MAX(SET)}
```

6. Type Declarations

A data type determines the set of values which variables of that type may assume, and the operators that are applicable. A type declaration associates an identifier with a type. In the case of structured types (arrays and records) it also defines the structure of variables of this type. A structured type cannot contain itself.

```
TypeDeclaration    = IdentDef "=" Type.
Type               = Qualident | ArrayType | RecordType | PointerType |
                     ProcedureType.
```

Examples:

```
Table = ARRAY N OF REAL

Tree = POINTER TO Node

Node = EXTENSIBLE RECORD
    key: INTEGER;
    left, right: Tree
END

CenterTree = POINTER TO CenterNode

CenterNode = RECORD (Node)
    width: INTEGER;
    subnode: Tree
END

Object = POINTER TO ABSTRACT RECORD END

Function = PROCEDURE (x: INTEGER): INTEGER
```

6.1 Basic Types

The *basic types* are denoted by predeclared identifiers. The associated operators are defined in 8.2 and the predeclared function procedures in 10.3. The values of the given *basic types* are the following:

1. BOOLEAN   the truth values TRUE and FALSE

2. SHORTCHAR   the characters of the Latin-1 character set
                (0X .. 0FFX)

3. CHAR   the characters of the Unicode character set
                (0X .. 0FFFFX)

4. BYTE   the integers between MIN(BYTE) and MAX(BYTE)

5. SHORTINT   the integers between MIN(SHORTINT) and
                MAX(SHORTINT)

6. INTEGER	the integers between MIN(INTEGER) and MAX(INTEGER)
7. LONGINT	the integers between MIN(LONGINT) and MAX(LONGINT)
8. SHORTREAL	the real numbers between MIN(SHORTREAL) and MAX(SHORTREAL), the value INF
9. REAL	the real numbers between MIN(REAL) and MAX(REAL), the value INF
10. SET	the sets of integers between 0 and MAX(SET)

Types 4 to 7 are *integer types*, types 8 and 9 are *real types*, and together they are called *numeric types*. They form a hierarchy; the larger type *includes* (the values of) the smaller type:

```
REAL >= SHORTREAL >= LONGINT >= INTEGER >= SHORTINT >= BYTE
```

Types 2 and 3 are *character types* with the type hierarchy:

```
CHAR >= SHORTCHAR
```

6.2 Array Types

An array is a structure consisting of a number of elements which are all of the *same* type, called the *element type*. The number of elements of an array is called its *length*. The elements of the array are designated by indices, which are integers between 0 and the length minus 1.

```
ArrayType        = ARRAY [ Length { "," Length } ] OF Type.
Length           = ConstExpression.
```

A type of the form

```
ARRAY L0, L1, ..., Ln OF T
```

is understood as an abbreviation of

```
ARRAY L0 OF
  ARRAY L1 OF
    ...
      ARRAY Ln OF T
```

Arrays declared without length are called *open arrays*. They are restricted to pointer base types (see 6.4), element types of open array types, and formal parameter types (see 10.1).

Examples:

```
ARRAY 10, N OF INTEGER

ARRAY OF CHAR
```

6.3 Record Types

A record type is a structure consisting of a fixed number of elements, called *fields*, with possibly different types. The record type declaration specifies the name and type of each field. The scope of the field identifiers extends from the point of their declaration to the end of the record type, but they are also visible within designators referring to elements of record variables (see 8.1). If a record type is exported, field identifiers that are to be visible outside the declaring module must be marked. They are called *public fields*; unmarked elements are called *private fields*.

```
RecordType          = RecAttributes RECORD [ "(" BaseType ")" ]
                        FieldList { ";" FieldList } END.
RecAttributes       = [ ABSTRACT | EXTENSIBLE | LIMITED ].
BaseType            = Qualident.
FieldList           = [ IdentList ":" Type ].
IdentList           = IdentDef { "," IdentDef }.
```

The usage of a record type is restricted by the presence or absence of one of the following attributes: ABSTRACT, EXTENSIBLE, and LIMITED.

A record type marked as ABSTRACT cannot be instantiated. No variables or fields of such a type can ever exist. Abstract types are only used as *base types* for other record types (see below). Variables of a LIMITED record type can only be allocated inside the module where the record type is defined. The restriction applies to static allocation by a variable declaration (Ch. 7) as well as to dynamic allocation by the standard procedure NEW (Ch. 10.3).

Record types marked as ABSTRACT or EXTENSIBLE are extensible, i.e., a record type can be declared as an extension of such a record type. In the example

```
T0 = EXTENSIBLE RECORD x: INTEGER END
T1 = RECORD (T0) y: REAL END
```

T1 is a (*direct*) *extension* of T0 and T0 is the (*direct*) *base type* of T1 (see App. A). An extended type T1 consists of the fields of its *base type* and of the fields which are declared in T1. All identifiers declared in the extended record must be different from the identifiers declared in its *base type* record(s). The *base type* of an abstract record must be abstract. Alternatively, a pointer type can be specified as the *base type*. The record base type of the pointer is used as the *base type* of the declared record in this case. A record which is an *extension* of a hidden (i.e., non-exported) record type may not be exported. Each record is implicitly an *extension* of the predeclared type ANYREC. ANYREC does not contain any fields and can only be used in pointer and variable parameter declarations.

Summary of attributes:

attribute	*extension*	*allocate*
none	no	yes
EXTENSIBLE	yes	yes
ABSTRACT	yes	no
LIMITED	in defining module only	

Examples of record type declarations:

```
RECORD
    day, month, year: INTEGER
END

LIMITED RECORD
    name, firstname: ARRAY 32 OF CHAR;
    age: INTEGER;
    salary: REAL
END
```

6.4 Pointer Types

Variables of a pointer type P assume as values pointers to variables of some type T. T is called the pointer base type of P and must be a record or array type. Pointer types adopt the extension relation of their pointer base types: if a type T1 is an *extension* of T, and P1 is of type POINTER TO T1, then P1 is also an *extension* of P.

```
PointerType      = POINTER TO Type.
```

If p is a variable of type P = POINTER TO T, a call of the predeclared procedure NEW(p) (see 10.3) allocates a variable of type T in free storage. If T is a record type or an array type with fixed length, the allocation has to be done with NEW(p); if T is an n-dimensional open array type the allocation has to be done with NEW(p, e0, ..., en-1) where T is allocated with lengths given by the expressions e0, ..., en-1. In either case a pointer to the allocated variable is assigned to p. p is of type P. The *referenced* variable p^ (pronounced as p-*referenced*) is of type T. Any pointer variable may assume the value NIL, which points to no variable at all. All fields or elements of a newly allocated record or array are cleared, which implies that all embedded pointers and procedure variables are initialized to NIL. The predeclared type ANYPTR is defined as POINTER TO ANYREC. Any pointer to a record type is therefore an *extension* of ANYPTR. The procedure NEW cannot be used for variables of type ANYPTR.

6.5 Procedure Types

Variables of a procedure type T have a procedure (or NIL) as value. If a procedure P is assigned to a variable of type T, the formal parameter lists (see Ch. 10.1) of P and T must *match* (see App. A). P must not be a predeclared procedure or a method nor may it be local to another procedure.

```
ProcedureType    = PROCEDURE [ FormalParameters ].
```

6.6 String Types

Values of a *string type* are sequences of characters terminated by a null character (0X). The *length* of a string is the number of characters it contains excluding the null character. Strings are either constants or stored in an array of *character type*. There are no predeclared identifiers for *string types* because there is no need to use them in a declaration. Constant strings which consist solely of characters in the range 0X..0FFX and strings stored in an array of SHORTCHAR are of type Shortstring, all others are of type String.

7. Variable Declarations

Variable declarations introduce variables by defining an identifier and a data type for them.

```
VariableDeclaration = IdentList ":" Type.
```

Record and pointer variables have both a *static type* (the type with which they are declared - simply called their type) and a *dynamic type* (the type of their value at run-time). For pointers and variable parameters of record type the dynamic type may be an *extension* of their static type. The static type determines which fields of a record are accessible. The dynamic type is used to call methods (see 10.2).

Examples of variable declarations (refer to examples in Ch. 6):

```
i, j, k: INTEGER

x, y: REAL

p, q: BOOLEAN

s: SET

F: Function

a: ARRAY 100 OF REAL
```

```
w: ARRAY 16 OF
   RECORD
      name: ARRAY 32 OF CHAR;
      count: INTEGER
   END

t, c: Tree
```

8. Expressions

Expressions are constructs denoting rules of computation whereby constants and current values of variables are combined to compute other values by the application of operators and function procedures. Expressions consist of operands and operators. Parentheses may be used to express specific associations of operators and operands.

8.1 Operands

With the exception of set constructors and literal constants (numbers, character constants, or strings), operands are denoted by *designators*. A designator consists of an identifier referring to a constant, variable, or procedure. This identifier may possibly be qualified by a module identifier (see Ch. 4 and 11) and may be followed by *selectors* if the designated object is an element of a structure.

```
Designator        = Qualident { "." ident | "[" ExpressionList "]" | "^" |
                        "(" Qualident ")" | ActualParameters } [ "$" ].
ExpressionList    = Expression { "," Expression }.
ActualParameters  = "(" [ ExpressionList ] ")".
```

If a designates an array, then a[e] denotes that element of a whose index is the current value of the expression e. The type of e must be an *integer type*. A designator of the form a[e0, e1, ..., en] stands for a[e0][e1]...[en]. If r designates a record, then r.f denotes the field f of r or the method f of the dynamic type of r (Ch. 10.2). If a or r are read-only, then also a[e] and r.f are read-only.

If p designates a pointer, p^ denotes the variable which is referenced by p. The designators p^.f, p^[e], and p^$ may be abbreviated as p.f, p[e], and p$, i.e., record, array, and string selectors imply dereferencing. Dereferencing is also implied if a pointer is assigned to a variable of a record or array type (Ch. 9.1), if a pointer is used as actual parameter for a formal parameter of a record or array type (Ch. 10.1), or if a pointer is used as argument of the standard procedure LEN (Ch. 10.3).

A *type guard* v(T) asserts that the dynamic type of v is T (or an *extension* of T), i.e., program execution is aborted, if the dynamic type of v is not T (or an *extension* of T). Within the designator, v is then regarded as having the static type T. The guard is applicable, if

1. v is an IN or VAR parameter of record type or v is a pointer to a record type, and if

2. T is an *extension* of the static type of v.

If the designated object is a constant or a variable, then the designator refers to its current value. If it is a procedure, the designator refers to that procedure unless it is followed by a (possibly empty) parameter list in which case it implies an activation of that procedure and stands for the value resulting from its execution. The actual parameters must correspond to the formal parameters as in proper procedure calls (see 10.1).

If a designates an array of *character type*, then a$ denotes the null terminated string contained in a. It leads to a run-time error if a does not contain a 0X character. The $ selector is applied implicitly if a is used as an operand of the concatenation operator (Ch. 8.2.4), a relational operator (Ch. 8.2.5), or one of the predeclared procedures LONG and SHORT (Ch. 10.3).

Examples of designators (refer to examples in Ch.7):

```
i                       (INTEGER)
a[i]                    (REAL)
w[3].name[ i ]          (CHAR)
t.left.right            (Tree)
t(CenterTree).subnode   (Tree)
w[i].name$              (String)
```

8.2 Operators

Four classes of operators with different precedences (binding strengths) are syntactically distinguished in expressions. The operator ~ has the highest precedence, followed by multiplication operators, addition operators, and relations. Operators of the same precedence associate from left to right. For example, x-y-z stands for (x-y)-z.

```
Expression       = SimpleExpression [ Relation SimpleExpression ].
SimpleExpression = [ "+" | "-" ] Term { AddOperator Term }.
Term             = Factor { MulOperator Factor }.
Factor           = Designator | number | character | string | NIL | Set |
                     "(" Expression ")" | "~" Factor.
Set              = "{" [ Element { "," Element } ] "}".
Element          = Expression [ ".." Expression ].
Relation         = "=" | "#" | "<" | "<=" | ">" | ">=" | IN | IS.
AddOperator      = "+" | "-" | OR.
MulOperator      = "*" | "/" | DIV | MOD | "&".
```

The available operators are listed in the following tables. Some operators are applicable to operands of various types, denoting different operations. In these cases, the actual operation is identified by the type of the operands. The operands must be *expression compatible* with respect to the operator (see App. A).

8.2.1 Logical operators

OR	logical disjunction	p OR q	"if p then TRUE, else q"
&	logical conjunction	p & q	"if p then q, else FALSE"
~	negation	~p	"not p"

These operators apply to BOOLEAN operands and yield a BOOLEAN result. The second operand of a disjunction is only evaluated if the result of the first is FALSE. The second oprand of a conjunction is only evaluated if the result of the first is TRUE.

8.2.2 Arithmetic operators

+	sum
-	difference
*	product
/	real quotient
DIV	integer quotient
MOD	modulus

The operators +, -, *, and / apply to operands of *numeric types*. The type of the result is REAL if the operation is a division (/) or one of the operand types is a REAL. Otherwise the result type is SHORTREAL if one of the operand types is SHORTREAL, LONGINT if one of the operand types is LONGINT, or INTEGER in any other case. If the result of a real operation is too large to be represented as a real number, it is changed to the predeclared value INF with the same sign as the original result. Note that this also applies to 1.0/0.0, but not to 0.0/0.0 which has no defined result at all and leads to a run-time error. When used as monadic operators, - denotes sign inversion and + denotes the identity operation. The operators DIV and MOD apply to integer operands only. They are related by the following formulas:

```
x = (x DIV y) * y + (x MOD y)
0 <= (x MOD y) < y    or    0 >= (x MOD y) > y
```

Note: x DIV y = ENTIER(x/y)

Examples:

x	y	x DIV y	x MOD y
5	3	1	2
-5	3	-2	1
5	-3	-2	-1
-5	-3	1	-2

Note: (-5) DIV 3 = -2   but   -5 DIV 3 = -(5 DIV 3) = -1

8.2.3 Set operators

+	union	
-	difference	(x - y = x * (-y))
*	intersection	
/	symmetric set difference	(x / y = (x-y) + (y-x))

Set operators apply to operands of type SET and yield a result of type SET. The monadic minus sign denotes the complement of x, i.e., -x denotes the set of integers between 0 and MAX(SET) which are not elements of x. Set operators are not associative ((a+b)-c # a+(b-c)). A set constructor defines the value of a set by listing its elements between curly brackets. The elements must be integers in the range 0..MAX(SET). A range a..b denotes all integers i with i >= a and i <= b.

8.2.4 String operators

+	string concatenation

The concatenation operator applies to operands of *string types*. The resulting string consists of the characters of the first operand followed by the characters of the second operand. If both operands are of type Shortstring the result is of type Shortstring, otherwise the result is of type String.

8.2.5 Relations

=	equal
#	unequal
<	less
<=	less or equal
>	greater
>=	greater or equal
IN	set membership
IS	type test

Relations yield a BOOLEAN result. The relations =, #, <, <=, >, and >= apply to the *numeric types, character types,* and *string types*. The relations = and # also apply to BOOLEAN and SET, as well as to pointer and procedure types (including the value NIL). x IN s stands for "x is an element of s". x must be an integer in the range 0..MAX(SET), and s of type SET. v IS T stands for "the dynamic type of v is T (or an *extension* of T)" and is called a *type test*. It is applicable if

1. v is an IN or VAR parameter of record type or v is a pointer to a record type, and if

2. T is an *extension* of the static type of v.

Examples of expressions (refer to examples in Ch.7):

```
1991                    INTEGER
i DIV 3                 INTEGER
~p OR q                 BOOLEAN
(i+j) * (i-j)           INTEGER
s - {8, 9, 13}          SET
i + x                   REAL
a[i+j] * a[i-j]         REAL
(0 <= i) & (i < 100)    BOOLEAN
t.key = 0               BOOLEAN
k IN {i..j-1}           BOOLEAN
w[i].name$ <= "John"    BOOLEAN
t IS CenterTree         BOOLEAN
```

9. Statements

Statements denote actions. There are elementary and structured statements. Elementary statements are not composed of any parts that are themselves statements. They are the assignment, the procedure call, the return, and the exit statement. Structured statements are composed of parts that are themselves statements. They are used to express sequencing and conditional, selective, and repetitive execution. A statement may also be empty, in which case it denotes no action. The empty statement is included in order to relax punctuation rules in statement sequences.

```
Statement          = [ Assignment | ProcedureCall | IfStatement |
                       CaseStatement | WhileStatement | RepeatStatement |
                       ForStatement | LoopStatement | WithStatement |
                       EXIT | RETURN [ Expression ] ].
```

9.1 Assignments

Assignments replace the current value of a variable by a new value specified by an expression. The expression must be *assignment compatible* with the variable (see App. A). The assignment operator is written as ":=" and pronounced as *becomes*.

```
Assignment         = Designator ":=" Expression.
```

If an expression e of type Te is assigned to a variable v of type Tv, the following happens:

1. if Tv and Te are record types, all fields of that type are assigned;

2. if Tv and Te are pointer types, the dynamic type of v becomes the dynamic type of e;

3. if Tv is an array of *character type* and e is a string of length m < LEN(v), v[i] becomes ei for i = 0..m-1 and v[m] becomes 0X. It leads to a run-time error if m >= LEN(v).

Examples of assignments (refer to examples in Ch.7):

```
i := 0
p := i = j
x := i + 1
k := Log2(i+j)
F := Log2                        (* see 10.1 *)
s := {2, 3, 5, 7, 11, 13}
a[i] := (x+y) * (x-y)
t.key := i w[i+1].name := "John"
t := c
```

9.2 Procedure Calls

A procedure call activates a procedure. It may contain a list of actual parameters which replace the corresponding formal parameters defined in the procedure declaration (see Ch. 10). The correspondence is established by the positions of the parameters in the actual and formal parameter lists. There are two kinds of parameters: *variable* and *value parameters*.

If a formal parameter is a variable parameter, the corresponding actual parameter must be a designator denoting a variable. If it denotes an element of a structured variable, the component selectors are evaluated when the formal/actual parameter substitution takes place, i.e., before the execution of the procedure. If a formal parameter is a value parameter, the corresponding actual parameter must be an expression. This expression is evaluated before the procedure activation, and the resulting value is assigned to the formal parameter (see also 10.1).

```
ProcedureCall     = Designator [ ActualParameters ].
```

Examples:

```
WriteInt(i*2+1)                 (* see 10.1 *)

INC(w[k].count)

t.Insert("John")                (* see 11 *)
```

9.3 Statement Sequences

Statement sequences denote the sequence of actions specified by the component statements which are separated by semicolons.

```
StatementSequence = Statement { ";" Statement }.
```

9.4 If Statements

```
IfStatement        = IF Expression THEN StatementSequence
                     { ELSIF Expression THEN StatementSequence }
                     [ ELSE StatementSequence ] END.
```

If statements specify the conditional execution of guarded statement sequences. The Boolean expression preceding a statement sequence is called its *guard*. The guards are evaluated in sequence of occurrence, until one evaluates to TRUE, whereafter its associated statement sequence is executed. If no guard is satisfied, the statement sequence following the symbol ELSE is executed, if there is one.

Example:

```
IF (ch >= "A") & (ch <= "Z") THEN ReadIdentifier
ELSIF (ch >= "0") & (ch <= "9") THEN ReadNumber
ELSIF (ch = "'") OR (ch = "'") THEN ReadString
ELSE SpecialCharacter
END
```

9.5 Case Statements

Case statements specify the selection and execution of a statement sequence according to the value of an expression. First the case expression is evaluated, then that statement sequence is executed whose case label list contains the obtained value. The case expression must be of an *integer* or *character type* that includes the values of all case labels. Case labels are constants, and no value must occur more than once. If the value of the expression does not occur as a label of any case, the statement sequence following the symbol ELSE is selected, if there is one, otherwise the program is aborted.

```
CaseStatement      = CASE Expression OF Case { "|" Case }
                       [ ELSE StatementSequence ] END.
Case               = [ CaseLabelList ":" StatementSequence ].
CaseLabelList      = CaseLabels { "," CaseLabels }.
CaseLabels         = ConstExpression [ ".." ConstExpression ].
```

Example:

```
CASE ch OF
     "A" .. "Z": ReadIdentifier
|    "0" .. "9": ReadNumber
|    "'", "'": ReadString
ELSE SpecialCharacter
END
```

9.6 While Statements

While statements specify the repeated execution of a statement sequence while the Boolean expression (its *guard*) yields TRUE. The guard is checked before every execution of the statement sequence.

```
WhileStatement     = WHILE Expression DO StatementSequence END.
```

Examples:

```
WHILE i > 0 DO i := i DIV 2; k := k + 1 END
```

```
WHILE (t # NIL) & (t.key # i) DO t := t.left END
```

9.7 Repeat Statements

A repeat statement specifies the repeated execution of a statement sequence until a condition specified by a Boolean expression is satisfied. The statement sequence is executed at least once.

```
RepeatStatement  = REPEAT StatementSequence UNTIL Expression.
```

9.8 For Statements

A for statement specifies the repeated execution of a statement sequence while a progression of values is assigned to an integer variable called the *control variable* of the for statement.

```
ForStatement      = FOR ident ":=" Expression TO Expression
                    [ BY ConstExpression ] DO StatementSequence END.
```

The statement

```
FOR v := beg TO end BY step DO statements END
```

is equivalent to

```
temp := end; v := beg;
IF step > 0 THEN
    WHILE v <= temp DO statements; INC(v, step) END
ELSE
    WHILE v >= temp DO statements; INC(v, step) END
END
```

temp has the *same* type as v. step must be a nonzero constant expression. If step is not specified, it is assumed to be 1.

Examples:

```
FOR i := 0 TO 79 DO k := k + a[i] END
```

```
FOR i := 79 TO 1 BY -1 DO a[i] := a[i-1] END
```

9.9 Loop Statements

A loop statement specifies the repeated execution of a statement sequence. It is terminated upon execution of an exit statement within that sequence (see 9.10).

```
LoopStatement     = LOOP StatementSequence END.
```

Example:

```
LOOP
    ReadInt(i);
    IF i < 0 THEN EXIT END;
    WriteInt(i)
END
```

Loop statements are useful to express repetitions with several exit points or cases where the exit condition is in the middle of the repeated statement sequence.

9.10 Return and Exit Statements

A return statement indicates the termination of a procedure. It is denoted by the symbol RETURN, followed by an expression if the procedure is a function procedure. The type of the expression must be *assignment compatible* (see App. A) with the result type specified in the procedure heading (see Ch.10).

Function procedures require the presence of a return statement indicating the result value. In proper procedures, a return statement is implied by the end of the procedure body. Any explicit return statement therefore appears as an additional (probably exceptional) termination point.

An exit statement is denoted by the symbol EXIT. It specifies termination of the enclosing loop statement and continuation with the statement following that loop statement. Exit statements are contextually, although not syntactically associated with the loop statement which contains them.

9.11 With Statements

With statements execute a statement sequence depending on the result of a type test and apply a type guard to every occurrence of the tested variable within this statement sequence.

```
WithStatement      = WITH [ Guard DO StatementSequence ]
                     { "|" [ Guard DO StatementSequence ] }
                     [ ELSE StatementSequence ] END.
Guard              = Qualident ":" Qualident.
```

If v is a variable parameter of record type or a pointer variable, and if it is of a static type T0, the statement

```
WITH v: T1 DO S1 | v: T2 DO S2 ELSE S3 END
```

has the following meaning: if the dynamic type of v is T1, then the statement sequence S1 is executed where v is regarded as if it had the static type T1; else if the dynamic type of v is T2, then S2 is executed where v is regarded as if it had the static type T2; else S3 is executed. T1 and T2 must be *extensions* of T0. If no type test is satisfied and if an else clause is missing the program is aborted.

Example:

```
WITH t: CenterTree DO i := t.width; c := t.subnode END
```

10. Procedure Declarations

A procedure declaration consists of a *procedure heading* and a *procedure body*. The heading specifies the procedure identifier and the *formal parameters*. For methods it also specifies the receiver parameter and the attributes (see 10.2). The body contains declarations and statements. The procedure identifier is repeated at the end of the procedure declaration.

There are two kinds of procedures: *proper procedures* and *function procedures*. The latter are activated by a function designator as a constituent of an expression and yield a result that is an operand of the expression. Proper procedures are activated by a procedure call. A procedure is a function procedure if its formal parameters specify a result type. The body of a function procedure must contain a return statement which defines its result.

All constants, variables, types, and procedures declared within a procedure body are *local* to the procedure. Since procedures may be declared as local objects too, procedure declarations may be nested. The call of a procedure within its declaration implies recursive activation.

Local variables whose types are pointer types or procedure types are initialized to NIL before the body of the procedure is executed.

Objects declared in the environment of the procedure are also visible in those parts of the procedure in which they are not concealed by a locally declared object with the same name.

```
ProcedureDeclaration = ProcedureHeading ";" [ ProcedureBody ident ].
ProcedureHeading    = PROCEDURE [ Receiver ] IdentDef
                        [ FormalParameters ] MethAttributes.
ProcedureBody       = DeclarationSequence
                        [ BEGIN StatementSequence ] END.
DeclarationSequence = { CONST { ConstantDeclaration ";" } |
                        TYPE { TypeDeclaration ";" } |
                        VAR { VariableDeclaration ";" } }
                        { ProcedureDeclaration ";" |
                        ForwardDeclaration ";" }.
ForwardDeclaration  = PROCEDURE "^" [ Receiver ] IdentDef
                        [ FormalParameters ] MethAttributes.
```

If a procedure declaration specifies a *receiver* parameter, the procedure is considered to be a method of the type of the receiver (see 10.2). A *forward declaration* serves to allow forward references to a procedure whose actual declaration appears later in the text. The formal parameter lists of the forward declaration and the actual declaration must *match* (see App. A) and the names of corresponding parameters must be equal.

10.1 Formal Parameters

Formal parameters are identifiers declared in the formal parameter list of a procedure. They correspond to actual parameters specified in the procedure call. The correspondence between formal and actual parameters is established when the procedure is called. There are two kinds of parameters, *value* and *variable parameters*, the latter indicated in the formal parameter list by the presence of one of the keywords VAR, IN, or OUT. Value parameters are local variables to which the value of the corresponding actual parameter is assigned as an initial value. Variable parameters correspond to actual parameters that are variables, and they stand for these variables. Variable parameters can be used for input only (keyword IN), output only (keyword OUT), or input and output (keyword VAR). IN can only be used for array and record parameters. Inside the procedure, input parameters are read-only. Like local variables, output parameters of pointer types and procedure types are initialized to NIL. Other output parameters must be considered as undefined prior to the first assignment in the procedure. The scope of a formal parameter extends from its declaration to the end of the procedure block in which it is declared. A function procedure without parameters must have an empty parameter list. It must be called by a function designator whose actual parameter list is empty too. The result type of a procedure can be neither a record nor an array.

```
FormalParameters = "(" [ FPSection { ";" FPSection } ] ")" [ ":" Type ].
FPSection        = [ VAR | IN | OUT ] ident { "," ident } ":" Type.
```

Let f be the formal parameter and a the corresponding actual parameter. If f is an open array, then a must be *array compatible* to f and the lengths of f are taken from a. Otherwise a must be *parameter compatible* to f (see App. A)

Examples of procedure declarations:

```
PROCEDURE ReadInt (OUT x: INTEGER);
    VAR i: INTEGER; ch: CHAR;
BEGIN
    i := 0; Read(ch);
    WHILE ("0" <= ch) & (ch <= "9") DO
        i := 10 * i + (ORD(ch) - ORD("0")); Read(ch)
    END;
    x := i
END ReadInt
```

```
PROCEDURE WriteInt (x: INTEGER);     (*0 <= x < 100000*)
   VAR i: INTEGER; buf: ARRAY 5 OF INTEGER;
BEGIN
   i := 0;
   REPEAT buf[i] := x MOD 10; x := x DIV 10; INC(i) UNTIL x = 0;
   REPEAT DEC(i); Write(CHR(buf[i] + ORD("0"))) UNTIL i = 0
END WriteInt

PROCEDURE WriteString (IN s: ARRAY OF CHAR);
   VAR i: INTEGER;
BEGIN
   i := 0; WHILE (i < LEN(s)) & (s[i] # 0X) DO Write(s[i]); INC(i) END
END WriteString

PROCEDURE Log2 (x: INTEGER): INTEGER;
   VAR y: INTEGER;     (*assume x > 0*)
BEGIN
   y := 0; WHILE x > 1 DO x := x DIV 2; INC(y) END;
   RETURN y
END Log2

PROCEDURE Modify (VAR n: Node);
BEGIN
   INC(n.key)
END Modify
```

10.2 Methods

Globally declared procedures may be associated with a record type declared in the same module. The procedures are said to be *methods* bound to the record type. The binding is expressed by the type of the *receiver* in the heading of a procedure declaration. The receiver may be either a VAR or IN parameter of record type T or a value parameter of type POINTER TO T (where T is a record type). The method is bound to the type T and is considered local to it.

```
ProcedureHeading = PROCEDURE [ Receiver ] IdentDef
                          [ FormalParameters ] MethAttributes.
Receiver           = "(" [ VAR I IN ] ident ":" ident ")".
MethAttributes     = [ "," NEW ] [ "," (ABSTRACT I EMPTY I EXTENSIBLE) ].
```

If a method M is bound to a type T0, it is implicitly also bound to any type T1 which is an *extension* of T0. However, if a method M' (with the same name as M) is declared to be bound to T1, this overrides the binding of M to T1. M' is considered a redefinition of M for T1. The formal parameters of M and M' must *match*, except if M is a function returning a pointer type. In the latter case, the function result type of M' must be an *extension* of the function result type of M (covariance) (see App. A). If M and T1 are exported (see Chapter 4) M' must be exported too. If M is not exported, M' must not be exported either. If M and M' are exported, they must use the same export marks.

The following attributes are used to restrict and document the desired usage of a method: NEW, ABSTRACT, EMPTY, and EXTENSIBLE.

NEW must be used on all newly introduced methods and must not be used on redefining methods. The attribute helps to detect inconsistencies between a record and its *extension* when one of the two is changed without updating the other.

Abstract and empty method declarations consist of a procedure header only. Abstract methods are never called. A record containing abstract methods must be abstract. A method redefined by an abstract method must be abstract. An abstract method of an exported record must be exported. Calling an empty method has no effect. Empty methods may not return function results and may not have OUT parameters. A record containing new empty methods must be extensible or abstract. A method redefined by an empty method must be empty or abstract. Abstract or empty methods are usually redefined (implemented) in a record *extension*. They may not be called via super calls. A concrete (nonabstract) record extending an abstract record must implement all abstract methods bound to the *base* record.

Concrete methods (which contain a procedure body) are either extensible or final (no attribute). A final method cannot be redefined in a record *extension*. A record containing extensible methods must be extensible or abstract.

If v is a designator and M is a method, then v.M denotes that method M which is bound to the dynamic type of v. Note, that this may be a different method than the one bound to the static type of v. v is passed to M's receiver according to the parameter passing rules specified in Chapter 10.1.

If r is a receiver parameter declared with type T, r.M^ denotes the method M bound to the *base type* of T (super call). In a forward declaration of a method the receiver parameter must be of the *same* type as in the actual method declaration. The formal parameter lists of both declarations must *match* (App. A) and the names of corresponding parameters must be equal.

Methods marked with "-" are "implement-only" exported. Such a method can be redefined in any importing module but can only be called within the module containing the method declaration.

(Currently, the compiler also allows super calls to implement-only methods outside of their defining module. This is a temporary feature to make migration easier.)

Examples:

```
PROCEDURE (t: Tree) Insert (node: Tree), NEW, EXTENSIBLE;
    VAR p, father: Tree;
BEGIN
    p := t;
    REPEAT
        father := p;
        IF node.key = p.key THEN RETURN END;
        IF node.key < p.key THEN p := p.left ELSE p := p.right END
    UNTIL p = NIL;
    IF node.key < father.key THEN
        father.left := node
    ELSE
        father.right := node
    END;
    node.left := NIL; node.right := NIL
END Insert

PROCEDURE (t: CenterTree) Insert (node: Tree);  (*redefinition*)
BEGIN
    WriteInt(node(CenterTree).width);
    t.Insert^ (node)                (* calls the Insert method of Tree *)
END Insert

PROCEDURE (obj: Object) Draw (w: Window), NEW, ABSTRACT

PROCEDURE (obj: Object) Notify (e: Event), NEW, EMPTY
```

10.3 Predeclared Procedures

The following table lists the predeclared procedures. Some are generic procedures, i.e., they apply to several types of operands. v stands for a variable, x and y for expressions, and T for a type. The first matching line gives the correct result type.

Function procedures

Name	Argument type	Result type	Function
ABS(x)	<= INTEGER	INTEGER	absolute value
	LONGINT	type of x	
	real type	type of x	
ASH(x, y)	x: <= INTEGER	INTEGER	arithmetic shift (x * 2^y)
	x: LONGINT;	LONGINT	
	y: *integer type*		
BITS(x)	INTEGER	SET	{i I ODD(x DIV 2^i)}

CAP(x)	*character type*	type of x	x is a Latin-1 letter: corresponding capital letter
CHR(x)	*integer type*	CHAR	character with ordinal number x
ENTIER(x)	*real type*	LONGINT	largest integer not greater than x
LEN(v, x)	v: array; x: integer constant	INTEGER	length of v in dimension x (first dimension = 0)
LEN(v)	array type String	INTEGER INTEGER	equivalent to LEN(v, 0) length of string (not counting 0X)
LONG(x)	BYTE SHORTINT INTEGER SHORTREAL SHORTCHAR Shortstring	SHORTINT INTEGER LONGINT REAL CHAR String	identity
MAX(T)	T = *basic type* T = SET	T INTEGER	maximum value of type T maximum element of a set
MAX(x, y)	<= INTEGER *integer type* <= SHORTREAL *numeric type* SHORTCHAR *character type*	INTEGER LONGINT SHORTREAL REAL SHORTCHAR CHAR	the larger value of x and y
MIN(T)	T = *basic type* T = SET	T INTEGER	minimum value of type T 0
MIN(x, y)	<= INTEGER *integer type* <= SHORTREAL *numeric type* SHORTCHAR *character type*	INTEGER LONGINT SHORTREAL REAL SHORTCHAR CHAR	the smaller of x and y
ODD(x)	*integer type*	BOOLEAN	x MOD 2 = 1
ORD(x)	CHAR SHORTCHAR SET	INTEGER SHORTINT INTEGER	ordinal number of x ordinal number of x (SUM i: i IN x: 2^i)

SHORT(x)	LONGINT	INTEGER	identity
	INTEGER	SHORTINT	identity
	SHORTINT	BYTE	identity
	REAL	SHORTREAL	identity
			(truncation possible)
	CHAR	SHORTCHAR	projection
	String	Shortstring	projection
SIZE(T)	any type	INTEGER	number of bytes required by T

SIZE cannot be used in constant expressions because its value
depends on the actual compiler implementation.

Proper procedures

Name	*Argument types*	*Function*
ASSERT(x)	x: Boolean expression	terminate program execution if not x
ASSERT(x, n)	x: Boolean expression; n: integer constant	terminate program execution if not x
DEC(v)	*integer type*	v := v - 1
DEC(v, n)	v, n: *integer type*	v := v - n
EXCL(v, x)	v: SET; x: *integer type* 0 <= x <= MAX(SET)	v := v - {x}
HALT(n)	integer constant	terminate program execution
INC(v)	*integer type*	v := v + 1
INC(v, n)	v, n: *integer type*	v := v + n
INCL(v, x)	v: SET; x: *integer type* 0 <= x <= MAX(SET)	v := v + {x}
NEW(v)	pointer to record or fixed array	allocate v^
NEW(v, x0, ..., xn)	v: pointer to open array; xi: *integer type*	allocate v^ with lengths x0.. xn

In ASSERT(x, n) and HALT(n), the interpretation of n is left to the
underlying system implementation.

10.4 Finalization

A predeclared method named FINALIZE is associated with each
record type as if it were declared to be bound to the type
ANYREC:

```
PROCEDURE (a: ANYPTR) FINALIZE-, NEW, EMPTY;
```

The FINALIZE procedure can be implemented for any pointer type. The method is called at some unspecified time after an object of that type (or a *base type* of it) has become unreachable via other pointers (not globally anchored anymore) and before the object is deallocated. It is not recommended to re-anchor an object in its finalizer and the finalizer is not called again when the object repeatedly becomes unreachable. Multiple unreachable objects are finalized in an unspecified order.

11. Modules

A module is a collection of declarations of constants, types, variables, and procedures, together with a sequence of statements for the purpose of assigning initial values to the variables. A module constitutes a text that is compilable as a unit.

```
Module           = MODULE ident ";" [ ImportList ] DeclarationSequence
                   [ BEGIN StatementSequence ]
                   [ CLOSE StatementSequence ] END ident ".".
ImportList       = IMPORT Import { "," Import } ";".
Import           = [ ident ":=" ] ident.
```

The import list specifies the names of the imported modules. If a module A is imported by a module M and A exports an identifier x, then x is referred to as A.x within M. If A is imported as B := A, the object x must be referenced as B.x. This allows short alias names in qualified identifiers. A module must not import itself. Identifiers that are to be exported (i.e., that are to be visible in client modules) must be marked by an export mark in their declaration (see Chapter 4).

The statement sequence following the symbol BEGIN is executed when the module is added to a system (loaded), which is done after the imported modules have been loaded. It follows that cyclic import of modules is illegal. Individual exported procedures can be activated from the system, and these procedures serve as *commands*.

Variables declared in a module are cleared prior to the execution of the module body. This implies that all pointer or procedure typed variables are initialized to NIL.

The statement sequence following the symbol CLOSE is executed when the module is removed from the system.

Example:

```
MODULE Trees;              (* exports: Tree, Node, Insert, Search, Write, Init *)
```

```
IMPORT StdLog;

TYPE
   Tree* = POINTER TO Node;
   Node* = RECORD                      (* exports read-only: Node.name *)
      name-: POINTER TO ARRAY OF CHAR;
      left, right: Tree
   END;

PROCEDURE (t: Tree) Insert* (name: ARRAY OF CHAR), NEW;
   VAR p, father: Tree;
BEGIN
   p := t;
   REPEAT
      father := p;
      IF name = p.name^ THEN RETURN END;
      IF name < p.name^ THEN p := p.left ELSE p := p.right END
   UNTIL p = NIL;
   NEW(p); p.left := NIL; p.right := NIL;
   NEW(p.name, LEN(name$)+1); p.name^ := name$;
   IF name < father.name^ THEN
      father.left := p
   ELSE
      father.right := p
   END
END Insert;

PROCEDURE (t: Tree) Search* (name: ARRAY OF CHAR): Tree, NEW;
   VAR p: Tree;
BEGIN
   p := t;
   WHILE (p # NIL) & (name # p.name^) DO
      IF name < p.name^ THEN p := p.left ELSE p := p.right END
   END;
   RETURN p
END Search;

PROCEDURE (t: Tree) Write*, NEW;
BEGIN
   IF t.left # NIL THEN t.left.Write END;
   StdLog.String(t.name); StdLog.Ln;
   IF t.right # NIL THEN t.right.Write END
END Write;

PROCEDURE Init* (t: Tree);
BEGIN
   NEW(t.name, 1); t.name[0] := 0X; t.left := NIL; t.right := NIL
END Init;

BEGIN
   StdLog.String("Trees loaded"); StdLog.Ln
CLOSE
   StdLog.String("Trees removed"); StdLog.Ln
END Trees.
```

Appendix A: Definition of Terms

Character types	SHORTCHAR, CHAR
Integer types	BYTE, SHORTINT, INTEGER, LONGINT
Real types	SHORTREAL, REAL
Numeric types	*integer types, real types*
String types	Shortstring, String
Basic types	BOOLEAN, SET, *character types, numeric types*

Same types

Two variables a and b with types Ta and Tb are of the *same* type if
1. Ta and Tb are both denoted by the same type identifier, or
2. Ta is declared in a type declaration of the form Ta = Tb, or
3. a and b appear in the same identifier list in a variable, record field, or formal parameter declaration.

Equal types

Two types Ta and Tb are *equal* if
1. Ta and Tb are the *same* type, or
2. Ta and Tb are open array types with *equal* element types, or
3. Ta and Tb are procedure types whose formal parameter lists *match*, or
4. Ta and Tb are pointer types with *equal base types*.

Matching formal parameter lists

Two formal parameter lists *match* if
1. they have the same number of parameters, and
2. they have either *equal* function result types or none, and
3. parameters at corresponding positions have *equal* types, and
4. parameters at corresponding positions are both either value, IN, OUT, or VAR parameters.

Type inclusion

Numeric and *character types include* (the values of) smaller types of the same class according to the following hierarchies:

    REAL >= SHORTREAL >= LONGINT >= INTEGER >= SHORTINT >= BYTE
    CHAR >= SHORTCHAR

Type extension (base type)

Given a type declaration Tb = RECORD (Ta) ... END, Tb is a *direct extension* of Ta, and Ta is a *direct base type* of Tb. A type Tb is an *extension* of a type Ta (Ta is a *base type* of Tb) if
1. Ta and Tb are the *same* types, or
2. Tb is a *direct extension* of an *extension* of Ta, or
3. Ta is of type ANYREC.
If Pa = POINTER TO Ta and Pb = POINTER TO Tb, Pb is an *extension* of Pa (Pa is a *base type* of Pb) if *Tb* is an *extension* of *Ta*.

Assignment compatible

An expression e of type Te is *assignment compatible* with a variable v of type Tv if one of the following conditions hold:

1. Te and Tv are *equal* and neither abstract, extensible or limited record nor open array types;
2. Te and Tv are *numeric* or *character types* and Tv *includes* Te;
3. Te and Tv are pointer types and Te is an *extension* of Tv;
4. Tv is a pointer or a procedure type and e is NIL;
5. Tv is an *numeric type* and e is a constant expression whose value is contained in Tv;
6. Tv is an array of CHAR, Te is String or Shortstring, and LEN(e) < LEN(v);
7. Tv is an array of SHORTCHAR, Te is Shortstring, and LEN(e) < LEN(v);
8. Tv is a procedure type and e is the name of a procedure whose formal parameters *match* those of Tv.

Array compatible

An actual parameter a of type Ta is *array compatible* with a formal parameter f of type Tf if

1. Tf and Ta are *equal* types, or
2. Tf is an open array, Ta is any array, and their element types are *array compatible*, or
3. Tf is an open array of CHAR and Ta is String, or
4. Tf is an open array of SHORTCHAR and Ta is Shortstring.

Parameter compatible

An actual parameter a of type Ta is *parameter compatible* with a formal parameter f of type Tf if

1. Tf and Ta are *equal* types, or
2. f is a value parameter and Ta is *assignment compatible* with Tf, or
3. f is an IN or VAR parameter and Tf and Ta are record types and Ta is an *extension* of Tf.

Expression compatible

For a given operator, the types of its operands are *expression compatible* if they conform to the following table. The first matching line gives the correct result type. Type T1 must be an *extension* of type T0:

operator	first operand	second operand	result type
+ - * DIV MOD	<= INTEGER *integer type*	<= INTEGER *integer type*	INTEGER LONGINT
/	*integer type*	*integer type*	REAL
+ - * /	<= SHORTREAL *numeric type* SET	<= SHORTREAL *numeric type* SET	SHORTREAL REAL SET
+	Shortstring *string type*	Shortstring *string type*	Shortstring String
OR & ~	BOOLEAN	BOOLEAN	BOOLEAN
= # < <= > >=	*numeric type* *character type* *string type*	*numeric type* *character type* *string type*	BOOLEAN BOOLEAN BOOLEAN
= #	BOOLEAN SET pointer type T0 or T1, NIL procedure type T, NIL	BOOLEAN SET pointer type T0 or T1, NIL procedure type T, NIL	BOOLEAN BOOLEAN BOOLEAN BOOLEAN
IN	*integer type,* 0..MAX(SET)	SET	BOOLEAN
IS	T0	type T1	BOOLEAN

Constant expressions are calculated at compile time with maximum precision (LONGINT for *integer types*, REAL for *real types*) and the result is handled like a numeric literal of the same value. If a real constant x with |x| <= MAX(SHORTREAL) or x = INF is combined with a nonconstant operand of type SHORTREAL, the constant is considered a SHORTREAL and the result type is SHORTREAL.

Appendix B: Syntax of Component Pascal

```
Module       = MODULE ident ";" [ ImportList ] DeclSeq
               [ BEGIN StatementSeq ]
               [ CLOSE StatementSeq ] END ident ".".
ImportList   = IMPORT [ ident ":=" ] ident { "," [ ident ":=" ] ident } ";".
DeclSeq      = { CONST { ConstDecl ";" } | TYPE { TypeDecl ";" } |
               VAR { VarDecl ";" } } { ProcDecl ";" | ForwardDecl ";" }.
ConstDecl    = IdentDef "=" ConstExpr.
TypeDecl     = IdentDef "=" Type.
VarDecl      = IdentList ":" Type.
ProcDecl     = PROCEDURE [ Receiver ] IdentDef [ FormalPars ]
               [ "," NEW ] [ "," (ABSTRACT | EMPTY | EXTENSIBLE) ]
               [ ";" DeclSeq [ BEGIN StatementSeq ] END ident ].
```

```
ForwardDecl    =  PROCEDURE "^" [ Receiver ] IdentDef [ FormalPars ].
FormalPars     =  "(" [ FPSection { ";" FPSection } ] ")" [ ":" Type ].
FPSection      =  [ VAR | IN | OUT ] ident { "," ident } ":" Type.
Receiver       =  "(" [ VAR | IN ] ident ":" ident ")".
Type           =  Qualident
                  | ARRAY [ ConstExpr { "," ConstExpr } ] OF Type
                  | [ ABSTRACT | EXTENSIBLE | LIMITED ]
                  RECORD [ "("Qualident")" ] FieldList { ";" FieldList } END
                  | POINTER TO Type
                  | PROCEDURE [ FormalPars ].
FieldList      =  [ IdentList ":" Type ].
StatementSeq   =  Statement { ";" Statement }.
Statement      =  [ Designator ":=" Expr
                  | Designator [ "(" [ ExprList ] ")" ]
                  | IF Expr THEN StatementSeq
                     { ELSIF Expr THEN StatementSeq }
                     [ ELSE StatementSeq ] END
                  | CASE Expr OF Case { "|" Case }
                     [ ELSE StatementSeq ] END
                  | WHILE Expr DO StatementSeq END
                  | REPEAT StatementSeq UNTIL Expr
                  | FOR ident ":=" Expr TO Expr [ BY ConstExpr ]
                     DO StatementSeq END
                  | LOOP StatementSeq END
                  | WITH [ Guard DO StatementSeq ]
                     { "|" [ Guard DO StatementSeq ] }
                     [ ELSE StatementSeq ] END
                  | EXIT
                  | RETURN [ Expr ] ].
Case           =  [ CaseLabels { "," CaseLabels } ":" StatementSeq ].
CaseLabels     =  ConstExpr [ ".." ConstExpr ].
Guard          =  Qualident ":" Qualident.
ConstExpr      =  Expr.
Expr           =  SimpleExpr [ Relation SimpleExpr ].
SimpleExpr     =  [ "+" | "-" ] Term { AddOp Term }.
Term           =  Factor { MulOp Factor }.
Factor         =  Designator | number | character | string | NIL | Set |
                  "(" Expr ")" | "~" Factor.
Set            =  "{" [ Element { "," Element } ] "}".
Element        =  Expr [ ".." Expr ].
Relation       =  "=" | "#" | "<" | "<=" | ">" | ">=" | IN | IS.
AddOp          =  "+" | "-" | OR.
MulOp          =  "*" | "/" | DIV | MOD | "&".
Designator     =  Qualident { "." ident | "[" ExprList "]" | "^" | "(" Qualident ")"
                  | "(" [ ExprList ] ")" } [ "$" ].
ExprList       =  Expr { "," Expr }.
IdentList      =  IdentDef { "," IdentDef }.
Qualident      =  [ ident "." ] ident.
IdentDef       =  ident [ "*" | "-" ].
```

Appendix C: Domains of Basic Types

Type	*Domain*
BOOLEAN	FALSE, TRUE
SHORTCHAR	0X .. 0FFX
CHAR	0X .. 0FFFFX
BYTE	-128 .. 127
SHORTINT	-32768 .. 32767
INTEGER	-2147483648 .. 2147483647
LONGINT	-9223372036854775808 .. 9223372036854775807
SHORTREAL	-3.4E38 .. 3.4E38, INF (32-bit IEEE format)
REAL	-1.8E308 .. 1.8E308, INF (64-bit IEEE format)
SET	set of 0 .. 31

Appendix D: Mandatory Requirements for Environment

The Component Pascal definition implicitly relies on three fundamental assumptions.

1) There exists some run-time type information that allows to check the dynamic type of an object. This is necessary to implement type tests and type guards.

2) There is no DISPOSE procedure. Memory cannot be deallocated manually, since this would introduce the safety problem of memory leaks and of dangling pointers, i.e., premature deallocation. Except for those embedded systems where no dynamic memory is used, or where it can be allocated once and never needs to be released, an automatic garbage collector is required.

3) Modules and at least their exported procedures (commands) and exported types must be retrievable dynamically. If necessary, this may cause modules to be loaded. The programming interface used to load modules or to access the mentioned meta information is not defined by the language, but the language compiler needs to preserve this information when generating code. Except for fully linked applications where no modules will ever be added at run-time, a linking loader for modules is required. Embedded systems are important examples of applications that can be fully linked.

An implementation that doesn't fulfill these compiler and environment requirements is not compliant with Component Pascal.

B Literaturverzeichnis

Bücher

[1] Alfred V. Aho, Jeffrey D. Ullman: *Informatik. Datenstrukturen und Konzepte der Abstraktion.* International Thomson Publishing Company, Bonn (1996) 1042 S.

[2] Grady Booch, Jim Rumbaugh, Ivar Jacobsen: *Das UML-Benutzerhandbuch.* Addison-Wesley Longman Verlag GmbH, Bonn (1999) 550 S.

[3] Hartmut Ernst: *Grundlagen und Konzepte der Informatik. Eine Einführung in die Informatik ausgehend von den fundamentalen Grundlagen.* Friedr. Vieweg & Sohn Verlagsgesellschaft mbH, Braunschweig, Wiesbaden (2000) 822 S.

[4] Martin Fowler, Kendall Scott: *UML konzentriert. Die neue Standard-Objektmodellierungssprache anwenden.* Addison-Wesley Longman Verlag GmbH, Bonn (1998) 188 S.

[5] Erich Gamma, Richard Helm, Ralph Johnson, John Vlissides: *Entwurfsmuster. Elemente wiederverwendbarer objektorientierter Software.* Addison-Wesley Deutschland GmbH, Bonn (1996) 430 S.

[6] Gerhard Goos: *Vorlesungen über Informatik. Band 1: Grundlagen und funktionales Programmieren.* Springer-Verlag, Berlin, Heidelberg (1997) 2. Auflage, 394 S.

[7] Gerhard Goos: *Vorlesungen über Informatik. Band 2: Objektorientiertes Programmieren und Algorithmen.* Springer-Verlag, Berlin, Heidelberg (1999) 2. Auflage, 370 S.

[8] Gerhard Goos: *Vorlesungen über Informatik. Band 3: Berechenbarkeit, formale Sprachen, Spezifikationen.* Springer-Verlag, Berlin, Heidelberg (1997) 284 S.

[9] Gerhard Goos: *Vorlesungen über Informatik. Band 4: Paralleles Rechnen und nicht-analytische Lösungsverfahren.* Springer-Verlag, Berlin, Heidelberg (1998) 292 S.

[10] Jacob Gore: *Object Structures. Building Object-Oriented Software Components with Eiffel.* Addison-Wesley Publishing Company Inc, Reading (1996) 469 S.

[11]   Frank Griffel: *Componentware. Konzepte und Techniken eines Softwareparadigmas.* dpunkt-Verlag für digitale Technologie GmbH, Heidelberg (1998) 645 S.

[12]   Wolfgang Hesse, Günter Merbeth, Rainer Frölich: *Software-Entwicklung. Vorgehensmodelle, Projektführung, Produktverwaltung.* R. Oldenbourg Verlag GmbH, München, Wien (1992) 292 S.

[13]   Jean-Marc Jézéquel: *Object-Oriented Software Engineering with Eiffel.* Addison-Wesley Publishing Company Inc, Reading (1996) 340 S.

[14]   Jean-Marc Jézéquel, Michel Train, Christine Mingins: *Design Patterns and Contracts.* Addison Wesley Longman Inc, Reading (2000) 348 S.

[15]   Peter Kammerer: *Von Pascal zu Assembler. Eine Einführung in die maschinennahe Programmierung für* INTEL *und* MOTOROLA. Friedr. Vieweg & Sohn Verlagsgesellschaft mbH, Braunschweig, Wiesbaden (1998) 251 S.

[16]   N. Metropolis, J. Howlett, Gian-Carlo Rota (Hrsg.): *A History of Computing in the Twentieth Century. A collection of essays with introductory essay and indexes.* Academic Press Inc, New York (1980) 693 S.

[17]   Bertrand Meyer: *Objektorientierte Softwareentwicklung.* Carl Hanser Verlag, München, Wien (1990) 547 S.

[18]   Bertrand Meyer: *Eiffel: The Language.* Prentice Hall International (UK) Ltd, Hertfordshire (1992) 594 S.

[19]   Bertrand Meyer: *Reusable Software. The Base Object-Oriented Component Libraries.* Prentice Hall International (UK) Ltd, Hertfordshire (1994) 514 S.

[20]   Bertrand Meyer: *Eiffel: The Reference.* ISE Technical Report TR-EI-41/ER (1995) Version 3.3.4, 100 S.

[21]   Bertrand Meyer: *Object-oriented Software Construction.* Prentice Hall PTR, Upper Saddle River (1997) 2nd edition, 1260 S.

[22]   Hanspeter Mössenböck: *Objektorientierte Programmierung in Oberon-2.* Springer-Verlag, Berlin, Heidelberg (1994) 2. Auflage, 286 S.

[23]   Jörg R. Mühlbacher, Bernhard Leisch, Ulrich Kreuzeder: *Programmieren mit Oberon-2 unter Windows.* Carl Hanser Verlag, München, Wien (1995) 353 S.

[24]   Eric Nikitin: *Into the Realm of Oberon. An Introduction to Programming and the Oberon-2 Programming Language.* Springer-Verlag, New York (1998) 199 S.

[25]   Bernd Oesterreich: *Objektorientierte Softwareentwicklung mit der Unified Modeling Language.* R. Oldenbourg Verlag, München, Wien (1997) 3. aktual. Auflage, 294 S.

[26]   Bernd-Uwe Pagel, Hans-Werner Six: *Software Engineering. Band 1: Die Phasen der Softwareentwicklung.* Addison-Wesley, Bonn (1994) 895 S.

[27]   Gustav Pomberger, Günther Blaschek: *Grundlagen des Software Engineering. Prototyping und objektorientierte Software-Entwicklung.* Carl Hanser Verlag, München, Wien (1993) 337 S.

[28]   Peter Rechenberg: *Was ist Informatik? Eine allgemeinverständliche Einführung.* Carl Hanser Verlag, München, Wien (1994) 2. bearb. u. erweit. Auflage, 349 S.

[29]   Peter Rechenberg, Gustav Pomberger (Hrsg.): *Informatik-Handbuch.* Carl Hanser Verlag, München, Wien (1999) 2. aktual. u. erweit. Auflage, 1166 S.

[30]   Martin Reiser, Niklaus Wirth: *Programmieren in Oberon. Das neue Pascal.* Addison-Wesley Deutschland GmbH, Bonn (1994) 343 S.

[31]   Clemens Szyperski: *Component Software. Beyond Object-Oriented Programming.* Addison-Wesley Longman Ltd, Harlow (1998) 411 S.

[32]   Kim Waldén, Jean-Marc Nerson: *Seamless Object-Oriented Software Architecture. Analysis and Design of Reliable Systems.* Prentice Hall International (UK) Ltd, Hertfordshire (1995) 438 S.

[33]   Niklaus Wirth: *Algorithmen und Datenstrukturen mit Modula-2.* B. G. Teubner, Stuttgart (1996) 5. Auflage, 299 S.

[34]   Niklaus Wirth: *Grundlagen und Techniken des Compilerbaus.* Addison-Wesley Deutschland GmbH, Bonn (1996) 195 S.

Artikel   [35]   Derek Andrews: *Programming and Programming Languages.* In: Mark Woodman (Hrsg.): *Programming Language Choice. Practice and Experience.* International Thomson Computer Press, London (1996) S. 255-276

[36]   Friedrich L. Bauer: *Wer erfand den Neumann'schen Rechner?* Informatik-Spektrum, Band 21, Heft 2 (April 1998) S. 84-88

[37]   Christiane Floyd, Fanny-Michaela Reisin, G. Schmidt: *STEPS to Software Development with Users.* In: C. Ghezzi, J. A. McDermid (Hrsg.): *ESEC '89.* Lecture Notes in Computer Science, Bd. 387, Springer-Verlag (1989) S. 48-64

[38]   Dirk Siefkes: *Beziehungskiste Mensch - Maschine.* In: Gero von Randow (Hrsg.): *Das kritische Computerbuch.* Grafit Verlag GmbH, Dortmund (1990) S. 90-110

[39]   Horst Zuse: *Anmerkungen zum John-von-Neumann-Rechner.* FIFF-Kommunikation, 2/99 (Juni 1999) S. 10-19

Elektronische Quellen

[40]   J. Stanley Warford: *Programming in BlackBox.* Prepublication, Pepperdine University (1996 - 1999); ftp://ftp.pepperdine.edu/pub/compsci/prog-bbox

[41]   ftp://ftp.inf.ethz.ch/pub/software/Oberon

[42]   ftp://ftp.ssw.uni-linz.ac.at/pub/Oberon

[43]   The Oberon Webring home page; http://www.factorial.com/hosted/webrings/oberon

[44]   The Oberon Home Page der ETH Zürich; http://www.oberon.ethz.ch

[45]   http://oberon.ssw.uni-linz.ac.at/Oberon.html

[46]   Oberon microsystems Inc. home page; http://www.oberon.ch

[47]   http://www.zel.org/entry.htm

[48]   http://www.modulaware.com

[49]   Oberon Newsgroup; comp.lang.oberon

[50]   http://www.omg.com/uml

Sachwortverzeichnis

Symbole

- 18, 114
" 18, 64
18, 342
$ 284
& 136
( ) 19, 22, 64, 71
* 18, 113
+ 18, 169
. 22, 64
... 3
/ 18
: 71
:= 128
< 18, 206, 316, 335, 342
<= 18, 206, 342
= 18, 64, 128, 342
> 18, 206, 342
>= 18, 206, 342
[ ] 64, 136
^ 276, 356
_ 3
{ } 64, 197
| 64, 297
~ 122
⇒ 69
„bedienen" 12
„Bedienerfehler" 151, 226

0

0X 312

A

Abbilder 365–366
Abbildung 60, 121
Abbruch
  - eines Kommandoaufrufs 292
  - eines Programmablaufs 151–
    152, 194, 220
Abfrage 3, 5–7, 15, 18, 21–22, 25,
    27, 32, 34, 37, 44, 113, 124,
    133, 143–147, 154–155,
    163–164, 198–199, 230,
    237, 243, 294, 320, 322, 334,
    367
  - boolesche 8, 20, 197, 227, 231,
    288
  - konstante 121
  - parameterlose 114–115
  - parametrisierte 115
Ablauf 100, 156, 203, 232, 280
  → Ausführung
  - als dynamische Einheit 81
  - eines Algorithmus 189, 224
  - eines Programms 48, 58, 81–
    83, 88, 112, 119–120,
    151–152, 157, 194, 211,
    218, 220, 237, 239, 276,
    279
Ablaufkontrolle 156
Ableitung 69, 86
ABSTRACT 265, 267
Abstraktion 1, 10, 15, 17, 36, 38, 41–
    42, 45, 75–76, 126, 207,
    251–253, 255, 260–261,
    265, 313, 337–338
  - Datenabstraktion 142, 147
Abstraktionsebene 56
access
  → Zugriff
access control
  → Zugriffskontrolle
ACTIONS 4, 25–26, 72, 112–113,
    116–117, 122–123, 198
Adresse 54, 176, 280
  - einer Variable 115, 127, 129
  - eines Reihungselements 136,
    213
Adressraum 54
Aggregation 146, 261, 302, 304
Aktion 3–8, 13, 15, 17–19, 21, 32–
    33, 35, 44, 82, 116, 133,
    144–147, 154, 163, 177, 180,

187, 190, 195, 197, 209, 226,
264, 290, 301, 368
→ Daten, Ausgabedaten
- Fehlerausgabe 93
- grafische 201, 205, 214, 312
- sortierte 204
- Standardausgabe 103
- tabellierte 214
- Testausgabe 93, 295
- textuelle 200, 204, 374
Ausgabestrom 157, 162, 195, 374
Ausnahmebehandlung 126
Aussage 18, 29–30, 218
- logische 32
- prädikatenlogische 187
Auswahl 7, 45, 156, 271
→ Anweisung
- mehrfache 156, 297
- von EBNF-Ausdrücken 65
Auswertung 22–24, 127, 191, 193,
218–220
- bedingte
→ kurze
- kurze 218–220, 222, 227–228
- lange 218, 220, 227–228
- vollständige
→ lange

B

backing storage device
→ Gerät, Ein-/Ausgabegerät
Backus-Naur-Form 85
- erweiterte 44, 59, 64, 66, 84–
85, 103, 148, 270–271,
314
balanced tree
→ Baum, ausgewogener
basic type
→ Typ, Grundtyp
Baum 313–320, 322–324, 326, 361
- abstrakter 313
- ausgewogener 317
- Binärbaum 313–314
- binärer Suchbaum 316
- geordneter Binärbaum 316–
317, 321, 333–335, 376
- konkreter 313

- leerer 314, 322–323
- Teilbaum 314–317, 319, 322–
323
- Verzeichnisbaum 90
- vielverzweigter 313
Bedeutung
→ Semantik
Bedingung 30–31, 33–34, 45, 76,
119–121, 124, 139, 155–157,
177, 180, 185, 188–189, 209,
223, 271–273, 297, 306, 321,
339, 374
- Abbruchbedingung 190–193,
203, 225, 311
→ Invariante
→ Nachbedingung
→ Vorbedingung
- atomare 224
- Fortsetzungsbedingung 189,
191–192, 273
- konstante 139, 191
- Kontextbedingung 72
- nichttriviale 35
- Schleifenbedingung 189, 203,
222, 225
- seiteneffektfreie 157, 190,
203, 311
- triviale 34–35
Befehl 15, 53–54, 84
- Aufrufbefehl 55
- Maschinenbefehl 60, 82, 138
- Sprungbefehl 55
Befehlsausführung 55
Befehlsausführungszeit 56
Befehlsvorrat 53–54
Befehlszyklus 55
Begrenzer 71, 112, 128
Begriff 5, 12, 145–146, 252, 255, 314
- Oberbegriff 253, 261
- Unterbegriff 253, 261
Behälter 8, 89, 93, 187, 207, 253–
255, 257–258, 262, 304, 336,
338, 363
→ Modul, Behältermodul
- Datenbehälter 365
- generischer 362
- polymorpher 336, 362, 374